电线电缆标准汇编 2018

通信电缆、光缆及附件卷

中国标准出版社 编

中国标准出版社

北 京

图书在版编目(CIP)数据

电线电缆标准汇编.2018.通信电缆、光缆及附件卷/中国标准出版社编.—北京:中国标准出版社,2018.8
ISBN 978-7-5066-9031-7

Ⅰ.①电… Ⅱ.①中… Ⅲ.①电线—国家标准—汇编—中国②电缆—国家标准—汇编—中国
Ⅳ.①TM246-65

中国版本图书馆 CIP 数据核字(2018)第157915号

中国标准出版社出版发行
北京市朝阳区和平里西街甲2号(100029)
北京市西城区三里河北街16号(100045)

网址 www.spc.net.cn
总编室:(010)68533533 发行中心:(010)51780238
读者服务部:(010)68523946

中国标准出版社秦皇岛印刷厂印刷
各地新华书店经销

*

开本 880×1230 1/16 印张 28.75 字数 862 千字
2018年8月第一版 2018年8月第一次印刷

*

定价 145.00 元

出版说明

电线电缆是电工、电力、轻工行业必不可少的重要配套产品，从高压输电线路到家用电器产品，每一个环节都离不开电线电缆。其种类繁多，量大面广，许多产品被列入国家电工产品安全认证的产品范围。

随着技术的进步、社会需求的增加，我国不断制修订大量电线电缆国家标准。为满足相关制造企业、各行业和系统的用户及众多检测机构查阅和应用的需求，我社编辑整理了《电线电缆标准汇编 2018》。该汇编收集了截至 2018 年 3 月底发布的电线电缆国家标准和行业标准，并按专业分为如下 9 卷出版：

《电线电缆标准汇编 2018　通用基础与元件卷》

《电线电缆标准汇编 2018　电力电缆及附件卷》

《电线电缆标准汇编 2018　通用试验方法卷》

《电线电缆标准汇编 2018　通信电缆、光缆及附件卷》

《电线电缆标准汇编 2018　裸电线卷》

《电线电缆标准汇编 2018　绕组线卷》

《电线电缆标准汇编 2018　装备用电线电缆卷》

《电线电缆标准汇编 2018　电缆和光缆燃烧试验方法卷》

《电线电缆标准汇编 2018　船用电缆卷》

本卷为通信电缆、光缆及附件卷，共收集相关国家标准 29 项。

本汇编在使用时请读者注意：收入标准的出版年代不尽相同，对于其中的量和单位不统一之处及各标准格式不一致之处未做改动。

编　者

2018 年 4 月

目　　录

注：标准年号用四位数字表示。鉴于部分标准是在标准清理整顿前出版的，现尚未修订，故正文部分仍保留原样。

ICS 29.060.20
K 13

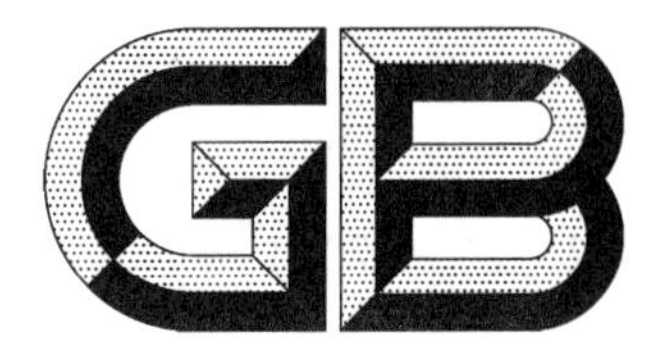

中华人民共和国国家标准

GB/T 4011—2013
代替 GB/T 4011—1983

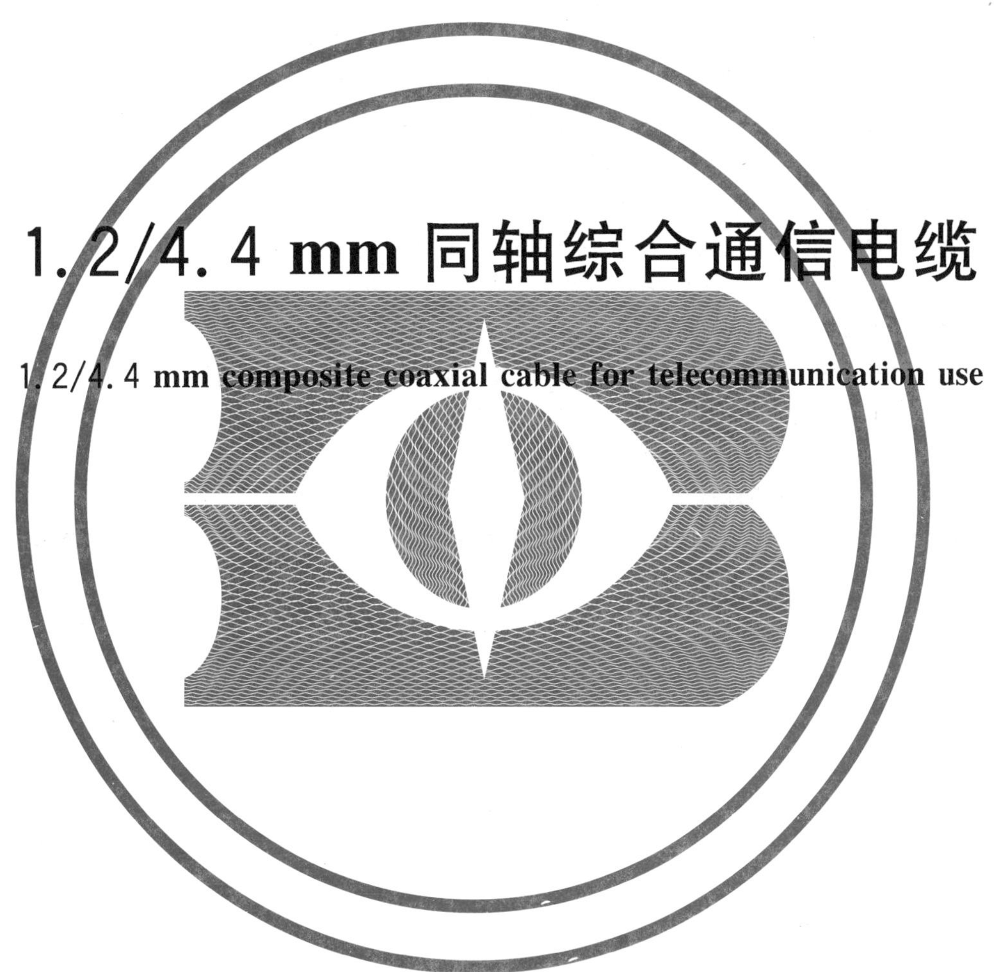

1.2/4.4 mm 同轴综合通信电缆

1.2/4.4 mm composite coaxial cable for telecommunication use

2013-07-19 发布 2013-12-02 实施

中华人民共和国国家质量监督检验检疫总局
中国国家标准化管理委员会 发布

前　言

本标准按照 GB/T 1.1—2009 给出的规则起草。

本标准代替 GB/T 4011—1983《1.2/4.4 mm　同轴综合通信电缆》，与 GB/T 4011—1983 相比，除编辑性修改外，主要变化如下：

——增加了导体材料的要求为应符合 GB/T 3953—2009 的规定（见 5.1、6.1、7.1、8.1、8.2、9.1）；

——增加了绝缘材料的要求为应符合 YD/T 760—1995 的规定（见 5.2、6.2、7.2、8.1、8.2、9.2）；

——修改了端阻抗和阻抗不均匀性的试验方法（见表 13，1983 年版的表 12）；

——修改了工作电容的试验方法（见表 13，1983 年版的表 12）；

——修改了衰减常数同轴对的试验方法（见表 13，1983 年版的表 12）；

——修改了衰减常数工作线对的试验方法（见表 13，1983 年版的表 12）；

——修改了串音的试验方法（见表 13，1983 年版的表 12）；

——修改了电容耦合的试验方法（见表 13，1983 年版的表 12）；

——修改了对地电容不平衡的试验方法（见表 13，1983 年版的表 12）；

——增加了屏蔽系数的试验方法（见表 13）；

——修改了合金铅成分含量的试验方法（见表 13，1983 年版的表 12）；

——修改了电缆盘的规定（见 18.1，1983 年版的 17.1）。

本标准由中国电器工业协会提出。

本标准由全国电线电缆标准化技术委员会（SAC/TC 213）归口。

本标准起草单位：上海电缆研究所、深圳市联嘉祥科技股份有限公司、江苏亨通线缆科技有限公司。

本标准主要起草人：靳志杰、鲁祥、辛秀东、高欢、邹叶龙、宋杰、黄冬莲、淮平。

本标准所代替标准的历次版本发布情况为：

——GB/T 4011—1983。

1.2/4.4 mm 同轴综合通信电缆

1 范围

本标准规定了1.2/4.4 mm 同轴综合通信电缆的型号、规格、电性能、交货长度、验收规则、试验方法和标志包装。

本标准适用于1.2/4.4 mm 同轴综合通信电缆的制造、验收和使用。

本标准规定的电缆适用于22 MHz 及以下模拟干线通信系统或34 Mbit/s 及以下数字通信系统，高频四线组和高频对绞组用于156 kHz 及以下模拟通信系统，低频四线组和低频对绞组用于音频通信系统。

2 规范性引用文件

下列文件对于本文件的应用是必不可少的。凡是注日期的引用文件，仅注日期的版本适用于本文件。凡是不注日期的引用文件，其最新版本(包括所有的修改单)适用于本文件。

GB/T 2952.1～2952.3—2008 电缆外护层

GB/T 3048.4—2007 电线电缆电性能试验方法 第4部分：导体直流电阻试验

GB/T 3048.5—2007 电线电缆电性能试验方法 第5部分：绝缘电阻试验

GB/T 3048.8—2007 电线电缆电性能试验方法 第8部分：交流电压试验

GB/T 3953—2009 电工圆铜线

GB/T 4103.13—2000 铅及铅合金化学分析方法 铝量的测定

GB/T 4909.2—2009 裸电线试验方法 第2部分：尺寸测量

GB/T 5441.2—1985 通信电缆试验方法 工作电容试验 电桥法

GB/T 5441.3—1985 通信电缆试验方法 电容耦合及对地电容不平衡试验

GB/T 5441.4—1985 通信电缆试验方法 同轴对端阻抗及内部阻抗不均匀性试验 脉冲法

GB/T 5441.5—1985 通信电缆试验方法 同轴对特性阻抗实部平均值试验 谐振法

GB/T 5441.6—1985 通信电缆试验方法 串音衰减试验 比较法

GB/T 5441.7—1985 通信电缆试验方法 衰减常数试验 开短路法

GB/T 5441.8—1985 通信电缆试验方法 同轴对衰减常数频率特性试验 比较法

GB/T 5441.9—1985 通信电缆试验方法 工频条件下理想屏蔽系数试验

JB/T 8137(所有部分) 电线电缆交货盘

YD/T 760—1995 室内通信电缆用聚烯烃绝缘料

3 产品型号

3.1 电缆的型号见表1。

表1 1.2/4.4 mm同轴综合通信电缆的型号

型号	名称	主要用途
HOL02 HOL03	铝护套聚氯乙烯护套同轴综合通信电缆 铝护套聚乙烯护套同轴综合通信电缆	陆上固定敷设,用于架空、管道、隧道等场合,并可埋地
HOL22 HOL23	铝护套钢带铠装聚氯乙烯护套同轴综合通信电缆 铝护套钢带铠装聚乙烯护套同轴综合通信电缆	同 HOL02,用于电气化铁道和强电干扰场合
HOL32 HOL33	铝护套细圆钢丝铠装聚氯乙烯护套同轴综合通信电缆 铝护套细圆钢丝铠装聚乙烯护套同轴综合通信电缆	陆上固定敷设,用于水线
HOQ	裸铅护套同轴综合通信电缆	陆上固定敷设,用于架空、管道、隧道等场合,并可埋地 L
HOQ02 HOQ03	铅护套聚氯乙烯护套同轴综合通信电缆 铅护套聚乙烯护套同轴综合通信电缆	同 HOL02,HOL03
HOQ22 HOQ23	铅护套钢带铠装聚氯乙烯护套同轴综合通信电缆 铅护套钢带铠装聚乙烯护套同轴综合通信电缆	同 HOL22,HOL23
HOQ33 HOQ41 HOQ42[a] HOQ43[a]	铅护套细圆钢丝铠装聚乙烯护套同轴综合通信电缆 铅护套粗圆钢丝铠装纤维外被同轴综合通信电缆 铅护套粗圆钢丝铠装聚氯乙烯护套同轴综合通信电缆 铅护套粗圆钢丝铠装聚乙烯护套同轴综合通信电缆	同 HOL32,HOL33
注:根据协议可提供其他类型外护层电缆。		
[a] 型号为不推荐产品。		

3.2 电缆用型号、规格及本标准编号表示

示例:铝护套聚乙烯护套小同轴综合通信电缆包含有4个同轴对、4个高频四线组、9个低频四线组、4个信号四线组和5个信号线,表示为:HOL02 4×1.2/4.4 + 4×4×0.9(高) +9×4×0.9(低) +4×4×0.6(信) + 5×1×0.9(信) GB/T 4011—2013。

4 规格

电缆的规格应符合表2和表3的规定。

表2 同轴综合通信电缆的规格

序号	元件个数				
	同轴对 1.2/4.4 mm	高频四线组 4×0.9 mm	高频对绞组 2×0.7 mm	低频四线组	
				4×0.6 mm	4×0.9 mm
1	4	3	—	—	—
2	4	4	—	9	—
3	4	4	—	9	4
4	4	3	—	12	—
5	4	4	—	13	—

表 2（续）

序号	元件个数				
	同轴对 1.2/4.4 mm	高频四线组 4×0.9 mm	高频对绞组 2×0.7 mm	低频四线组	
				4×0.6 mm	4×0.9 mm
6	4	4	—	13	—
7	6	—	4	1	—
8	6	—	4	1	—
9	6	4	—	11	—
10	8	1	—	1	—

表 3　同轴综合通信电缆的规格

序号	元件个数					
	低频对绞组		信号四线组	信号对绞组	信号线	
	2×0.7 mm	2×0.6 mm	4×0.7mm	2×0.6mm	1×0.9 mm	1×0.6 mm
1	—	—	—	—	—	6
2	—	—	4	—	5	—
3	—	5	—	—	—	—
4	—	—	—	—	4	6
5	—	—	—	10	—	—
6	—	10	—	—	—	—
7	2	—	—	—	—	4
8	—	—	—	—	—	—
9	—	15	—	—	—	—
10	—	—	2	8	—	—
注：经供需双方协商可以生产其他规格的电缆。						

5　同轴对

5.1　内导体为标称直径 1.2 mm 的圆铜线，导体应符合 GB/T 3953—2009 的规定。

5.2　绝缘材料采用泡沫或带皮泡沫聚烯烃，绝缘应符合 YD/T 760—1995 的规定。

5.3　外导体由标称厚度为 0.15 mm 的软铜带纵包而成。外导体标称直径为 4.4 mm。

5.4　外导体外面反向绕包两层标称厚度为 0.1 mm 的镀锡钢带，内层间隙绕包，外层重叠绕包。钢带外面再重叠绕包一层厚度为 0.2 mm～0.3 mm 的聚乙烯带。

5.5　同轴对的性能应符合表 4 的规定。

表 4 同轴对的性能

序号	项目	单位	指标	换算公式
1	内导体直流电阻(20 ℃)	Ω/km	≤16.0	l/1 000
2	特性阻抗 (1 MHz) 标称值 偏差 100% 在频率点上测得的平均值	Ω	75 ±0.75 参见附录 A	—
3	端阻抗 (1 MHz) 标称值 偏差 用于(0.06～6) MHz 传输系统 用于(0.3～22) MHz 传输系统 A、B 端阻抗差 用于(0.06～6) MHz 传输系统 用于(0.3～22) MHz 传输系统 或 34 Mbit/s 传输系统	Ω	75 ±0.75 ±0.50 ≤0.70 ≤0.50	—
4	阻抗不均匀性[a] 用于(0.06～6) MHz 传输系统 100% 80% 用于(0.3～22) MHz 传输系统 或 34 Mbit/s 传输系统 100% 95% 三个最大不均匀性的评价值 用于(0.06～6) MHz 传输系统 用于(0.3～22) MHz 传输系统 或 34 Mbit/s 传输系统	‰	≤4.0 (≥48 dB) ≤2.5 (≥52 dB) ≤3.0 (≥50 dB) ≤2.0 (≥54 dB) ≤3.5 (≥49 dB) ≤2.8 (≥51 dB)	—
5	衰减常数[b](20 ℃)	dB/km	1.54±0.1(0.06 MHz) 1.84±0.1(0.1 MHz) 2.96±0.1(0.3 MHz) 3.77±0.1(0.5 MHz) 5.41±0.1(1.0 MHz) 6.12±0.2(1.3 MHz) 11.22±0.2(4.5 MHz) 18.36±0.2(12.0 MHz) 22.44±0.2(18.0 MHz) 24.80±0.2(22.0 MHz)	—

[a] 钢丝铠装类电缆的阻抗不均匀性允许降低 1‰。

[b] 衰减常数标称值是作为频率函数的一般变化趋势,在 4 MHz 以上应由制造厂给出一个公式。

6 高频四线组

6.1 导电线芯为标称直径0.9 mm的软铜线,导体应符合GB/T 3953—2009的规定。

6.2 绝缘为泡沫聚乙烯,绝缘应符合YD/T 760—1995的规定。

6.3 红、绿、白、蓝颜色的四根绝缘线芯绞合组成四线组,其A端色谱排列见图1,白红绝缘线芯组成低频工作对,绿蓝绝缘线芯组成高频工作对。

绞合节距应不大于300 mm,且同一电缆中的所有高频四线组应有不同的绞合节距,并螺旋疏绕不同颜色的聚乙烯丝。

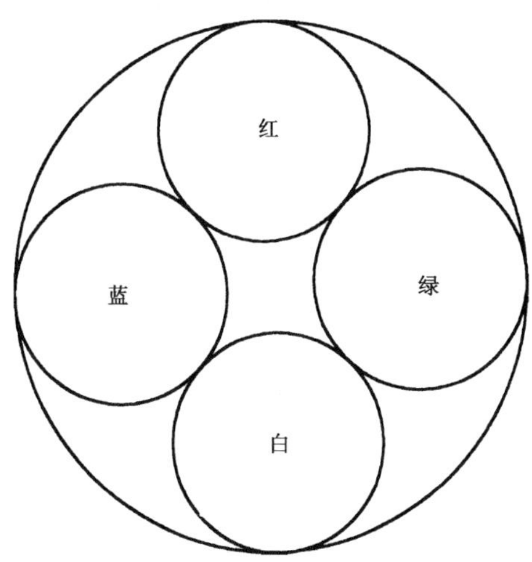

图1 A端色谱排列

6.4 高频四线组的电性能应符合表5的规定。

表5 高频四线组的电性能

序号	项　　目	单位	指标	换算公式
1	直流电阻(20 ℃) 每根导电线芯	Ω/km	≤28.5	l/1 000
2	工作对直流电阻差与环阻比	—	1.0	—
3	工作电容(0.8～1) kHz 标称值　Ⅰ型 　　　　Ⅱ型 偏差　　Ⅰ型 　　　　Ⅱ型	nF/km	 24.4 23.0 ±1.6 ±1.5	l/1 000
4	衰减常数(13 ℃ 156 kHz) 标称值　Ⅰ型 　　　　Ⅱ型 偏差　　Ⅰ型 　　　　Ⅱ型	dB/km	 ≤2.65 ≤2.65 ±0.20 ±0.20	—

7 高频对绞组

7.1 导电线芯为标称直径0.7 mm的软铜线，导体应符合GB/T 3953—2009的规定。

7.2 绝缘为实心聚乙烯，绝缘应符合YD/T 760—1995的规定。

7.3 两根不同颜色的绝缘线芯绞合组成对绞组，其绞合节距应不大于150 mm，且同一电缆中所有高频对绞组应有不同的绞合节距。

7.4 高频对绞组的电性能应符合表6的规定。

表6 高频对绞组的电性能

序号	项　　目	单位	指标	换算公式
1	直流电阻(20 ℃) 每根导电线芯	Ω/km	≤48	l/1 000
2	工作对直流电阻差与环阻比	—	1.0	—
3	工作电容(0.8 kHz) 标称值 偏差	nF/km	44 ±3	l/1 000
4	衰减常数(20 ℃ 123 kHz)	dB/km	≤5.0	—

8 低频四线组

8.1 导电线芯为标称直径0.9 mm的软铜线，导体应符合GB/T 3953—2009的规定。绝缘材料为泡沫聚乙烯，绝缘应符合YD/T 760—1995的规定。

8.2 导电线芯为标称直径0.6 mm的软铜线，导体应符合GB/T 3953—2009的规定。绝缘材料为实心聚乙烯，绝缘应符合YD/T 760—1995的规定。

8.3 红、绿、白、蓝颜色的四根绝缘线芯绞合组成四线组，其A端色谱排列见图1，白红绝缘线芯组成低频工作对，绿蓝绝缘线芯组成高频工作对。

绞合节距应不大于300 mm，且同对一电缆中的所有高频四线组应有不同的绞合节距，并螺旋疏绕不同颜色的聚乙烯丝。

8.4 低频四线组的电性能应符合表7的规定。

表7 低频四线组的电性能

序号	项目	单位	指标		换算公式
			0.9 mm线芯	0.6 mm线芯	
1	直流电阻(20 ℃) 每根导电线芯	Ω/km	≤28.5	≤65.8	l/1 000
2	工作对直流电阻差与环阻比	—	1.0	—	—
3	工作电容(0.8 kHz)	nF/km	≤27	≤50	l/1 000

9 低频对绞组

9.1 导电线芯为标称直径0.7 mm、0.6 mm的软铜线，导体应符合GB/T 3953—2009的规定。

9.2 绝缘材料为实心聚乙烯,绝缘应符合 YD/T 760—1995 的规定。
9.3 两根不同颜色的绝缘线芯绞合组成对绞组,其绞合节距应不大于 150 mm,且同一电缆中所有相邻的低频对绞组应有不同的绞合节距。
9.4 低频对绞组的电性能应符合表 8 的规定。

表 8 低频对绞组的电性能

序号	项目	单位	指标		换算公式
			0.7 mm 线芯	0.6 mm 线芯	
1	直流电阻(20 ℃) 每根导电线芯	Ω/km	≤48	≤65.8	l/1 000
2	工作电容(0.8 kHz)	nF/km	≤55	≤55	l/1 000

10 信号四线组、信号对绞线、信号线

10.1 信号四线组

10.1.1 导电线芯为标称直径 0.6 mm 的软铜线,导体应符合 GB/T 3953—2009 的规定。
10.1.2 绝缘为实心聚乙烯,绝缘应符合 YD/T 760—1995 的规定。
10.1.3 红、绿、白、蓝颜色的四根绝缘线芯组合成四线组,并螺旋疏绕不同颜色的聚乙烯丝,其 A 端色谱排列见图 1。
10.1.4 导电线芯在 20 ℃的直流电阻应不大于 65.8 Ω/km。

10.2 信号对绞线

10.2.1 导电线芯为标称直径 0.6 mm 的软铜线,导体应符合 GB/T 3953—2009 的规定。
10.2.2 绝缘为实心聚乙烯,绝缘应符合 YD/T 760—1995 的规定。
10.2.3 两根不同颜色的绝缘芯线绞合组成对绞组。
10.2.4 导电线芯在 20 ℃的直流电阻应不大于 65.8 Ω/km。

10.3 信号线

10.3.1 导电线芯为标称直径 0.9 mm 的软铜线,导体应符合 GB/T 3953—2009 的规定。绝缘为泡沫聚乙烯。导电线芯在 20 ℃的直流电阻应不大于 28.5 Ω/km。
10.3.2 导电线芯为标称直径 0.6 mm 的软铜线,导体应符合 GB/T 3953—2009 的规定。绝缘为实心聚乙烯。导电线芯在 20 ℃的直流电阻应不大于 65.8 Ω/km。

11 缆芯

11.1 缆芯 A 端色谱排列见图 2,且同轴对的绞合常数应符合表 9 的规定。

表 9 同轴对绞合常数

缆芯中同轴对数目 对	绞合常数
4 或 6	≥1.002
8	≥1.003

11.2 每层中各线组成线对以红(或红/白)作为第一组,绿(或白/绿)作为第二组,线序按照顺时针方向

计数。

11.3 缆芯中没有标志元件时，Ⅰ及Ⅱ同轴对上应按线序红、绿颜色。

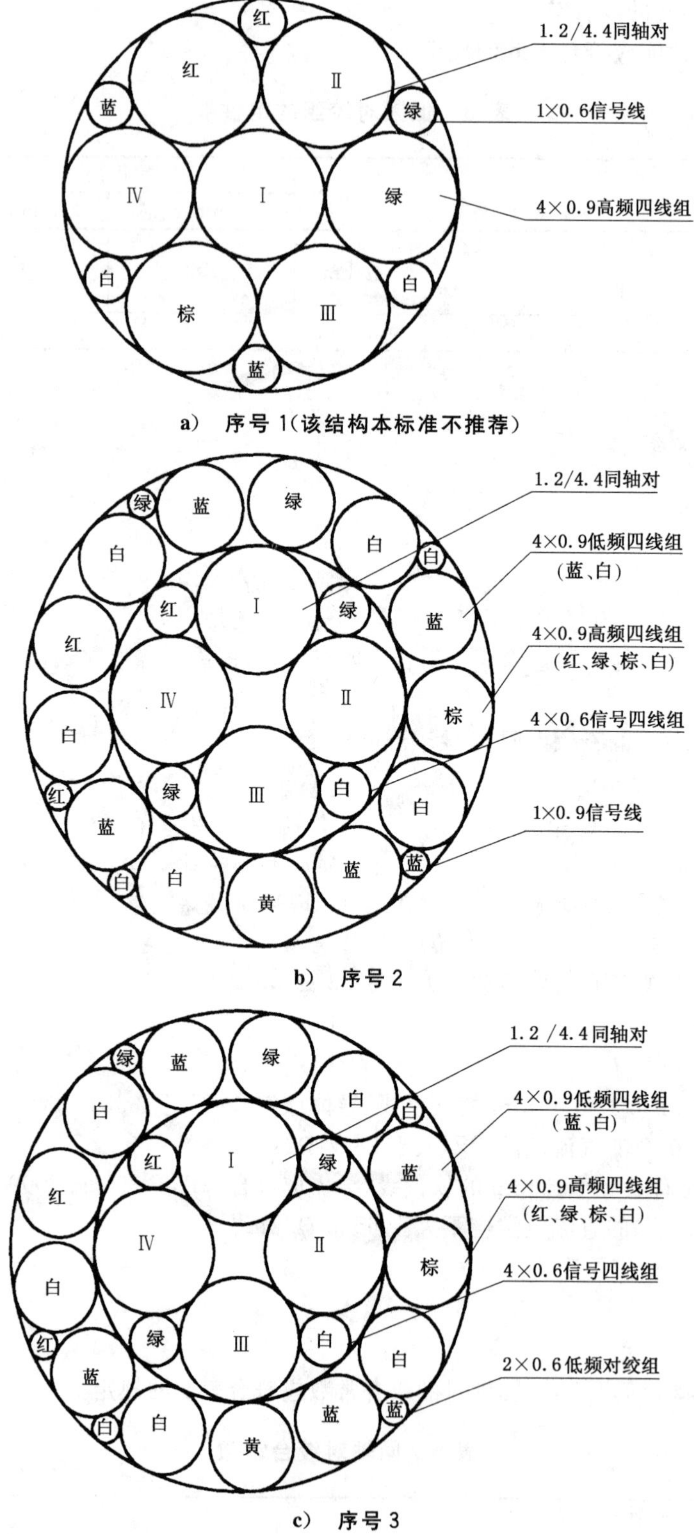

a) 序号1(该结构本标准不推荐)

b) 序号2

c) 序号3

图2 表2中各序号电缆缆芯A端色谱

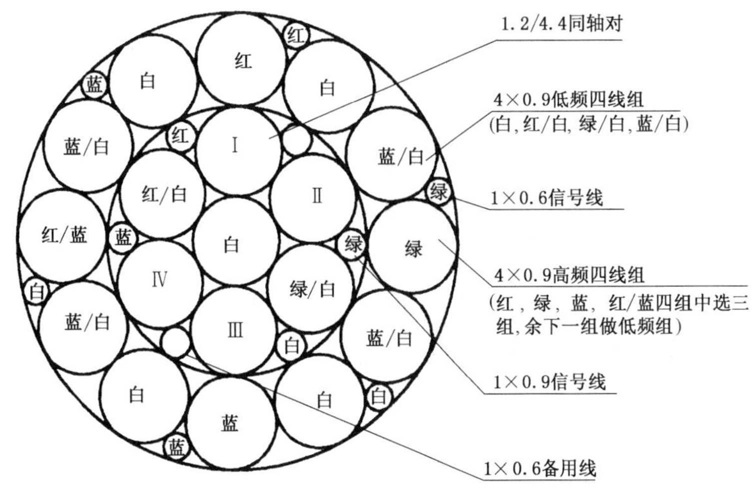

d） 序号 4

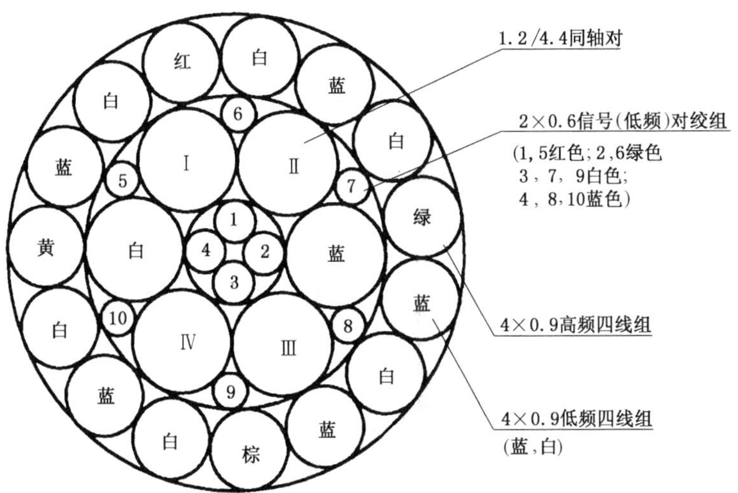

e） 序号 5、6

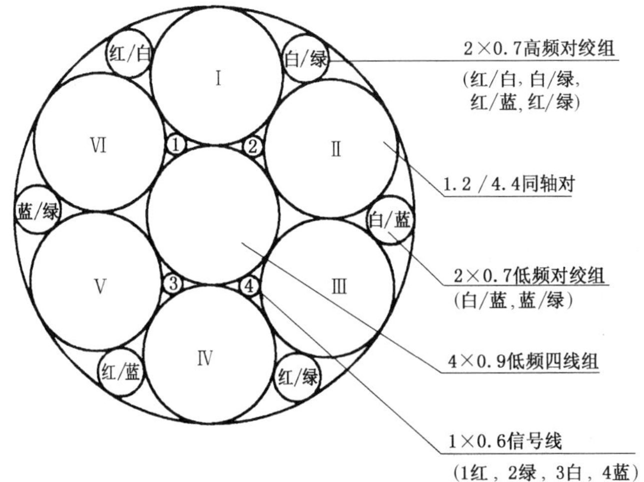

f） 序号 7

图 2（续）

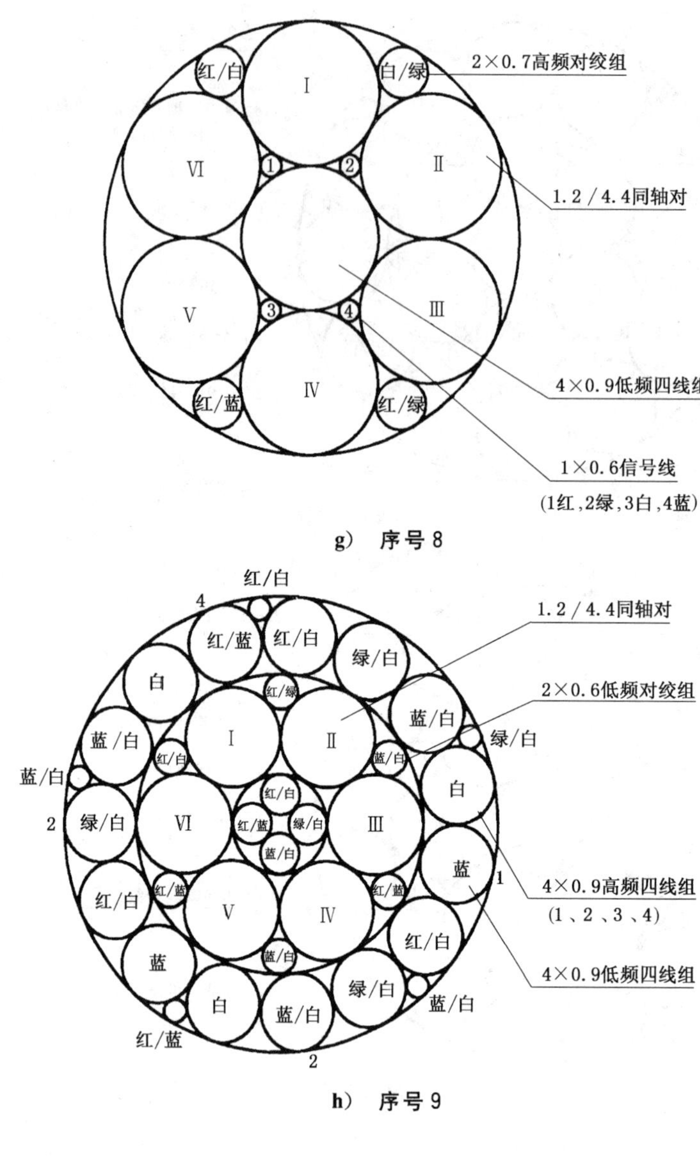

g) 序号 8

h) 序号 9

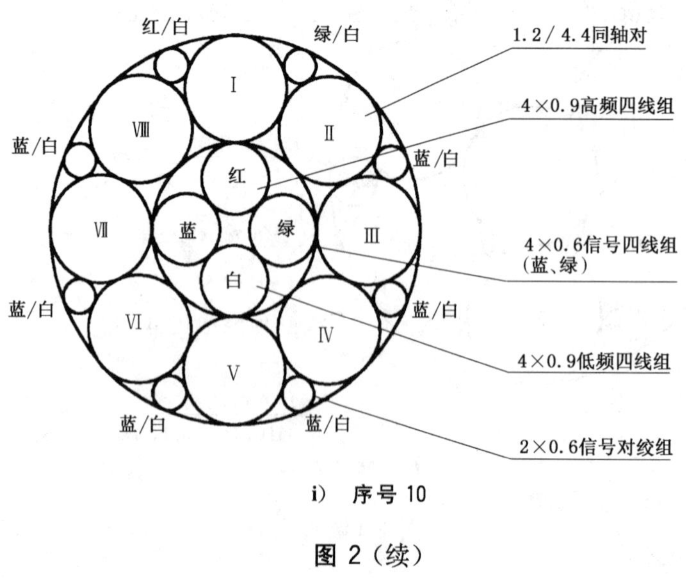

i) 序号 10

图 2(续)

11.4 铝护套电缆缆芯应先重叠绕包一层厚度为 0.05 mm 的聚酯带和一层 0.2 mm～0.3 mm 的聚乙

烯带,外面再绕包四层皱纹纸带或具有更好隔热性能的包带。

铅护套电缆缆芯应先绕包两层 TLZ-17 的电缆纸带,外面再绕包两层皱纹纸带或具有更好隔热性能的包带。

沿整根缆芯长度上应放置印有厂名、尺码、制造年份的标志带,也可以采用其他标志方法。

12 金属护套

12.1 铅护套用铅纯度应不低于 99.6%。铅护套用铅合金应含 0.4%~0.8%的锑和 0.08%以下的铜。

12.2 铝护套厚度应符合表 10 规定。铅护套厚度应符合表 11 的规定。

12.3 金属护套应密封不漏气。

12.4 内径 15 mm 以上的铅护套应经受扩张试验。

表 10 铝护套厚度

单位为毫米

铝护套前计算直径	平铝护套最小厚度	皱纹铝护套最小厚度
20.00 及以下	1.30	—
20.01~25.00	1.40	—
25.01~30.00	1.50	—
30.01~35.00	1.60	—
35.01~40.00	1.70	1.40
40.01~50.00	—	1.50

表 11 铅护套厚度

单位为毫米

铅护套前计算直径	铅护套厚度					
	HOQ		HOQ02 HOQ03 HOQ22 HOQ23		HOQ33 HOQ41 HOQ42 HOQ43	
	最小值	标称值	最小值	标称值	最小值	标称值
13.00 及以下	1.20	1.40	1.10	1.25	1.80	2.05
13.01~16.00	1.30	1.50	1.20	1.40	1.80	2.05
16.01~20.00	1.40	1.60	1.30	1.50	1.90	2.15
20.01~23.00	1.50	1.70	1.30	1.50	2.00	2.30
23.01~26.00	1.60	1.80	1.40	1.60	2.00	2.30
26.01~30.00	1.70	1.95	1.50	1.70	2.10	2.40
30.01~33.00	1.80	2.05	1.60	1.80	2.10	2.40
33.01~36.00	1.90	2.15	1.60	1.80	2.20	2.50
36.01~40.00	2.00	2.30	1.80	2.05	2.20	2.50
40.01~43.00	2.10	2.40	1.80	2.05	2.30	2.60
43.01~46.00	2.20	2.50	1.90	2.15	2.40	2.70
46.01~50.00	2.30	2.60	2.00	2.30	2.50	2.80

13 外护层

电缆外护层应符合 GB/T 2952—2008 的规定。

14 电缆

14.1 电缆电性能应符合表4～表8、表12及10.1.4、10.2.4、10.3.1和10.3.2的规定。

14.2 电缆结构应稳定，性能要求应符合表12的规定。

表12 电缆的性能

序号	项目	单位	指标	换算公式
1	同端同轴对端阻抗差 用于0.06 MHz～6 MHz传输系统 用于0.3 MHz～22 MHz传输系统	Ω	 ≤0.60 ≤0.50	—
2	串音 同轴对串同轴对远端串音防卫度 60 kHz 同轴对串四线组远端串音防卫度 60 kHz 高频四线组远端串音防卫度 组内 B端 156 kHz 组间 B端 156 kHz 其中允许四组电缆有3个数据， 三组电缆有2个数据 高频四线组近端串音衰减 组内 A,B端 156 kHz 组间 A,B端 156 kHz 高频对绞组远端串音防卫度 组间 B端 156 kHz	dB(N)/250 m	 ≥122(14) ≥116(13.4) ≥74(8.5) ≥79(9.1) ≥74(8.5) ≥4(7.4) ≥68(7.8) ≥74(8.5)	 $-14\lg\frac{l}{250}\left(-0.7\ln\frac{l}{250}\right)$ $-18\lg\frac{l}{250}\left(-0.9\ln\frac{l}{250}\right)$ $-10\lg\frac{l}{250}\left(-0.5\ln\frac{l}{250}\right)$ $-10\lg\frac{l}{250}\left(-95\ln\frac{l}{250}\right)$ $-10\lg\frac{l}{250}\left(-0.5\ln\frac{l}{250}\right)$ $-10\lg\frac{l}{250}\left(-0.5\ln\frac{l}{250}\right)$ $-10\lg\frac{l}{250}\left(-0.5\ln\frac{l}{250}\right)$
3	电容耦合 0.8 kHz～1 kHz 高频四线组 K_2,K_3 低频四线组[a] K_1 平均值 最大值 K_9～K_{12} 平均值 最大值	pF/250m	 ≤300 ≤58 ≤165 ≤84 ≤118	 $l/250$ $\sqrt{l/250}$ $l/250$ $\sqrt{l/250}$ $l/250$
4	对地电容不平衡 0.8 kHz～1 kHz 低频四线组[a]、低频对绞组[a] e_1,e_2 平均值 最大值	pF/250 mm	 ≤165 ≤647	 $\sqrt{l/250}$ $l/250$

表 12（续）

序号	项　　目	单位	指标	换算公式
5	绝缘电气强度 介质强度　V　有效值　50 Hz 同轴对 内外导体间　AC 2000 V(DC 2800 V) 2 min 外导体间　AC 300 V 2 min 外导体对金属护套接地　AC 2000 V 2 min 高频四线组、高频对绞组 所有线芯连在一起对同轴对外导体与金属护套 连接接地　AC 1800 V 2 min 线芯间　AC 1000 V 2 min 低频四线组、低频对绞组 所有线芯连在一起对同轴对外导体与金属护套 连接接地　AC 1800 V 2 min 线芯间　AC 1000 V 2 min 信号四线组、信号对绞组、信号线 所有线芯连在一起对同轴对外导体与金属护套 连接接地　AC 2000 V 2 s 线芯间　AC 1000 V 2 min	—	 不击穿 不击穿 不击穿 不击穿 不击穿 不击穿 不击穿 不击穿 不击穿	—
6	绝缘电阻 同轴对内外导体间 高频四线组、低频四线组每根线芯对其他线芯和同轴对外导体与金属护套连接 高频对绞组、低频对绞组每根线芯对其他线芯和同轴对外导体与金属护套连接 信号四线组、信号对绞组、信号线每根线芯对其他线芯和同轴对外导体与金属护套连接	MΩ·km	 ≥10 000 ≥10 000 ≥5 000 ≥5 000	$1\,000/l$
7	屏蔽系数[b] 护护套纵向电动势　50 Hz　30 V/km～150 V/km 不大于	—	0.1	—

[a] 该项性能不适用于 4×0.6 低频四线组和 2×0.6 低频对绞组。

[b] 只适用于 HOL22、HOQ22、HOL23 和 HOQ23 型用于电气化铁道或受强电干扰场合的电缆。

15　交货长度

15.1　电缆的交货长度为 250^{+20}_{-10} m，或 500^{+40}_{-20} m。允许长度不小于 100 m 的短长度电缆交货，其数量应不超过交货总数量的 10%。非标准长度电缆超过 260 m 的超出部分按短长度电缆计算。

15.2　长度计量误差应不大于 1%。

注：钢丝铠装类电缆长度按供需双方协议交货。

16 验收规则

16.1 电缆应由制造厂的技术检查部门检验合格后方能出厂，每盘出厂的产品应附有制造厂的产品质量检验合格证。

16.2 电缆的验收规则与试验方法的要求应符合表13的规定。

16.3 抽检百分数按照批量计算，但应不少于2盘。

第一次抽检不合格时，应另取双倍数量的试样进行第二次试验，仍不合格时，应逐盘检查。

表 13 验收规则与试验方法

序号	项目	条文号	验收规则	试验方法
1	结构、尺寸、外观			
1.1	导电线芯直径	5.1、6.1、7.1、8.1、8.2、9.1、10.1.1、10.2.1、10.3.1、10.3.2	T，中间控制	GB/T 4909.2—2009
1.2	绞合节距	6.3、7.3、8.3、9.3	T，中间控制	钢皮尺
1.3	金属护套厚度	12.2	T，中间控制	17.1
1.4	总成结构	第11章	T，中间控制	目力
2	直流电阻			
2.1	同轴对	表4	T，S 5%	GB/T 3048.4—2007
2.2	其他导体	表5～表8、10.1.4、10.2.4、10.3.1、10.3.2	T，R	GB/T 3048.4—2007
3	特性阻抗实部	表4	T，各频率点上的值每年测试一次，数据作为参考，测试电缆品种不少于两种	GB/T 5441.5—1985
4	端阻抗	表4，表12	T，R	GB/T 5441.4—1985
5	阻抗不均匀性	表4	T，R	GB/T 5441.4—1985
6	工作电容	表5～表8	T，R	GB/T 5441.2—1985
7	衰减常数		T，每年一次	
7.1	同轴对	表4	T，S 1%测1MH数值	GB/T 5441.8—1985
7.2	工作线对	表5，表6	T	GB/T 5441.7—1985
8	串音			
8.1	同轴对	表12	T，S 5%	GB/T 5441.6—1985
8.2	工作线对	表12	T，S	GB/T 5441.6—1985
9	电容耦合	表12	T，R	GB/T 5441.3—1985
10	对地电容不平衡	表12	T，R	GB/T 5441.3—1985
11	介质强度	表12	T，R	GB/T 3048.8—2007
12	绝缘电阻	表12	T，R	GB/T 3048.5—2007
13	屏蔽系数	表12	T	GB/T 5441.9—1985

表 13（续）

序号	项目	条文号	验收规则	试验方法
14	金属护套			
14.1	密封性试验	12.3	T，R	17.2
14.2	扩张试验	12.4	T,中间控制	17.3
14.3	合金铅成分含量检查	12.1	T,中间控制压铅机每台班至少一次	GB/T 4103.13—2000
15	外护层	第 13 章	T,R	GB/T 2952—2008
16	同轴对结构稳定性	14.2	T,每半年至少一次	17.4
17	长度	第 15 章	T,R	尺码带
注：T 为型式试验，S 为抽样试验，R 为例行试验。				

17 试验方法

17.1 金属护套厚度检查

17.1.1 试样

从电缆两端各取一个试样，试样应无机械损伤，端面平整。

17.1.2 测量工具

带有半圆头的千分尺，刻度 0.01 mm。

17.1.3 测量方法

对于铝护套，用目力确定试样的最薄点，在该部位附近测量三次，确定最小值。

对于铅护套，用目力确定试样的均匀厚度处，在此处剪开试样，在光滑平整的钢板上轻轻敲平（允许用手轻压），然后用目力确定最薄部分，在该部分测量三次，确定最小厚度，在沿试样的圆周方向约等距离测量 6 点，取算术平均值作为铅护套平均厚度，平均厚度应不小于标称值。

17.2 金属护套密封性试验

在金属护套内按表 14 的规定充入干燥空气或氮气，在规定的保持时间内气压应不下降。

表 14 金属护套密封性试验

电缆型式	空气或氮气压力 N/cm²	保持时间 h
裸铝护套电缆	≥40	≥3
其他铝护套电缆		≥6
裸铅护套电缆	≥30	≥3
其他铅护套电缆		≥6
注：1 N/cm² = 0.102 kgf/cm²。		

17.3 金属护套扩张试验

将长约150 mm的一段金属护套套在锥体上，在润滑情况下轻掷圆锥体，扩张金属护套至护套前电缆直径的1.3倍，目力检查金属护套应不破裂。有争议时用(3～5)倍放大镜检查。

圆锥体底部直径与高之比应为1∶3。

可采用扩管机进行扩张试验。

17.4 电缆结构稳定性试验

试样为交货长度的两根电缆。将电缆从一个电缆盘复绕到另个一电缆盘上，如此进行两次。然后测量同轴对端阻抗、阻抗不均匀性、近端串音防卫度及内外导体间介电强度，均应符合本标准的相应规定，同时金属护套应不漏气。

18 包装及标志

18.1 电缆盘应符合JB/T 8137的规定。

电缆盘筒体直径应符合下列规定：

a) 对于铝护套电缆：应不小于铝护套外径的40倍；

b) 对于铅护套电缆：应不小于铅护套外径的30倍。

每个电缆盘上只允许绕一个交货长度的电缆。电缆两端应封焊，内端可拉出1m以上，并应焊有一个气门嘴，两个端头应固定在电缆盘内。盘上应钉保护板或密封的坚固板材，也可用具有同等保护作用的其他材料。

18.2 装盘的电缆内应充有干燥空气或氮气，气压力应符合下列规定：

a) 对于铝护套电缆：5 N/cm^2～20 N/cm^2；

b) 对于铅护套电缆：3 N/cm^2～8 N/cm^2。

18.3 电缆盘上应标明：

a) 制造厂名称；

b) 电缆型号、规格；

c) 电缆长度；

d) 毛重 kg；

e) 出厂盘号；

f) 制造日期　　年　月；

g) 表示电缆盘正确旋转方向的箭头；

h) 电缆内端的段别及位置；

i) 标准编号。

附 录 A
（资料性附录）
各频率特性阻抗实部平均值

在用不同方法制造出来的同轴对上测得的各频率特性阻抗实部平均值参见表 A.1。

表 A.1 各频率特性阻抗实部平均值

频率/MHz	0.06	0.1	0.2	0.5	1	1.3	4.5	12	18
阻抗/Ω	79.8	78.9	77.4	75.8	75	74.8	74	73.6	73.5

ICS 29.060.20
K 13

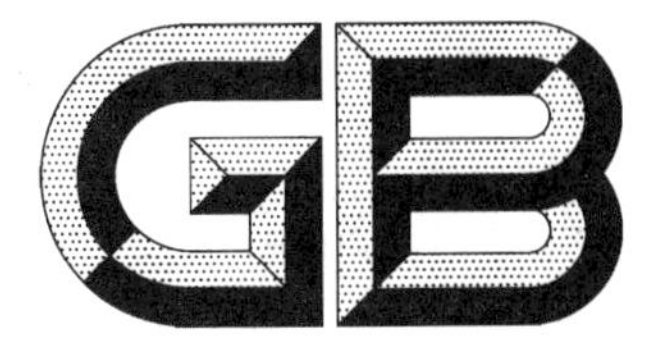

中华人民共和国国家标准

GB/T 4012—2013
代替 GB/T 4012—1983

2.6/9.5 mm 同轴综合通信电缆

2.6/9.5 mm composite coaxial cable for telecommunication use

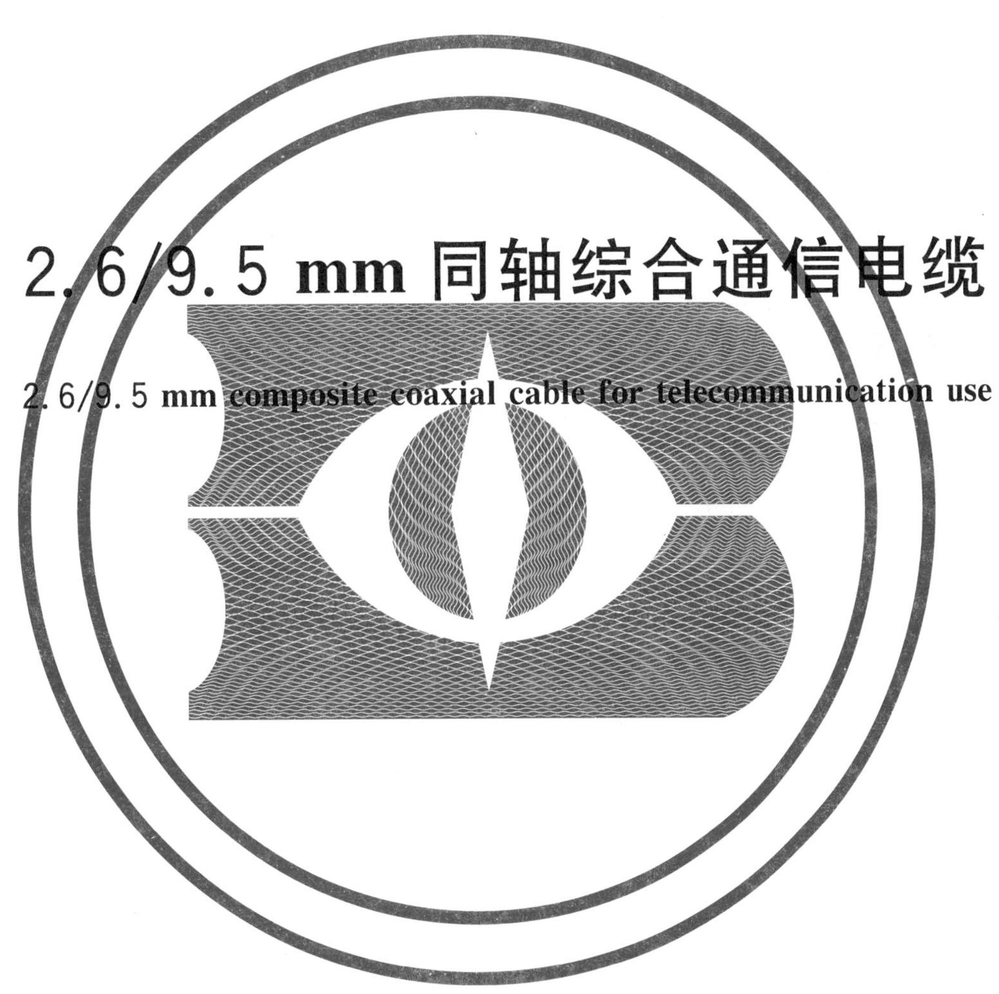

2013-07-19 发布　　2013-12-02 实施

中华人民共和国国家质量监督检验检疫总局
中国国家标准化管理委员会　发布

前　言

本标准按照 GB/T 1.1—2009 给出的规则起草。

本标准代替 GB/T 4012—1983《2.6/9.5 mm 同轴综合通信电缆》，与 GB/T 4012—1983 相比，除编辑性修改外，主要变化如下：

——增加了导体材料的要求为应符合 GB/T 3953—2009 的规定(见 5.1、6.1、7.1、8.1、9.1)；

——增加了绝缘材料的要求为应符合 YD/T 760—1995 的规定(见 5.2、6.2、7.2、8.2、9.2)；

——增加了软铜线，应符合的标准 GB/T 3953—2009(见第 6 章)；

——修改了导电线芯直径的试验方法(见表 11，1983 年版的表 11)；

——修改了端阻抗和阻抗不均匀的试验方法(见表 11，1983 年版的表 11)；

——修改了工作电容的试验方法(见表 11，1983 年版的表 11)；

——修改了衰减常数 同轴对的试验方法(见表 11，1983 年版的表 11)；

——修改了衰减常数 工作线对的试验方法(见表 11，1983 年版的表 11)；

——修改了串音的试验方法(见表 11，1983 年版的表 11)；

——修改了电容耦合的试验方法(见表 11，1983 年版的表 11)；

——修改了对地电容不平衡的试验方法(见表 11，1983 年版的表 11)；

——增加了屏蔽系数的试验方法(见表 11)；

——修改了外护套的验收规则(见表 11，1983 年版的表 11)；

——修改了电缆盘的规定(见 17.1，1983 年版的 16.1)。

本标准由中国电器工业协会提出。

本标准由全国电线电缆标准化技术委员会(SAC/TC 213)归口。

本标准起草单位：上海电缆研究所、深圳市联嘉祥科技股份有限公司。

本标准主要起草人：靳志杰、辛秀东、高欢、邹叶龙、宋杰、黄冬莲。

本标准所代替标准的历次版本发布情况为：

——GB/T 4012—1983。

2.6/9.5 mm同轴综合通信电缆

1 范围

本标准规定了2.6/9.5 mm同轴综合通信电缆的型号、规格、电性能、交货长度、验收规则、试验方法和标志包装。

本标准适用于2.6/9.5 mm同轴综合通信电缆的制造、验收和使用。

本标准规定的电缆适用于24 MHz及以下模拟干线通信系统或高速数据、图像传真、电视等数字或模拟宽带信息传输通信系统。高频四线组和高频对绞组用于123 kHz及以下模拟通信系统。低频四线组用于音频通信系统。

2 规范性引用文件

下列文件对于本文件的应用是必不可少的。凡是注日期的引用文件,仅注日期的版本适用于本文件。凡是不注日期的引用文件,其最新版本(包括所有的修改单)适用于本文件。

GB/T 2952.1~2952.3—2008 电缆外护层

GB/T 3048.4—2007 电线电缆电性能试验方法 第4部分:导体直流电阻试验

GB/T 3048.5—2007 电线电缆电性能试验方法 第5部分:绝缘电阻试验

GB/T 3048.8—2007 电线电缆电性能试验方法 第8部分:交流电压试验

GB/T 3953—2009 电工圆铜线

GB/T 4909.2—2009 裸电线试验方法 第2部分:尺寸测量

GB/T 5441.2—1985 通信电缆试验方法 工作电容试验 电桥法

GB/T 5441.3—1985 通信电缆试验方法 电容耦合及对地电容不平衡试验

GB/T 5441.4—1985 通信电缆试验方法 同轴对端阻抗及内部阻抗不均匀性试验 脉冲法

GB/T 5441.6—1985 通信电缆试验方法 串音衰减试验 比较法

GB/T 5441.7—1985 通信电缆试验方法 衰减常数试验 开短路法

GB/T 5441.8—1985 通信电缆试验方法 同轴对衰减常数频率特性试验 比较法

GB/T 5441.9—1985 通信电缆试验方法 工频条件下理想屏蔽系数试验

JB/T 8137(所有部分) 电线电缆交货盘

YD/T 760—1995 室内通信电缆用聚烯烃绝缘料

3 产品型号

3.1 电缆的型号见表1。

3.2 电缆用型号、规格及本标准编号表示。

示例:铝护套聚乙烯护套中同轴综合通信电缆包含有4个同轴对、4个高/低频四线组、1个低频四线组、4根信号线,表示为:HOL034×2.6/9.5+4×4×0.9(高/低)+1×4×0.9(低)+4×1×0.6(信)GB/T 4012—2013。

表1 2.6/9.5 mm 同轴综合通信电缆的型号

型号	名称	主要用途
HOL	裸铝护套同轴综合通信电缆	陆上固定敷设,用于架空、管道、隧道等场合
HOL02 HOL03	铝护套聚氯乙烯护套同轴综合通信电缆 铝护套聚乙烯护套同轴综合通信电缆	同 HOL,并可埋地
HOL22 HOL23	铝护套钢带铠装聚氯乙烯护套同轴综合通信电缆 铝护套钢带铠装聚乙烯护套同轴综合通信电缆	同 HOL02,用于电气化铁道和强电干扰场合
HOL32 HOL33	铝护套细圆钢丝铠装聚氯乙烯护套同轴综合通信电缆 铝护套细圆钢丝铠装聚乙烯护套同轴综合通信电缆	陆上固定敷设,用于水线
HOQ	裸铅护套同轴综合通信电缆	同 HOL
HOQ02 HOQ03	铅护套聚氯乙烯护套同轴综合通信电缆 铅护套聚乙烯护套同轴综合通信电缆	同 HOL02,HOL03
HOQ21[a] HOQ22 HOQ23	铅护套钢带铠装纤维外被同轴综合通信电缆 铅护套钢带铠装聚氯乙烯护套同轴综合通信电缆 铅护套钢带铠装聚乙烯护套同轴综合通信电缆	同 HOL22,HOL23
HOQ31[a] HOQ32 HOQ33 HOQ41 HOQ42[a] HOQ43[a]	铅护套细圆钢丝铠装纤维外被同轴综合通信电缆 铅护套细圆钢丝铠装聚氯乙烯护套同轴综合通信电缆 铅护套细圆钢丝铠装聚乙烯护套同轴综合通信电缆 铅护套粗圆钢丝铠装纤维外被同轴综合通信电缆 铅护套粗圆钢丝铠装聚氯乙烯护套同轴综合通信电缆 铅护套粗圆钢丝铠装聚乙烯护套同轴综合通信电缆	同 HOL32,HOL33
注:根据协议可提供其他类型外护层电缆。		
[a] 型号为不推荐产品。		

4 规格

电缆的规格见表2。

表2 同轴综合电缆规格

同轴对 2.6/9.5 mm	高/低频四线组[a] 4×0.9 mm	高频对绞组 2×0.9 mm	低频四线组 4×0.9 mm	信号线[a] 1×0.6 mm
4	4	—	1	—
				2
				4
8	—	—	7	—
		4		2
				4
		8		6
[a] 绿蓝色绝缘线芯为高频工作对;白红色绝缘线芯为低频工作对。				

5 同轴对

5.1 内导体为标称直径 2.6 mm 的圆铜线，导体应符合 GB/T 3953—2009 的规定。

5.2 绝缘材料采用泡沫或带皮泡沫聚烯烃，绝缘应符合 YD/T 760—1995 的规定。

5.3 外导体由标称厚度为 0.25 mm 的软铜带纵包而成。外导体标称直径为 9.5 mm。

5.4 外导体外面应间隙绕包两层标称厚度为 0.15 mm 的镀锡钢带和两层绝缘纸带。

5.5 同轴对的性能应符合表 3 的规定。

表 3 同轴对的性能

序号	项目		单位	指标	换算公式
1	内导体直流电阻(+20 ℃)		Ω/km	≤3.5	$l/1\ 000$
2	端阻抗[a](2.5 MHz)		Ω		—
	标称值			75	
	偏差	100%		±0.30	
		80%		±0.15	
	A、B 端阻抗差	100%		≤0.25	
		90%		≤0.15	
3	阻抗不均匀性[b]		‰		—
		100%		≤1.6(不小于 56 dB)	
		80%		≤1.0(不小于 60 dB)	
4	衰减常数[c](13 ℃)		dB/km		—
	0.3 MHz			≤1.32	
	1 MHz			≤2.37	
	2.5 MHz			≤3.74	
	4 MHz			≤4.73	
	9 MHz			≤7.09	
	12 MHz			≤8.19	
	20 MHz			≤10.59	
	24 MHz			11.60±0.10	

[a] 表中端阻抗以同轴对两端计算。

[b] 表中阻抗不均匀性以两端测试数值中的最大值计算。钢丝铠装类电缆的阻抗不均匀性允许降低 1‰。

[c] 衰减常数最大标称值，为在不少于 60 km 电缆中随机抽取 20 个 3 km 左右的单同轴对，进行全频带测试，取其平均值。

6 高/低频四线组

6.1 导电线芯为标称直径 0.9 mm 的软铜线，导体应符合 GB/T 3953—2009 的规定。

6.2 绝缘为泡沫聚乙烯，绝缘应符合 YD/T 760—1995 的规定。

6.3 红、绿、白、蓝颜色的四根绝缘线芯绞合组成四线组，其 A 端色谱排列见图 1，白红绝缘线芯组成低频工作对，绿蓝绝缘线芯组成高频工作对。

绞合节距应不大于 300 mm，且同一电缆中的所有高/低频四线组应有不同的绞合节距，并螺旋疏绕不同颜色的棉纱、塑料丝或带。

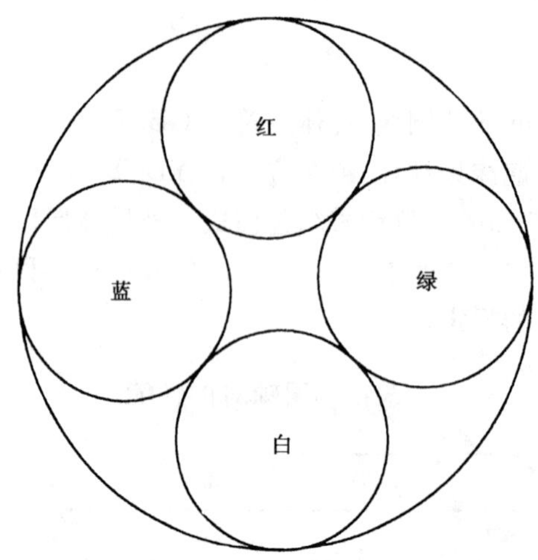

图 1　A端色谱排列

6.4　高/低频四线组的电性能应符合表4的规定。

表 4　高/低频四线组的电性能

序号	项　　目	单位	指标	换算公式
1	直流电阻(20 ℃) 每根导电线芯	Ω/km	≤28.5	l/1 000
2	工作对直流电阻差与环阻之比	%	≤1.0	—
3	工作电容(0.8 kHz) 平均值	nF/km	29.5±2.2	l/1 000
4	衰减常数(13 ℃,123 kHz)	dB/km	≤3.4	—

7　高频对绞组

7.1　导电线芯为标称直径0.9 mm的软铜线,导体应符合GB/T 3953—2009的规定。

7.2　绝缘为泡沫聚乙烯或者泡沫聚烯烃,绝缘应符合YD/T 760—1995的规定。

7.3　两根不同颜色的绝缘线芯绞合组成对绞组,其绞合节距应不大于150 mm,且同一电缆中所有高频对绞组应有不同的绞合节距。

7.4　高频对绞组的电性能应符合表5的规定。

表 5　高频对绞组的电性能

序号	项　目	单位	指标	换算公式
1	直流电阻(20℃) 每根导电线芯	Ω/km	≤28.5	l/1 000
2	工作对直流电阻差与环阻之比	%	≤1.0	—
3	工作电容(0.8 kHz) 平均值	nF/km	34±2.5	l/1 000
4	衰减常数(13 ℃,123 kHz)	dB/km	≤3.4	—

8 低频四线组

8.1 导电线芯为标称直径0.9 mm的软铜线,导体应符合GB/T 3953—2009的规定。

8.2 绝缘为泡沫聚乙烯或者泡沫聚烯烃,绝缘应符合YD/T 760—1995的规定。

8.3 红、绿、白、蓝颜色的四根绝缘线芯绞合组成四线组,其A端色谱排列见图1,白红绝缘线芯组成低频工作对,绿蓝绝缘线芯组成高频工作对。

绞合节距应不大于300 mm,且同一电缆中的所有高/低频四线组应有不同的绞合节距,并螺旋疏绕不同颜色的棉纱、塑料丝或带。

8.4 低频四线组的电性能应符合表6的规定。

表6 低频四线组的电性能

序号	项目	单位	指标	换算公式
1	直流电阻(20 ℃) 每根导电线芯	Ω/km	≤28.5	l/1 000
2	工作对直流电阻差与环阻之比	%	≤1.0	—
3	工作电容(0.8 kHz) 四同轴对电缆中 八同轴对电缆中	nF/km	 ≤32 ≤26	 l/1 000 l/1 000

9 信号线

9.1 导电线芯为标称直径0.6 mm的软铜线,导体应符合GB/T 3953—2009的规定。

9.2 绝缘为实心聚乙烯,绝缘应符合YD/T 760—1995的规定,其颜色应符合表7规定。

9.3 导电线芯在+20 ℃的直流电阻应不大于65.8 Ω/km。

9.4 成缆前同轴对上车端的端阻抗实测值应在0.2 Ω范围内配盘。

表7 信号线的绝缘颜色

同轴对数	根数	线序	1	2	3	4	5	6
		颜色	红	绿	白	蓝	白	蓝
4	2	—	√	—	√	—	—	—
	4		√	√	√	√	—	—
8	2	—	√	—	—	√	—	—
	4		√	√	—	√	√	—
	6		√	√	√	√	√	√

10 缆芯

10.1 缆芯按同心式绞合,外层为右向。缆芯中同轴对的绞合节距应符合下列规定:

a) 四同轴对电缆:不大于800 mm;

b) 八同轴对电缆:不大于1 050 mm。

八同轴对缆芯内外层之间绕包绝缘纸带。

10.2 缆芯A端色谱排列见图2。

每层中各线组或线对以红(或白/红)作为第一组,绿(或白/绿)作为第二组。线序按顺时针方向计数。

缆芯中没有高频对绞组时,Ⅰ及Ⅱ同轴对上应按线序红、绿颜色。

高频对绞组为4组时,应为1、2、5、6组(见图2)。

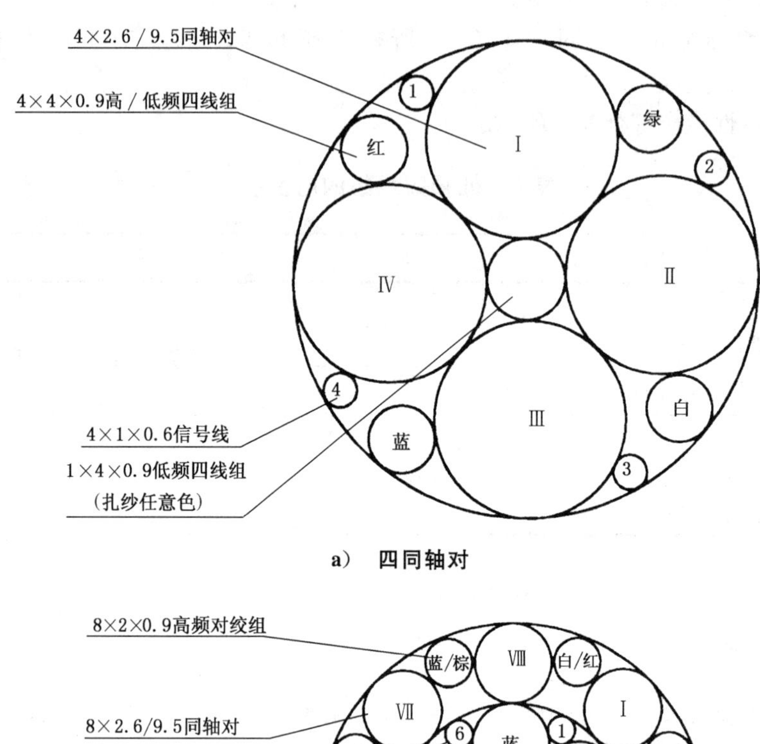

a) 四同轴对

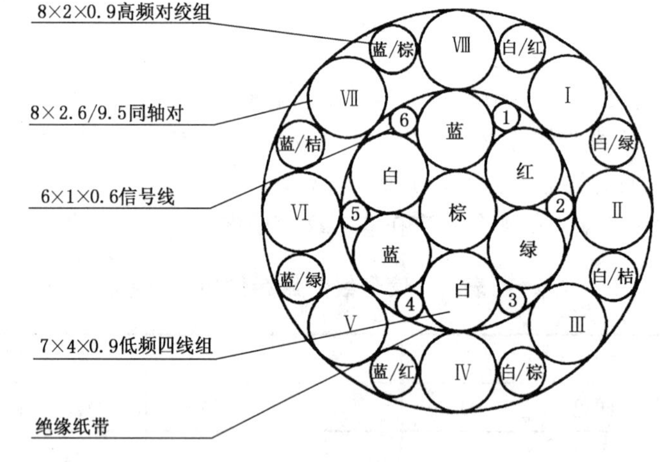

b) 八同轴对

图2 缆芯A端色谱排列

10.3 缆芯外应间隙绕包不少于5层的K-17纸带或总厚度相等的其他电缆纸带,沿整个缆芯长度上应放尺码带,最外层纸带或尺码带上应印有厂名及制造年份。

11 金属套

11.1 铝套用铝纯度应不低于99.6%。铅套用铅合金应含0.4%~0.8%的锑和0.08%以下的铜。

11.2 铝套厚度应符合表8规定。铅套厚度应符合表9规定。

表 8 铝套厚度

单位为毫米

铝套前计算直径	铝套最小厚度		
	平铝套	皱纹铝套	
		屏蔽系数不重要时	具有平铝套相等屏蔽要求时
20.00 及以下	1.30	—	—
20.01～25.00	1.40	—	—
25.01～30.00	1.50	—	—
30.01～35.00	1.60	—	—
35.01～40.00	1.70	1.40	1.70
40.01～45.00	1.80	1.50	1.80
45.01～50.00	1.90	1.50	1.90
50.01～55.00	—	1.60	1.90
55.01～60.00	—	1.60	1.90
60.01～70.00	—	1.70	2.00
70.00 及以上	—	1.80	2.10

表 9 铅套厚度

单位为毫米

铅套前计算直径	铅套厚度					
	HOQ		HOQ02 HOQ03 HOQ21 HOQ22 HOQ23		HOQ31 HOQ41 HOQ32 HOQ33 HOQ42 HOQ43	
	最小值	标称值	最小值	标称值	最小值	标称值
13.00 及以下	1.20	1.40	1.10	1.25	1.80	2.05
13.01～16.00	1.30	1.50	1.20	1.40	1.80	2.05
16.01～20.00	1.40	1.60	1.30	1.50	1.90	2.15
20.01～23.00	1.50	1.70	1.30	1.50	2.00	2.30
23.01～26.00	1.60	1.80	1.40	1.60	2.00	2.30
26.01～30.00	1.70	1.95	1.50	1.70	2.10	2.40
30.01～33.00	1.80	2.05	1.60	1.80	2.10	2.40
33.01～36.00	1.90	2.15	1.60	1.80	2.20	2.50
36.01～40.00	2.00	2.30	1.80	2.05	2.20	2.50
40.01～43.00	2.10	2.40	1.80	2.05	2.30	2.60
43.01～46.00	2.20	2.50	1.90	2.15	2.40	2.70
46.01～50.00	2.30	2.60	2.00	2.30	2.50	2.80

11.3 金属套应密封不漏气。

11.4 内径 15 mm 以上的铅套应经受扩张试验。

12 外护层

电缆外护层应符合 GB/T 2952—2008 的规定。

13 电缆

13.1 电缆电性能应符合表3～表6、表10及9.4规定。

13.2 电缆结构应稳定，性能要求应符合表10规定。

表10 电缆的电性能

序号	项　　目	单位	指标	换算公式
1	串音 同轴对远端串音防卫度(300 kHz) 高/低频四线组内绿蓝工作对间和高频对绞组工作对间 远端串音防卫度(10 kHz～123 kHz) 近端串音衰减(12 kHz～123 kHz)	dB/250 m	 ≥130 ≥74 ≥74	 $-14\lg\frac{l}{250}$ $-14\lg\frac{l}{250}$ —
2	电容耦合(0.8 kHz) 低频四线组工作对 K_1　平均值 　最大值 K_9～K_{12}　平均值 　最大值	pF/250 m	 ≤58 ≤165 ≤84 ≤118	 $\sqrt{l/250}$ $l/250$ $\sqrt{l/250}$ $l/250$
3	对地电容不平衡(0.8 kHz) 低频四线组工作对 e_{a_1}，e_{a_2}　平均值 　最大值 高/低频四线组中白红工作对 e_{a_1}　平均值 　最大值	pF/250 mm	 ≤165 ≤647 ≤165 ≤647	 $\sqrt{l/250}$ $l/250$ $\sqrt{l/250}$ $l/250$
4	绝缘电气强度 1)同轴对 内外导体间　DC 3 500 V 2 min 外导体间　AC 300 V　2 min 外导体对金属套接地　AC 2 000 V　2 min 2)高/低频四线组、高频对绞组和低频四线组 线芯间　AC 1 000 V　2 min 所有线芯连在一起对同轴对外导体与金属套接地 AC 1 000 V　2 min 3)信号线 线芯间　AC 1 000 V　2 min 全部线芯对同轴对外导体与金属套接地　AC 1000 V　2 s	—	 不击穿 不击穿 不击穿 不击穿 不击穿 不击穿 不击穿	—
5	绝缘电阻 1)同轴对内外导体间 2)高/低频四线组、高频对绞组和低频四线组每根线芯对其他线芯和同轴对外导体与金属套连接 3)信号线每根线芯对其他线芯和同轴对外导体与金属套连接	MΩ·km	 ≥10 000 ≥10 000 ≥5 000	 $1\,000/l$ $1\,000/l$ $1\,000/l$

表 10（续）

序号	项　　目	单位	指标	换算公式
6	屏蔽系数[a] 护套纵向电动势　50 Hz　30 V/km～150 V/km	—	≤0.1	—
[a] 只适用于 HOL22 和 HOL23 型电缆。				

14　交货长度

14.1　电缆的交货长度为 250^{+20}_{-10} m，或 500^{+40}_{-20} m。允许长度不小于 100 m 的短长度电缆交货，其数量应不超过交货总数量的 20%。

14.2　长度计量误差应不大于 1%。长度为 101 m～239 m 的电缆，按实际长度计算比例；长度超过 270 m 者，每盘按 150 m 计算比例。

15　验收规则

15.1　电缆应由制造厂的技术检查部门检验合格后方能出厂，每盘出厂的产品应附有制造厂的产品质量检验合格证。

15.2　电缆的验收规则与试验方法应符合表 11 规定。

抽检百分数按批量计算，但应不少于 2 盘。第一次抽检不合格时，应另取双倍数量的试样进行第二次试验，仍不合格时，应逐盘检查。

定期试验每次应至少抽取两盘电缆进行。当用户要求时，工厂应进行表 11 中第 6 项试验。

表 11　验收规则与试验方法

序号	项目	条文号	验收规则	试验方法
1	结构、尺寸、外观			
1.1	导电线芯直径	5.1、6.1、7.1、8.1、9.1	T，中间控制	GB/T 4909.2—2009
1.2	绞合节距	6.3、7.3、8.3、10.1	T，中间控制	钢皮尺
1.3	金属套厚度	11.4	T，中间控制	16.1
1.4	总成结构	第 10 章	T，中间控制	目力
2	直流电阻			
2.1	同轴对	表 3	T，S　5%	GB/T 3048.4—2007
2.2	其他导体	表 4～表 6、9.3	T，R	GB/T 3048.4—2007
3	端阻抗	表 3	T，R	GB/T 5441.4—1985
4	阻抗不均匀性	表 3	T，R	GB/T 5441.4—1985
5	工作电容	表 4～表 6	T，R	GB/T 5441.2—1985
6	衰减常数			
6.1	同轴对	表 3	T	GB/T 5441.8—1985
6.2	工作线对	表 4～表 5	T	GB/T 5441.7—1985
7	串音			
7.1	同轴对	表 10	T，每半年至少一次	GB/T 5441.6—1985
7.2	工作线对	表 10	T，S 5%	GB/T 5441.6—1985

表 11（续）

序号	项目	条文号	验收规则	试验方法
8	电容耦合	表 10	T,S 5%	GB/T 5441.3—1985
9	对地电容不平衡	表 10	T, S 5%	GB/T 5441.3—1985
10	介质强度	表 10	T, S	GB/T 3048.8—2007
11	绝缘电阻	表 10	T, S	GB/T 3048.5—2007
12	屏蔽系数	表 10	T	GB/T 5441.9—1985
13	金属套 密封性试验 扩张试验	 11.3 11.4	 T, R T,中间控制	 16.2 16.3
14	外护层	第 12 章	T,R	GB/T 2952—2008
15	同轴对结构稳定性	13.2	T,每半年至少一次	16.4
16	长度	第 14 章	T,R	尺码带
注：T 为型式试验,S 为抽样试验,R 为例行试验。				

16 试验方法

16.1 金属套厚度检查

16.1.1 试样

从电缆两端各取一个试样,试样应无机械损伤,端面平整。

16.1.2 测量工具

带有半圆头的千分尺,刻度 0.01 mm。

16.1.3 测量方法

对于铝套,用目力确定试样的最薄点,在该部位附近测量三次,确定最小值。

对于铅套,用目力确定试样的均匀厚度处,在此处剪开试样,在光滑平整的钢板上轻轻敲平(允许用手轻压),然后用目力确定最薄部分,在该部分测量三次,确定最小厚度,在沿试样的圆周方向约等距离测量 6 点,取算术平均值作为铅套平均厚度,平均厚度应不小于标称值。

16.2 金属套密封性试验

在金属套内按表 12 的规定充入干燥空气或氮气,在规定的保持时间内气压应不下降。

表 12 金属套密封性试验

电缆型式	空气或氮气压力 N/cm²	保持时间 h
裸铝套电缆	≥40	≥3
其他铝套电缆		≥6

表 12（续）

电缆型式	空气或氮气压力 N/cm²	保持时间 h
裸铅套电缆	≥30	≥3
其他铅套电缆		≥6
注：1 N/cm²＝0.102 kgf/cm²。		

16.3 金属套扩张试验

将长约 150 mm 的一段金属套，套在椎体上，在润滑情况下轻掷圆锥体，扩张金属套至套前电缆直径的 1.3 倍，目力检查金属套应不破裂。有争议时用(3～5)倍放大镜检查。

圆锥体底部直径与高之比应为 1∶3。

可采用扩管机进行扩张试验。

16.4 电缆结构稳定性试验

试样为交货长度的两根电缆。将电缆从一个电缆盘复绕到另个一电缆盘上，如此进行两次。然后测量同轴对端阻抗、阻抗不均匀性、近端串音防卫度及内外导体间介电强度，均应符合本标准的相应规定，同时金属套应不漏气。

17 包装及标志

17.1 电缆盘应符合 JB/T 8137 的规定。

电缆盘筒体直径应符合下列规定：

a） 对于铝护套电缆：应不小于铝套外径的 40 倍；

b） 对于铅护套电缆：应不小于铅套外径的 30 倍。

每个电缆盘上只允许绕一个交货长度的电缆。电缆两端应封焊，内端可拉出 1 m 以上，并应焊有一个气门嘴，两个端头应固定在电缆盘内。盘上应钉保护板或密封的坚固板材，也可用具有同等保护作用的其他材料。

17.2 装盘的电缆内应充有干燥空气或氮气，气压力应符合下列规定：

a） 对于铝护套电缆：5 N/cm²～20 N/cm²；

b） 对于铅护套电缆：3 N/cm²～8 N/cm²。

17.3 电缆盘上应标明：

a） 制造厂名称；

b） 电缆型号、规格；

c） 电缆长度；

d） 毛重 kg；

e） 出厂盘号；

f） 制造日期：　　年　月；

g） 表示电缆盘正确旋转方向的箭头；

h） 电缆内端的段别及位置；

i） 标准编号。

ICS 29.060.20
K 13

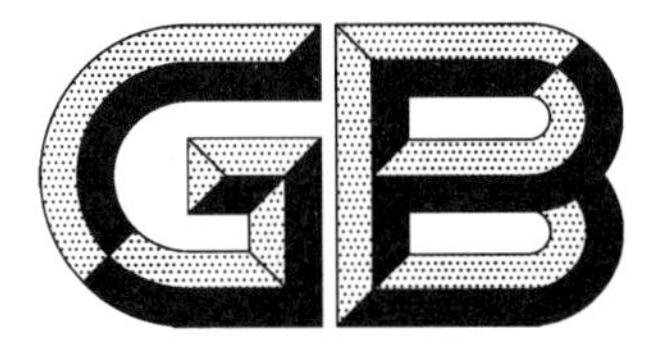

中华人民共和国国家标准

GB/T 5441—2016
代替 GB/T 5441.1～5441.7—1985,GB/T 5441.9～5441.10—1985

通信电缆试验方法

Test methods for communication cable

2016-04-25 发布　　　　2016-11-01 实施

中华人民共和国国家质量监督检验检疫总局
中国国家标准化管理委员会 发布

前　言

本标准按照GB/T 1.1—2009给出的规则起草。

本标准代替GB/T 5441.1—1985《通信电缆试验方法　第1部分:总则》、GB/T 5441.2—1985《通信电缆试验方法　第2部分:工作电容试验　电桥法》、GB/T 5441.3—1985《通信电缆试验方法　第3部分:电容耦合及对地电容不平衡试验》、GB/T 5441.4—1985《通信电缆试验方法　第4部分:同轴对端阻抗及内部阻抗不均匀性试验　脉冲法》、GB/T 5441.5—1985《通信电缆试验方法　第5部分:同轴对特性阻抗实部平均值试验　谐振法》、GB/T 5441.6—1985《通信电缆试验方法　第6部分:串音试验　比较法》、GB/T 5441.7—1985《通信电缆试验方法　第7部分:衰减常数试验　开短路法》、GB/T 5441.9—1985《通信电缆试验方法　第9部分:工频条件下理想屏蔽系数试验》、GB/T 5441.10—1985《通信电缆试验方法　第10部分:同轴对展开长度测量　正弦波法》。本标准以修订GB/T 5441.1—1985为主,整合了GB/T 5441.2—1985～GB/T 5441.7—1985、GB/T 5441.9—1985、GB/T 5441.10—1985的内容。与GB/T 5441.1—1985相比,主要技术变化如下:

——修改了适用范围(见第1章,1985年版的第1章);

——增加了规范性引用文件(见第2章);

——增加了工作电容及电容不平衡的定义(见第3章);

——增加了串音测试中常见参数定义(见第3章);

——增加了“试验方法”(见第5章)。

本标准由中国电器工业协会提出。

本标准由全国电线电缆标准化技术委员会(SAC/TC 213)归口。

本标准负责起草单位:上海电缆研究所。

本标准参加起草单位:江苏俊知技术有限公司、江苏亨通线缆科技有限公司、江苏通鼎光电股份有限公司、江苏中利科技集团股份有限公司、华讯工业(苏州)有限公司、深圳市联嘉祥科技股份有限公司、国家铁路产品质量监督检验中心、浙江正导光电股份有限公司、浙江兆龙线缆有限公司、中煤科工集团上海研究院。

本标准主要起草人:江斌、涂建坤、尹莹、辛秀东、刘杰、龚江疆、樊荣、薛清波、丁伟林、王晓益、姚文讯、朱旭俊、淮平、肖仁贵、张喜生、刘雅梁、黄冬莲、郑崑琳、罗英宝、倪冬华、高健。

本标准所代替标准的历次版本发布情况为:

——GB/T 5441.1—1985、GB/T 5441.2—1985、GB/T 5441.3—1985、GB/T 5441.4—1985、GB/T 5441.5—1985、GB/T 5441.6—1985、GB/T 5441.7—1985、GB/T 5441.9—1985、GB/T 5441.10—1985。

通信电缆试验方法

1 范围

本标准规定了对称通信电缆和同轴对电缆的试验方法。

本标准适用于对称通信电缆和同轴对电缆电气参数的测量。其他通信电缆的试验,可参照使用。

2 规范性引用文件

下列文件对于本文件的应用是必不可少的。凡是注日期的引用文件,仅注日期的版本适用于本文件。凡是不注日期的引用文件,其最新版本(包括所有的修改单)适用于本文件。

GB/T 2900.10 电工术语 电缆

GB/T 3048.4 电线电缆电性能试验方法 第4部分:导体直流电阻试验

3 术语和定义

GB/T 2900.10 界定的以及下列术语和定义适用于本文件。

3.1

工作电容 the mutual capacitance

工作对两根传输线芯之间的总电容。

对称电缆工作电容可通过平衡电桥直接测量获取(见图1),其表达式见式(1):

$$C_m = C_{AB} + (C_{AG} \times C_{BG})/(C_{AG} + C_{BG}) \quad \cdots\cdots(1)$$

式中:

C_m ——线对工作电容,单位为纳法(nF);

C_{AB} ——导体 a 与 b 间的电容,单位为纳法(nF);

C_{AG} ——导体 a 与屏蔽及地间的电容,单位为纳法(nF);

C_{BG} ——导体 b 与屏蔽及地间的电容,单位为纳法(nF)。

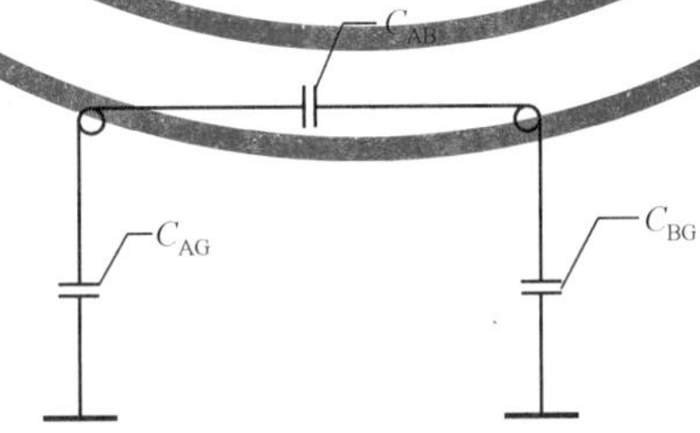

图1 对称电缆工作电容

对称电缆工作电容也可以通过式(2)获取:

$$C_m = \frac{(C_1 + C_2)}{2} - \frac{C_3}{4} - \frac{(C_1 - C_2)^2}{4C_3} \quad \cdots\cdots(2)$$

式中:

C_m ——线对工作电容,单位为纳法(nF);

C_1——导体 a 与 b 间的电容，导体 b 接所有其他导体及屏蔽（如果有屏蔽）与地，单位为纳法（nF）；
C_2——导体 b 与 a 间的电容，导体 a 接所有其他导体及屏蔽（如果有屏蔽）与地，单位为纳法（nF）；
C_3——导体 a、b 接在一起与所有其他导体接屏蔽（如果有屏蔽）及地之间的电容，单位为纳法（nF）。

3.2

对地电容不平衡　capacitance unbalance to earth

工作对两根传输线芯对地电容的算术差值。

线对对地电容不平衡见式（3）：

$$C_e = C_1 - C_2 \quad \cdots\cdots (3)$$

式中：

C_e——线对对地电容不平衡，单位为皮法（pF）；
C_1——导体 a 与 b 间的电容，导体 b 接所有其他导体及屏蔽（如果有屏蔽）与地，单位为皮法（pF）；
C_2——导体 b 与 a 间的电容，导体 a 接所有其他导体及屏蔽（如果有屏蔽）与地，单位为皮法（pF）。

3.3

对屏电容不平衡（对外来地电容不平衡）　capacitance unbalance to screen

工作对两根传输线芯对屏蔽电容的算术差值。

线对对屏电容不平衡见式（4）：

$$C_{ea} = C_{1s} - C_{2s} \quad \cdots\cdots (4)$$

式中：

C_{ea}——线对对屏电容不平衡，单位为皮法（pF）；
C_{1s}——线对中导体 a 与屏蔽间的电容，其余导体应接平衡变量器的中性点，单位为皮法（pF）；
C_{2s}——线对中导体 b 与屏蔽间的电容，其余导体应接平衡变量器的中性点，单位为皮法（pF）。

3.4

线对间电容不平衡　capacitance unbalance pair to pair

两组电缆工作对间电容的算术差值。

线对间电容不平衡见式（5）：

$$k = (C_{13} + C_{24}) - (C_{14} + C_{23}) \quad \cdots\cdots (5)$$

式中：

k——线对间电容不平衡，单位为皮法（pF）；
C_{13}、C_{14}、C_{23}、C_{24}——电缆线芯 1、2、3、4 相互间的电容，其中线芯 1、2 为工作对Ⅰ，线芯 3、4 为工作对Ⅱ。

3.5

近端串音　near-end crosstalk

NEXT

主串线对输入功率串到被串线对近端后的衰减值，见式（6）：

$$NEXT = 10\lg(P_{1N}/P_{2N}) \quad \cdots\cdots (6)$$

式中：

$NEXT$——近端串音，单位为分贝（dB）；
P_{1N}——主串线对的输入功率，单位为毫瓦（mW）；
P_{2N}——被串线对近端的串音输出功率，单位为毫瓦（mW）。

3.6

远端串音　far-end crosstalk

I.O.FEXT

主串线对输入功率串到被串线对远端后的衰减值，见式（7）：

$$I.O.FEXT = 10\lg(P_{1N}/P_{2F}) \quad \cdots\cdots(7)$$

式中：

$I.O.FEXT$ ——远端串音，单位为分贝(dB)；

P_{1N} ——主串线对近端的输入功率，单位为毫瓦(mW)；

P_{2F} ——被串线对远端的串音输出功率，单位为毫瓦(mW)。

3.7

等电平远端串音(远端串音防卫度)　equal level far-end crosstalk

EL-FEXT

主串线对远端输出功率串到被串线对远端后的衰减值，见式(8)：

$$EL - FEXT = 10\lg(P_{1F}/P_{2F}) \quad \cdots\cdots(8)$$

式中：

P_{1F}——主串线对远端的输出功率，单位为毫瓦(mW)；

P_{2F}——被串线对远端的串音输出功率，单位为毫瓦(mW)。

等电平远端串音(*EL-FEXT*)与远端串音(*I.O.FEXT*)相差一个主串线对的衰减。

$$EL - FEXT = I.O.FEXT - \alpha' \quad \cdots\cdots(9)$$

$$\alpha' = \alpha \times l \quad \cdots\cdots(10)$$

式中：

α ——主测线对的衰减常数，单位为分贝每单位长度(dB/单位长度)；

$\alpha \times l$ ——主测线对的衰减值，单位为分贝(dB)。

4　一般规定

4.1　除另有规定外，试验应在环境温度下进行。

注：环境温度建议为 20 ℃±15 ℃。

4.2　除本标准中规定的试验方法外，其他电性能，如绝缘电阻、介质强度试验(电压试验)和机械物理性能试验，均应采用有关的电线电缆试验方法标准。必要时，可做出补充规定。

4.3　本标准中试验仪器和设备的附图，均为该项试验可能采用的一种仪器或设备的示意图。各种试验仪器和设备应按规定进行定期校验，以保持良好的使用状态。

5　试验方法

5.1　工作电容

5.1.1　试验设备

5.1.1.1　测试系统原理图

测试系统原理图见图 2～图 4。

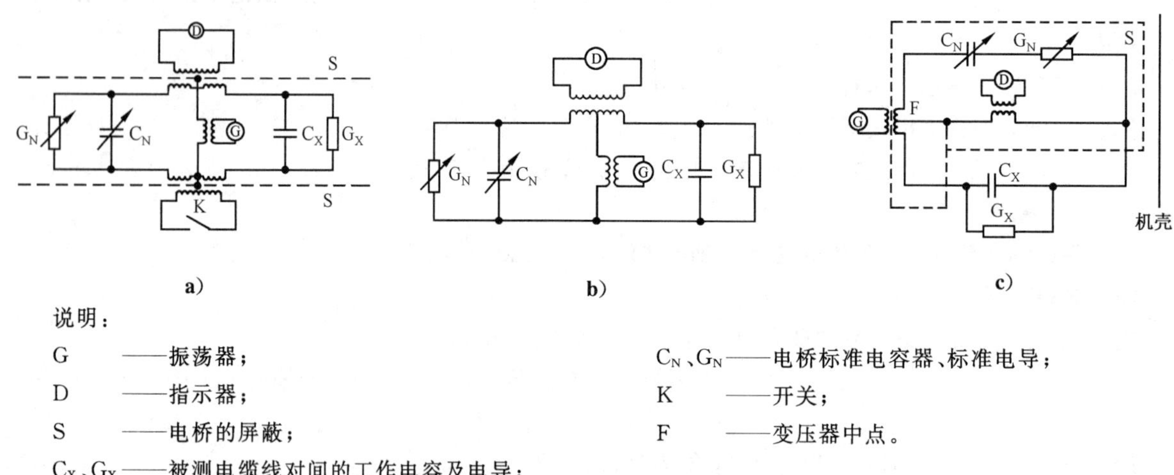

说明：

G ——振荡器；

D ——指示器；

S ——电桥的屏蔽；

C_X、G_X——被测电缆线对间的工作电容及电导；

C_N、G_N——电桥标准电容器、标准电导；

K ——开关；

F ——变压器中点。

图2 对称电缆线对间工作电容测试系统原理图

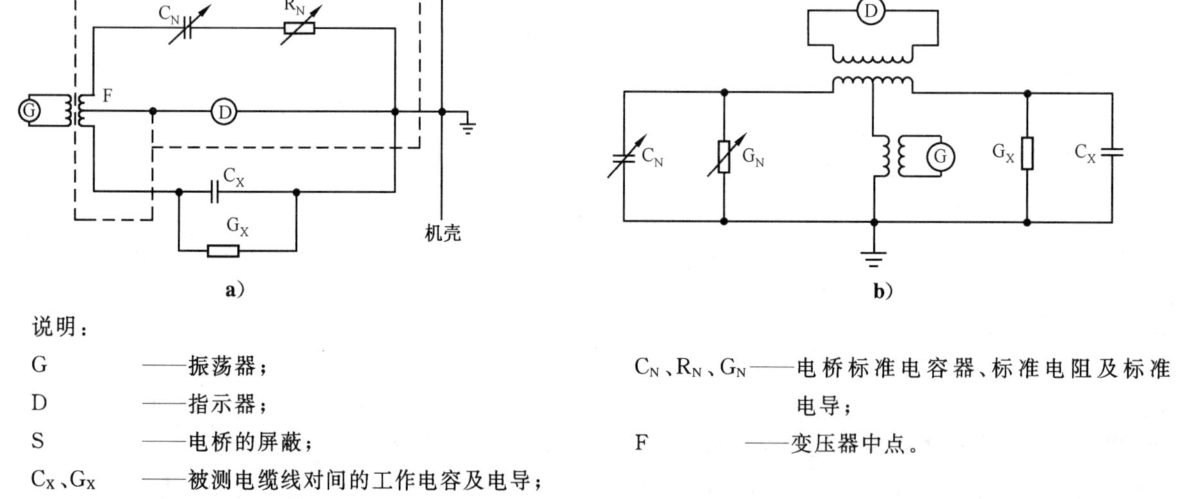

说明：

G ——振荡器；

D ——指示器；

S ——电桥的屏蔽；

C_X、G_X ——被测电缆线对间的工作电容及电导；

C_N、R_N、G_N——电桥标准电容器、标准电阻及标准电导；

F ——变压器中点。

图3 同轴对或单芯电缆工作电容测试系统原理图

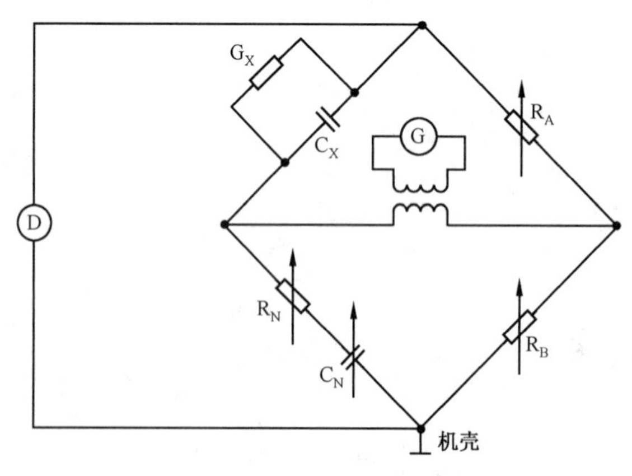

说明：

G ——振荡器；

D ——指示器；

C_X、G_X——被测电缆线对间的工作电容及电导；

C_N、R_N——电桥标准电容器、标准电阻；

R_A、R_B——电桥比率臂及桥臂标准电阻；

F ——变压器中点。

图4 通信电缆线对间工作电容测试系统原理图

5.1.1.2 测试仪器

测试仪器应符合下列要求：

a) 振荡器频率在 500 Hz～2 600 Hz 范围内单频输出，频率的误差应不大于 10%，非线性失真系数应不大于 5%；

b) 指示器灵敏度应不低于允许测试误差的 1/3 的分辨力；

c) 除另有规定外，电桥测试误差应不超过(1%被测值)pF±10 pF。

5.1.2 试样准备

试样应为制造长度的成品电缆。

5.1.3 试验步骤

5.1.3.1 根据不同测试对象选定测试系统原理图，并连接好测试系统。

对称电缆线对间工作电容，应按图 2 中的任意一种接线图测试，采用带有输入输出对称变压器的对称交流电桥。

同轴对或单芯电缆的工作电容应按图 3 中的任意一种接线图测试，采用一测试端钮接地的不对称电桥。

在符合 5.1.5.2 规定的前提下，允许采用图 4 接线图所示交流电桥测试通信电缆线对间的工作电容。

5.1.3.2 将被测线对直接或通过引线连接到电桥的测试端钮上，被测线对的另一端应开路，引线应按仪表和被测对象的需要选用。除被测线对外，其他线芯应连接在一起；若电缆有金属护套或屏蔽，其他线芯接电缆的金属护套或屏蔽。

注：在无外界干扰的情况下，允许其他线芯不接金属护套或屏蔽。

5.1.3.3 检查无误后，接通电源进行测试。测试时应确保指示器具有足够的灵敏度，然后读取测量结果。

5.1.4 试验结果及计算

试验结果应按式(11)换算为单位长度电缆的工作电容，引线的电容应从试验结果中扣除，或在电桥预平衡时平衡掉。

$$C = C_{m} \times \frac{1\,000}{l} \qquad (11)$$

式中：

C ——单位长度电缆线对工作电容，单位为纳法每千米(nF/km)；

C_{m}——制造长度电缆工作电容测量值，单位为纳法(nF)；

l ——被测电缆长度，单位为米(m)。

5.1.5 其他技术要求

5.1.5.1 当采用图 2 所示对称电桥测试线对工作电容时，电缆的金属护套可接地。

5.1.5.2 当采用图 4 所示交流电桥测试通信电缆工作电容时，不应以任何方式使其他线芯及金属护套与电桥的屏蔽机壳接通。当存在外界干扰要求电缆金属护套接地时，仪器的机壳不应接地。

5.1.5.3 当对测试结果有争议时，对称电缆应以图 2 所示电桥测试为准，同轴电缆应以图 3 所示电桥测试为准。所采用电桥的精度应确保测试误差不超过(0.5%被测值)pF±10 pF。

5.2 电容耦合及电容不平衡试验

5.2.1 符号

测试项目符号见表 1。

表 1 电容耦合及对地电容不平衡试验测试项目符号

符号		定义	近似公式
组内	K_1	实路Ⅰ/实路Ⅱ	$(C_{13}+C_{24})-(C_{14}+C_{23})$
	K_2	实路Ⅰ/幻路	$(C_{13}+C_{14})-(C_{23}+C_{24})+\frac{C_{10}-C_{20}}{2}+\frac{C_{1G}-C_{2G}}{2}$
	K_3	实路Ⅱ/幻路	$(C_{13}+C_{23})-(C_{14}+C_{24})+\frac{C_{30}-C_{40}}{2}+\frac{C_{3G}-C_{4G}}{2}$
组间	K_4	幻路Ⅰ/幻路Ⅱ	$C_{15}+C_{16}+C_{25}+C_{26}+C_{48}+C_{47}+C_{38}+C_{37}-C_{18}-C_{17}-C_{28}-C_{27}-C_{45}-C_{46}-C_{35}-C_{36}$
	K_5	实路Ⅰ/幻路Ⅱ	$C_{15}+C_{16}+C_{28}+C_{27}-C_{18}-C_{17}-C_{25}-C_{26}$
	K_6	实路Ⅱ/幻路Ⅱ	$C_{45}+C_{46}+C_{38}+C_{37}-C_{48}-C_{47}-C_{35}-C_{36}$
	K_7	实路Ⅲ/幻路Ⅰ	$C_{15}+C_{25}+C_{46}+C_{36}-C_{45}-C_{35}-C_{16}-C_{26}$
	K_8	实路Ⅳ/幻路Ⅰ	$C_{18}+C_{28}+C_{47}+C_{37}-C_{17}-C_{27}-C_{48}-C_{38}$
	K_9	实路Ⅰ/实路Ⅲ	$C_{15}+C_{26}-C_{16}-C_{25}$
	K_{10}	实路Ⅰ/实路Ⅳ	$C_{18}+C_{27}-C_{17}-C_{28}$
	K_{11}	实路Ⅱ/实路Ⅲ	$C_{45}+C_{36}-C_{46}-C_{35}$
	K_{12}	实路Ⅱ/实路Ⅳ	$C_{48}+C_{37}-C_{47}-C_{38}$
对地电容不平衡	e_1	实路Ⅰ/其他芯线及金属护套和地	$C_{10}-C_{20}+C_{1G}-C_{2G}$
	e_2	实路Ⅱ/其他芯线及金属护套和地	$C_{30}-C_{40}+C_{3G}-C_{4G}$
	e_3	幻路Ⅰ/其他芯线及金属护套和地	$C_{10}+C_{20}+C_{1G}+C_{2G}-C_{30}-C_{40}-C_{3G}-C_{4G}$
对外来地电容不平衡	e_{a1}	实路Ⅰ/金属护套和地	$C_{10}-C_{20}$
	e_{a2}	实路Ⅱ/金属护套和地	$C_{30}-C_{40}$
	e_{a3}	幻路Ⅰ/金属护套和地	$C_{10}+C_{20}-C_{30}-C_{40}$

注 1:实路Ⅰ为被测四线组的一个工作对,其线芯编号为 1、2;实路Ⅱ为被测四线组的一个工作对,其线芯编号为 3、4;实路Ⅲ为另一被测四线组的一个工作对,其线芯编号为 5、6;实路Ⅳ为另一被测四线组的一个工作对,其线芯编号为 7、8。

注 2:C_{13}、C_{14}、C_{23}、C_{24}为电缆线芯 1、2、3、4 相互间的部分电容;C_{1G}、C_{2G}、C_{3G}、C_{4G}为电缆线芯 1、2、3、4 对全部非被测线芯间的部分电容;C_{10}、C_{20}、C_{30}、C_{40}为电缆线芯 1、2、3、4 对地间的部分电容。

5.2.2 试验设备

5.2.2.1 测试系统原理图

测试系统原理图见图 5～图 8。

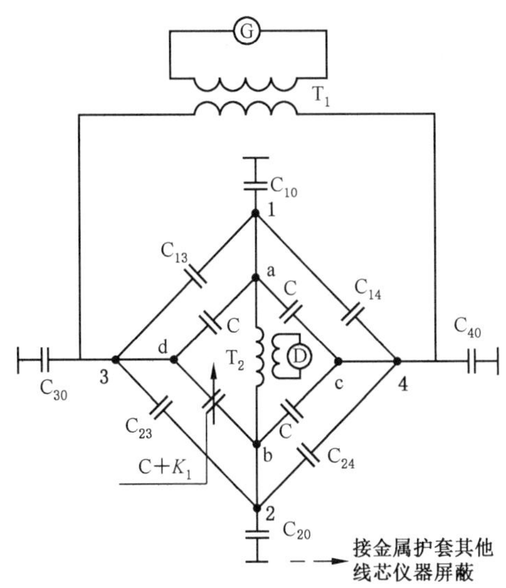

说明：

1、2、3、4	——组内两对线芯；	G	——振荡器；
a、b、c、d	——电桥的四个顶点；	D	——指示器；
C	——桥臂电容；	T_1、T_2	——变量器。
F	——变量器中心；		

图 5 K_1 测试系统原理图

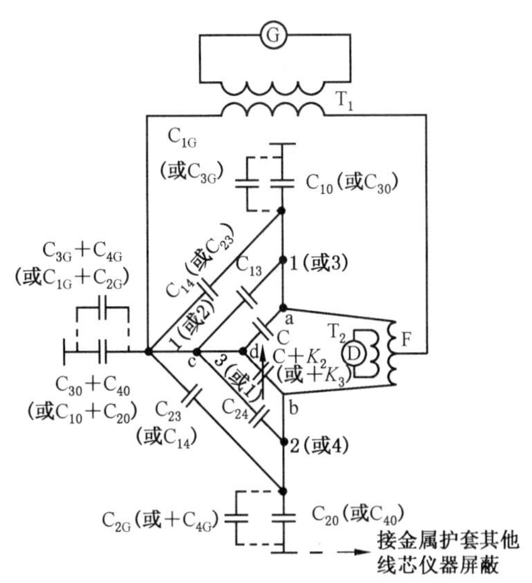

说明：

1、2、3、4	——组内两对线芯；	G	——振荡器；
a、b、c、d	——电桥的四个顶点；	D	——指示器；
C	——桥臂电容；	T_1、T_2	——变量器。
F	——变量器中心；		

图 6 K_2 或 K_3 测试系统原理图

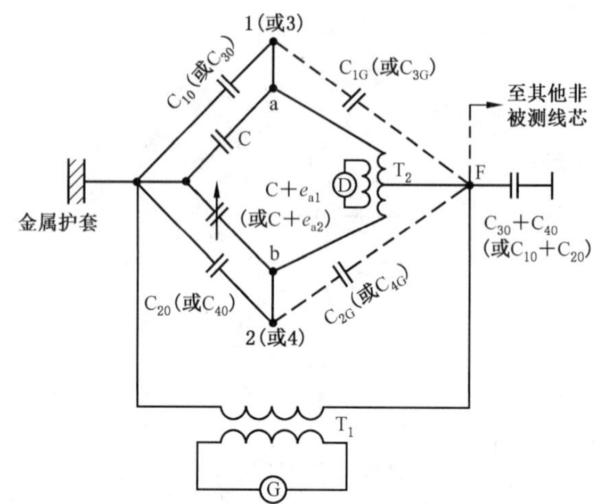

说明：

1、2、3、4——组内两对线芯；

a、b ——电桥的两个顶点；

C ——桥臂电容；

F ——变量器中心；

G ——振荡器；

D ——指示器；

T_1、T_2 ——变量器。

图7 线对对外来地电容不平衡 e_{a1}、e_{a2}测试系统原理图

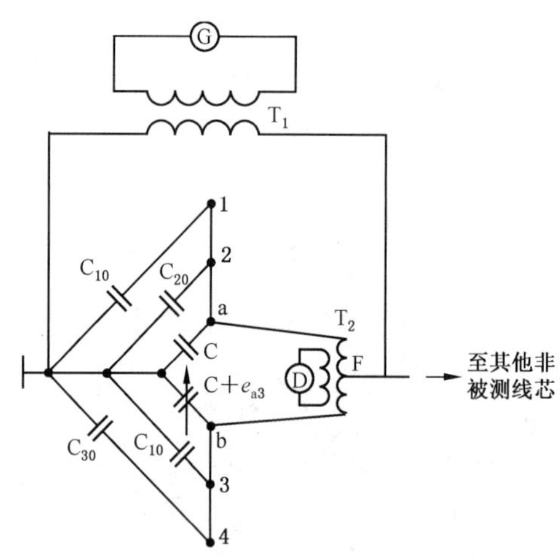

说明：

1、2、3、4——组内两对线芯；

a、b ——电桥的两个顶点；

C ——桥臂电容；

F ——变量器中心；

G ——振荡器；

D ——指示器；

T_1、T_2 ——变量器。

图8 线对对外来地电容不平衡 e_{a3}测试系统原理图

5.2.2.2 测试仪器

测试仪器应符合下列要求：

a) 振荡器：频率在500 Hz～2 000 Hz范围内单频输出，频率误差应不大于10%，非线性失真系数应不大于5%；
b) 指示器的灵敏度应确保不低于(测试误差的1/5＋1)pF分辨力；
c) 电桥：测试误差应不大于(3%被测值)pF±2.5 pF。应定期用标准电容器在电桥上利用K_1线路分别接至图5中ad、bc及db三个桥臂上进行校验。

5.2.3 试样准备

试样为制造长度的成品电缆。

5.2.4 试验步骤

5.2.4.1 根据不同测试对象选定测试系统原理图，并连接好测试系统。K_1按图5系统原理图测试；K_2、K_3按图6系统原理图测试；K_4～K_{12}按图5系统原理图测试，但此时四个实路的线芯与桥体的实际接法应符合表2规定；e_{a1}、e_{a2}、e_1、e_2按图7系统原理图测试；但测量e_1和e_2时，应符合5.2.4.2中列项b)的规定；e_{a3}、e_3按图8系统原理图测试。

表2 线芯与桥体接线法

项目	端钮a	端钮b	端钮c	端钮d
K_4	1,2	3,4	5,6	7,8
K_5	1	2	5,6	7,8
K_6	3	4	5,6	7,8
K_7	1,2	3,4	5	6
K_8	1,2	3,4	7	8
K_9	1	2	5	6
K_{10}	1	2	7	8
K_{11}	3	4	5	6
K_{12}	3	4	7	8
注：1、2、3、4、5、6、7、8为线芯序号。				

5.2.4.2 测试K、e值时，非被测线芯的连接应符合下列要求：

a) 测试K值及e_3值时，电缆内除被测线对外的其余非被测线芯接金属护套或电缆屏蔽；
b) 测试e_1、e_2时，同一四线组组内的另外两根线芯应由仪表自动转接至F点，电缆内其余非被测线芯接金属护套或电缆屏蔽；
c) 测试e_{a1}、e_{a2}、e_{a3}时，电缆内全部非被测线芯接仪器的F点。

5.2.4.3 将电缆的被测线芯直接或通过引线接到电桥的测试端钮上，被测线芯的另一端应开路。测试引线应采用屏蔽软线，引线的接头端应保证有良好的电接触。引线的K值、e值和e_a值应分别在测试结果中扣除，或在电桥预平衡时平衡掉。

5.2.4.4 检查无误后，转动测试仪的转动开关至所需测的K值、e值和e_a值进行测试。

5.2.4.5 测量时应确保指示器具有足够的灵敏度，然后读取测量结果。

5.2.5 试验结果及计算

测量结果按式(12)至式(17)换算为标准长度时的值：

$$K_{(1\sim12)}=K_{(1\sim12)X}\cdot\frac{L_0}{L_X} \qquad (12)$$

$$\overline{K}_{(1\sim12)}=\overline{K}_{(1\sim12)X}\cdot\sqrt{\frac{L_0}{L_X}} \qquad (13)$$

$$e_{(1\sim3)}=e_{(1\sim3)X}\cdot\frac{L_0}{L_X} \qquad (14)$$

$$\overline{e}_{(1\sim3)}=\overline{e}_{(1\sim3)X}\cdot\frac{L_0}{L_X} \qquad (15)$$

$$e_{a(1\sim3)}=e_{a(1\sim3)X}\cdot\frac{L_0}{L_X} \qquad (16)$$

$$\overline{e}_{a(1\sim3)}=\overline{e}_{a(1\sim3)X}\cdot\frac{L_0}{L_X} \qquad (17)$$

式中：

L_0 ——产品标准中规定指标时确定的标准制造长度，单位为米(m)；

L_X ——被测电缆的长度，单位为米(m)；

$K_{(1\sim12)}$ ——标准制造长度电缆线对间 $K_{(1\sim12)}$ 值；

$K_{(1\sim12)X}$ ——被测电缆长度上电缆线对间 $K_{(1\sim12)}$ 测量值；

$\overline{K}_{(1\sim12)}$ ——标准制造长度电缆线对间 $K_{(1\sim12)}$ 的算术平均值；

$\overline{K}_{(1\sim12)X}$ ——被测电缆长度上电缆线对间 $K_{(1\sim12)}$ 测量值的算术平均值；

$e_{(1\sim3)}$ ——标准制造长度电缆线对对地间 $e_{(1\sim3)}$ 值；

$e_{(1\sim3)X}$ ——被测电缆长度上电缆线对对地间 $e_{(1\sim3)}$ 的测量值；

$\overline{e}_{(1\sim3)}$ ——标准制造长度电缆线对对地间 $e_{(1\sim3)}$ 的算术平均值；

$\overline{e}_{(1\sim3)X}$ ——被测电缆长度上电缆线对对地间 $e_{(1\sim3)}$ 测量值的算术平均值；

$e_{a(1\sim3)}$ ——标准制造长度上电缆线对对外来地的 $e_{a(1\sim3)}$ 值；

$e_{a(1\sim3)X}$ ——被测电缆长度上电缆线对对外来地的 $e_{a(1\sim3)}$ 的测量值；

$\overline{e}_{a(1\sim3)}$ ——标准制造长度上电缆线对对外来地的 $e_{a(1\sim3)}$ 的算术平均值；

$\overline{e}_{a(1\sim3)X}$ ——被测电缆长度上电缆线对对外来地的 $e_{a(1\sim3)}$ 测量值的算术平均值。

5.2.6 其他技术要求

5.2.6.1 测试时应注意电容耦合值的“正”“负”号。

5.2.6.2 当被测电缆测试结果超出仪器测试量程时，可采用外加标准电容方法测试，测试结果应为电桥上的读数及外加标准电容数值之代数和。

5.2.6.3 在一般情况下，5.2.4.2a)和 b)规定的其余非被测线芯，允许减少为被测线芯周围的非被测线芯接金属护套或电缆屏蔽。当有争议时，应按 5.2.4.2a)和 b)的规定进行。

5.3 同轴对端阻抗及内部阻抗不均匀性试验　脉冲法

5.3.1 符号

同轴对端阻抗及内部阻抗不均匀性试验符号见表 3。

表 3　同轴对端阻抗及内部阻抗不均匀性试验　脉冲法符号及定义

符号	定义
Z_A	同轴对 A 端端阻抗值
P_A	当脉冲从同轴对 A 端送入时,同轴对内部不均匀性以反射系数表示的值
A_{rA}	当脉冲从同轴对 A 端送入时,同轴对内部不均匀性以反射衰减表示的值
Z_B	同轴对 B 端端阻抗值
P_B	当脉冲从同轴对 B 端送入时,同轴对内部不均匀性以反射系数表示的值
A_{rB}	当脉冲从同轴对 B 端送入时,同轴对内部不均匀性以反射衰减表示的值
A 端和 B 端应按电缆产品标准规定区别。	

5.3.2　试验设备

5.3.2.1　测试系统原理图

测试系统原理图见图 9。

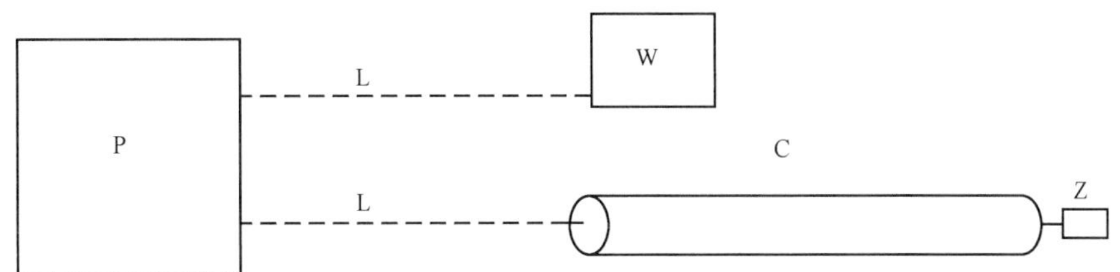

说明:

P——电缆脉冲测试仪;

W——平衡网络(脉冲仪附件);

C——被测同轴对;

Z——终端匹配阻抗;

L——测试引线(允许不用引线)。

图 9　测试系统原理图

5.3.2.2　测试仪器

测试仪器应符合下列要求:

a)　测试系统精度:端阻抗的测量误差,对于 2.6 mm/9.5 mm 型应不超过 ±0.05 Ω;对于 1.2 mm/4.4 mm 型应不超过±0.1 Ω;对于 0.7 mm/2.9 mm 型应不超过±0.2 Ω。同轴对内部阻抗不均匀性测量误差应不超过被测值的−10%~+10.01%;

b)　接收系统:由接收放大器和输入衰减器等组成,其频率特性在 0.1 τ MHz~0.5 τ MHz 频率范围内的波动应不超过±3 dB;

c)　发送脉冲:输出的发送脉冲幅度应不低于 20 V,波形应为正弦平方波,发送脉冲半幅宽度(τ)的误差应不超过按 5.3.4.2 选定值的±15%;

d)　差动电桥:在满足 b)项要求的同时,对于采用引线测试或采用标准同轴对校正网络刻度的测试仪器，其两端输出的对称度应不小于 52 dB；对于不用引线，且以标准电阻校正网络刻度的仪器，其两端输出的对称度应不小于 78 dB；

e) 平衡网络：阻抗频率特性应模拟被测同轴对的阻抗频率特性。测量 2.6 mm/9.5 mm 型同轴对时，网络刻度为 2.5 MHz 时的阻抗实部值；测量 1.2 mm/4.4 mm 型和 0.7 mm/2.9 mm 型同轴对时，网络刻度为 1 MHz 时的阻抗实部值。网络的刻度在测试前应以标准同轴对进行校验，校正后刻度误差应不超过±0.03 Ω。对于 Z_{∞} 与 R_c 链路可以分开的网络，也可以采用温度系数在 1×10^{-5} Ω/℃以下的标准电阻对 Z_{∞} 刻度值进行校核；

f) 测试引线：采用 10 ns 宽度的脉冲测试时，两根引线的长度均应不小于 10 m；采用 50 ns 宽度的脉冲测试时，两根引线的长度均应不小于 30 m；采用宽度大于 50 ns 的脉冲测试时，两根引线的长度均应不小于 50 m。两根引线的长度差应不大于 20 mm，阻抗为 75 Ω±2 Ω，电容不大于 76 pF/m，其内部阻抗不均匀性应不大于 10‰。接平衡网络的引线端阻抗和接被测同轴对的引线端阻抗应尽可能接近，其差值应不大于 0.5 Ω；

g) 标准同轴对：制造标准同轴对的同轴对结构应与试样相同。端阻抗的定标温度为+20 ℃，1 MHz时 0.7 mm/2.9 mm 型标准同轴对的定标值应在 74.0 Ω～76.0 Ω 范围内，其误差应不超过±0.1 Ω。1 MHz 时 1.2 mm/4.4 mm 型标准同轴对的定标值应在 74.5 Ω～75.5 Ω 范围内，其误差应不超过±0.05 Ω。2.5 MHz 时 2.6 mm/9.5 mm 型标准同轴对的定标值应在 74.8 Ω～75.2 Ω 范围内，其误差应不超过±0.02 Ω；

h) 标准电阻：电阻的定标温度为+20 ℃，直流时的定标值，对于 0.7 mm/2.9 mm 型同轴对，应在 72.0 Ω～73.0 Ω 范围内；对于 1.2 mm/4.4 mm 型同轴对，应在 73.0 Ω～74.0 Ω 范围内；对于 2.6 mm/9.5 mm 型同轴对，应在 74.0 Ω～75.0 Ω 范围内。电阻值的误差应不超过±0.02 Ω；

i) 时标显示电路：测试距离时的误差应不大于 1%；

j) P-L 曲线板：即不均匀性 P 沿长度 L 变化的校正曲线板。该曲线应符合选定的测试脉冲在试样内传输时幅度随长度变化的特性。

5.3.3 试样准备

试样为制造长度的成品电缆。

5.3.4 试验步骤

5.3.4.1 将脉冲测试仪接通电源，预热，然后按仪器说明书规定调整各旋钮到正确的位置。

5.3.4.2 除被测电缆的技术文件中另有规定外，应根据同轴对所传输系统的最高频率，按表 4 选定测试脉冲的半幅宽度 τ，并将仪器的发送脉冲半幅宽度调整至选定的 τ 值。

表 4 不同数据传输系统测试的脉冲半幅宽度

试样规格 mm	模拟传输系统 MHz	数字传播系统 Mbit/s	测试脉冲半幅宽 τ ns
2.6/9.5	≤24	≤34	≤50
2.6/9.5	≤70	≤140	≤10
1.2/4.4	≤24	≤34	≤50
1.2/4.4	—	≤140	≤10
1.7/2.9	—	≤34	≤100

5.3.4.3 按仪器说明书规定对发送脉冲幅度进行“定标”。

5.3.4.4 按仪器说明书规定用标准同轴对或标准电阻校正平衡网络的阻抗刻度值。

5.3.4.5 按图 9 接上被测同轴对。

5.3.4.6 按仪器说明书规定调节平衡网络上的高频补偿电容及“Ω”调节旋钮，以达到标准的“M”形或“W”形。

5.3.4.7 从平衡网络上读取端阻抗 Z_A 或 Z_B 值，从 P-L 曲线上读取同轴对内部不均匀性 P_A 或 P_B 值，或采用调节输入衰减器的衰减值使不均匀点的反射脉冲的幅值正好等于定标时的参考高度的方法，读取放射衰减值 A_{rA} 或 A_{rB} 值。

5.3.5 试验结果及计算

5.3.5.1 概述

试验结果的获得有两种方法，一种是用已经绘制好的 P-L 校正曲线板在仪表上直接读取的直接读取法；另一种是从衰减器上读取衰减值，然后进行计算校正的计算法。

5.3.5.2 直接读取法

从仪表的平衡网络上读取 Z_A 或 Z_B 值；从 P-L 校正曲线板上读取不均匀性最大值 P_A 或 P_B。

P-L 校正曲线板的绘制可以在不同长度的电缆上直测绘制，也可以按表 5 对于不同类型同轴对给出的校正值进行绘制。

表 5 同轴对校正值

距离 l_x km	2.6 mm/9.5 mm	1.2 mm/4.4 mm	0.7 mm/2.9 mm
	τ=50 ns 时 脉冲幅度	τ=50 ns 时 脉冲幅度	τ=100 ns 时 脉冲幅度
0	1	1	1
0.05	0.941	0.872	0.848
0.10	0.886	0.762	0.720
0.15	0.835	0.677	0.614
0.20	0.787	0.585	0.524
0.25	0.741	0.514	0.449
0.30	0.699	0.452	0.386
0.35	0.659	0.399	0.332
0.40	0.622	0.352	0.287
0.45	0.587	0.312	0.248
0.50	0.554	0.276	0.216
0.55	0.524	0.245	0.188
0.60	0.495	0.218	0.164

注：表中数值，对于 2.6 mm/9.5 mm 型同轴对是以 $\alpha_{1\,MHz}$=2.337 dB/km 计算所得；对于 1.2 mm/4.4 mm 型同轴对是以取 $\alpha_{1\,MHz}$=5.3 dB/km 计算所得；对于 0.7 mm/2.9 mm 型同轴对是以取 $\alpha_{1\,MHz}$=9.068 dB/km 计算所得。

5.3.5.3 计算法

反射衰减 A_r 值按式(18)计算。

$$A_r = -A_1 + A_2 - A_3 \quad \cdots\cdots (18)$$

式中：

A_r——反射衰减值，单位为分贝(dB)；

A_1——脉冲“定标”时的输入衰减器读数，单位为分贝(dB)；

A_2——调节不均匀点的反射脉冲达到“定标”值时输入衰减器的衰减值，单位为分贝(dB)；

A_3——脉冲在被测同轴对中传输时的传输衰减值，单位为分贝(dB)。

A_3 按式(19)计算。

$$A_3 = 2 \times \alpha_1 \times \sqrt{f} \times l_x \quad \cdots\cdots (19)$$

式中：

α_1——1 MHz 时试样的衰减常数，可用标称值，单位为分贝每千米(dB/km)；

f——脉冲等效频率，单位为兆赫兹(MHz)；

l_x——试样不均匀点距始端的距离，单位为千米(km)。

对于 0.6 km 以下的制造长度同轴对，f 可按式(20)计算。

$$f = \phi(\alpha_1, l_x) \times f_\tau \quad \cdots\cdots (20)$$

$$f_\tau = \frac{1}{4\tau} \times 10^3 \quad \cdots\cdots (21)$$

$$\varphi(\alpha_1, l_x) = A \times \alpha_1 \times l_x + B \quad \cdots\cdots (22)$$

式中：

τ ——发送脉冲的半幅宽度，单位为纳秒(ns)；

A、B ——函数 $\varphi(\alpha_1, l_x)$ 的系数，对于不同类型同轴对的 A、B 值见表 6。

表 6 同轴对 A、B 值

同轴对型号	2.6 mm/9.5 mm		1.2 mm/4.4 mm		0.7 mm/2.9 mm
脉冲半幅宽	50 ns	10 ns	50 ns	10 ns	100 ns
A	−0.048 7	−0.108 2	−0.048 4	A_S[a]	−0.034 2
B	1.018	1.018	1.018	1.018	1.018
[a] 在 0.5 km 以内，$A_S = -0.113\,4 l_x^2 + 0.061\,7\, l_x - 0.115\,5$。					

l_x 按式(23)计算。

$$l_x = \frac{v}{2} \times t \quad \cdots\cdots (23)$$

式中：

v——脉冲在被测同轴对中的传输速度，单位为千米每微秒(km/μs)；

t——用时标显示装置测定的不均匀点反射脉冲滞后于发送脉冲的时间，单位为微秒(μs)。

5.3.5.4 A_r 值与 P 值的换算

A_r(A_{rA} 或 A_{rB})值与 P(P_A 或 P_B)值之间的换算按式(24)进行。

$$P = 10^{-A_r/20} \times 10^3 ‰ \quad \cdots\cdots (24)$$

5.3.5.5 不均匀点阻抗偏差值的计算

需要不均匀点的阻抗偏差值时，按式(25)计算。

$$\Delta Z = 2Z \times P \qquad (25)$$

式中：

ΔZ ——不均匀点的阻抗偏差，单位为欧姆(Ω)；

$2Z$ ——试样特性阻抗标称值，单位为欧姆(Ω)；

P ——不均匀点的反射系数，单位为千分比(‰)。

5.3.6 其他技术要求

5.3.6.1 在用标准同轴对校正网络刻度的场合，当周围温度发生变化时，应用标准同轴对重新校核网络的刻度。

5.3.6.2 在用测试引线测试时(见图 9)，当引线中有一根引线的端头损坏时，应在两根引线的对应端上各剪去相等的长度。

5.3.6.3 当需要采用 $\tau = 10$ ns 脉冲进行测试时，应选用备有可以自动校正脉冲幅度和相位的同轴电缆脉冲测试仪进行测试。

5.4 同轴对特性阻抗实部平均值试验 谐振法

5.4.1 试验设备

5.4.1.1 测试系统原理图

测试系统原理图见图 10 和图 11。

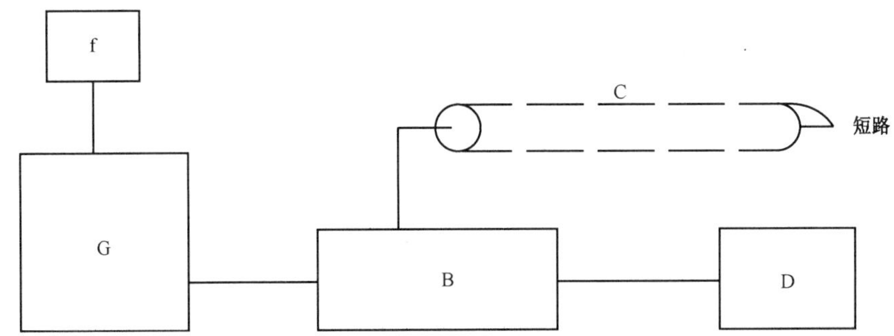

说明：

G ——电平振荡器；

B ——高频阻抗(导纳)电桥；

D ——选频电平表；

f ——数字频率计；

C ——被测同轴对。

图 10 电桥谐振法测试系统原理图

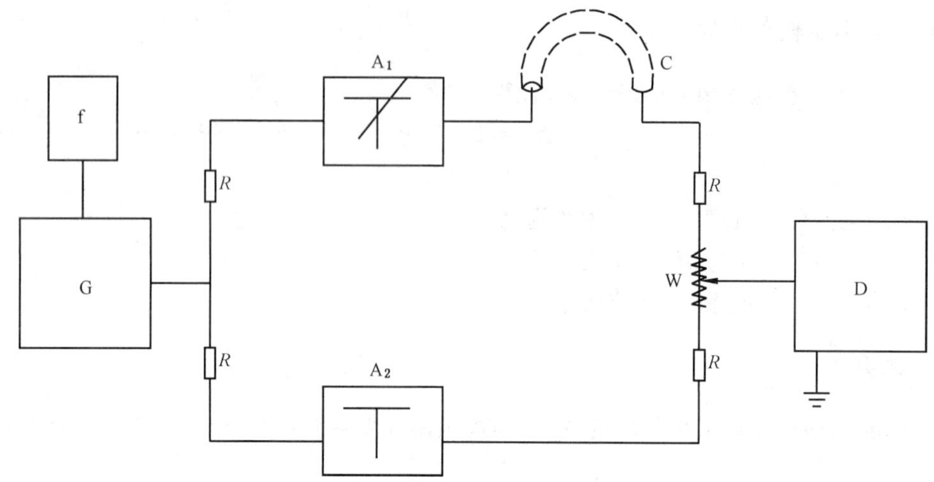

说明：

G ——电平振荡器；

D ——选频电平表；

f ——数字频率计；

C ——被测同轴对；

A_1、A_2——两只型号规格相同的可变衰减器，A_2 作固定衰减器用；

R ——74 Ω±2 Ω；

W ——100 Ω 的无感电位器。

图 11 补偿法测试系统原理图

5.4.1.2 测试仪器

测试仪器应符合下列要求：

a) 电平振荡器：在规定测试频率范围内频率飘移应不大于 10^{-4}（连续工作 1 h），输出电平应为 0 dB～10 dB；

b) 选频电平表：在规定测试频率范围内灵敏度应不低于－90 dB（不包括表头）；

c) 高频阻抗（导纳）电桥：精度应为被测值的±1%；

d) 数字频率计：显示数字的位数应不少于 6 位，频率稳定度应不超过 $\pm1.5\times10^{-7}/24$ h；

e) 衰减器：各档衰减值总和应不低于 40 dB，最小档的分辨力应至少为 0.1 dB。衰减器适用的频率范围应包括所需测试的各个频率点。

5.4.2 试样准备

试样为制造长度的成品电缆。

5.4.3 试验步骤

5.4.3.1 按 5.1 规定，测定被测同轴对的工作电容 C，应采用精度不低于 0.1%的电容电桥进行测试。

5.4.3.2 按式(26)估算被测电缆的谐振频率及其间隔。

$$f'_n=\frac{n}{4\times Z_c\times C} \quad \cdots\cdots(26)$$

式中：

f'_n——谐振频率，单位为兆赫兹(MHz)；

n ——谐振序号 $n=1,2,3,\cdots,n$；

Z_c——被测同轴对特性阻抗标称值，单位为欧姆(Ω)；

C ——被测电缆长度上的工作电容，单位为微法(μF)。

5.4.3.3 按图 10 测试时应按下列步骤进行：

a) 按图 10 所示连接仪器，在不接入试样的情况下，接通电源预热，直至仪器稳定；

b) 将电桥的电阻(电导)和电感(电容)各测量档置于“零”位，将振荡器的输出频率调整至当 $n=2,4,6,\cdots\cdots,n$ 时以式(22)估算出的 f'_n 值上，电平表选频后，用电桥的零平衡装置进行零平衡调整；

c) 将被测同轴对的一端短路，另一端接入电桥的测试端，反复调节振荡器的频率和电桥的电阻(电导)并逐渐增大电平表的灵敏度，使电平表的指示最小；

d) 从数字频率计上读取谐振频率的测量值 f_{nm}，并记下 n 值；

e) 改变 n 值，重复 b)、c)步骤，测量和读取电缆终端短路时各个谐振频率的测量值 f_{nm} 及 n 值。

5.4.3.4 按图 11 测试时应按下列步骤进行：

a) 按图 11 所示接好测试系统，并使 A_1 支路和 A_2 支路连接引线的总长度相等，检查无误后接通电源，预热仪器达到稳定；

b) 估计被测试样在最高测试频率下的衰减值，将固定衰减器 A_2 置于大于该值的任意位置上；

c) 接好被测试样，调节振荡器的输出频率，同时用选频电平表跟踪选频，在序号 n 为 2、6、10、14 ……以式(22)估算出的频率的附近频率点上，选择频率高于 250 kHz 的所需测试的频率序号进行测量，反复调节可变衰减器 A_1 及振荡器的输出频率，使电平表的指示最低，然后调节细调电位器使电平表的灵敏度达－100 dB 左右，从频率计上读取频率 f_{nm}，并记录序号 n 值。

5.4.4 试验结果及计算

试验结果按式(27)计算求得。

$$\overline{Z}_{cr}=\frac{n}{4\times C\times f_n} \quad \cdots\cdots(27)$$

式中：

$\overline{Z}_{cr}$——试样特性阻抗实部平均值，单位为欧姆(Ω)；

n ——谐振序号，$n=2,4,6,\cdots,n$；

C ——被测同轴对的工作电容，单位为微法(μF)；

f_n ——试样的实际谐振频率，单位为兆赫兹(MHz)。

按图 10 测试系统测试时，f_n 应按式(28)计算。

$$f_n=f_{nm}\left[1-\left(\frac{\alpha\times\lambda}{17.372\times\pi}\right)^2\right] \quad \cdots\cdots(28)$$

式中：

f_n ——试样的实际谐振频率，单位为兆赫兹(MHz)；

f_{nm}——试样的谐振频率测试值，单位为兆赫兹(MHz)；

α ——试样对应于被测频率的衰减(通常可以取各厂同轴对在 1 MHz 时的标称值 α_1，以 $\alpha=\alpha_1\times\sqrt{f_{nm}}$ 换算取得)，单位为分贝每千米(dB/km)；

λ ——试样上测试频率的波长，单位为千米(km)。

按图 11 测试系统测试时，$f_n=f_{nm}$。

5.4.5 其他技术要求

5.4.5.1 如果测得的 f_{nm} 与式(22)估算的 f'_n 值偏离较大，应使振荡输出在 f_{nm} 的频率下，重复5.4.3.3b)和

c)步骤进行复测。

5.4.5.2 试样短路一端的内外导体应保持清洁,以确保短路接触良好。

5.4.5.3 高频测试时,谐振序号容易取错,应逐点进行计数,取得谐振序号的真值。

5.5 串音试验

5.5.1 比较法

5.5.1.1 概述

本方法测试频率为0.8 kHz～1 MHz。若仪表性能允许,也适用于更高的频率范围。

5.5.1.2 试验设备

5.5.1.2.1 测试系统原理图

测试系统原理图分为对称和不对称两种,图12～图19中a)图为对称串音测试仪的测试系统原理图,b)图为不对称串音测试仪的测试系统原理图。

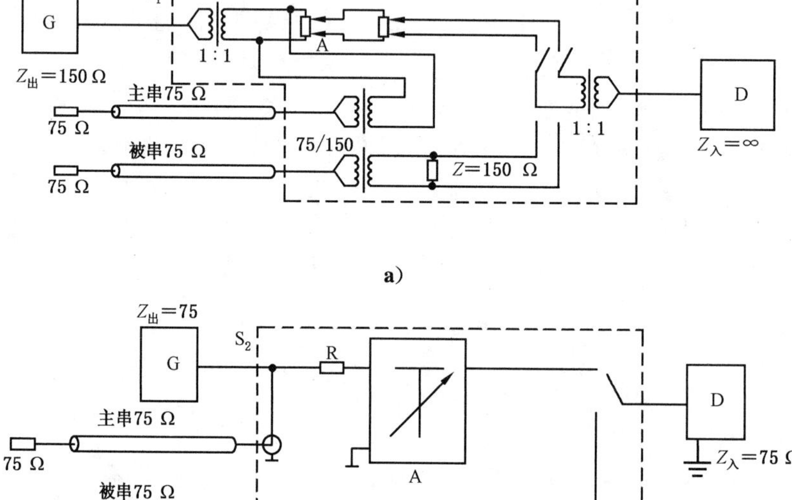

说明:

G ——振荡器;

S_1 ——带有对称转不对称变量器(150 Ω/75 Ω)的对称串音测试器;

S_2 ——同轴串音测试器;

A ——可变衰减器;

R ——串音测试器 S_2 中可变衰减器前的固定高电阻;

D ——选频电平表。

图12 同轴对之间的近端串音(简称同串同)测试系统原理图

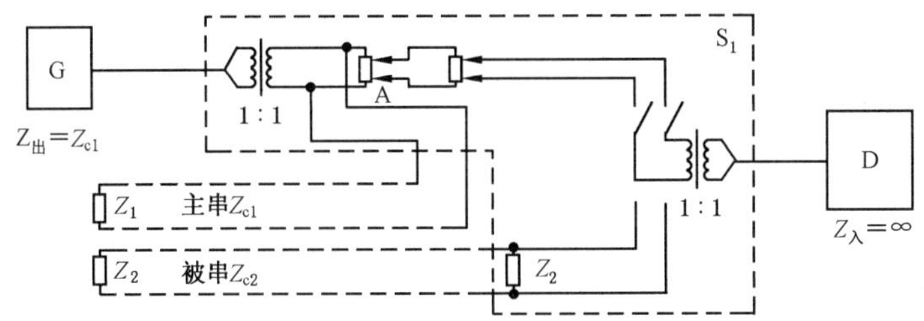

a)

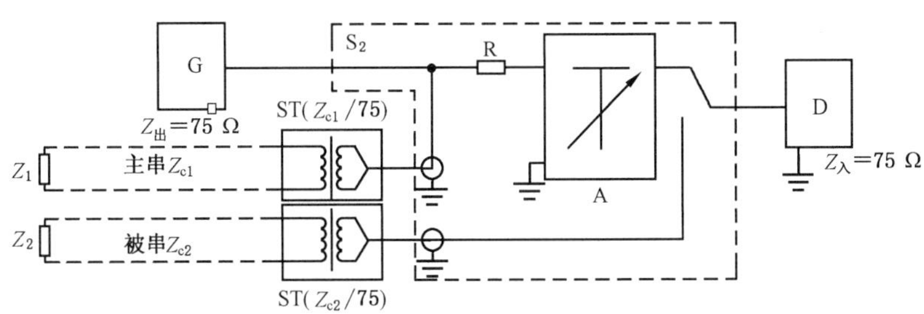

b)

说明：

G ——振荡器；

Z_{c1} ——主串线路的特性阻抗；

Z_{c2} ——被串线路的特性阻抗；

D ——选频电平表；

S_1 ——带有对称转不对称变量器(150 Ω/75 Ω)的对称串音测试器；

S_2 ——同轴串音测试器；

A ——可变衰减器；

R ——串音测试器 S_2 中可变衰减器前的固定高电阻；

$Z_1=Z_{c1}$，$Z_2=Z_{c2}$——负载电阻；

ST ——Z_c/75 Ω 对称转不对称阻抗变量器(Z_c 为被接线对的特性阻抗)。

图 13 四线组线对间(或线对之间)的近端串音测试系统原理图

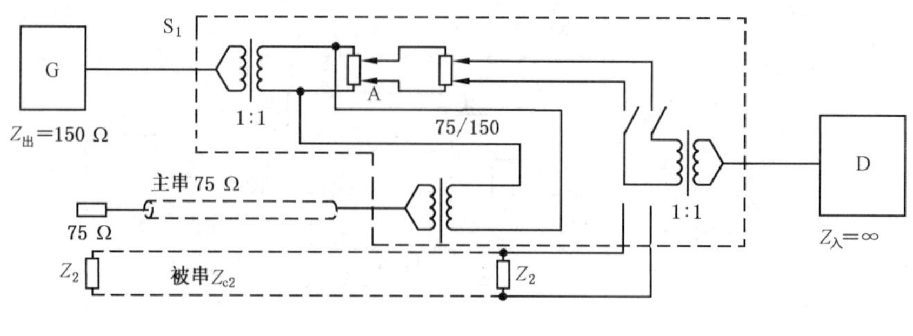

a)

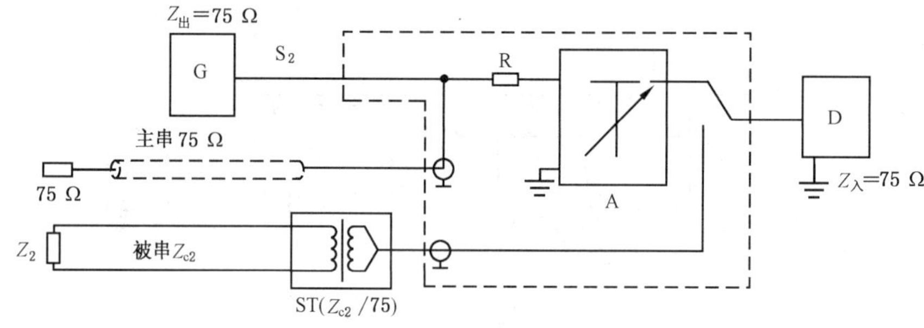

b)

说明：

G ——振荡器；

Z_{c1} ——主串线路的特性阻抗；

Z_{c2} ——被串线路的特性阻抗；

D ——选频电平表；

S_1 ——带有对称转不对称变量器(150 Ω/75 Ω)的对称串音测试器；

S_2 ——同轴串音测试器；

A ——可变衰减器；

R ——串音测试器 S_2 中可变衰减器前的固定高电阻；

$Z_1=Z_{c1}, Z_2=Z_{c2}$——负载电阻；

ST ——Z_c/75 Ω 对称转不对称阻抗变量器(Z_c 为被接线对的特性阻抗)。

图 14 同轴对串四线组线对的近端串音(简称同串四)测试系统原理图

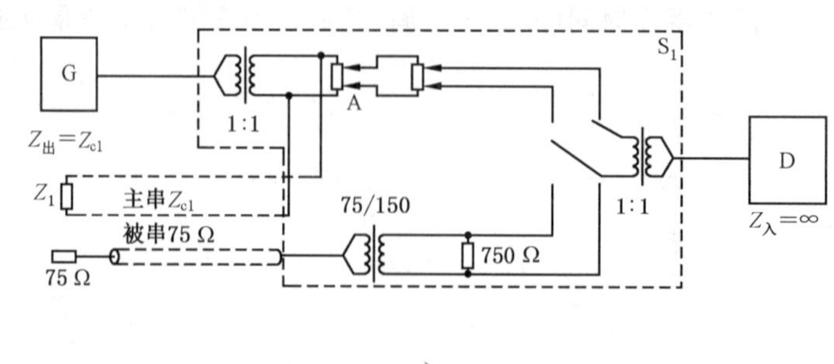

a)

图 15 四线组线对(或线对)串同轴对(简称四串同)的近端串音测试系统原理图

b)

说明：

G ——振荡器；

Z_{c1} ——主串线路的特性阻抗；

Z_{c2} ——被串线路的特性阻抗；

D ——选频电平表；

S_1 ——带有对称转不对称变量器(150 Ω/75 Ω)的对称串音测试器；

S_2 ——同轴串音测试器；

A ——可变衰减器；

R ——串音测试器 S_2 中可变衰减器前的固定高电阻；

$Z_1=Z_{c1}, Z_2=Z_{c2}$ ——负载电阻；

ST ——Z_c/75 Ω 对称转不对称阻抗变量器(Z_c 为被接线对的特性阻抗)。

图 15（续）

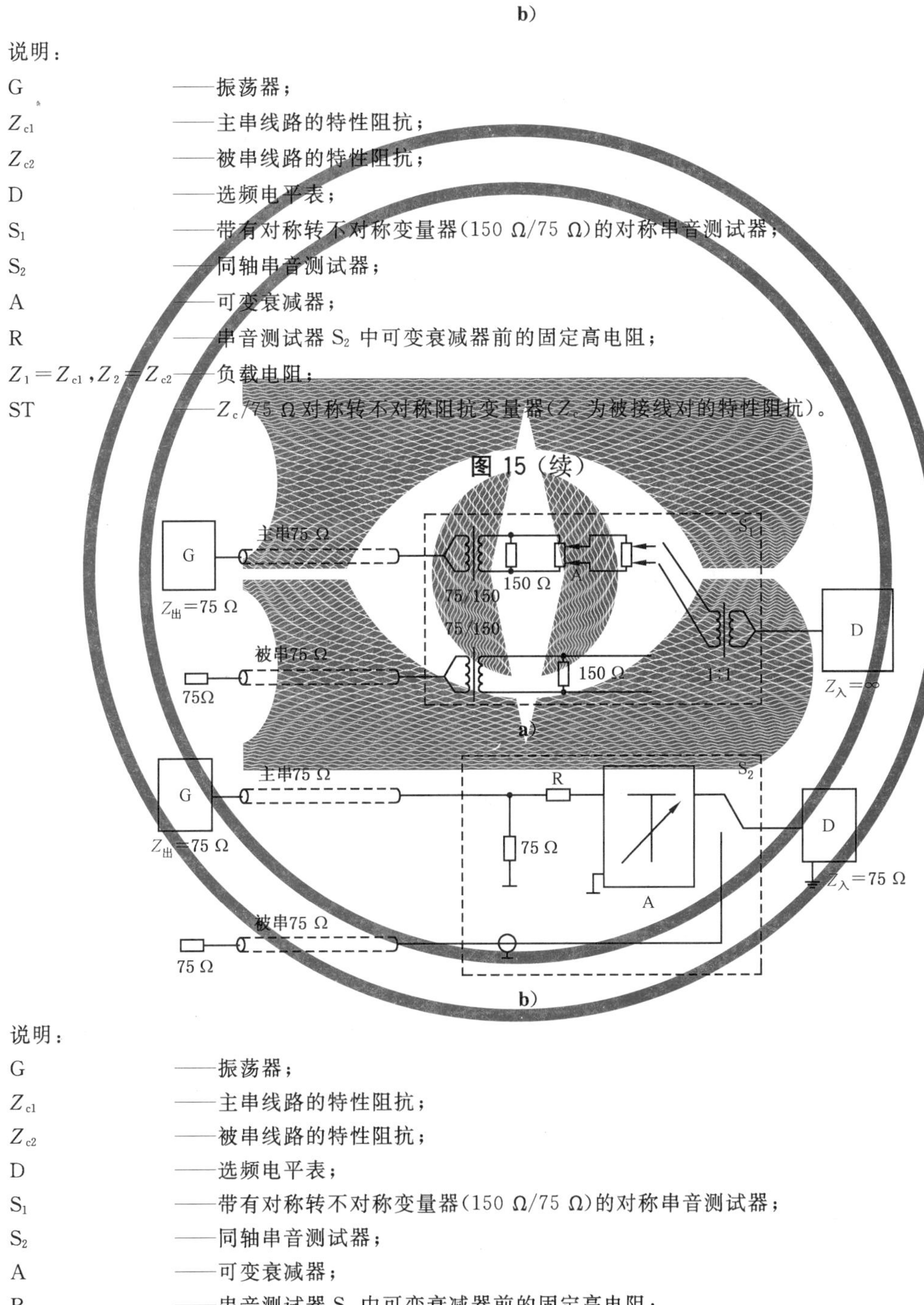

a)

b)

说明：

G ——振荡器；

Z_{c1} ——主串线路的特性阻抗；

Z_{c2} ——被串线路的特性阻抗；

D ——选频电平表；

S_1 ——带有对称转不对称变量器(150 Ω/75 Ω)的对称串音测试器；

S_2 ——同轴串音测试器；

A ——可变衰减器；

R ——串音测试器 S_2 中可变衰减器前的固定高电阻；

$Z_1=Z_{c1}, Z_2=Z_{c2}$ ——负载电阻；

ST ——Z_c/75 Ω 对称转不对称阻抗变量器(Z_c 为被接线对的特性阻抗)。

图 16 同轴对之间的远端串音测试系统原理图

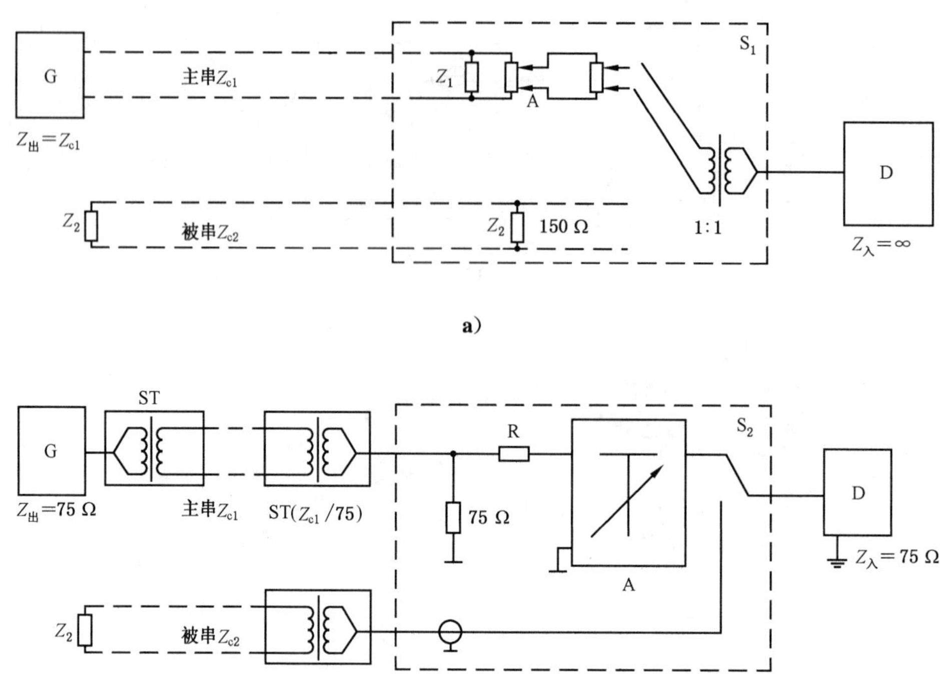

a)

b)

说明：

G ——振荡器；

Z_{c1} ——主串线路的特性阻抗；

Z_{c2} ——被串线路的特性阻抗；

D ——选频电平表；

S_1 ——带有对称转不对称变量器(150 Ω/75 Ω)的对称串音测试器；

S_2 ——同轴串音测试器；

A ——可变衰减器；

R ——串音测试器 S_2 中可变衰减器前的固定高电阻；

$Z_1=Z_{c1}$，$Z_2=Z_{c2}$——负载电阻；

ST ——Z_c/75 Ω 对称转不对称阻抗变量器(Z_c 为被接线对的特性阻抗)。

图 17 四线组线对之间(或线对之间)的远端串音测试系统原理图

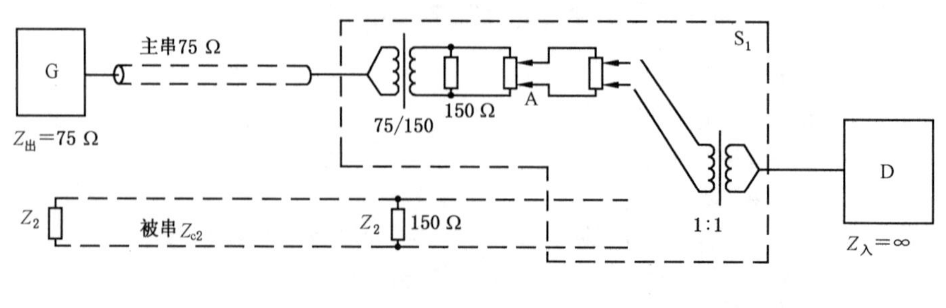

a)

图 18 同轴对串四线组线对的远端串音测试系统原理图

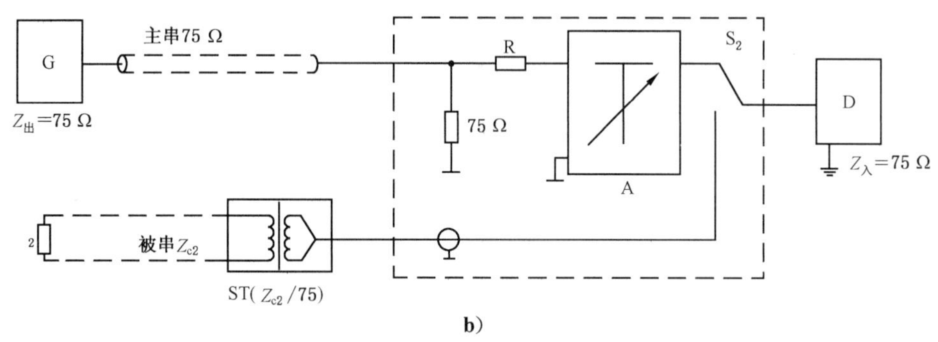

b)

说明：

G	——振荡器；
Z_{c1}	——主串线路的特性阻抗；
Z_{c2}	——被串线路的特性阻抗；
D	——选频电平表；
S_1	——带有对称转不对称变量器(150 Ω/75 Ω)的对称串音测试器；
S_2	——同轴串音测试器；
A	——可变衰减器；
R	——串音测试器 S_2 中可变衰减器前的固定高电阻；
$Z_1=Z_{c1}$,$Z_2=Z_{c2}$	——负载电阻；
ST	——Z_c/75 Ω 对称转不对称阻抗变量器(Z_c 为被接线对的特性阻抗)。

图 18 (续)

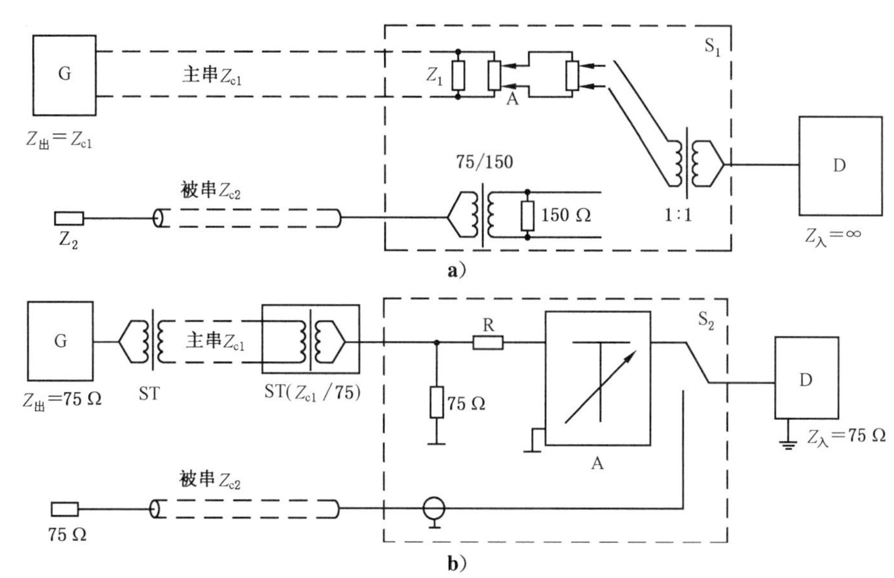

a)

b)

说明：

G	——振荡器；
Z_{c1}	——主串线路的特性阻抗；
Z_{c2}	——被串线路的特性阻抗；
D	——选频电平表；
S_1	——带有对称转不对称变量器(150 Ω/75 Ω)的对称串音测试器；
S_2	——同轴串音测试器；
A	——可变衰减器；
R	——串音测试器 S_2 中可变衰减器前的固定高电阻；
$Z_1=Z_{c1}$,$Z_2=Z_{c2}$	——负载电阻；
ST	——Z_c/75 Ω 对称转不对称阻抗变量器(Z_c 为被接线对的特性阻抗)。

图 19 四线组线对(或线对)串同轴对(简称四串同)的远端串音测试系统原理图

5.5.1.2.2 **测试仪器**

测试仪器应符合下列要求：

a) 根据对称或同轴对电缆的不同串音要求，采用相应的串音测试仪器或通用仪器；
b) 衰减器的测试误差应符合表7规定；
c) 串音测试仪输入的对称变量器及测试回路中采用的对称转不对称阻抗变量器ST的对称输出端的对称度应能满足表7规定的测试误差要求；
d) 振荡器输出电平及指示器测量电平的最小可读数值应能满足测试需要，即在最大的被测串音值时，应有明显的读数。必要时，允许加入功率放大器或前置以提高测试灵敏度；
e) 仪器的比较电键、引线插头、插座、匹配电阻盒等插接件，应保持接触良好；
f) 连接仪器和电缆用的全部引线应采用具有足够屏蔽性能的导线。连接同轴对的引线应用同轴引线，连接四线组对称线对的引线应用对称引线；
g) 主串终端和被串线对的两端应分别接入与线路特性阻抗模数相等的负载电阻，其偏差应不超过线路特性阻抗模数的±5%。测试频率高于300 kHz时，应采用带有屏蔽的负载电阻进行匹配；
h) 当被测线对未接入时，整个测试系统，包括连接引线、负载电阻、阻抗变量器、开关等所引起的串音应比被测线对最大串音大20 dB。

表7 衰减器的测试误差

衰减范围 dB	测试误差 dB		
	(0.8～150)kHz	(150～300)kHz	(300～1 000)kHz
小于或等于90	±0.5	±0.5	±0.8
大于90，小于或等于120	±1.0	±1.0	±2.5
大于120，小于或等于161	±2.0	±2.0	±3.0

5.5.1.3 **试样准备**

试样为制造长度的成品电缆。

5.5.1.4 **测试步骤**

5.5.1.4.1 按图12～图19接线图中选定的接线方式接好测试系统，并检查下列各项：

a) 检查测试系统连接的正确性及各种接插件是否接触良好；
b) 检查指示器选频的正确性，并根据5.5.1.2.2d)的要求检查测试系统的灵敏度。在满足最大被测串音值的情况下，衰减器变动0.5 dB(或1 dB)时，选频表读数应有明显变化；
c) 当被测线对未接入时，衰减器读数在最大被测串音值上，比较电键在“仪器”与“线路”两个位置时，选频表读数的差值应符合5.5.1.2.2h)的规定；
d) 将衰减器衰减值变动10 dB，指示器应有相近的读数变化。

5.5.1.4.2 当5.5.1.4.1c)和d)的检查结果达不到规定要求时，应进行原因分析或接地试验。在去除干扰影响后，才能进行正式测试。

5.5.1.4.3 接上被测电缆，将比较电键置于“线路”位置，调节选频表的输入衰减器及灵敏度使表头指针于适当位置。然后将比较电键置于“仪器”位置，调节可变衰减器使选频表头指针回到原来的位置，记下

衰减器的读数 b_r。

5.5.1.5 测试结果计算

5.5.1.5.1 同轴对之间及对称线对之间的近端串音值计算公式

采用图 12a)、图 12b)和图 13b)接线时，同轴对之间及对称线对之间的近端串音值按式(29)计算。

$$B_o = b_r \tag{29}$$

式中：

B_o ——实际的近端串音，单位为分贝(dB)；

b_r ——衰减测试器读数，单位为分贝(dB)。

采用图 13a)接线时，同轴对之间及对称线对之间的近端串音值按式(30)计算。

$$B_o = b_r + 10\lg \frac{Z_{c2}}{Z_{c1}} \tag{30}$$

式中：

B_o ——实际的近端串音，单位为分贝(dB)；

b_r ——衰减测试器读数，单位为分贝(dB)；

Z_{c1}——主串线路的特性阻抗，单位为欧姆(Ω)；

Z_{c2}——被串线路的特性阻抗，单位为欧姆(Ω)。

5.5.1.5.2 同轴对之间及对称线对之间的远端串音计算公式

采用图 16a)、图 16b)和图 17b) 接线时，同轴对之间及对称线对之间的远端串音值按式(31)计算。

$$B_l = b_r \tag{31}$$

式中：

B_l ——实际的远端串音，单位为分贝(dB)；

b_r ——衰减测试器读数，单位为分贝(dB)。

采用图 17a) 接线时，同轴对之间及对称线对之间的远端串音值按式(32)计算。

$$B_l = b_r + 10\lg \frac{Z_{c2}}{Z_{c1}} \tag{32}$$

式中：

B_l ——实际的远端串音，单位为分贝(dB)；

b_r ——衰减测试器读数，单位为分贝(dB)；

Z_{c1}——主串线路的特性阻抗，单位为欧姆(Ω)；

Z_{c2}——被串线路的特性阻抗，单位为欧姆(Ω)。

5.5.1.5.3 同轴对串四线组线对的近端串音值计算公式

采用图 14a) 接线时，同轴对串四线组线对的近端串音值按式(33)计算。

$$B_o = b_r + 10\lg \frac{Z_{c2}}{150} \tag{33}$$

式中：

B_o ——实际的近端串音，单位为分贝(dB)；

b_r ——衰减测试器读数，单位为分贝(dB)；

Z_{c2}——被串线路的特性阻抗，单位为欧姆(Ω)。

采用图 14b) 接线时，同轴对串四线组线对的近端串音值按式(29)计算。

5.5.1.5.4 同轴对串四线组线对的远端串音值计算公式

采用图 18a) 接线时，同轴对串四线组线对的远端串音值按式(34)计算。

$$B_l = b_r + 10\lg\frac{Z_{c2}}{150} \qquad \cdots\cdots(34)$$

式中：

B_l ——实际的远端串音，单位为分贝(dB)；

b_r ——衰减测试器读数，单位为分贝(dB)；

Z_{c2}——被串线路的特性阻抗，单位为欧姆(Ω)。

采用图 18b) 接线时，同轴对串四线组线对的远端串音值按式(31)计算。

5.5.1.5.5 四线组线对串同轴对近端串音值计算公式

采用图 15a) 接线时，四线组线对串同轴对近端串音值按式(35)计算。

$$B_o = b_r + 10\lg\frac{150}{Z_{c1}} \qquad \cdots\cdots(35)$$

式中：

B_o——实际的近端串音，单位为分贝(dB)；

b_r ——衰减测试器读数，单位为分贝(dB)；

Z_{c1}——主串线路的特性阻抗，单位为欧姆(Ω)。

采用图 15b) 接线时，四线组线对串同轴对近端串音值按式(29)计算。

5.5.1.5.6 四线组线对串同轴对远端串音计算公式

采用图 19a) 接线时，四线组线对串同轴对远端串音值按式(36)计算。

$$B_l = b_r + 10\lg\frac{150}{Z_{c1}} \qquad \cdots\cdots(36)$$

式中：

B_l ——实际的远端串音，单位为分贝(dB)；

b_r ——衰减测试器读数，单位为分贝(dB)；

Z_{c1}——主串线路的特性阻抗，单位为欧姆(Ω)。

采用图 19b)接线时，四线组线对串同轴对远端串音值按式(31)计算。

5.5.1.6 其他技术要求

5.5.1.6.1 测试系统在一般情况下可不接地，如需接地时，应通过接收端一点接地。

5.5.1.6.2 进行同串四或四串同测量时，在测量端需接入对称转不对称变量器。变量器与被测线对连接的引线长度一般应不大于 0.5 m。

5.5.1.6.3 所有被测四线组的端头应短于同轴对屏蔽钢带层。

5.5.1.6.4 接线时同轴对外导体应全部插入引线插头。

5.5.1.6.5 测试时，振荡器和功率放大器应尽可能远离测试系统。

5.5.2 电平差法

5.5.2.1 概述

本方法测试频率范围为 40 GHz 以下。若仪表性能允许，也适用于更高的频率范围。

5.5.2.2 试验设备

5.5.2.2.1 测试系统原理图

测试系统原理图见图 20。

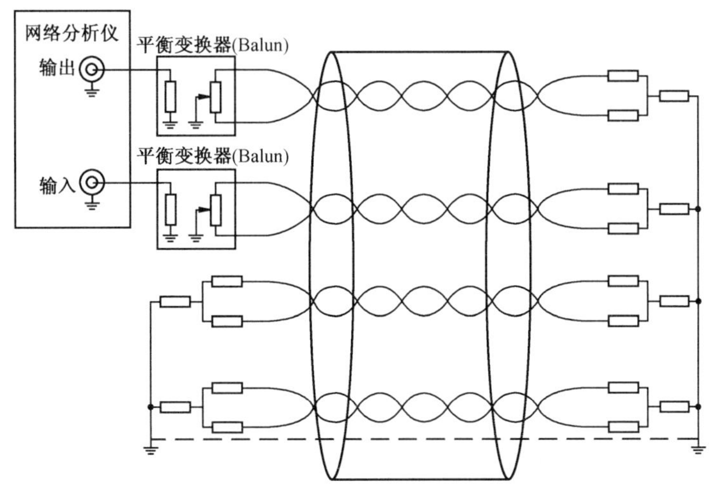

a) 对称电缆近端串音测试

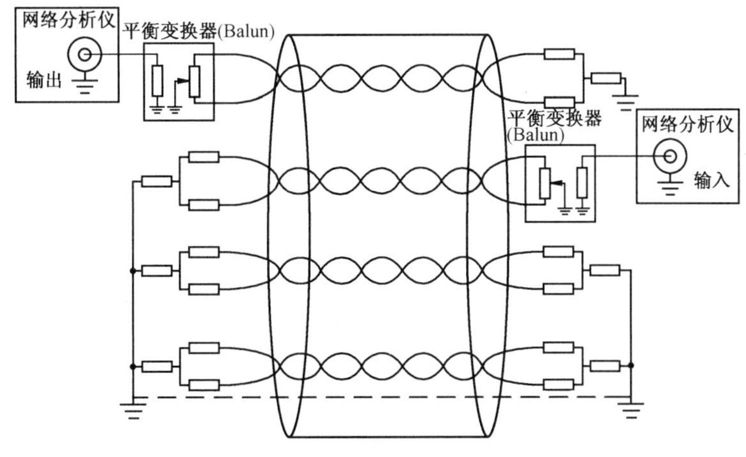

b) 对称电缆远端串音测试

图 20 串音测试系统原理图

5.5.2.2.2 测试仪器

测试仪器应符合下列要求：

a) 试验设备应采用满足试样测试的网络分析仪，见图 20 ，也可采用分离的信号源和接收器；

b) 端口匹配：对称电缆测试采用平衡变换器(Balun)，实现不平衡端与平衡端变换，且平衡端应与被测线对的标称特性阻抗匹配；

c) 终端阻抗：主、被串线对近端(或远端)应接入合适的共模和差模阻抗。所接入的终端阻抗应等于线对的标称特性阻抗模值，终端阻抗与标称特性阻抗模值的偏差应不超过±1%；

d） 测试时其余线对近端(或远端)应接入终端阻抗。同时为使末端的耦合效应最小,在剥去电缆护套时,应保持各线对的扭绞并很好地将线对分开;

e） 被测电缆若有屏蔽,应在电缆近端和远端分别接地;

f） 对于多端口网络分析仪,可以通过端口配置实现平衡端口,满足对称电缆的测试,见图21。

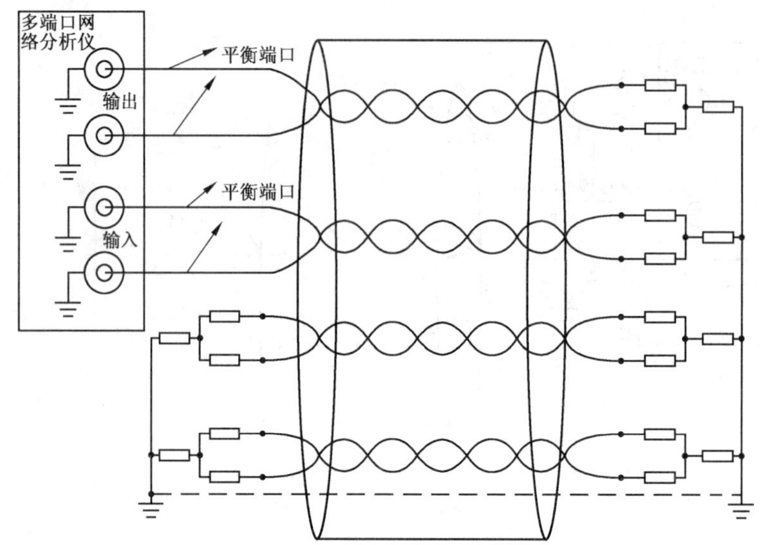

a） 对称电缆近端串音测试

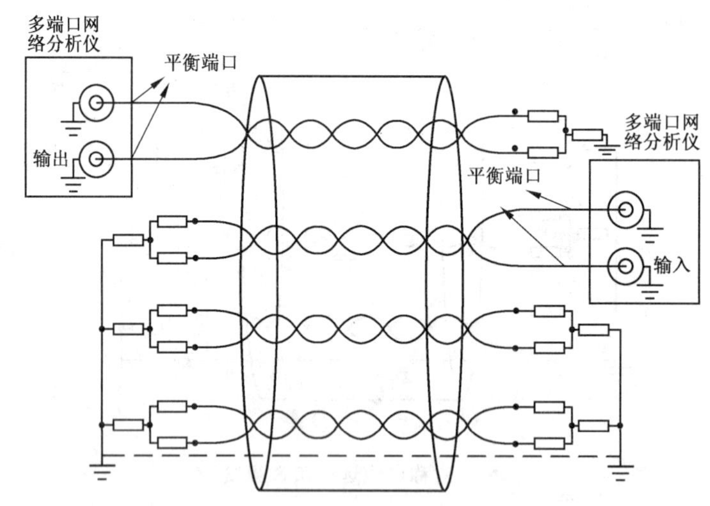

b） 对称电缆远端串音测试

图21 多端口网络分析仪串音测试系统原理图

5.5.2.3 测试步骤

5.5.2.3.1 在接入被测线对前,先完成测试系统的校验,见图22。校验应满足测试所需频率范围及阻抗匹配。

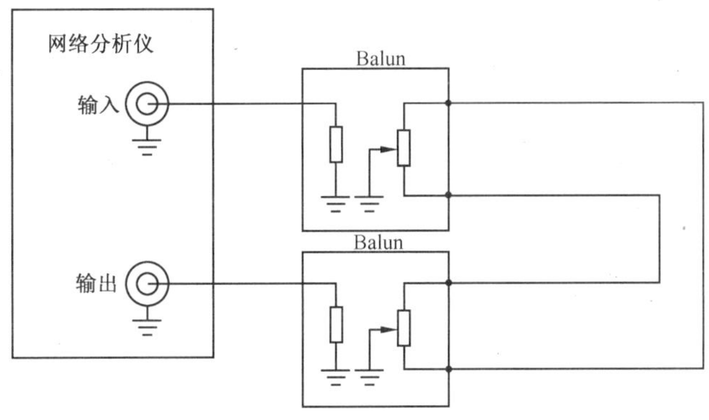

图 22 测试系统校验图

5.5.2.3.2 按图 20、图 21 测试系统原理图连接被测线对，由网络分析仪上直接读取近端串音或远端串音值。

5.5.3 测试结果计算

5.5.3.1 近端串音平均值及标准差

近端串音平均值及标准差分别按式(37)和式(38)计算。

$$M = \sum_{1}^{n} N_{ij} / n \qquad \cdots\cdots (37)$$

$$S = \sqrt{\frac{\sum_{1}^{n} (N_{ij} - M)^2}{n - 1}} \qquad \cdots\cdots (38)$$

式中：

M ——近端串音平均值，单位为分贝(dB)；

n ——测试线对的组合数；

N_{ij}——主串线对 x 和被串线对 y 间的近端串音，单位为分贝(dB)；

S ——近端串音标准差，单位为分贝(dB)。

5.5.3.2 等电平远端串音功率平均值

等电平远端串音功率平均值按式(39)计算。

$$MP = -10\lg\left(\frac{\sum_{1}^{n} 10^{-F_{ij}/10}}{n}\right) \qquad \cdots\cdots (39)$$

式中：

MP ——等电平远端串音功率平均值，单位为分贝(dB)；

n ——测试线对的组合数；

F_{ij} ——主串线对 x 和被串线对 y 间的等电平远端串音，单位为分贝(dB)。

5.5.3.3 近端和远端串音功率和(*PS*)

近端和远端串音功率和按式(40)计算。

$$PS_j = -10\lg \sum_{\substack{l=1 \\ i \neq j}}^{n} (10^{-\frac{X-Talk_{ij}}{10}}) \qquad \cdots\cdots (40)$$

式中：

PS_j ——第 j 线对(或四线组的一对线)的功率和，单位为分贝(dB)；

n ——对绞组(或四线组的一对线)数；

$X-Talk_{ij}$ ——第 j 线对(或四线组的一对线)与第 i 线对(或四线组的一对线)之间的串音，单位为分贝(dB)。

5.6 衰减性能试验

5.6.1 对称电缆衰减性能测试

5.6.1.1 开短路法

5.6.1.1.1 概述

本方法适用于在任意频率下用开短路法(简称任意频率法)测量制造长度对称通信电缆(包括综合电缆中的四线组和对称线对)的衰减常数。被测电缆的衰减范围为 10 dB 以内，测试频率范围为 2.5 MHz 以下。若仪表性能允许，也适用于更高的频率范围。

5.6.1.1.2 试验设备

5.6.1.1.2.1 测试系统原理图

测试系统原理图见图 23。

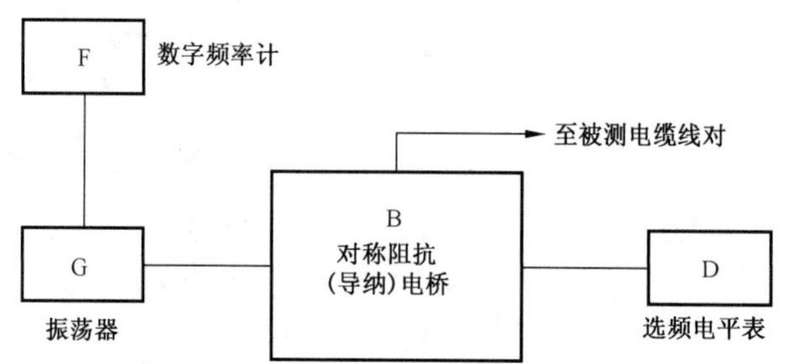

说明：
F——数字频率计；
G——振荡器；
B——电桥；
D——选频电平表。

图 23 测试系统原理图

5.6.1.1.2.2 测试仪器

测试仪器应符合下列要求：

a) 振荡器：连续工作 4 h 的频率稳定度应不超过±0.5%；输出电平应为 0 dB～20 dB；
b) 电桥：精度应为±2%。测量对称电缆应采用对称的阻抗(导纳)电桥；
c) 选频电平表：灵敏度应不低于－90 dB(不包括表头)；
d) 数字频率计：显示数字的位数应不少于 6 位，频率稳定度应不超过$\pm1.5\times10^{-7}/24$ h。

5.6.1.1.3 试样准备

试样为制造长度的成品电缆。

5.6.1.1.4 试验步骤

5.6.1.1.4.1 按图23测试系统原理图连接测试系统，在不接入试样电缆的情况下，接通电源，预热仪器，直至稳定。

5.6.1.1.4.2 将电桥的电导（电阻）和电容（电感）各测量档置于“零”位。“相角”选择旋钮置于“容性”（感性）位置。

5.6.1.1.4.3 将振荡器调整至所需测试频率，指示器选频后逐渐增加灵敏度，交替调节电导（电阻）、电容（电感）零平衡旋钮，直至电桥平衡。如用引线连接被测电缆，应带着引线进行零平衡。

5.6.1.1.4.4 将终端开路的被测电缆接在电桥的测试接线端子或引线上，逐渐增加指示器灵敏度，交替调节电导（电阻）、电容（电感）测量旋钮，直至电桥平衡。读取 $G_\infty(R_\infty)$、$C_\infty(L_\infty)$。

5.6.1.1.4.5 取下电缆，保持振荡器输出频率不变，将电桥“相角”选择旋钮置于“感性”（容性）位置；将各测量档置于零位，按5.6.1.1.4.3进行零平衡。然后将终端短路的被测电缆接在电桥的测试接线端子或引线上，按5.6.1.1.4.4进行测试。读取 $G_0(R_0)$、$C_0(L_0)$。

5.6.1.1.4.6 在实施5.6.1.1.4.4、5.6.1.1.4.5电桥达不到平衡时，应改变“相角”选择旋钮的位置，重新进行电桥零平衡后进行测试。

5.6.1.1.5 测试结果及计算

单位长度电缆的衰减常数按式(41)计算。

$$\alpha=\frac{4.343}{l}\times \mathrm{th}^{-1}\frac{2\times T\times \cos\varphi_{\mathrm{T}}}{1+T^2} \qquad (41)$$

$$T=\sqrt{Z_0/Z_\infty} \qquad (42)$$

$$\varphi_{\mathrm{T}}=\frac{(\varphi_0-\varphi_\infty)}{2} \qquad (43)$$

式中：

α ——被测电缆衰减常数，单位为分贝每千米(dB/km)；

l ——被测电缆长度，单位为千米(km)；

R ——电桥平衡时的电阻读数（终端短路时为 R_0，开路时为 R_∞），单位为欧姆(Ω)；

G ——电桥平衡时的电导读数（终端短路时为 G_0，开路时为 G_∞），单位为西门子(S)；

L ——电桥平衡时的电感读数（终端短路时为 L_0，开路时为 L_∞），单位为亨(H)；

C ——电桥平衡时的电容读数（终端短路时为 C_0，开路时为 C_∞），单位为法(F)；

Z ——输入阻抗（终端短路时为 Z_0，开路时为 Z_∞），单位为欧姆(Ω)；

ω ——角频率，$2\pi f$；

f ——频率，单位为赫兹(Hz)。

Z_0、Z_∞、φ_0、φ_∞ 应根据电桥平衡支路不同的等效电路，按表8所列公式进行计算。

表 8 电桥平衡支路不同的等效电路计算公式

序号	平衡支路等效电路	测试结果	阻抗与相角计算公式
1	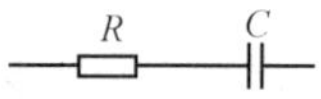 R、C 串联	$R(R_0$ 或 $R_\infty)$ $C(C_0$ 或 $C_\infty)$	$\varphi=-\text{arctg}\frac{1}{\omega\times C\times R}$ $\|Z\|=\frac{R}{\cos\varphi}$ 当 $\varphi\to 90°$时 $\|Z\|=\frac{1}{\omega\times C\times\sin\varphi}$
2	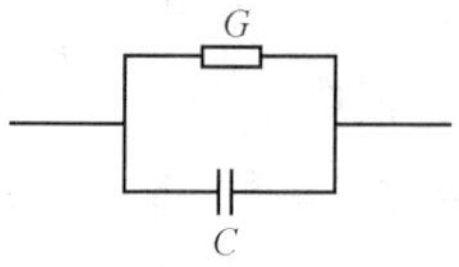 G、C 并联	$G(G_0$ 或 $G_\infty)$ $C(C_0$ 或 $C_\infty)$	$\varphi=-\text{arctg}\frac{\omega\times C}{G}$ $\|Z\|=\frac{\cos\varphi}{G}$ 当 $\varphi\to 90°$时 $\|Z\|=\frac{\sin\varphi}{\omega\times C}$
3	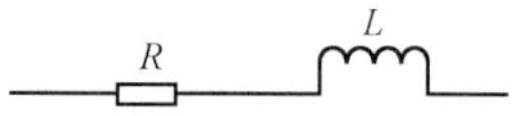 R、L 串联	$R(R_0$ 或 $R_\infty)$ $L(L_0$ 或 $L_\infty)$	$\varphi=\text{arctg}\frac{\omega\times L}{R}$ $\|Z\|=\frac{R}{\cos\varphi}$ 当 $\varphi\to 90°$时 $\|Z\|=\frac{\omega\times L}{\sin\varphi}$
4	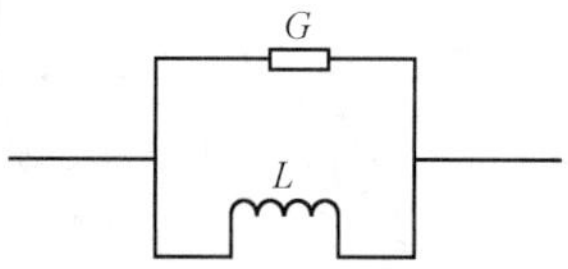 G、L 并联	$G(G_0$ 或 $G_\infty)$ $C(C_0$ 或 $C_\infty)$ $=\frac{1}{\omega^2 L}$	$\varphi=\text{arctg}\frac{\omega\times C}{G}$ $\|Z\|=\frac{\cos\varphi}{G}$ 当 $\varphi\to 90°$时 $\|Z\|=\frac{\sin\varphi}{\omega\times C}$
当阻抗为“容性”时，相角应取“负”值；阻抗为“感性”时，相角应取“正”值。			

5.6.1.1.6 **其他技术要求**

5.6.1.1.6.1 一般情况下，电缆应直接旋紧在电桥上。若用连接引线，引线应尽可能短，并与被测电缆阻抗匹配。

5.6.1.1.6.2 开短路法测试过程中，改变“相角”选择旋钮位置或改变测试频率时，都应重新进行电桥零平衡。

5.6.1.1.6.3 开短路法测试，应在同一频率、同一测试环境下进行电桥零平衡，完成电缆“终端开路”和“终端短路”两种状态的测试。

5.6.1.1.6.4 使用开短路法测试电缆线对的衰减频率特性时，所选择的频率应避开被测电缆的谐振频率。

5.6.1.1.6.5 计算结果应至少取三位有效数字。

5.6.1.2 电平差法

5.6.1.2.1 概述

本方法适用于测量对称通信电缆(包括综合电缆中的四线组和对称线对)的衰减(插入损耗)。本方法测试频率范围为 40 GHz 以下。若仪表性能允许,也适用于更高的频率范围。

5.6.1.2.2 试验设备

5.6.1.2.2.1 测试系统原理图

测试系统原理图见图 24。

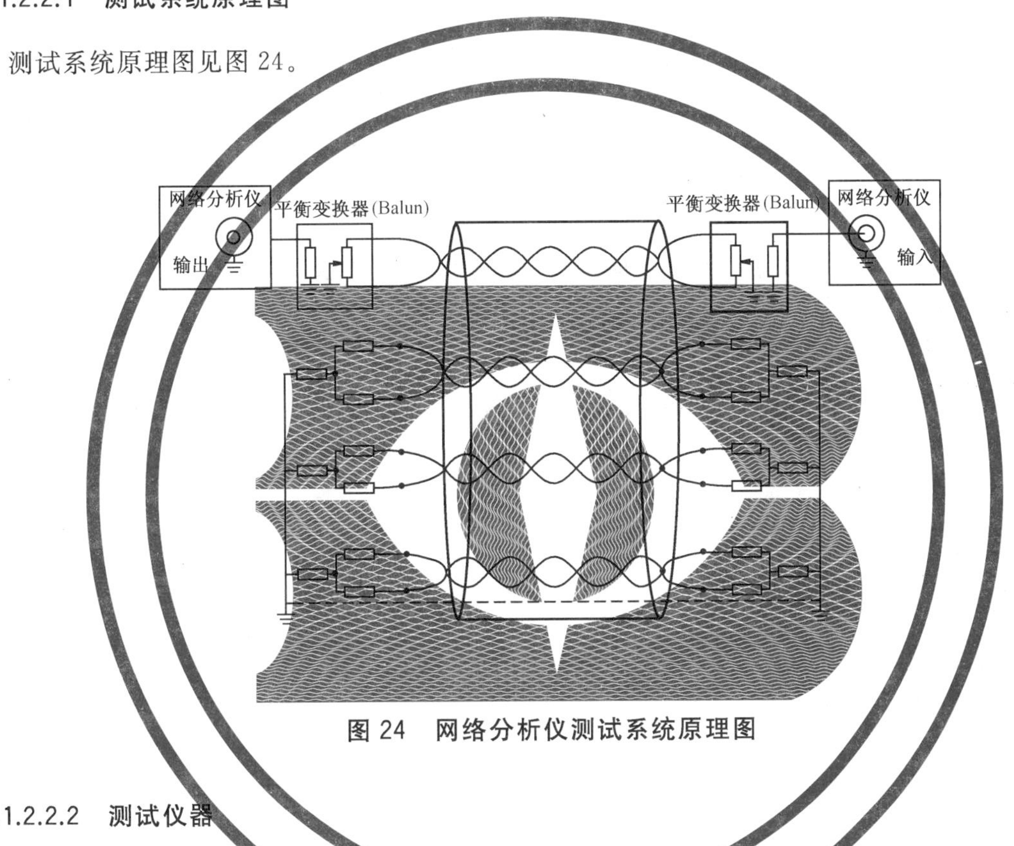

图 24 网络分析仪测试系统原理图

5.6.1.2.2.2 测试仪器

测试仪器应符合下列要求:

a) 试验设备应采用满足试样测试的网络分析仪,见图 24;也可采用分离的信号源和接收器;

b) 平衡变换器(Balun):对称电缆测试采用平衡变换器,实现不平衡端与平衡端变换,且平衡端应与被测线对的标称特性阻抗匹配;

c) 终端阻抗:其余非被测线对近端(或远端)应接入合适的共模和差模阻抗。所接入的终端阻抗应等于线对的标称特性阻抗模值,终端阻抗与标称特性阻抗模值的偏差应不超过±1%;

d) 被测电缆若有屏蔽,应在电缆近端和远端分别接地;

e) 对于多端口网络分析仪,可以通过端口配置实现平衡端口,满足对称电缆的测试,见图 25。

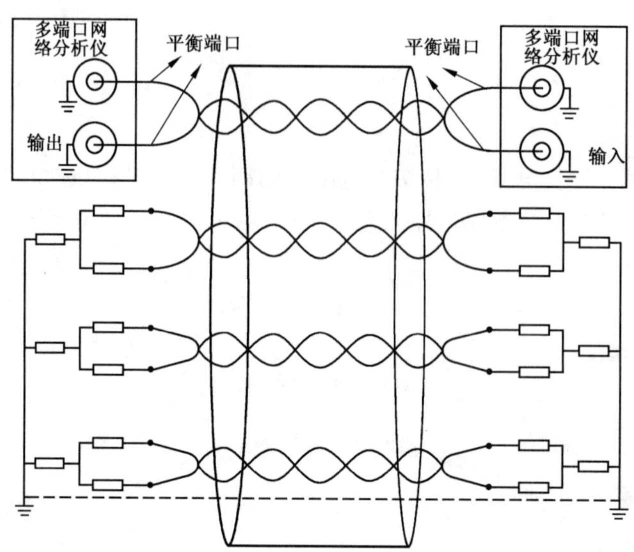

图 25　多端口网络分析仪测试系统原理图

5.6.1.2.3　**试验步骤**

5.6.1.2.3.1　在接入被测线对前，应先完成测量系统的校验，见图 26。检验应满足测试所需频率范围及阻抗匹配。

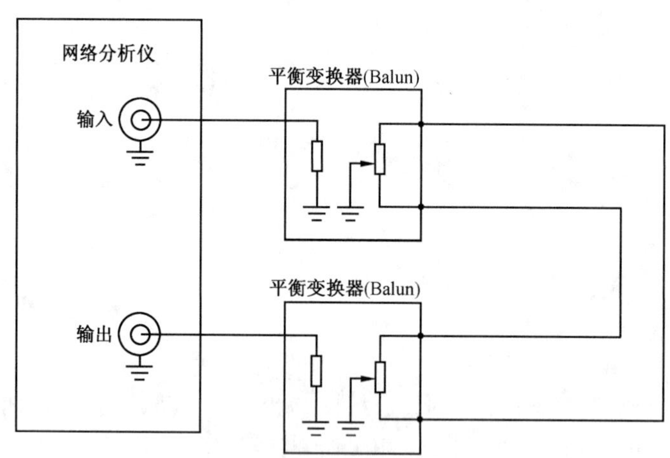

图 26　测量系统校验原理图

5.6.1.2.3.2　按图 24 连接被测线对，由网络分析仪上直接读取线对插入衰减值。

5.6.1.2.4　**测试结果及计算**

应用电平差法，当电缆特性阻抗与试验设备阻抗匹配时，单位长度电缆的衰减常数按式(44)计算。

$$\alpha = \alpha_0 \times \frac{l'}{l} \qquad \cdots\cdots (44)$$

$$\alpha_0 = 10\lg(P_1/P_2) \qquad \cdots\cdots(45)$$

式中：

α_0——衰减测试值，单位为分贝(dB)；

P_1——负载阻抗等于信号源阻抗时的输入功率，单位为毫瓦(mW)；

P_2——负载阻抗等于试验样品阻抗时的输出功率，单位为毫瓦(mW)；

α——衰减常数，单位为分贝每千米(dB/km)；

l'——单位长度，单位为千米(km)；

l——试验样品长度，单位为千米(km)。

衰减换算到 20 ℃时，按式(46)计算。

$$\alpha_{20} = \alpha/[1 + \delta_{\mathrm{CABLE}} \times (T - 20)] \qquad \cdots\cdots(46)$$

式中：

α_{20}——换算到 20 ℃时衰减值，单位为分贝每千米(dB/km)；

δ_{CABLE}——温度系数；

T——环境温度，温度为摄氏度(℃)。

5.6.2 同轴对衰减性能测试

5.6.2.1 谐振频率法

5.6.2.1.1 试验设备

测试系统原理图见图 27。

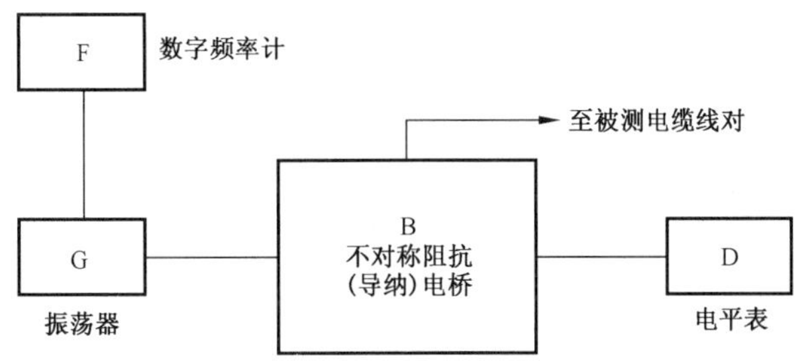

说明：

F——数字频率计；

G——振荡器；

B——电桥；

D——选频电平表。

图 27 测试系统原理图

5.6.2.1.2 试验步骤

5.6.2.1.2.1 按 5.4 估算出谐振频率及其间隔，选定与所需测定频率最接近的 f'_n，作为测试频率。

5.6.2.1.2.2 试样终端短路，按 5.4 从数字频率计上读取谐振频率 f_{nm0}，从电桥的电阻(或电导)档上读取 R_0(或 G_0)。

5.6.2.1.2.3 试样终端开路，按 5.4 从数字频率计上读取谐振频率 $f_{nm\infty}$，从电桥的电阻(或电导)档上读取 R_∞(或 G_∞)。

5.6.2.1.2.4 若 f_{nm0}(或 $f_{nm\infty}$)与估算的 f'_n 值偏离较大,应使振荡器输出在 f_{nm0}(或 $f_{nm\infty}$)的频率下,重复 5.4 中的步骤进行复测。

5.6.2.1.3 测试结果及计算

实际谐振频率按式(47)计算。

$$f_n = \frac{f_{nm0} + f_{nm\infty}}{2} \quad \cdots\cdots (47)$$

式中:

f_n ——实际谐振频率,单位为赫兹(Hz);

f_{nm0} ——试样终端短路谐振频率,单位为赫兹(Hz);

$f_{nm\infty}$——试样终端开路谐振频率,单位为赫兹(Hz)。

阻抗电桥测试时,衰减常数按式(48)和式(49)计算。

$$当 R_0 \leqslant R_\infty 时:\alpha = \frac{8.686}{l} \times \text{th}^{-1}\sqrt{R_0/R_\infty} \quad \cdots\cdots (48)$$

$$当 R_0 > R_\infty 时:\alpha = \frac{8.686}{l} \times \text{th}^{-1}\sqrt{R_\infty/R_0} \quad \cdots\cdots (49)$$

导纳电桥测试时,衰减常数按式(50)和式(51)计算。

$$当 G_0 \leqslant G_\infty 时:\alpha = \frac{8.686}{l} \times \text{th}^{-1}\sqrt{G_0/G_\infty} \quad \cdots\cdots (50)$$

$$当 G_0 > G_\infty 时:\alpha = \frac{8.686}{l} \times \text{th}^{-1}\sqrt{G_0/G_\infty} \quad \cdots\cdots (51)$$

式中:

l ——被测电缆长度,单位为千米(km);

G_0 ——试样终端短路谐振时电桥电导读数,单位为西门子(S);

G_∞——试样终端开路谐振时电桥电导读数,单位为西门子(S);

R_0 ——试样终端短路谐振时电桥电阻读数,单位为欧姆(Ω);

R_∞——试样终端开路谐振时电桥电阻读数,单位为欧姆(Ω)。

5.6.2.2 比较法

5.6.2.2.1 概述

本方法适用于用比较法测量同轴对的衰减常数频率特性。

测试频率为 0.06 MHz~70 MHz,测试衰减的最大值为 40 dB。若仪表性能允许,也适用于更高的频率与更大的衰减值。

在测试 10 dB 以上的衰减值时,测试精度应优于±0.1%。

5.6.2.2.2 试验设备

5.6.2.2.2.1 测试系统原理图

测试系统原理图见图 28、图 29 和图 30。

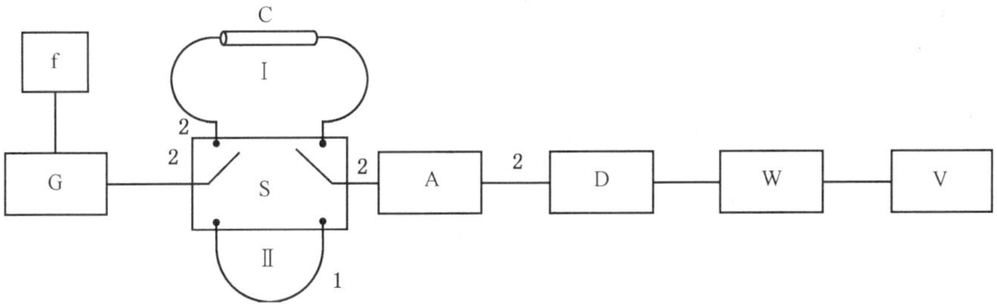

说明：

f ——数字式频率计；

C——被测同轴对；

G——振荡器；

D——选频电平表；

1 ——同轴短接线；

2 ——75 Ω 同轴引线；

S——同轴开关；

W——可变分压器；

V——数字电压表；

Ⅰ——1 支路；

Ⅱ——2 支路；

A——可变衰减器。

图 28　串联比较法测试系统原理图

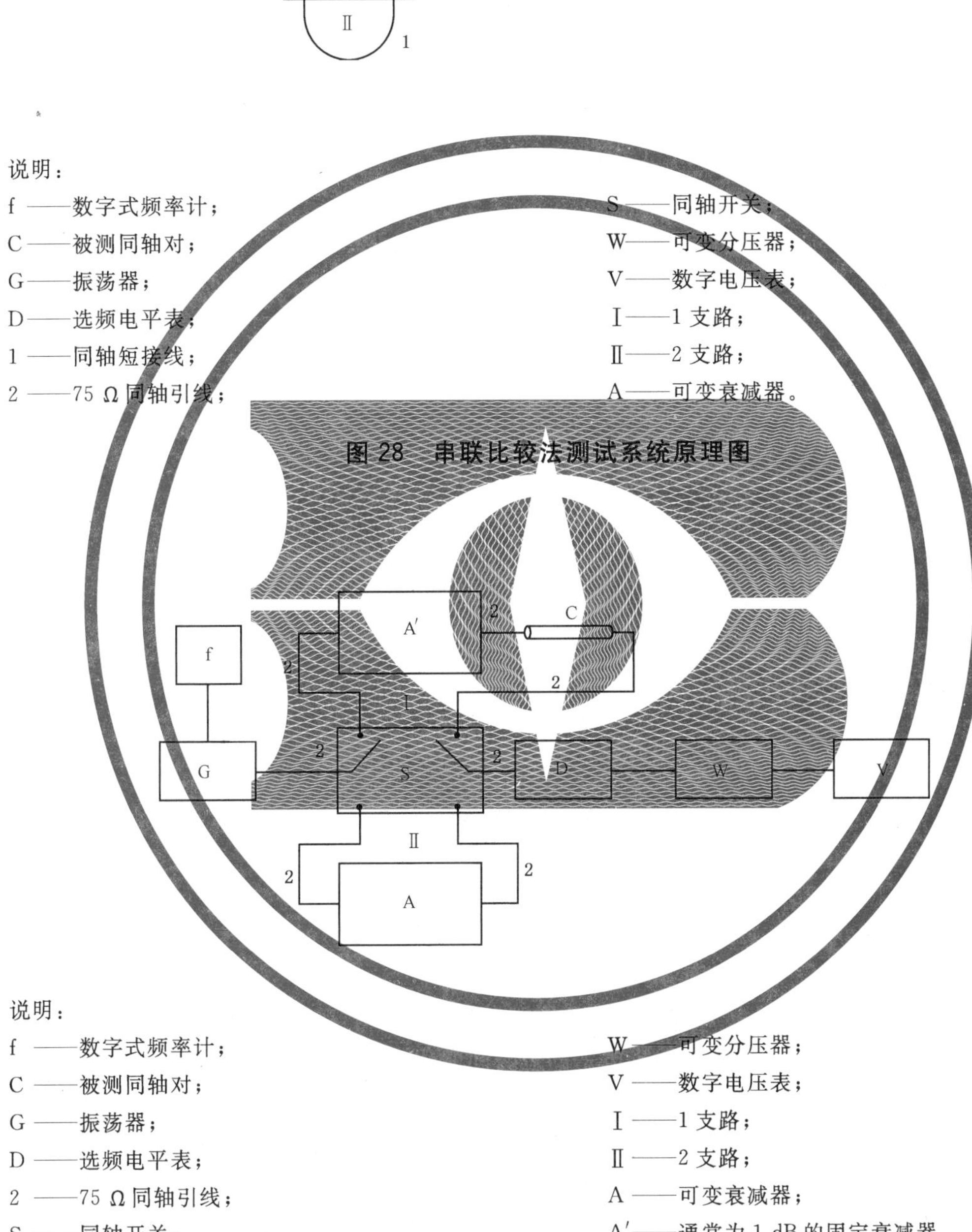

说明：

f ——数字式频率计；

C ——被测同轴对；

G ——振荡器；

D ——选频电平表；

2 ——75 Ω 同轴引线；

S ——同轴开关；

W ——可变分压器；

V ——数字电压表；

Ⅰ ——1 支路；

Ⅱ ——2 支路；

A ——可变衰减器；

A′——通常为 1 dB 的固定衰减器。

图 29　并联比较法测试系统原理图

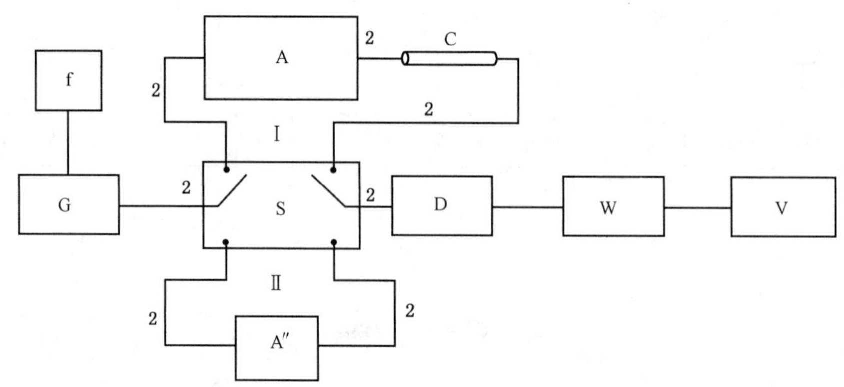

说明：

f ——数字式频率计；

C ——被测同轴对；

G ——振荡器；

D ——选频电平表；

2 ——75 Ω 同轴引线；

S ——同轴开关；

W——可变分压器；

V ——数字电压表；

Ⅰ——1 支路；

Ⅱ——2 支路；

A ——可变衰减器；

A″——与 A 同型号可变衰减器作固定衰减用。

图 30 串并联比较法测试系统原理图

5.6.2.2.2.2 测试仪器

测试仪器应符合下列要求：

a) 振荡器：输出阻抗为 75 Ω，在所需使用的频带内，对 75 Ω 电阻的失配衰减应不低于 32 dB，并能以 0.1 MHz 或更小步级锁定频率。

b) 选频电平表：输入阻抗为 75 Ω，在所需使用的频带内，对 75 Ω 电阻的失配衰减应不低于 32 dB。且在恒定输入时，直流输出电平的短时间变化应不大于 1×10^{-3} dB。

c) 可变衰减器：

1) 各档衰减值总和应不低于 40 dB，最小档的分辨率应不超过 0.1 dB；

2) 所需使用的频带应在衰减器的工作频带之内。当衰减器在所需使用的频带内，衰减值的残留频率特性(即图 28 中的衰减器，在一次比较测试中两次衰减读数的衰减频率特性修正值之差；图 29、图 30 中两只衰减器的频率特性之差)在 $\pm1\times10^{-3}$ dB 之内，可以不作频率特性修正，直接采用直流校正值，否则应进行衰减值的频率特性修正；

3) 在测试环境的最低温度和最高温度的范围内，衰减器各档的衰减值将随温度变化，如果由于温度的变化使衰减器各档衰减值变化在 1×10^{-3} dB 之内，可以不作温度特性的修正，否则应进行衰减值的温度特性修正；

4) 当衰减器输出终端接 75 Ω 纯电阻时，衰减器在任何档位，其对 75 Ω 的失配衰减应不低于 32 dB；

5） 衰减器应具有良好的机械结构，以确保频繁操作后仍有良好的重复性；

6） 应定期在测试环境上限温度和下限温度附近进行直流校正及测试频率范围内的交流校正，以取得衰减值的修正值、修正值的温度系数及频率特性的修正值。修正值的温度系数以每3 ℃～5 ℃为一档计算。频率特性的修正值以每 5 MHz～10 MHz 为一档进行校正，然后根据具体情况进行修正。

d） 同轴开关：阻抗为 75 Ω，失配衰减及串音衰减应符合列项 g）、列项 h）规定。接触电阻应小且稳定，以确保在恒定输入时，经频繁开关后输出无可以观察到的变化。

注：在没有适当的同轴开关时，允许采用插拨方式进行测试。

e） 数字电压表：应有滤波装置，并能显示五位数字，其稳定性应确保在一次比较测试的时间内，最后一位数字的变化值不超过±2。

f） 可变分压器：

1） 可变分压器的线路见图 31，可以自制。图中 R_1、R_2、R_3 值根据所选用的选频电平表直流输出电压的大小和电阻以及数字电压表的量程选定；

2） 当选频电平表的直流输出两端都不接地时，图 31 中 a、b 两端可任意连接。若一端接地，则接地端应与 b 连接；

3） 可变分压器的元件，特别是 R_2、R_3 电位器，应接触良好，至少应确保在一次比较测试时间内，在数字电压表上无可观察到的变化；

4） 可变分压器与选频表的连接引线应采用具有良好屏蔽的引线。

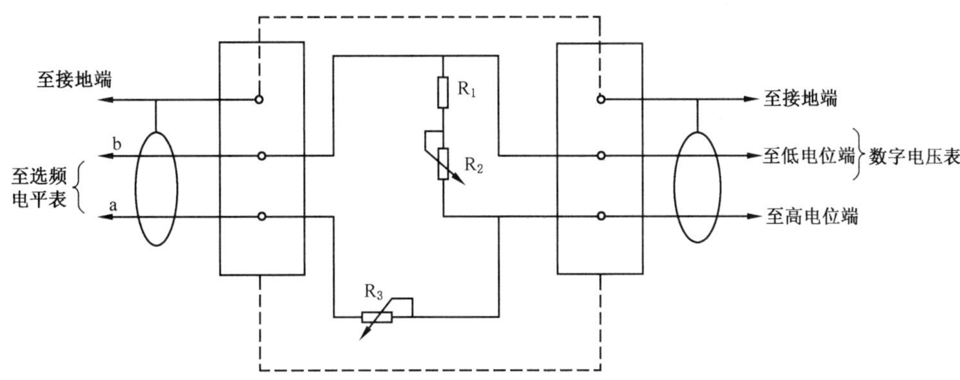

说明：

R_1 ——电阻；

R_2、R_3——可变电位器。

图 31 可变分压器

g） 图 28～图 30 中从振荡器输出引线到选频电平表输入引线，整个测试系统失配衰减应不低于 32 dB，在 24 MHz 以上频段可以允许 30 dB；

h） 测试系统中Ⅰ支路连接被测同轴对带引线的两个插头（在终端连接 75Ω 电阻时）之间的串音衰减 B 值，应不低于按式(52)的计算值。

$$B = X - 20\lg(0.115 \times 10^{-4} \times A_x) \qquad \cdots\cdots(52)$$

式中：

B ——串音衰减值，单位为分贝(dB)；

X ——衰减测试要求值，单位为分贝(dB)；

A_x——被测同轴对的衰减值，单位为分贝(dB)。

5.6.2.2.3 **试样准备**

5.6.2.2.3.1 试样为制造长度的成品电缆,同轴对可以环接或串接(但应用正规的接续零件及接续方法进行),以满足在测试频带内衰减值为 10 dB 以上。

5.6.2.2.3.2 将取定的各盘电缆试样分别按 5.8 规定测量长度,或采用钢卷尺测量长度。

5.6.2.2.4 **试验步骤**

5.6.2.2.4.1 **选择接线型式**

从图 28、图 29、图 30 中选定测试系统的接线型式。

5.6.2.2.4.2 **测量测试系统的失配衰减**

测量测试系统的失配衰减,步骤如下:

a) 根据所选定的测试系统接线型式,从图 32、图 33、图 34 中选定测量测试系统失配衰减的接线型式,并连接好系统;

b) 分别在Ⅰ、Ⅱ两个支路上进行测量。测量时,可变衰减器应置于"全零"(或最低值)位置;

c) 当失配衰减达不到 5.6.2.2.2.2 中 g)规定的 32 dB 值时,应加放具有一定衰减值的缓冲衰减器,使失配衰减达到 32 dB。

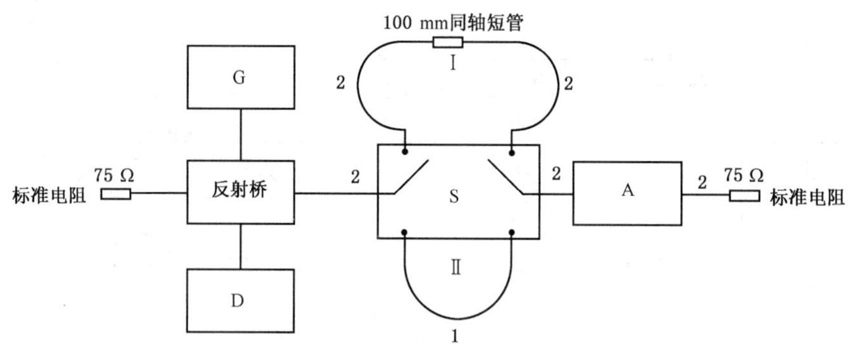

说明:

G——振荡器;

D——选频电平表;

1——同轴短接线;

2——75 Ω 同轴引线;

S——同轴开关;

Ⅰ——1 支路;

Ⅱ——2 支路;

A——可变衰减器。

图 32 串联比较法系统失配衰减测试接线图

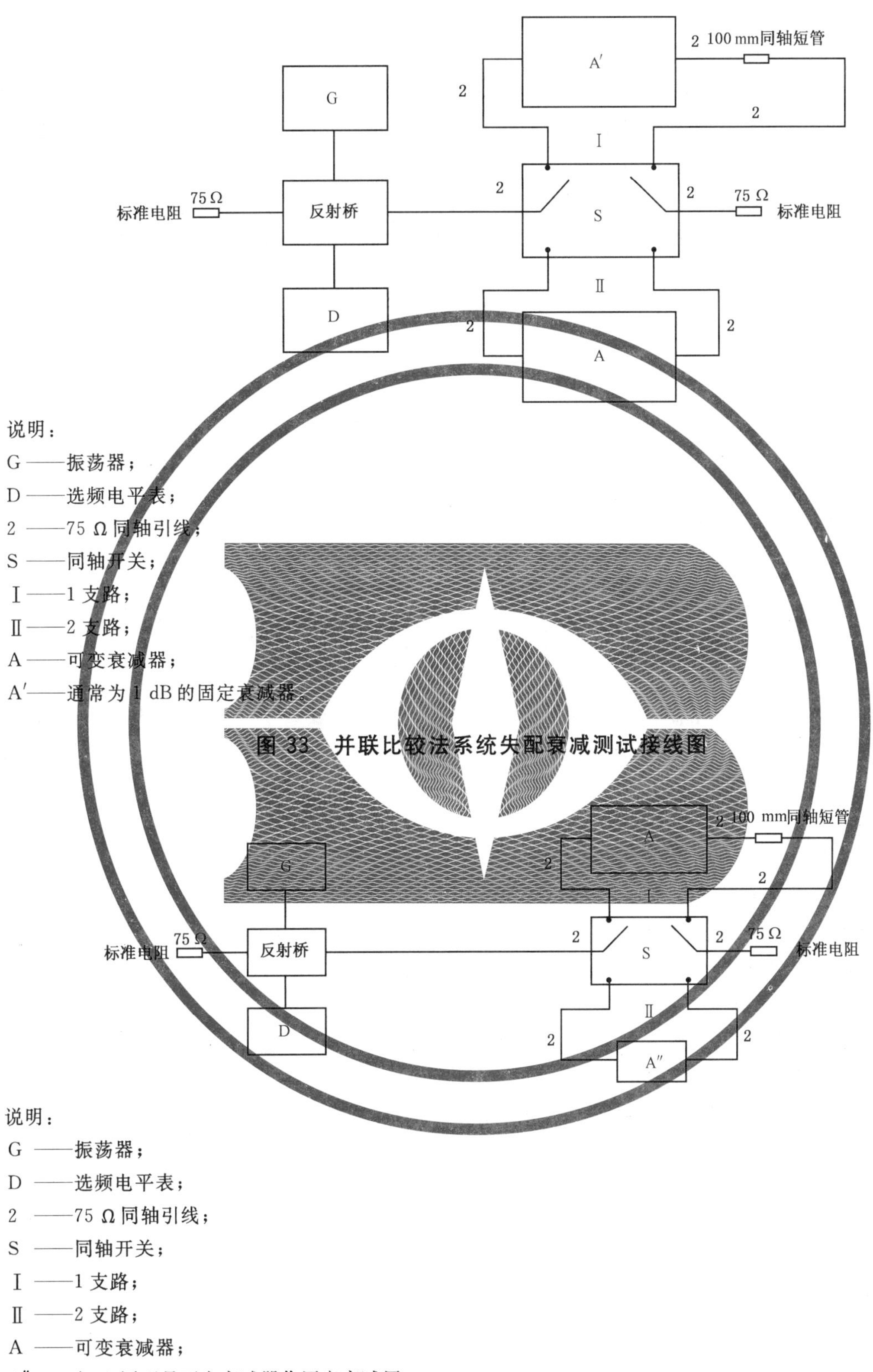

说明：

G ——振荡器；

D ——选频电平表；

2 ——75 Ω 同轴引线；

S ——同轴开关；

Ⅰ——1 支路；

Ⅱ——2 支路；

A ——可变衰减器；

A′——通常为 1 dB 的固定衰减器。

图 33　并联比较法系统失配衰减测试接线图

说明：

G ——振荡器；

D ——选频电平表；

2 ——75 Ω 同轴引线；

S ——同轴开关；

Ⅰ ——1 支路；

Ⅱ ——2 支路；

A ——可变衰减器；

A″——与 A 同型号可变衰减器作固定衰减用。

图 34　串并联比较法系统失配衰减测试接线图

5.6.2.2.4.3 测量测试系统的串音衰减值

测量测试系统的串音衰减值，步骤如下：

a) 根据所选定的测试系统接线型式，按图 28、图 29 或图 30 连接好系统。或在连接试样的两根引线端头上分别连接上带有屏蔽的 75 Ω 电阻，直接插接或通过短段的同轴对连接；

b) 将振荡器调至零电平输出，将可变衰减放在“全零”(或最低值)位置；

c) 将同轴开关先放置在Ⅱ支路上，调整选频表的频率及灵敏度，使选频表指示为零电平，或与衰减器最低值相应的电平值。再将同轴开关放置于Ⅰ支路上，提高选频表灵敏度，读出接收电平值，两次电平的差值即为系统的串音衰减值。

5.6.2.2.4.4 调试测试系统

调试测试系统，步骤如下：

a) 根据所选定的测试系统接线型式，按图 28、图 29 或图 30 连接好测试系统；

b) 选取一根与试样结构相同，长约 100 mm 的同轴对，代替试样接入测试系统；

c) 接通电源，预热测试仪器，稳定后开始调试：

 1) 将同轴开关放置在Ⅱ支路上；

 2) 将振荡器的输出阻抗置于 75 Ω；输出电平调至 0 dB 或 −10 dB；输出频率调至最高测试频率，可变衰减器(图 28、图 29、图 30 中的 A 及 A')置于“全零”(或最低值)位置；选频电平表的输入阻抗置于 75 Ω，中频带宽调至适当的位置，使数字电压表读数最稳定，在低噪声工作状态下选出振荡器频率；

 3) 调节振荡器输出细调或选频电平表的灵敏度，使电平表表头指针在 0 dB 或 −10 dB 附近；

 4) 调节可变分压器及数字电压表，使数字电压表显示五位数字。在一次比较测试时间内，当数字电压表的读数的数字差值不超过相当 1×10^{-3} dB 时，即可测量系统的修正值。

5.6.2.2.4.5 测量系统的修正值

调试测量系统的修正值，步骤如下：

a) 采用图 28 的串联比较法及图 29 的并联比较法接线型式时，将可变衰减器置于零；采用图 30 串并联比较法接线型式时，估计最高测试频率时被测同轴对的衰减，将两只衰减器均放在略大于此值的位置上；

b) 将同轴开关置于Ⅱ支路上，调节可变分压器使数字电压表显示适当数字，记作 $V_{\mathrm{II}y}$。再将同轴开关置于Ⅰ支路上，读取数字电压表的数值，记作 $V_{\mathrm{I}y}$；

c) 采用图 28、图 29、图 30 时，系统修正值分别按式(53)、式(54)、式(55)计算。

$$A_y = 20\ \lg \frac{V_{\mathrm{II}y}}{V_{\mathrm{I}y}} \qquad \cdots\cdots(53)$$

$$A_y = A_{\mathrm{II}y} + \Delta A_{\mathrm{II}y} + 20\ \lg \frac{V_{\mathrm{II}y}}{V_{\mathrm{I}y}} \qquad \cdots\cdots(54)$$

$$A_y = A_{\mathrm{I}y} + \Delta A_{\mathrm{I}y} - 20\ \lg \frac{V_{\mathrm{II}y}}{V_{\mathrm{I}y}} \qquad \cdots\cdots(55)$$

式中：

$A_{\mathrm{II}y}$ ——Ⅱ支路衰减器读数，单位为分贝(dB)；

$A_{\mathrm{I}y}$ ——Ⅰ支路衰减器读数，单位为分贝(dB)；

$\Delta A_{\mathrm{II}y}$ ——Ⅱ支路衰减器读数修正值，单位为分贝(dB)；

$\Delta A_{\mathrm{I}y}$ ——Ⅰ支路衰减器读数修正值，单位为分贝(dB)。

式(53)～式(55)中没有扣除长度为 100 mm 的同轴对的衰减值，此值在式(62)中处理。

系统修正值的测量应在试样衰减的各个频率点上进行。

5.6.2.2.4.6 测量试样的实际温度

采用下述方法测量试样的实际温度：

a) 在有恒温室的条件下，将电缆试样放在恒温室内，直至试样护套内导体的直流电阻达到稳定，然后精确测定恒温室的温度，即为试样的实际温度。

b) 在没有恒温室时，采用下列 1)、2)中任一种方法测量：

1) 测温线法：

为充分利用电桥分辨率，在试样护套内选取具有适当直流电阻值的线芯(可将 n 根导体串联)作测温线。

在试样的电缆盘上悬挂分辨率为 0.1 ℃的温度计。若试样为若干盘电缆组成，温度计应不少于两只，读数取诸温度计示值的平均值。

每隔 20 min～30 min 测量一次测温线的直流电阻。连续测量 48 h，每次至少读取四位数字，并记下温度计指示的温度及测量时刻。

根据每次测量的电阻、温度值绘制温度和电阻随时间的变化曲线。分别从两条曲线上求出平均温度 $\bar{t}$ 及平均电阻 $\bar{R}$，并按式(56)计算 20 ℃时测温线的电阻 R_{20}。

$$R_{20}=\frac{\bar{R}}{1+0.003\,93\times(\bar{t}-20)} \qquad \cdots\cdots(56)$$

式中：

R_{20} ——20 ℃时测温线的电阻，单位为欧姆(Ω)；

$\bar{R}$ ——平均电阻，单位为欧姆(Ω)；

$\bar{t}$ ——平均温度，单位为摄氏度(℃)。

2) 测温电缆法：

在进行定期测试或大量测试的情况下应采用此法。

取一盘与被测电缆的型号、规格相同，长度基本接近，并绕在同样电缆盘上的电缆作为测温电缆，按测温线法规定测量该电缆中测温线的电阻 R_{20}。

将测温电缆和试样电缆尽可能靠近放置至少 6 h。

测量测温电缆中测温线电阻和试样电缆中测温线电阻。将测温电缆中测温线的电阻和温度的关系移植到试样电缆的测温线上，测量和移植应在不同时间内进行多次，直至互相符合后才能被采用。

c) 在测量衰减常数的环境温度下，测量试样电缆同一护套内的测温线直流电阻 R_t。

d) 按式(57)计算试样同轴对的实际温度：

$$t_x=20+\frac{1}{0.003\,93}\times\left(\frac{R_t}{R_{20}}-1\right) \qquad \cdots\cdots(57)$$

式中：

t_x ——试样同轴对的实际温度，单位为摄氏度(℃)；

R_t ——测温线直流电阻，单位为欧姆(Ω)；

R_{20} —— 20 ℃时测温线的电阻，单位为欧姆(Ω)。

5.6.2.2.4.7 测量试样同轴对的衰减

用串联比较法测量试样同轴对的衰减步骤如下：

a) 将被测同轴对接入图 28 测试系统，将同轴开关置于Ⅱ支路上，调节电平振荡器至所需测试频

率,使输出电平为 0 dB 或 −10 dB;

b) 估计在最高测试频率时被测同轴对的衰减,将衰减器放在略大于此值的位置上,该数值作为起始衰减 A_0;

c) 用选频电平表选频。调节输入衰减器,使表头指针指在 0 dB 附近,必要时可调节电平表灵敏度细调;

d) 调节可变分压器,使数字电压表显示五位数字,读取该数字,并记作 V_{II};

e) 将同轴开关置于Ⅰ支路上。分压器不动,减小可变衰减器的衰减值,直至选频电平表的表头指于 0 dB 附近,使数字电压表显示的数字与 V_{II} 接近,读取可变衰减器的读数为 A_1 和数字电压表的读数为 V_I;

f) 将可变衰减器重新调回至起始衰减 A_0,然后将同轴开关置于Ⅱ支路上,此时数字电压表显示的值应回到 V_{II}。允许数字的差值相当于 1×10^{-3} dB,如果差值超过此值,应重新进行测试。

用并联比较法测量试样同轴对的衰减步骤如下:

a) 将被测同轴对接入图 29 测试系统,将同轴开关置于Ⅰ支路上,调节振荡器至所需测试频率,使输出电平为 0 dB 或 −10 dB;

b) 用选频电平表选频。调节输入衰减器,使表头指针指在 0 dB 附近,必要时可调节电平表的灵敏度细调;

c) 调节可变分压器,使数字电压表显示五位数字,读取该数字记作 V_I;

d) 将可变衰减器调节至接近被测同轴对衰减值的档位上,然后将同轴开关置于Ⅱ支路上。进一步调节衰减器的衰减值,使选频电平表的表头指针指于 0 dB 附近,数字电压表显示的数字与 V_I 接近,读取可变衰减器的读数 A_{II} 和数字电压表读数 V_{II};

e) 将同轴开关置于Ⅰ支路。此时数字电压表显示的值应回到 V_I。允许数字的差值相当于 1×10^{-3} dB,如果差值超过此值,应重新进行测试。

用串并联比较法测量试样同轴对的衰减步骤如下:

a) 将被测同轴对接入图 30 测试系统,将同轴开关置于Ⅱ支路上,调节振荡器至所需测试频率,使输出电平为 0 dB 或 −10 dB;

b) 将Ⅱ支路上的可变衰减器置于与测试系统衰减器相同的位置上;

c) 用选频电平表选频。调节输入衰减器,使表头指针指在 0 dB 附近,必要时可调节电平表灵敏度细调;

d) 调节可变分压器,使数字电压表显示五位数字,读取该数字,并记作 V_{II};

e) 将同轴开关 S 置于Ⅰ支路上,调节可变衰减器 A,使数字电压表显示的数字与 V_{II} 接近,读取可变衰减器的读数为 A_I 和数字电压表读数为 V_I;

f) 将同轴开关 S 置于Ⅱ支路上,此时数字电压表应回到 V_{II}。允许数字的差值相当于 1×10^{-3} dB,如差值超过此值,应重新进行测试。

5.6.2.2.5 测试结果及计算

5.6.2.2.5.1 被测同轴对衰减值 A_x 应分别按不同的接线型式计算:

a) 采用串联比较法时 A_x 按式(58)计算。

$$A_x=[(A_0+\Delta A_0)-(A_I+\Delta A_I)]+A_V-A_y \qquad (58)$$

式中:

A_x ——衰减值,单位为分贝(dB);

A_0 ——起始衰减,单位为分贝(dB);

ΔA_0——A_0 的修正值,单位为分贝(dB);

A_I ——同轴开关置于Ⅰ支路时可变衰减器的读数,单位为分贝(dB);

ΔA_{I}——A_{I} 的修正值，单位为分贝(dB)；

A_y ——系统修正值，按式(53)计算，单位为分贝(dB)；

A_V ——尾数修正值，按式(59)计算，单位为分贝(dB)。

$$A_V = 20\ \lg \frac{V_{\mathrm{II}}}{V_{\mathrm{I}}} \quad \cdots\cdots(59)$$

式中：

V_{I} ——同轴开关置于Ⅰ支路时，数字电压表上读取的电压值，单位为伏特(V)；

V_{II} ——同轴开关置于Ⅱ支路时，数字电压表上读取的电压值，单位为伏特(V)。

b) 采用并联比较法时 A_x 按式(60)计算。

$$A_x = A_{\mathrm{II}} + \Delta A_{\mathrm{II}} + A_V - A_y \quad \cdots\cdots(60)$$

式中：

A_x ——衰减值，单位为分贝(dB)；

A_{II} ——可变衰减器读数，单位为分贝(dB)；

ΔA_{II}——衰减器读数的修正值，单位为分贝(dB)；

A_y ——系统修正值，按式(54)计算，单位为分贝(dB)；

A_V ——尾数修正值，按式(59)计算，单位为分贝(dB)

c) 采用串并联比较法时 A_x 按式(61)计算。

$$A_x = A_y - (A_{\mathrm{I}} + \Delta A_{\mathrm{I}}) + A_V \quad \cdots\cdots(61)$$

式中：

A_x ——衰减值，单位为分贝(dB)；

A_{I} ——同轴开关置于Ⅰ支路时，可变衰减器(A″)的读数，单位为分贝(dB)；

ΔA_{I}——A_{I} 的修正值，单位为分贝(dB)；

A_y ——系统修正值，按式(55)计算，单位为分贝(dB)；

A_V ——同轴开关置于Ⅰ支路时，尾数修正值，按式(59)计算，单位为分贝(dB)。

5.6.2.2.5.2 被测同轴对在测试环境温度下的衰减常数 α_t 按式(62)计算。

$$\alpha_t = A_x \times \frac{1\,000}{L} \quad \cdots\cdots(62)$$

式中：

α_t ——衰减常数，单位为分贝每千米(dB/km)；

A_x——L 长度被测同轴对的衰减实测值，单位为分贝(dB)；

L ——扣除 100 mm 短接同轴对长度后被测同轴对的长度，单位为米(m)。

5.6.2.2.5.3 标准温度下的衰减常数 α_T 按式(63)计算。

$$\alpha_T = \frac{\alpha_t}{1 + K_T(t - T)} \quad \cdots\cdots(63)$$

式中：

α_T ——衰减常数，单位为分贝每千米(dB/km)；

T ——标准温度，单位为摄氏度(℃)；

t ——测试时同轴对的温度，单位为摄氏度(℃)；

K_T——标准温度 T 时同轴对的衰减温度系数。

5.6.2.2.5.4 换算到标准温度的各频率的 α_f 值应采用最小二乘法回归出以式(64)、式(65)表示的衰减频率特性。

$$\alpha_f = A\sqrt{f} + Bf + C \quad \cdots\cdots(64)$$

$$C = 0.542\,9 \times \frac{R_0}{Z_\infty} \times \left[2(1 - e^{-2g}) - \frac{(1 + e^{-g})^2}{g}\right] \qquad \cdots\cdots(65)$$

式中：

α_f ——衰减常数，单位为分贝每千米(dB/km)；

C ——最小二乘法常数项，单位为分贝每千米(dB/km)；

R_0 ——标准温度下内导体的直流电阻，单位为欧姆(Ω)；

$e^{-g} = d/D$ ——内导体外径 d 与外导体内径 D 之比；

$Z_\infty = \frac{60}{\sqrt{\varepsilon_r}} \ln \frac{D}{d}$ ——被测同轴对在频率无穷大时的波阻抗，单位为欧姆(Ω)。

R_0，e^{-g}，ε_r 应按 5.8 进行取值。

$$A = a + \xi_a \times C \ \text{dB/(km} \times \sqrt{\text{MHz}}) \qquad \cdots\cdots(66)$$

$$B = b + \xi_b \times C \ \text{dB/(km} \times \text{MHz}) \qquad \cdots\cdots(67)$$

$$a = \frac{\sum_i^n \frac{a_i}{\sqrt{f_i}} \sum_i^n f_i - \sum_i^n \sqrt{f_i} \sum_i^n a_i}{\Delta} \ \text{dB/(km} \times \sqrt{\text{MHz}}) \qquad \cdots\cdots(68)$$

$$b = \frac{n \sum_i^n a_i - \sum_i^n \frac{a_i}{\sqrt{f_i}} \sum_i^n \sqrt{f_i}}{\Delta} \ \text{dB/(km} \times \text{MHz}) \qquad \cdots\cdots(69)$$

$$\Delta = n \sum_i^n f_i - \left(\sum_i^n \sqrt{f_i}\right)^2 \ \text{MHz} \qquad \cdots\cdots(70)$$

$$\left.\begin{aligned} \xi_a &= \frac{n \sum_i^n \sqrt{f_i} - \sum_i^n f_i \sum_i^n \frac{1}{f_i}}{\Delta} \frac{1}{\sqrt{\text{MHz}}} \\ \xi_b &= \frac{\sum_i^n \sqrt{f_i} \sum_i^n \frac{1}{\sqrt{f_i}} - n^2}{\Delta} \frac{1}{\text{MHz}} \end{aligned}\right\} \qquad \cdots\cdots(71)$$

式中：

$i = 1, 2, \cdots, n$，即测试频率的序数。

5.6.2.2.6 **其他技术要求**

5.6.2.2.6.1 为计算方便式(59)中 A_V 可采用式(72)计算。

$$A_V = \frac{1}{n} \times (V_{\text{I}} - V_{\text{II}}) \times 10 \qquad \cdots\cdots(72)$$

式中：

V_{I} ——同轴开关置于Ⅰ支路时数字电压表上读取的电压值，单位为伏特(V)；

V_{II} ——同轴开关置于Ⅱ支路时数字电压表上读取的电压值，单位为伏特(V)；

n ——数字电压表读数为 0.868 0 V～0.869 2 V 的倍值数，为 2 或 1/2。

测试时要求数字电压表读数在 0.863 0 V～0.873 0 V 的 2 或 1/2 倍值范围内。

5.6.2.2.6.2 用式(64)表示被测同轴对的衰减频率特性，只适用于 f_A 频率以上频段，否则计算结果将有显著误差。除非另有规定，不同规格同轴对的 f_A 值为：

$$2.6/9.5 \text{ mm 同轴对 } f_A = 2.5 \text{ MHz} \qquad \cdots\cdots(73)$$

$$1.2/4.4 \text{ mm 同轴对 } f_A = 4 \text{ MHz} \qquad \cdots\cdots(74)$$

5.6.2.2.6.3 对于阻抗非 75 Ω 的通信电缆采用此方法进行测试时，应在被测物两侧加阻抗变量器，相应地在测试系统修正值时应在接入阻抗变量器的状态下进行测试。

5.6.2.2.6.4 当对较低频率(如 1.2/4.4 mm 小同轴 0.2 MHz 以下)较短试样进行衰减测试时，由于阻抗失配引起衰减测试误差，这时可采用式(75)对误差进行估计，并对测试数据进行修正。

$$\Delta = 8.6859 \times \left[m_1 \times m_2 \times \cos(\varphi_1 + \varphi_2) + \frac{1}{2}(m_1 \times m_2)^2 \right] \quad \cdots\cdots(75)$$

$$m_1 \angle \varphi_1 = \frac{1}{2}\left(\frac{Z_C}{Z_O} + \frac{Z_O}{Z_C}\right) - 1 \quad \cdots\cdots(76)$$

$$m_2 \angle \varphi_2 = \frac{1}{2}(1 - e^{-2\gamma l}) \quad \cdots\cdots(77)$$

式中：

Δ ——衰减测试误差，单位为分贝(dB)；

Z_C ——在测试频率下试样的输入阻抗(复数)，单位为欧姆(Ω)；

Z_O ——测试系统阻抗，通常为 75 Ω；

$\gamma = \alpha + j\beta$ ——试样的传播常数；

α ——衰减常数，可取标准温度时的标称值，单位为奈培每千米(Np/km)；

β ——相移常数，可取标准温度时的标称值，单位为弧度每千米(rad/km)。

5.7 理想屏蔽系数试验

5.7.1 试验设备

5.7.1.1 测试系统原理图

理想屏蔽系数测试系统原理图见图 35。

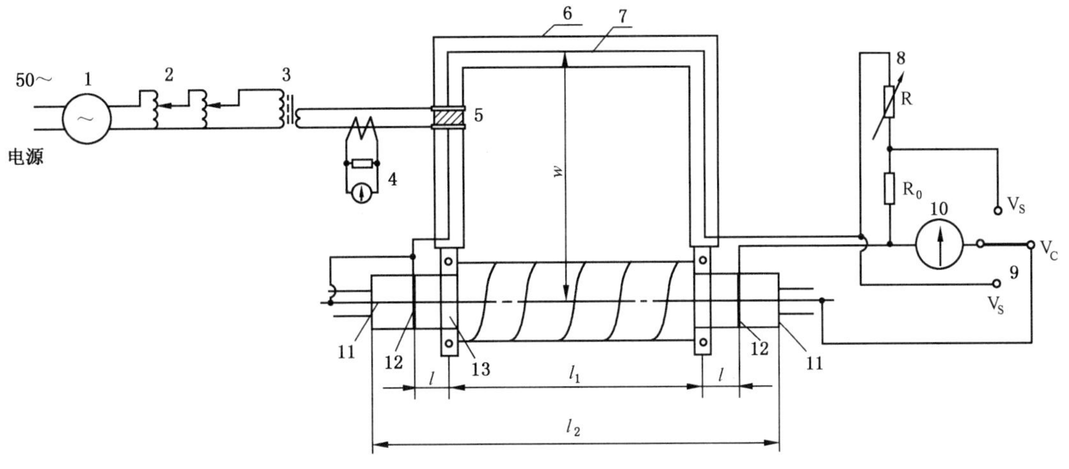

说明：

1 ——交流稳压器；
2 ——调压器(2 只)；
3 ——大电流变压器(升流器)；
4 ——试样金属套电流测量装置；
5 ——绝缘块；
6 ——大电流框架回路；
7 ——试样金属套电压测量线；
8 ——电阻分压器；
9 ——切换开关；
10——交流电压测试装置；
11——试样电缆；
12——电压环；
13——电流环；
w ——试样与大电流框架的中心距，固定为 400 mm；
$l_1 = 1\,000$ mm ± 5 mm；$l_2 = 1\,200$ mm；$l = 20$ mm。

图 35 理想屏蔽系数测试系统原理图

5.7.1.2 测试仪器

测试仪器应符合下列要求：

a) 测试频率满足 50 Hz～800 Hz 范围。

b) 交流稳压器：电压为 220 V；容量为 3 kVA～5 kVA；稳定度应不超过±1%。

c) 调压器：电压为 250 V；容量为 2 kVA～4 kVA。

d) 升流器：升流器最大输出电压应不小于 4 V；容量应不小于 3 kVA；输出波形(包括调压器、升流器)要求所有瞬间值与同相位正弦波基波值的偏差应不超过正弦波基波峰值的 10%。

e) 电流测量装置：电流互感器为 500/5 A，0.5 级；标准无感电阻为 0.1 Ω，0.1 级；毫伏表最小量程为 1 mV。

f) 电阻分压器：测量电阻 R_0＝100 Ω；可变电阻箱的可变范围应为：
(0～10)×(0.01＋0.1＋1＋10＋100＋1 000) Ω

g) 交流电压测量装置：交流电压测量装置最小分辨率应不大于 0.01 mV。

注：“交流电压测量装置”可以采用交流数字电压表、选频电平表等进行读取，可以采用交直流转换器和直流电压表读取，也可以采用具有更高精度的测试设备。

h) 电流环：电流环由镀银黄铜或紫铜制成，表面质量应确保接触良好。

i) 大电流回路：大电流回路呈长方形框架，一边为试样金属套，另三边可由外半径为 r、壁厚不小于 3 mm 的圆铜管构成(也允许用实芯铜)。图 35 中距离 w 为 400 mm。由电流框架与试样构成的测量回路的电感应在(2±0.1) uH 以内。对于一台可适用于非常大电流的测量装置，框架的另三边可以采用两条平行扁铜排的形式。两条铜排之间的距离大约等于其厚度。空心圆铜管半径 r 的选择，可根据 L＝2 uH 及试样金属套外径 D，按式(78)计算：

$$\ln r = \frac{16.34 - \ln D - \dfrac{L \times 10^7}{2}}{1.8} \qquad \cdots\cdots (78)$$

式中：

D ——试样金属套外径，单位为毫米(mm)；

r ——框架圆铜管外半径，单位为毫米(mm)；

L ——测试回路的电感，单位为亨(H)。

j) 电压测量线：电压测量线应采用导体直径小于 0.5 mm 的绝缘线，如图 35 所示沿大电流框架表面平行放置。对于由两条平行扁铜排构成的大电流框架，可以放在铜排之间。

5.7.2 试样准备

5.7.2.1 从被试电缆上取样长 1 400 mm±20 mm。

5.7.2.2 根据 l_1＝1 000 mm±5 mm 的要求，去除试样两端铠装层外的外套或外被层。根据 l_1 的长度和电流环的宽度，去除试样两端铠装层及衬层，裸露出金属套。

5.7.2.3 从缆芯中选定连接感应电压测量线的导体，该导体应尽可能接近缆芯中心。被选定的导体其两端应去除绝缘层，在电流环的外侧(如图 35 所示)用细铜线缠绕数圈扎紧在金属套上，制成电压环，并与电压测量线和选定的电缆芯导体连接。电压环与电流环的中心距 l 为 20 mm。

5.7.2.4 试样两端安装电流环处，应以适当方法确保铠装层与金属套间接触良好。电缆试样如果有多层金属套，应以适当方法将所有金属套连接在一起且接触良好。

5.7.3 试验步骤

5.7.3.1 按图 35 检查测试系统的连接和各部分尺寸。

5.7.3.2 检查各连接部分，接触应良好，特别是电流测试回路的连接部分，如电流环与试样的连接、试样的铠装层与金属套的连接等。

5.7.3.3 检查调压器的调压旋钮，应在起始“零”位置上。

5.7.3.4 将 50 Hz～800 Hz 变频电源接入测试系统，并接通所有测试仪表的电源，预热 15 min，然后进行下列带电检查：

a) 用示波器观察升流器输出波形，应确保为无明显失真的正弦波形；

b) 在正式测试前，略微升高调压器的输出电压，使试样的金属套中流过小量的电流。观察交流电压测量装置的读数显示是否稳定。如读数显示不稳定应找出原因，检查系统中各部分，特别应注意检查电流回路中各部分接触是否良好。应在故障消除后再进行正式测试。

5.7.3.5 将切换开关先设定在 V_s 位置，然后转换到 V_c 位置，分别读出并记录试样金属套的电压 V_s 与芯线上的感应电压 V_c。

5.7.4 试验结果及计算

5.7.4.1 试验结果按式(79)计算。

$$v_{0s}=\frac{V_c}{V_s} \qquad \cdots\cdots (79)$$

式中：

v_{0s}——电缆试样金属套上干扰电压为 V_s 时的理想屏蔽系数；

V_c——线芯上的感应电压，单位为毫伏(mV)；

V_s——电缆试样金属套上的纵向干扰电压，单位为毫伏(mV)。

5.7.4.2 当金属套上流过大电流(几百安培)时，由于发热使护套的阻值增加。此时，由式(79)计算的理想屏蔽系数应按式(80)进行修正。

$$v_{02}=\frac{R_{02}v_{0s}}{\sqrt{R_{02}^2-(R_{02}^2-R_{01}^2)v_{0s}^2}}\approx\frac{R_{01}}{R_{02}}v_{0s} \qquad \cdots\cdots (80)$$

式中：

v_{02}——流过大电流 I_2 时经过修正后的理想屏蔽系数；

R_{01}——小电流 I_1 时金属套的直流电阻$\left(\approx\frac{V_{c1}}{I_1}\right)$，单位为欧姆(Ω)；

R_{02}——大电流 I_2 时金属套的直流电阻$\left(\approx\frac{V_{c2}}{I_2}\right)$，单位为欧姆(Ω)；

v_{0s}——大电流 I_2 时，按式(79)计算所得的理想屏蔽系数；

V_{c1}——小电流 I_1 时线芯的感应电压，单位为毫伏(mV)；

V_{c2}——大电流 I_2 时线芯的感应电压，单位为毫伏(mV)。

5.7.5 其他技术要求

5.7.5.1 电流框架的电流进线和测量电压的引出线应尽可能短，且电流的进线之间和测量电压的引出线之间应尽可能地靠近和绞合在一起，同时通大电流的导线应尽可能远离测量小电压的导线。

5.7.5.2 测试中当怀疑交流电压测量装置读数不准时，可以用电阻分压器测量屏蔽系数，以与交流电压测量装置测试结果进行对比，此时，开关应先放在 V_c 位置，然后转换到 V'_s位置，调节标准可变电阻箱，使交流电压测量装置的 V_c 与 V'_s读数相等，读取标准可变电阻箱 R 的读数，这时理想屏蔽系数值按式(81)计算。

$$v_{0s}=\frac{R_0}{R+R_0} \qquad \cdots\cdots (81)$$

式中：

R ——标准可变电阻箱读数，单位为欧姆(Ω)；

R_0——100 Ω 固定测量膜电阻，单位为欧姆(Ω)。

5.7.5.3 对铠装钢带电缆进行测试时，为防止残磁影响，每次测量前应预先对试样进行退磁，即逐步增加电缆金属套上的电流直至最大的测试电流值，然后在数秒钟内将电流再均匀地降至零。在测试时，电流的调节应从小到大单方向地增加。

5.7.5.4 由于金属护套的电阻很小(特别是铝护套)，为了得到大的护套电压，需通过很大电流(数百安培)。因此应快速测试，以免金属发热电阻增加，产生测试误差。

5.7.5.5 当对测试结果产生争议时，应以铠装层与金属套焊接的试样为准。

5.8 同轴对展开长度测量 正弦波法

5.8.1 试验设备

5.8.1.1 测试系统原理图

测试系统原理图见图 36 和图 37。

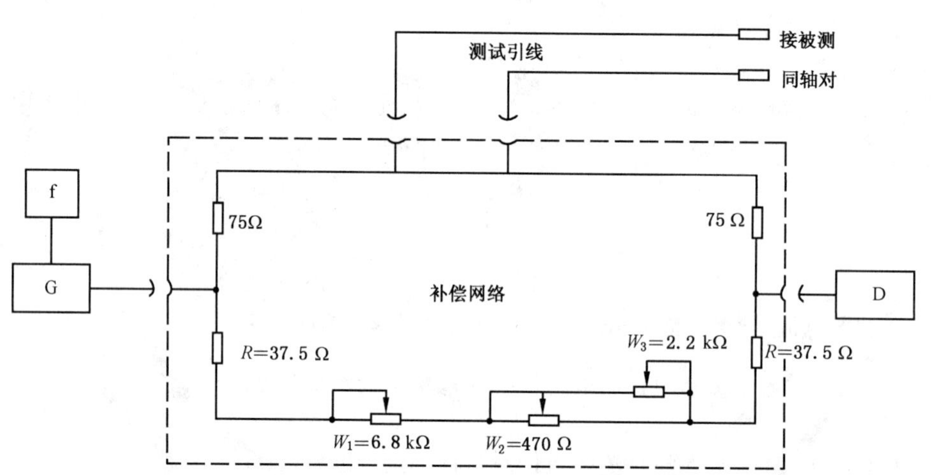

说明：

G ——振荡器；

D ——选频电平表；

f ——数字频率计。

图 36 补偿法测试谐振频率测试系统原理图

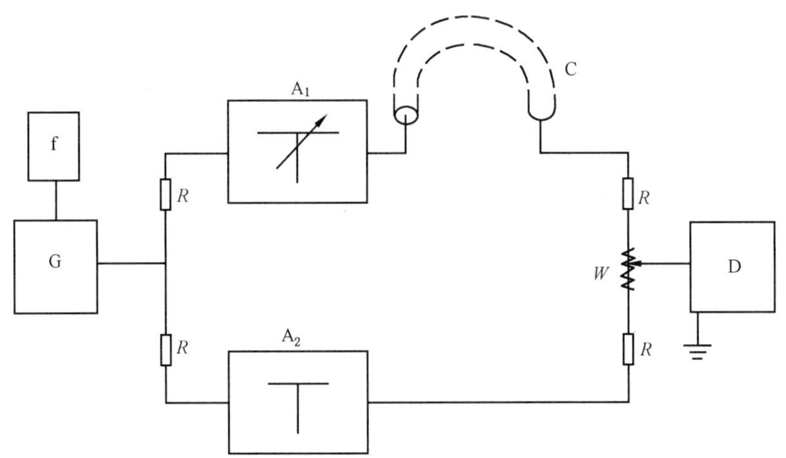

说明：

G ——振荡器；

D ——选频电平表；

f ——数字频率计；

C ——被测同轴对；

R ——(74±2) Ω；

W ——100 Ω 的无感电位器；

A_1、A_2——两只型号规格相同的可变衰减箱，A_2 做固定衰减器用。

图 37 补偿法测试系统原理图

5.8.1.2 测试仪器

测试仪器应符合下列要求：

a) 振荡器：输出阻抗为 75 Ω，对 75 Ω 电阻的失配衰减(包括引线)应不低于 32 dB，并能以 0.1 MHz或更小步级锁定频率。频率稳定度应不超过($1\times10^{-3}\pm10$) Hz；

b) 选频电平表：输出阻抗为 75 Ω，对 75 Ω 阻抗的失配衰减(包括引线)应不低于 32 dB；

c) 数字频率计：应有滤波装置，能显示五位数字，频率稳定度应不超过$\pm1.5\times10^{-7}$/24 h；

d) 高频阻抗(导纳)电桥：无补偿网络时，可用精度为 2%的高频阻抗(导纳)电桥代替。此时测试系统原理图见图 37；

e) 补偿网络：元件和原理图见图 36，整个网络应良好屏蔽；

f) 测试引线：阻抗应与被测同轴对相同，测试多根同结构同轴对时，应采用同一测试引线。

5.8.2 试样准备

试样为制造长度的成品电缆，可以是单根或数根同轴对连接。

5.8.3 试验步骤

5.8.3.1 精密丈量

取 4～5 根成品电缆，摊平，用计量过的钢卷尺丈量，每次丈量长度应不小于 30 m，测量误差应不大于 1×10^{-4}。用测量结果和同轴对绞合常数计算出电缆中同轴对展开长度。

同轴对的绞合常数和同轴对展开长度分别按式(82)和式(83)计算。

$$\lambda=\sqrt{1+\left(\frac{\pi D_0}{H}\right)^2} \qquad \cdots\cdots(82)$$

$$l = l_m \lambda \quad \cdots\cdots (83)$$

式中：

l ——同轴对的展开长度，单位为千米(km)；

l_m ——电缆的丈量长度，单位为千米(km)；

D_0——同轴对所在缆芯层的平均直径，单位为毫米(mm)；

H ——同轴对的绞合节距，单位为毫米(mm)；

λ ——同轴对的绞合常数。

5.8.3.2　**计算参数 f'_∞ 及 B'_0**

5.8.3.2.1　按 GB/T 3048.4 规定，测量各试样同轴对内导体的直流电阻，计算平均值，并换算在+20 ℃时每公里的平均值$\overline{R_0}$。

5.8.3.2.2　按下列方法计算同轴对内外导体直径比 D/d 值和等效相对介电常数 ε_r 值：

a)　方法一

1)　根据设计要求和工艺参数估计同轴对的 D/d 值，然后将端阻抗的实测平均值 Z_C 和内导体直流电阻的平均值 R_0 代入式(84)估算同轴对的等效相对介电常数 ε_r 的估计值。

$$Z_C = \frac{60}{\sqrt{\varepsilon_r}} \times \ln\frac{D}{d} \times \left[1 + \frac{1}{80}\sqrt{\frac{R_0}{\pi}} \times \frac{1}{\sqrt{f}} \times \frac{1+\frac{d}{D}}{\ln\frac{D}{d}}\right] \quad \cdots\cdots (84)$$

式中：

Z_C ——同轴对特性阻抗实部平均值的平均值(当同轴对不均匀性小于 3‰时，也可以用脉冲法测得的端阻抗实测值的平均值代替)，单位为欧姆(Ω)；

D ——同轴对外导体内径，单位为毫米(mm)；

d ——同轴对内导体外径，单位为毫米(mm)；

ε_r ——同轴对等效的相对介电常数；

f ——产品标准中规定的特性阻抗频率值。1.2/4.4 mm 型同轴对，f=1 MHz；2.6/9.5 mm 型同轴对，f =2.5 MHz。

2)　将 D/d 及 ε_r 值代入式(85)和式(86)计算参数 f'_∞ 及 B'_0。f'_∞ 计算结果取五位有效数字，B'_0 取四位有效数字。

$$f'_\infty = \frac{3}{40\sqrt{\varepsilon_r}} \quad \cdots\cdots (85)$$

$$B'_0 = \frac{1}{4}\sqrt{\frac{\sqrt{\varepsilon_r}}{30\pi}} \cdot \frac{1+\frac{d}{D}}{\ln\frac{D}{d}} \quad \cdots\cdots (86)$$

式中：

f'_∞ ——参数，单位为兆赫兹千米(MHz·km)；

B'_0 ——单位为根号下欧姆($\sqrt{\Omega}$)；

D ——同轴对外导体内径，单位为毫米(mm)；

d ——同轴对内导体外径，单位为毫米(mm)；

ε_r ——同轴对等效的相对介电常数。

b)　方法二

1)　按 5.1 规定，精密测量各同轴对的工作电容，计算平均值，并换算每公里的工作电容平均值$\overline{C}_0$；

2) 按5.4规定，测量各同轴对特性阻抗实部平均值，并计算各同轴对特性阻抗实部平均值的平均值$\overline{Z}_C$。当同轴对的阻抗不均匀性小于3‰时，也可以用脉冲法测得的端阻抗的平均值代替；

3) 将$\overline{R}_0$、$\overline{C}_0$、$\overline{Z}_C$代入式(87)：

$$A \times \ln\chi + B\left(1+\frac{1}{\chi}\right) - \overline{Z}_C \times \sqrt{\ln\chi} = 0 \qquad (87)$$

式中：

$$A = \frac{20}{\sqrt{2\,\overline{C}_0 \cdot 10^{-3}}} \qquad (88)$$

$$B = \frac{1}{4}\sqrt{\frac{10^3 R_0}{2\pi\,\overline{C}_0\, f}} \qquad (89)$$

$$\chi = \frac{D}{d} \qquad (90)$$

根据式(87)计算D/d，并代入式(91)计算ε_r。

$$\varepsilon_r = 18 \times 10^{-3} \times \overline{C}_0 \times \ln\frac{D}{d} \qquad (91)$$

式中：

$\overline{Z}_C$——特性阻抗实部平均值的平均值，单位为欧姆(Ω)；

$\overline{C}_0$——同轴对工作电容平均值，单位为纳法每千米(nF/km)；

R_0——20 ℃时内导体直流电阻平均值，单位为欧姆每千米(Ω/km)；

f ——2.6/9.5 mm同轴对为2.5 MHz；1.2/4.4 mm同轴对为1 MHz。

4) 将D/d、ε_r值代入式(85)和式(86)计算f'_∞及B'_0值。

5.8.3.3 测量被测同轴对的谐振频率

5.8.3.3.1 按式(92)估算谐振频率。

$$f_n = \frac{n}{4Z_c C_0(l)} \qquad (92)$$

式中：

f_n ——谐振频率，单位为兆赫兹(MHz)；

Z_c ——同轴对特性阻抗实部，可以取理论值，单位为欧姆(Ω)；

$C_0(l)$——测试长度同轴对工作电容，可以取理论值，单位为纳法(nF)；

n ——谐振序号，取2、6、10、14……。

5.8.3.3.2 按图36接好测试系统，检查无误后接通电源，预热仪器达到稳定。

5.8.3.3.3 接上经精密丈量过的同轴对进行测试。从低频开始，在调整振荡器输出频率的同时，用选频电平表跟踪选频，在序号n为2、6、10、14……的频率点上，选频电平表的指示出现最低点。选择高于表9中规定的频率进行测试。

表9 测试频率

序号	规格	频率
1	1.2/2.4 mm 同轴对	1 MHz
2	2.6/9.5 mm 同轴对	0.25 MHz

适当调整补偿网络的电位器，使最低点的电平降低，反复调节频率的补偿电位器，使选频电平表指示最低(一般可达－100 dB左右)。从频率计上读取频率 f_n，并记录序号。

5.8.3.4 **测量被测同轴对内导体的直流电阻**

经测量计算被测同轴对内导体的直流电阻 $R_0(l)$。

5.8.3.5 **计算数值 f_∞ 和 B_0**

5.8.3.5.1 按式(93)计算经精密丈量的被测同轴对的展开长度 l，并计算该试样中各同轴对的长度平均值 $\overline{l}$。

$$l = n \times \left(\frac{f'_\infty}{f_n}\right)\left(1 - B'_0 \times \sqrt{\frac{R_0(l)}{n}} + \frac{1}{2} \times B'^2_0 \times \frac{R_0(l)}{n}\right) \quad \cdots\cdots(93)$$

式中：

f_n ——谐振频率，单位为兆赫兹(MHz)；

f'_∞ ——按式(85)计算参数，计算结果取五位有效数字；

B'_0 ——按式(86)计算参数，计算结果取四位有效数字；

$R_0(l)$ ——被测同轴对内导体的直流电阻，单位为欧姆(Ω)；

n ——谐振序号，取2、6、10、14……。

5.8.3.5.2 计算 $\overline{l}$ 与5.1精密丈量展开长度的百分数误差和4～5根精密丈量电缆的总的百分数误差。用此总的百分数误差修正 f'_∞ 值，计算 f_∞ 值；然后用 f_∞ 值计算 ε_r 值、B_0 值。如果算出的 B_0 值与 B'_0 值不一致，则应以 B_0 值重新代入式(93)进行计算。

5.8.4 **试验结果及计算**

5.8.4.1 试验结果按式(94)计算。

$$l_x = l_{xy} - l_y \quad \cdots\cdots(94)$$

式中：

l_{xy}——包括测试引线电气长度在内的被测同轴对的展开长度，单位为米(m)；

l_y ——测试引线的电气长度，单位为米(m)；

l_x ——被测同轴对展开长度，单位为米(m)。

5.8.4.2 l_{xy} 按式(95)计算。

$$l_{xy} = n\left(\frac{f'_\infty}{f_n}\right)\left(1 - B_0\sqrt{\frac{R_0}{n}} + \frac{1}{2}B_0{}^2\,\frac{R_0 l}{n}\right) \quad \cdots\cdots(95)$$

式中：

f_n ——谐振频率，单位为兆赫兹(MHz)；

f'_∞ ——按式(85)计算参数，计算结果取五位有效数字；

$R_0(l)$ ——被测同轴对内导体的直流电阻，单位为欧姆(Ω)；

n ——谐振序号，取2、6、10、14……。

5.8.4.3 l_y 按式(96)计算。

$$l_y = l_{xA} + l_{xB} - l_{AB} + l_W \quad \cdots\cdots(96)$$

式中：

l_{xA}、l_{xB}——包括同一引线电气长度在内的被测同轴对A、B的展开长度，单位为米(m)；

l_{AB} ——A、B同轴对环接展开长度，单位为米(m)；

l_w ——环接用同轴对的长度，单位为米(m)(环接用同轴对的结构与被测同轴对相同)。

当试样同轴对的长度不一致时，l_y 应取较短试样同轴对的测量值。

5.8.5 其他技术要求

5.8.5.1 当无补偿网络，采用高频阻抗(导纳)电桥测试谐振频率 f_n 时，5.8.3.3.2 及 5.8.3.3.3 步骤应按 5.4 要求进行。

5.8.5.2 当制造同轴对的工艺、结构或材料改变时，应重复 5.8.3.1 及 5.8.3.2 步骤。

ICS 29.060.20
K 13

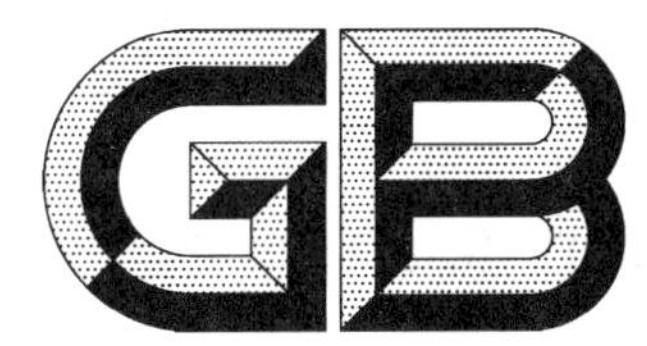

中华人民共和国国家标准

GB/T 11016.1—2009
代替 GB/T 11016.1—1989

塑料绝缘和橡皮绝缘电话软线 第1部分:一般规定

Plastic or rubber insulated telephone cords—Part 1:General

2009-03-19 发布

2009-12-01 实施

中华人民共和国国家质量监督检验检疫总局
中国国家标准化管理委员会 发布

前　言

GB/T 11016《塑料绝缘和橡皮绝缘电话软线》分为四个部分：

——第1部分：一般规定；

——第2部分：聚氯乙烯绝缘电话软线；

——第3部分：聚丙烯绝缘电话软线；

——第4部分：橡皮绝缘电话软线。

本部分为GB/T 11016的第1部分。

本部分代替GB/T 11016.1—1989《塑料绝缘和橡皮绝缘电话软线　一般规定》。

本部分与GB/T 11016.1—1989相比主要变化如下：

——增加“规范性引用文件”(1989版无；本部分第2章)；

——按照GB/T 1.1—2000要求，对前版标准格式进行修改。

本部分由中国电器工业协会提出。

本部分由全国电线电缆标准化技术委员会(SAC/TC 213)归口。

本部分负责起草单位：上海电缆研究所。

本部分参加起草单位：上海赛克力光电缆有限责任公司、宁波一舟投资集团有限公司、温州耀华电讯有限公司。

本部分主要起草人：宋杰、陈剑德、王庆松、辛秀东、叶清华、鲁祥、吉利、邹叶龙、孟庆丰、高欢。

本部分所代替标准的历次版本发布情况为：

——GB/T 11016.1—1989。

塑料绝缘和橡皮绝缘电话软线 第1部分:一般规定

1 范围

GB/T 11016的本部分规定了塑料绝缘和橡皮绝缘电话软线产品分类、通用技术要求和试验方法、检验规则、包装及标志等。

本部分适用于连接电话机机座与电话机手柄或接线盒以及连接交换机与插塞用的塑料绝缘和橡皮绝缘电话软线。

2 规范性引用文件

下列文件中的条款通过GB/T 11016的本部分的引用而成为本部分的条款。凡是注日期的引用文件,其随后所有的修改单(不包括勘误的内容)或修订版均不适用于本部分,然而,鼓励根据本部分达成协议的各方研究是否可使用这些文件的最新版本。凡是不注日期的引用文件,其最新版本适用于本部分。

GB/T 2900.10—2001 电工术语 电缆(idt IEC 6005(461):1984)

GB/T 3953—2009 电工圆铜线

GB/T 6995.2—2008 电线电缆识别标志 第2部分:标准颜色

GB/T 11016.2—2009 塑料绝缘和橡皮绝缘电话软线 第2部分:聚氯乙烯绝缘电话软线

GB/T 11016.3—2009 塑料绝缘和橡皮绝缘电话软线 第3部分:聚丙烯绝缘电话软线

GB/T 11016.4—2009 塑料绝缘和橡皮绝缘电话软线 第4部分:橡皮绝缘电话软线

3 术语和定义

GB/T 2900.10—2001确立的以及下列术语和定义适用于本标准。

3.1

型式试验 type test

T

制造厂在供应电缆标准中规定的某一种电缆之前所进行的试验,以表明具有满足预定使用条件的良好性能。

型式试验做过一次之后一般不再重做。但在电线电缆所用材料、结构和主要工艺有了变更而影响电线电缆的性能时,应重复进行试验;或者在产品标准中另有规定时,如定期试验等,也应按规定重复进行试验。

3.2

抽样试验 sample test

S

制造厂按照制造批量抽取完整的电线电缆,并从其上切取试样或元件进行的试验。

3.3

例行试验 routine test

R

制造厂对全部成品电线电缆进行的试验。

4 产品代号及表示方法

4.1 代号

4.1.1 系列代号

电话软线 …… HR

4.1.2 按材料特征分

铜导体 …… (T)省略

铜合金导体 …… TH[1)]

聚氯乙烯绝缘 …… V

聚丙烯绝缘 …… B

橡皮绝缘 …… (X)省略

橡皮护套 …… H

聚氯乙烯护套 …… (V)省略

4.1.3 按结构特征分

扁形 …… B

弹簧形 …… T

4.1.4 按使用特征分

耳机连接用 …… E

交换机插塞连接用 …… J

4.2 产品表示方法

电话软线产品用型号、芯数及相关产品标准编号表示。

示例 1：

聚氯乙烯绝缘聚氯乙烯护套电话软线，3 芯，成圈交货表示为：

HRV-3　GB/T 11016.2—2009

按相关产品标准附录标称长度 1 500 mm 装配线交货表示为：

HRV-315　GB/T 11016.2—2009

示例 2：

聚丙烯绝缘聚氯乙烯护套扁形电话软线，2 芯，成圈交货表示为：

HRBB-2　GB/T 11016.3—2009

按相关产品标准附录标称长度 2 200 mm 装配线交货表示为：

HRBB-222　GB/T 11016.3—2009

示例 3：

橡皮绝缘纤维编织耳机软线，4 芯，成圈交货表示为：

HRE-4　GB/T 11016.4—2009

按相关产品标准附录标称长度 1 600 mm 装配线交货表示为：

HRE-416　GB/T 11016.4—2009

5 导体

5.1 电话软线导体为铜皮线。将符合 GB/T 3953—2009 的标称直径不大于 0.127 mm 的 TY 型圆铜线轧成薄铜带，然后将一根或若干根薄铜带螺旋绕包在纤维芯上组成元件，再由一个或若干个元件绞合成导体。

---

1) 根据合金成分不同，代号分别为 TH1，TH2……。

5.2 元件绞合节径比应不大于25。

6 绝缘

6.1 绝缘应紧密挤包在导体周围,且应容易剥离并不损伤导体或绝缘。绝缘表面应平整,色泽均匀。
6.2 绝缘标称厚度及绝缘最薄点的厚度在各相关产品标准GB/T 11016.2~11016.4—2009中规定。
6.3 绝缘厚度的平均值应不小于绝缘标称厚度。
6.4 绝缘线芯应采用颜色识别标志,颜色应符合GB/T 6995.2—2008的规定。绝缘线芯颜色在各相关产品标准GB/T 11016.2~11016.4—2009中规定。
6.5 绝缘的机械物理性能和电性能在各相关产品标准GB/T 11016.2~11016.4—2009中规定。

7 护套

7.1 护套应紧密挤包在绞合的绝缘线芯外或平行放置的绝缘线芯外,且应容易剥离并不损伤绝缘或护套。护套表面应平整,色泽均匀。
7.2 护套标称厚度在相关产品标准GB/T 11016.2~11016.4—2009中规定。
7.3 护套平均厚度应不小于护套标称厚度,其最薄点的厚度应不小于其标称厚度的80%。
7.4 护套的机械物理性能在相关产品标准GB/T 11016.2~11016.4—2009中规定。

8 成品软线

8.1 成品软线外径或外形尺寸应符合相关产品标准GB/T 11016.2~11016.4—2009规定。弹簧形软线的尺寸检查应在软线两端平直部分取样。
8.2 20 ℃时导体直流电阻应不大于1.40 Ω/m。
8.3 成品软线绝缘线芯导体(包括电话插头、终端夹等)电气上应连续,不应有断线,线芯间导体不应接触。试验用万用电表或其他通电装置进行。
8.4 成品软线应经受相关产品标准GB/T 11016.2~11016.4—2009规定的电压试验。
8.5 成品软线绝缘电阻应符合相关产品标准GB/T 11016.2~11016.4—2009的规定。

9 交货长度

9.1 电话软线成圈交货时,交货长度为100 m。允许长度不小于5 m的短段交货,其数量应不超过交货总长度的20%。长度计量误差应在−0.5%~+0.5%范围内。
9.2 电话软线也可按相关产品标准GB/T 11016.2~11016.4—2009附录建议的装配线长度交货。
9.3 根据双方协议允许任何长度的电话软线(包括装配线)交货。

10 试验方法

10.1 弹簧形塑料绝缘电话软线伸缩试验方法

10.1.1 试验设备

伸缩试验机如图1所示。

10.1.2 试样

试样为成品弹簧形塑料绝缘电话软线,在水平自由状态下其长度约为250 mm。

10.1.3 试验步骤

a) 试验应在23 ℃±2 ℃下进行。如图1所示将试样安装在伸缩试验机上,并将试样接入电流为50 mA的直流回路中;
b) 起动试验机,旋转杆的转速为50转/min~60转/min。试样从无拉伸的初始位置到最大伸长,然后再回到初始位置为一个伸缩周期。

10.2 塑料绝缘成品装配软线终端夹与绝缘线芯间的载荷试验

试验时，将终端夹或绝缘线芯的一端固定，另一端挂上 1.8 kg 的重物，试验持续时间应不少于 2 s。试验过程中，终端夹与绝缘线芯之间应不脱开。

10.3 塑料绝缘成品装配软线护线管或限位紧固件与软线间的载荷试验

试验时，将电话软线固定，在护线管或限位紧固件上挂 5 kg 的重物。当试验持续时间为 2 s 时，电话软线与护线管或限位紧固件的相对位移应不大于 7 mm。

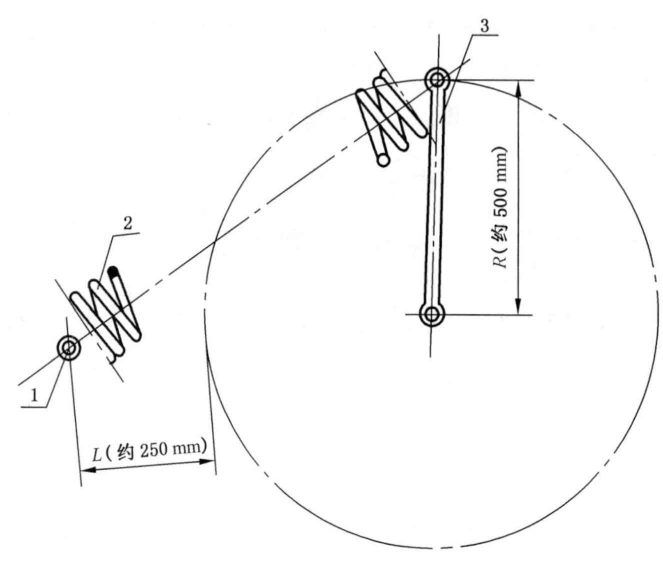

1——固定轴；

2——试验；

3——旋转杆。

图 1 伸缩试验机

11 检验规则

11.1 产品应由制造厂检验合格后方能出厂，出厂产品应附有产品质量检验合格证。产品应按相关产品标准 GB/T 11016.2～11016.4—2009 规定的试验进行验收。S_t 为定期抽样试验，本部分规定为 6 个月。

11.2 每批抽样数量由双方协议规定，如用户不提出要求时，按下列规定抽样：

a) 成圈交货时，每批抽样数量应不少于交货数量的 1%(当交货数量不足 100 圈时，应至少抽取 1 圈)；

b) 按相关产品标准 GB/T 11016.2～11016.4—2009 中附录装配线交货时，抽样数量应不少于 10 根(交货数量不足 10 根时，至少抽取 1 根)；

c) 抽检项目的试验结果不合格时，应加倍取样进行第二次试验，仍不合格时，应 100%检验。

11.3 产品外观应用目力(正常视力)逐件检查。

12 包装、标志及储存

12.1 成圈电话软线应卷绕整齐，妥善包装。

12.2 按相关产品标准 GB/T 11016.2～11016.4—2009 中附录交货的电话软线装配线应捆扎整齐并装在纸板箱或塑料袋内。

12.3 每圈、每箱或每袋上应附有标签，并应标明：

a) 制造厂名称；

b) 产品名称、型号及规格；

c) 长度或根数，m 或根；

d) 制造日期，　　年、　　月；

e) 产品标准编号。

12.4 电话软线应存放在干燥通风的场所，避免阳光直接照射。

ICS 29.060.20
K 13

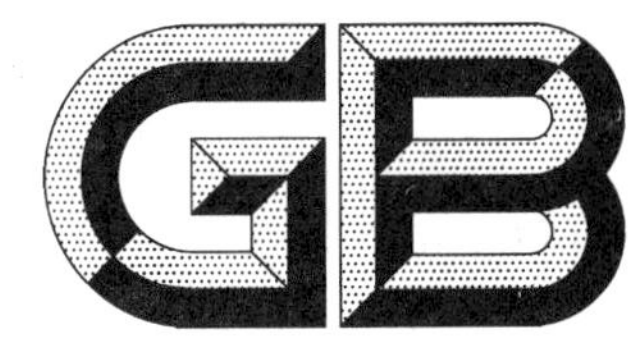

中华人民共和国国家标准

GB/T 11016.2—2009
代替 GB/T 11016.2—1989

塑料绝缘和橡皮绝缘电话软线 第2部分：聚氯乙烯绝缘电话软线

Plastic or rubber insulated telephone cords—
Part 2: Polyvinyl chloride insulated telephone cords

2009-03-19 发布 2009-12-01 实施

中华人民共和国国家质量监督检验检疫总局
中国国家标准化管理委员会 发布

前　言

GB/T 11016《塑料绝缘和橡皮绝缘电话软线》分为四个部分：

——第1部分：一般规定；

——第2部分：聚氯乙烯绝缘电话软线；

——第3部分：聚丙烯绝缘电话软线；

——第4部分：橡皮绝缘电话软线。

本部分为GB/T 11016的第2部分。

本部分代替GB/T 11016.2—1989《塑料绝缘和橡皮绝缘电话软线　聚氯乙烯绝缘电话软线》。

本部分与GB/T 11016.2—1989相比主要变化如下：

——增加“规范性引用文件”(1989版无；本部分第2章)；

——按照GB/T 1.1—2000要求，对原标准格式进行了修改。

本部分的附录A为规范性附录，附录B为资料性附录。

本部分由中国电器工业协会提出。

本部分由全国电线电缆标准化技术委员会(SAC/TC 213)归口。

本部分负责起草单位：上海电缆研究所。

本部分参加起草单位：上海赛克力光电缆有限责任公司、宁波一舟投资集团有限公司、温州耀华电讯有限公司。

本部分主要起草人：宋杰、陈剑德、王庆松、辛秀东、叶清华、鲁祥、吉利、邹叶龙、孟庆丰、高欢。

本部分所代替标准的历次版本发布情况为：

——GB/T 11016.2—1989。

塑料绝缘和橡皮绝缘电话软线
第2部分:聚氯乙烯绝缘电话软线

1 范围

GB/T 11016 的本部分规定了聚氯乙烯绝缘电话软线产品品种、技术要求、试验方法及检验规则。

本部分适用于连接电话机机座与电话机手柄或接线盒的聚氯乙烯绝缘电话软线。

聚氯乙烯绝缘电话软线除符合本部分的规定要求外,还应符合 GB/T 11016.1—2009 的相应要求。

2 规范性引用文件

下列文件中的条款通过 GB/T 11016 的本部分的引用而成为本部分的条款。凡是注日期的引用文件,其随后所有的修改单(不包括勘误的内容)或修订版均不适用于本部分,然而,鼓励根据本部分达成协议的各方研究是否可使用这些文件的最新版本。凡是不注日期的引用文件,其最新版本适用于本部分。

GB/T 2951.11—2008 电缆和光缆绝缘和护套材料通用试验方法 第11部分:通用试验方法——厚度和外形尺寸测量——机械性能试验(IEC 60811-1-1:2001,IDT)

GB/T 2951.14—2008 电缆绝缘和护套材料通用试验方法 第14部分:通用试验方法——低温试验(IEC 60811-1-4:1985,IDT)

GB/T 2951.31—2008 电缆和光缆绝缘和护套材料通用试验方法 第31部分:聚氯乙烯混合料专用实验方法——高温压力试验——抗开裂试验(IEC 60811-3-1:1985,IDT)

GB/T 3048.4—2007 电线电缆电性能试验方法 第4部分:导体直流电阻试验

GB/T 3048.5—2007 电线电缆电性能试验方法 第5部分:绝缘电阻试验

GB/T 3048.8—2007 电线电缆电性能试验方法 第8部分:交流电压试验

GB/T 4909.2—2009 裸电线试验方法 第2部分:尺寸测量

GB/T 11016.1—2009 塑料绝缘和橡皮绝缘电话软线 第1部分:一般规定

3 型号

聚氯乙烯绝缘电话软线的型号如表1所示。该电话软线适宜在−10 ℃~40 ℃室内条件下使用。

表1 聚氯乙烯绝缘电话软线的型号

型 号	名 称	用 途
HRV	聚氯乙烯绝缘聚氯乙烯护套电话软线	连接电话机机座与接线盒
HRVB	聚氯乙烯绝缘聚氯乙烯护套扁形电话软线	连接电话机机座与接线盒
HRVT	聚氯乙烯绝缘聚氯乙烯护套弹簧形电话软线	连接电话机机座与电话机手柄

4 规格

聚氯乙烯绝缘电话软线的规格如表2所示。

表2 聚氯乙烯绝缘电话软线的规格

型 号	HRV	HRVB	HRVT
芯数	2,3,4	2	3,4,5

5 导体

导体应符合 GB/T 11016.1—2009 第 5 章的要求。

6 绝缘

6.1 绝缘应采用符合本部分附录 A 规定的软聚氯乙烯塑料。

6.2 绝缘标称厚度为 0.25 mm，绝缘最薄点的厚度应不小于 0.15 mm。

6.3 绝缘线芯的颜色应符合表 3 规定。

表 3 绝缘线芯的颜色

芯　数	绝缘线芯颜色
2	红、白
3	红、白、绿
4	红、白、绿、黑
5	红、白、绿、黑、蓝

7 绞合

7.1 HRV 及 HRVT 型电话软线的绝缘线芯应绞合，绞合节径比应不大于 8。

7.2 绞合时允许采用棉纱或其他合成纤维填充圆整。

8 护套

8.1 护套应采用符合本部分附录 A 规定的软聚氯乙烯塑料。

8.2 护套标称厚度应符合表 4 规定。

表 4 护套标称厚度

单位为毫米

芯　数	2	3	4	5
护套标称厚度	0.80	0.80	0.90	1.00

9 成品软线

9.1 成品软线的外径或外形尺寸应符合表 5 规定。

表 5 成品软线的外径或外形尺寸

单位为毫米

型　号	外径或外形尺寸			
	2 芯	3 芯	4 芯	5 芯
HRV	4.3±0.2	4.5±0.2	5.1±0.3	—
HRVB	(3.0±0.2)×(4.3±0.2)	—	—	—
HRVT	—	4.5±0.2	5.1±0.3	5.6±0.3

9.2 成品软线应经受表 8 规定的交流 50 Hz、1 kV 的电压试验，施加电压时间应不少于 5 min。电压试验的试样为一根 5m 长的成品软线或 5 根装配线，试验前试样应浸入 20 ℃±2 ℃的水中不少于 3 h。

9.3 按表 8 规定测试，成品软线绝缘线芯间的绝缘电阻应不小于 200 MΩ·m。绝缘电阻试验的试样为一根 5 m 长的成品软线或 5 根装配线，试验前试样应浸入 20 ℃±2 ℃的水中不少于 3 h。

9.4 HRV 及 HRVB 型成品软线应经受表 8 规定的抗开裂试验，试验温度为 120 ℃±2 ℃。

9.5 HRV 及 HRVB 型成品软线应经受表 8 规定的低温卷绕试验。试验温度为−5 ℃±2 ℃。卷绕试验的试棒直径如表6规定。

表6 卷绕试验的试棒直径

单位为毫米

试样外径	试棒直径
2.0<d≤2.5	12.5
2.5<d≤3.0	15
3.0<d≤4.0	20
4.0<d≤6.0	30

9.6 HRV及HRVB型成品软线应经受表8规定的弯曲度试验，试验结果应符合表7规定。

表7 弯曲度试验

单位为毫米

芯数	2	3	4
最大弯曲度 S	28	34	40

9.7 HRV及HRVB型成品软线应经受表8规定的疲劳弯曲强度试验，软线在80 000次交变弯曲后绝缘线芯应不断芯。

9.8 HRVT型成品软线应经受表8规定的伸缩试验，经20 000个伸缩周期试验后，试样仍应符合GB/T 11016.1—2009中8.3的要求。

9.9 成品装配软线应经受表8规定的终端夹与绝缘线芯间的载荷试验。

9.10 成品装配软线应经受护线管或限位紧固件与软线间的载荷试验。

10 试验方法

10.1 弯曲度试验方法

10.1.1 试验设备

a) 试样支承板：尺寸如图1。

b) 滚轮形重物：质量为200 g，尺寸如图2。

单位为毫米

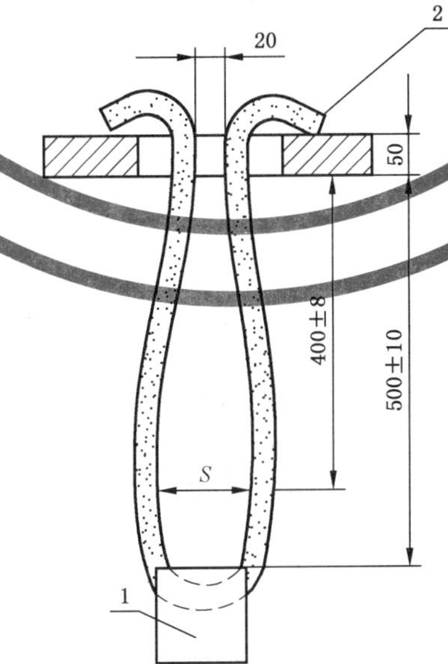

1——滚轮形重物；

2——试样支承板。

图1 试样支承板尺寸

单位为毫米

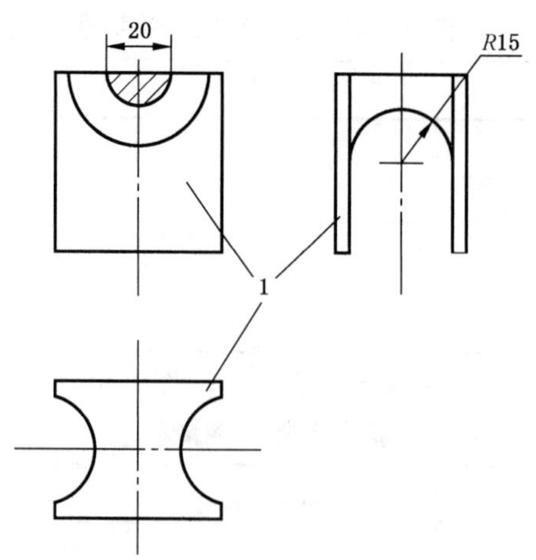

1——滚轮形重物。

图2 滚轮形重物尺寸

10.1.2 试样

从成品软线上截取一段试样，试样长度约为1.5 m。

10.1.3 试验步骤

a) 试验应在23 ℃±2 ℃条件下至少放置16 h。

b) 按图1将试样固定在支承板上，如图所示试样固定处的距离为20 mm。

c) 如图1所示，将滚轮形重物放在试样下端，悬挂时间不少于30 min，测量试样弯曲度 S。

10.1.4 试验结果

试验结果应符合9.6的规定。

10.2 疲劳弯曲强度试验方法

10.2.1 试验设备

a) 弯曲装置如图3所示；

b) 砝码，质量为200 g。

单位为毫米

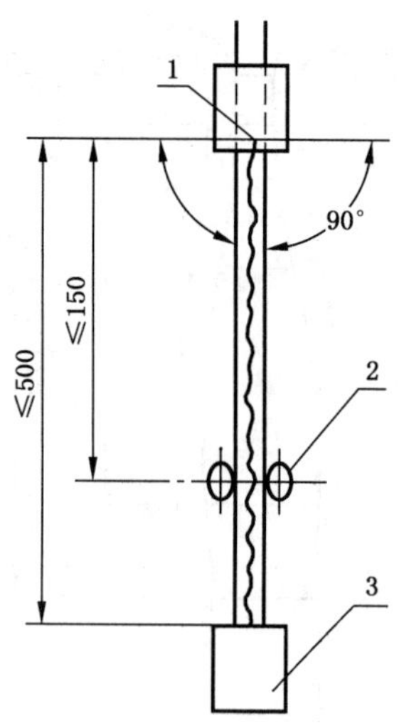

1——摆动轴；

2——可高速支承导轮(直径不大于10 mm)；

3——砝码。

图3 弯曲装置

10.2.2 **试样**

从成品软线上截取一段试样，试样长度约1 m。

10.2.3 **试验步骤**

a) 试验应在23 ℃±2 ℃下进行。按图3所示将试样固定在弯曲装置上，试样下端挂上砝码；

b) 将试样每个绝缘线芯都接入直流试验回路中，直流电压为2 V～4 V，电流为50 mA；

c) 弯曲试样，每分钟应完成60次交变弯曲。从竖直位置(起始位置)开始向一个方向弯曲90°，然后回到起始位置，再向反方向弯曲90°后回到起始位置，计作1次交变弯曲。

10.2.4 **试验结果**

试验结果应符合9.7的规定。

11 检验

产品按表8规定检验。

表8 检验项目表

序号	试验项目	要求	试验类型		试验方法
			HRV HRVB	HRVT	
1	结构尺寸检查				
1.1	导体结构	GB/T 11016.1—2009第5章	T、S	T、S	GB/T 4909.2—2009
1.2	绝缘厚度	GB/T 11016.1—2009第6章及本部分中6.2	T、S	T、S	GB/T 2951.11—2008
1.3	护套厚度	GB/T 11016.1—2009第7章及本部分中8.2	T、S	T、S	GB/T 2951.11—2008
1.4	外径、外形尺寸	本部分中9.1	T、S	T、S	GB/T 2951.11—2008
2	导体直流电阻试验	GB/T 11016.1—2009中8.2	T、S	T、S	GB/T 3048.4—2007
3	通电试验	GB/T 11016.1—2009中8.3	R	R	GB/T 11016.1—2009中8.3
4	电压试验	本部分的9.2	T、S_t	T、S_t	GB/T 3048.8—2007
5	绝缘电阻试验	本部分的9.3	T、S_t	T、S_t	GB/T 3048.5—2007
6	抗开裂试验	本部分的9.4	T、S_t	—	GB/T 2951.31—2008
7	低温卷绕试验	本部分的9.5	T、S_t	—	GB/T 2951.14—2008
8	弯曲度试验	本部分的9.6	T	—	本部分的10.1
9	疲劳弯曲强度试验	本部分的9.7	T	—	本部分的10.2
10	伸缩试验	本部分的9.8	—	T、S_t	GB/T 11016.1—2009中10.1
11	终端夹与绝缘线芯间载荷试验	本部分的9.9	T、S_t	T、S_t	GB/T 11016.1—2009中10.2
12	护线管或限位紧固件与软线间载荷试验	本部分的9.10	T、S_t	T、S_t	GB/T 11016.1—2009中10.3
注：序号11、12只适用于成品装配软线。					

附　录　A
（规范性附录）
聚氯乙烯绝缘电话软线用软聚氯乙烯料技术要求

聚氯乙烯绝缘电话软线用软聚氯乙烯料技术要求见表 A.1。

表 A.1　聚氯乙烯绝缘电话软线用软聚氯乙烯料技术要求

序　号	项　目	单　位	指　标
1	拉伸强度(不小于)	MPa	15
2	断裂伸长率(不小于)	%	300
3	空气烘箱老化 试验温度 试验时间	 ℃ h	 110±2 48
3.1	断裂伸长率(不小于)	%	80
3.2	质量损失(不大于)	%	7.0
4	低温冲击压缩温度(不高于)	℃	−25
5	200 ℃热稳定时间(不小于)	min	60
6	软化温度	℃	165～185
7	20 ℃时体积电阻率(不小于)	Ω·m	1×10^{8}
8	介电强度(不小于)	MV/m	18

附 录 B
（资料性附录）
聚氯乙烯绝缘电话软线装配线标称长度

聚氯乙烯绝缘电话软线装配线标称长度见表 B.1。

表 B.1 聚氯乙烯绝缘电话软线装配线标称长度

单位为毫米

型 号	标 称 长 度
HRV-216	1 600
HRV-315	1 500
HRV-415	1 500
HRVT-325[a]	2 500
HRVT-425[a]	2 500
HRVT-525[a]	2 500
[a] 标称长度为伸直长度。	

ICS 29.060.20
K 13

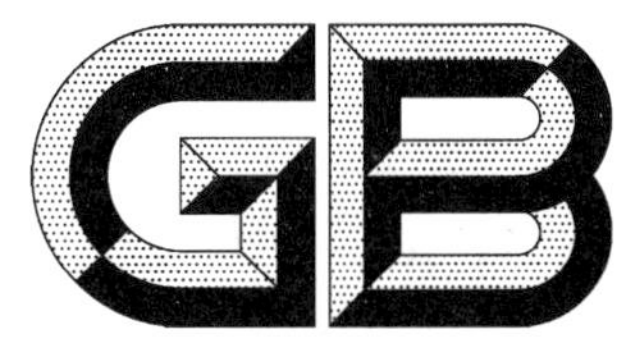

中华人民共和国国家标准

GB/T 11016.3—2009
代替 GB/T 11016.3—1989

塑料绝缘和橡皮绝缘电话软线 第3部分：聚丙烯绝缘电话软线

Plastic or rubber insulated telephone cords—
Part 3: Polypropylene insulated telephone cords

2009-03-19 发布 2009-12-01 实施

中华人民共和国国家质量监督检验检疫总局
中国国家标准化管理委员会 发布

前　　言

GB/T 11016《塑料绝缘和橡皮绝缘电话软线》分为四个部分：

——第1部分：一般规定；

——第2部分：聚氯乙烯绝缘电话软线；

——第3部分：聚丙烯绝缘电话软线；

——第4部分：橡皮绝缘电话软线。

本部分为GB/T 11016的第3部分。

本部分代替GB/T 11016.3—1989《塑料绝缘和橡皮绝缘电话软线　聚丙烯绝缘电话软线》。

本部分与GB/T 11016.3—1989相比主要变化如下：

——增加"规范性引用文件"(1989版无；本部分第2章)；

——前版标准引用GB/T 10753《室内电话机插头座》现更改为YD/T 577《室内电话机插头座》；

——按照GB/T 1.1—2000要求，对原标准格式进行修改。

本部分的附录A为规范性附录，附录B为资料性附录。

本部分由中国电器工业协会提出。

本部分由全国电线电缆标准化技术委员会(SAC/TC 213)归口。

本部分负责起草单位：上海电缆研究所。

本部分参加起草单位：上海赛克力光电缆有限责任公司、宁波一舟投资集团有限公司、温州耀华电讯有限公司。

本部分主要起草人：宋杰、王庆松、陈剑德、辛秀东、叶清华、鲁祥、吉利、邹叶龙、孟庆丰、高欢。

本部分所代替标准的历次版本发布情况为：

——GB/T 11016.3—1989。

塑料绝缘和橡皮绝缘电话软线 第3部分:聚丙烯绝缘电话软线

1 范围

GB/T 11016 的本部分规定了聚丙烯绝缘电话软线产品品种、技术要求及检验规则。

本部分适用于连接电话机机座与电话机手柄或接线盒的聚丙烯绝缘电话软线。

聚丙烯绝缘电话软线除应符合本部分的规定要求外,还应符合 GB/T 11016.1—2009 的相应要求。

2 规范性引用文件

下列文件中的条款通过 GB/T 11016 的本部分的引用而成为本部分的条款。凡是注日期的引用文件,其随后所有的修改单(不包括勘误的内容)或修订版均不适用于本部分,然而,鼓励根据本部分达成协议的各方研究是否可使用这些文件的最新版本。凡是不注日期的引用文件,其最新版本适用于本部分。

GB/T 2951.11—2008 电缆和光缆绝缘和护套材料通用试验方法 第 11 部分:通用试验方法——厚度和外形尺寸测量——机械性能试验(IEC 60811-1-1:2001,IDT)

GB/T 2951.14—2008 电缆绝缘和护套材料通用试验方法 第 14 部分:通用试验方法——低温试验(IEC 60811-1-4:1985,IDT)

GB/T 2951.31—2008 电缆和光缆绝缘和护套材料通用试验方法 第 31 部分:聚氯乙烯混合料专用实验方法——高温压力试验——抗开裂试验(IEC 60811-3-1:1985,IDT)

GB/T 3048.4—2007 电线电缆 电性能试验方法 导体直流电阻试验

GB/T 3048.5—2007 电线电缆 电性能试验方法 绝缘电阻试验

GB/T 3048.8—2007 电线电缆 电性能试验方法 交流电压试验

GB/T 4909.2—2009 裸电线试验方法 第 2 部分:尺寸测量

GB/T 4909.3—2009 裸电线试验方法 第 3 部分:拉力试验

GB/T 11016.1—2009 塑料绝缘和橡皮绝缘电话软线 第 1 部分:一般规定

GB/T 11016.2—2009 塑料绝缘和橡皮绝缘电话软线 第 2 部分:聚氯乙烯绝缘电话软线

YD/T 577—1992 室内电话机插头座

3 型号

聚丙烯绝缘电话软线的型号如表 1 所示,该电话软线适宜在−10 ℃～+40 ℃室内条件下使用。

表 1 聚丙烯绝缘电话软线的型号

型 号	名 称	用 途
HRBBT	聚丙烯绝缘聚氯乙烯护套扁形弹簧形电话软线	连接电话机机座与电话机手柄
HRBB	聚丙烯绝缘聚氯乙烯护套扁形电话软线	连接电话机机座与接线盒(或盒式插座)

4 规格

聚丙烯绝缘电话软线的规格如表 2 所示。

表 2 聚丙烯绝缘电话软线的规格

型号	HRBBT	HRBB
芯数	2,3,4	2,3,4,6

5 导体

5.1 导体应符合 GB/T 11016.1—2009 第 5 章的要求。

5.2 导体的拉断力应不小于 45 N,试验时拉伸速度为 50 mm/min。

6 绝缘

6.1 绝缘由聚丙烯或类似材料组成,绝缘材料主要性能应符合本部分附录 A 的规定。

6.2 绝缘标称厚度为 0.15 mm,绝缘最薄点的厚度应不小于 0.10 mm。

6.3 绝缘线芯的颜色和色序应符合表 3 规定。

6.4 绝缘线芯的拉断力应不小于 65 N。试验时拉伸速度为 50 mm/min。

表 3 绝缘线芯的颜色和色序

芯数	绝缘线芯颜色
2	红、绿
3	红、绿、黄
4	黑、红、绿、黄
6	白、黑、红、绿、黄、蓝

7 护套

7.1 护套应采用符合 GB/T 11016.2—2009 附录 A 规定的软聚氯乙烯塑料。

7.2 护套标称厚度为 0.4 mm。

8 成品软线

8.1 成品软线外形尺寸应符合表 4 规定,如有标记线凸出部分应不包括在内。

表 4 成品软线外形尺寸

单位为毫米

芯数	外形尺寸
2	(2.60±0.20)×(4.00±0.20);(2.50±0.20)×(5.00±0.20)
4	(2.60±0.20)×(5.00±0.20)
6	(2.7±0.20)×(6.80±0.20)

8.2 成品软线应经受表 5 规定的交流 50 Hz、1 kV 的电压试验,施加电压时间应不少于 5 min。电压试验的试样为一根 5 m 长的成品软线或 5 根装配线,试验前试样应浸入 20 ℃±2 ℃的水中不少于 3 h。

8.3 按表 5 规定测试,成品软线绝缘线芯间的绝缘电阻应不小于 100 MΩ·m。绝缘电阻试验的试样为一根 5 m 长的成品软线或 5 根装配线,试验前试样应浸入 20 ℃±2 ℃的水中不少于 3 h。

8.4 HRBB 成品软线应经受表 5 规定的低温卷绕试验。试验温度为-15 ℃±2 ℃。卷绕试验的试棒直径应不大于 13 mm。卷绕前试样在规定温度低温箱中的冷却时间应不少于 2 h。试样的护套和绝缘应均无裂纹。

8.5 HRBB 成品软线应经受表 5 规定的抗开裂试验,试验温度为 120 ℃±2 ℃,试棒直径应不大于 9 mm。

8.6 HRBBT 型成品软线应经受表 5 规定的伸缩试验，经 20 000 个伸缩周期试验后，试样仍应符合 GB/T 11016.1—2009 中 8.3 的要求。

8.7 成品装配软线应经受表 5 规定的终端夹与绝缘线芯间的载荷试验。

8.8 成品装配软线应经受表 5 规定的护线管或限位紧固件与软线间的载荷试验。

8.9 成品装配软线的电话机插头应符合 YD/T 577—1992 的规定。

9 检验

产品应按表 5 规定检验。

表 5 检验项目表

序号	试验项目	要求	试验类型		试验方法
			HRBBT	HRBB	
1	结构尺寸检查				
1.1	导体结构	GB/T 11016.1—2009 第 5 章	T、S	T、S	GB/T 4909.2—2009
1.2	绝缘厚度	GB/T 11016.1—2009 第 6 章及本部分的 6.2	T、S	T、S	GB/T 2951.11—2008
1.3	护套厚度	GB/T 11016.1—2009 第 7 章及本部分的 7.2	T、S	T、S	GB/T 2951.11—2008
1.4	外形尺寸	本部分的 8.1	T、S	T、S	GB/T 2951.11—2008
2	导体直流电阻试验	GB/T 11016.1—2009 中 8.2	T、S	T、S	GB/T 3048.4—2007
3	通电试验	GB/T 11016.1—2009 中 8.3	R	R	GB/T 11016.1—2009 中 8.3
4	电压试验	本部分的 8.2	T、S_t	T、S_t	GB/T 3048.8—2007
5	绝缘电阻试验	本部分的 8.3	T、S_t	T、S_t	GB/T 3048.5—2007
6	导体拉断力试验	本部分的 5.2	T、S_t	T、S_t	GB/T 4909.3—2009
7	绝缘线芯拉断力试验	本部分的 6.4	T、S_t	T、S_t	GB/T 4909.3—2009
8	低温卷绕试验	本部分的 8.4	—	T、S_t	GB/T 2951.14—2008
9	抗开裂试验	本部分的 8.5	—	T、S_t	GB/T 2951.31—2008
10	伸缩试验	本部分的 8.6	T、S_t	—	GB/T 11016.1—2009 中 10.1
11	终端夹与绝缘线芯间载荷试验	本部分的 8.7	T、S_t	T、S_t	GB/T 11016.1—2009 中 10.2
12	护线管或限位紧固件与软线间载荷试验	本部分的 8.8	T、S_t	T、S_t	GB/T 11016.1—2009 中 10.3
注：序号 11、12 只适用于成品装配软线。					

附 录 A
（规范性附录）
聚丙烯绝缘电话软线用聚丙烯绝缘料技术要求

聚丙烯绝缘电话软线用聚丙烯绝缘料技术要求见表 A.1。

表 A.1 聚丙烯绝缘电话软线用聚丙烯绝缘料技术要求

序 号	项 目	单 位	指 标
1	拉伸强度(不小于)	MPa	15
2	断裂伸长率(不小于)	%	200
3	脆化温度(不高于)	℃	0
4	灰分(不大于)	%	0.2
5	氧化诱导期(不少于)	min	15
6	热应力开裂(失效数)		0/9
7	环境应力开裂(24 h 失效数)		0/10
8	介电常数(100 kHz 或 1 MHz)		2.2～2.3
9	20 ℃时体积电阻率(不小于)	Ω·m	1×10^{13}

附　录　B
（资料性附录）
聚丙烯绝缘电话软线装配线标称长度

聚丙烯绝缘电话软线装配线标称长度见表 B.1。

表 B.1　聚丙烯绝缘电话软线装配线标称长度　　单位为毫米

型　　号	标　称　长　度
HRBB-216	1 600
HRBB-219	1 900
HRBB-222	2 200
HRBB-316	1 600
HRBBT-325[a]	2 500
HRBBT-425[a]	2 500

[a] 标称长度为伸直长度。

ICS 29.060.20
K 13

中华人民共和国国家标准

GB/T 11016.4—2009
代替 GB/T 11016.4—1989

塑料绝缘和橡皮绝缘电话软线 第4部分:橡皮绝缘电话软线

Plastic or rubber insulated telephone cords—
Part 4:Rubber insulated telephone cords

2009-03-19 发布　　2009-12-01 实施

中华人民共和国国家质量监督检验检疫总局
中国国家标准化管理委员会　发布

前　言

GB/T 11016《塑料绝缘和橡皮绝缘电话软线》分为四个部分：

——第1部分：一般规定；

——第2部分：聚氯乙烯绝缘电话软线；

——第3部分：聚丙烯绝缘电话软线；

——第4部分：橡皮绝缘电话软线。

本部分为GB/T 11016的第4部分。

本部分代替GB/T 11016.4—1989《塑料绝缘和橡皮绝缘电话软线　橡皮绝缘电话软线》。

本部分与GB/T 11016.4—1989相比主要变化如下：

——增加“规范性引用文件”(1989版无；本部分第2章)；

——按照GB/T 1.1—2000要求，对原标准格式进行修改。

本部分的附录A为资料性附录。

本部分由中国电器工业协会提出。

本部分由全国电线电缆标准化技术委员会(SAC/TC 213)归口。

本部分负责起草单位：上海电缆研究所。

本部分参加起草单位：上海赛克力光电缆有限责任公司、宁波一舟投资集团有限公司、温州耀华电讯有限公司。

本部分主要起草人：宋杰、王庆松、陈剑德、辛秀东、叶清华、鲁祥、吉利、邹叶龙、孟庆丰、高欢。

本部分所代替标准的历次版本发布情况为：

——GB/T 11016.4—1989。

塑料绝缘和橡皮绝缘电话软线
第4部分:橡皮绝缘电话软线

1 范围

GB/T 11016的本部分规定了橡皮绝缘电话软线产品品种、技术要求及检验规则。

本部分适用于连接电话机机座与电话机手柄或接线盒以及连接交换机与插塞用的橡皮绝缘电话软线。

电话软线除应符合本部分的规定要求外,还应符合GB/T 11016.1—2009的相应要求。

2 规范性引用文件

下列文件中的条款通过GB/T 11016的本部分的引用而成为本部分的条款。凡是注日期的引用文件,其随后所有的修改单(不包括勘误的内容)或修订版均不适用于本部分,然而,鼓励根据本部分达成协议的各方研究是否可使用这些文件的最新版本。凡是不注日期的引用文件,其最新版本适用于本部分。

GB/T 2951.11—2008 电缆和光缆绝缘和护套材料通用试验方法 第11部分:通用试验方法——厚度和外形尺寸测量——机械性能试验(IEC 60811-1-1:2001,IDT)

GB/T 2951.12—2008 电缆和光缆绝缘和护套材料通用试验方法 第12部分:通用试验方法——热老化试验方法(IEC 60811-1-2:1985,IDT)

GB/T 2951.21—2008 电缆和光缆绝缘和护套材料通用试验方法 第21部分:弹性体混合料专用试验方法——耐臭氧试验——热延伸试验——浸矿物油试验(IEC 60811-2-1:2001,IDT)

GB/T 3048.4—2007 电线电缆电性能试验方法 第4部分:导体直流电阻试验

GB/T 3048.5—2007 电线电缆电性能试验方法 第5部分:绝缘电阻试验

GB/T 3048.8—2007 电线电缆电性能试验方法 第8部分:交流电压试验

GB/T 4909.2—2009 裸电线试验方法 第2部分:尺寸测量

GB/T 11016.1—2009 塑料绝缘和橡皮绝缘电话软线 第1部分:一般规定

3 型号

橡皮绝缘电话软线的型号如表1所示。该电话软线适宜在-10℃~40℃室内条件下使用。

表1 橡皮绝缘电话软线的型号

型 号	名 称	用 途
HR	橡皮绝缘纤维编织电话软线	连接电话机机座与电话机手柄或接线盒
HRH	橡皮绝缘橡皮护套电话软线	连接电话机机座与电话机手柄,防水、防爆
HRE	橡皮绝缘纤维编织耳机软线	连接话务员耳机

4 规格

电话软线的规格如表2所示。

表 2　橡皮绝缘电话软线的规格

型　号	HR	HRH	HRE	HRJ
芯　数	2,3,4,5	2,3,4	2,4	2,3

5　导体

导体应符合 GB/T 11016.1—2009 第 5 章的要求。

6　绝缘

6.1　绝缘材料应是 IE4 型乙丙橡皮混合物。

6.2　IE4 型乙丙橡皮绝缘的机械物理性能试验要求应符合表 3 规定。

表 3　IE4 型乙丙橡皮绝缘机械物理性能试验要求

序号	试验项目	单位	性能指标	试验方法
1	抗张强度和断裂伸长率			GB/T 2951.11—2008 中 9.1
1.1	交货状态原始性能			
1.1.1	抗张强度原始值			
	——最小中间值	N/mm^2	5.0	
1.1.2	断裂伸长率原始值			
	——最小中间值	%	200	
1.2	空气烘箱老化后的性能			GB/T 2951.11—2008 中 9.1 和 GB/T 2951.12—2008 中 8.1
1.2.1	老化条件[a,b]			
	——温度	℃	100±2	
	——处理时间	h	7×24	
1.2.2	老化后抗张强度			
	——最小中间值	N/mm^2	4.2	
	——最大变化率[c]	%	±25	
1.2.3	老化后断裂伸长率			
	——最小中间值	%	200	
	——最大变化率[c]	%	±25	
1.3	省略			
1.4	空气弹老化后的性能			GB/T 2951.12—2008 中 8.2
1.4.1	老化条件[a]			
	——温度	℃	127±2	
	——处理时间	h	40	
1.4.2	老化后抗张强度			
	——最小中间值	N/mm^2	—	
	——最大变化率[c]	%	±30	
1.4.3	老化后断裂伸长率			

表 3（续）

序号	试验项目	单位	性能指标	试验方法
	——最大变化率[c]	%	±30	
2	热延伸试验			GB/T 2951.21—2008 中第 9 章
2.1	试验条件			
	——温度	℃	200±3	
	——处理时间	min	15	
	——机械应力	N/mm^2	0.20	
2.2	试验结果			
	——载荷下的伸长率，最大值	%	100	
	——冷却后的伸长率，最大值	%	25	
4	耐臭氧试验			GB/T 2951.21—2008 中第 8 章
4.1	试验条件			
	——试验温度	℃	25±2	
	——试验时间	h	24	
	——臭氧浓度	%	0.025～0.030	
4.2	试验结果		无裂纹	

a IE4 绝缘应带导体或取走不超过 30%的铜丝进行老化。

b 除非产品标准中另有规定，橡皮混合物的老化不采用强迫鼓风烘箱。仲裁试验时，必须采用自然通风老化箱。

c 变化率：老化后中间值与老化前中间值之差与老化前中间值之比，以百分比表示。

6.3 绝缘标称厚度为 0.35 mm，绝缘最薄点的厚度应不小于 0.20 mm。

6.4 绝缘线芯的颜色应符合表 4 规定。

表 4 绝缘线芯的颜色

芯　　数	绝缘线芯颜色
2	红、白
3	红、白、绿
4	红、白、绿、黑
5	红、白、绿、黑、蓝

7 绞合

7.1 电话软线的绝缘线芯应绞合，绞合节径比应不大于 5。

7.2 绞合时允许采用棉纱或其他合成纤维填充圆整。

8 编织护层

8.1 HR、HRE、HRJ 型电话软线应有编织护层，编织层由长丝再生纤维、腊光棉纱或其他类似材料组成。

8.2 编织覆盖率应不小于 98%。编织层应紧密均匀无显著不平的突起。

8.3 编织层的颜色应符合表 5 规定。

表 5 编织层的颜色

型　　号	编织层颜色
HR、HRE	黑
HRJ	红、白、绿、浅灰、蓝、黑

9 护套

9.1 护套材料应是 SE3 型橡皮混合物。

9.2 SE3 型橡皮护套的机械物理性能试验要求应符合表 6 规定。

表 6 SE3 型橡皮护套机械物理性能试验要求

序号	试验项目	单位	性能指标	试验方法
1	抗张强度和断裂伸长率			GB/T 2951.11—2008 中 9.2
1.1	交货状态原始性能			
1.1.1	抗张强度原始值			
	——最小中间值	N/mm^2	7.0	
1.1.2	断裂伸长率原始值			
	——最小中间值	%	300	
1.2	空气烘箱老化后的性能			GB/T 2951.12—2008 中 8.1.3.1
1.2.1	老化条件			
	——温度	℃	70±2	
	——处理时间	h	10×24	
1.2.2	老化后抗张强度			
	——最小中间值	N/mm^2	—	
	——最大变化率[a]	%	±20	
1.2.3	老化后断裂伸长率			
	——最小中间值	%	250	
	——最大变化率[a]	%	±20	
2	热延伸试验			GB/T 2951.21—2008 中第 9 章
2.1	试验条件			
	——温度	℃	200±3	
	——处理时间	min	15	
	——机械应力	N/mm^2	0.20	
2.2	试验结果			
	——载荷下的伸长率，最大值	%	175	
	——冷却后的伸长率，最大值	%	25	

[a] 变化率：老化后中间值与老化前中间值之差与老化前中间值之比，以百分比表示。

9.3 护套标称厚度应为 1.0 mm。

9.4 护套颜色为黑色。

10 成品软线

10.1 成品软线的外径应符合表7规定。

表7 成品软线的外径

单位为毫米

型 号	2芯	3芯	4芯	5芯
	最大外径			
HR	5.8	6.1	6.7	7.4
HRH	7.4	7.8	8.3	—
HRE	5.8	—	6.7	—
HRJ	5.8	6.1	—	—

10.2 成品软线应经受表8规定的交流50 Hz、1 kV的电压试验，施加电压时间应不少于5 min。

10.3 按表8规定测试，成品软线绝缘线芯间的绝缘电阻应不小于1 000 MΩ·m，试验前试样应浸入20 ℃±2 ℃的水中不少于3 h。

10.4 成品软线绝缘应经受表3规定的非电性试验并符合其要求。

10.5 HRH型成品软线护套应经受规定的表6规定的非电性试验并符合其要求。

11 检验

产品按表6规定检验。

表8 检验项目表

序号	试验项目	条文号	试验类型		试验方法
			HR、HRE、HRJ	HRH	
1	结构尺寸检查				
1.1	导体结构	GB/T 11016.1—2009第5章	T、S	T、S	GB/T 4909.2—2009
1.2	绝缘厚度	GB/T 11016.1—2009第6章及本部分的6.3	T、S	T、S	GB/T 2951.11—2008
1.3	护套厚度	GB/T 11016.1—2009第7章及本部分的9.3	—	T、S	GB/T 2951.11—2008
1.4	外径	本部分的10.1	T、S	T、S	GB/T 2951.11—2008
2	导体直流电阻试验	GB/T 11016.1—2009中8.2	T、S	T、S	GB/T 3048.4—2007
3	通电试验	GB/T 11016.1—2009中8.3	R	R	GB/T 11016.1—2009中8.3
4	电压试验	本部分的10.2	T、S	T、S	GB/T 3048.8—2007
5	绝缘电阻试验	本部分的10.3	T、S	T、S	GB/T 3048.5—2007
6	绝缘机械物理性能试验	本部分的10.4			
6.1	老化前后抗张强度		T、S_t	T、S_t	GB/T 2951.11—2008 GB/T 2951.12—2008
6.2	老化前后断裂伸长率		T、S_t	T、S_t	GB/T 2951.11—2008 GB/T 2951.12—2008

表 8（续）

序号	试验项目	条文号	试验类型		试验方法
			HR、HRE、HRJ	HRH	
6.3	空气弹老化		T、S_t	T、S_t	GB/T 2951.12—2008
6.4	热延伸		T、S_t	T、S_t	GB/T 2951.21—2008
6.5	耐臭氧试验		T、S_t	T、S_t	GB/T 2951.21—2008
7	护套机械物理性能试验	本部分的 10.5			
7.1	老化前后抗张强度		T、S_t	T、S_t	GB/T 2951.11—2008 GB/T 2951.12—2008
7.2	老化前后断裂伸长率		T、S_t	T、S_t	GB/T 2951.11—2008 GB/T 2951.12—2008
7.3	热延伸		T、S_t	T、S_t	GB/T 2951.21—2008

附　录　A
（资料性附录）
橡皮绝缘电话软线装配线标称长度

橡皮绝缘电话软线装配线标称长度见表 A.1。

表 A.1　橡皮绝缘电话软线装配线标称长度　　单位为毫米

型　　号	标 称 长 度
HR-216	1 600
HR-314	1 400
HR-415	1 500
Hr-416	1 600
HR-521	2 100
HRH-214	1 400
HRH-216	1 600
HRH-314	1 400
HRH-316	1 600
HRH-414	1 400
HRH-416	1 600
HRE-215	1 500
HRE-416	1 600
HRJ-217	1 700
HRJ-220	2 200
HRJ-317	1 700
HRJ-322	2 200

ICS 29.060.20
K 13

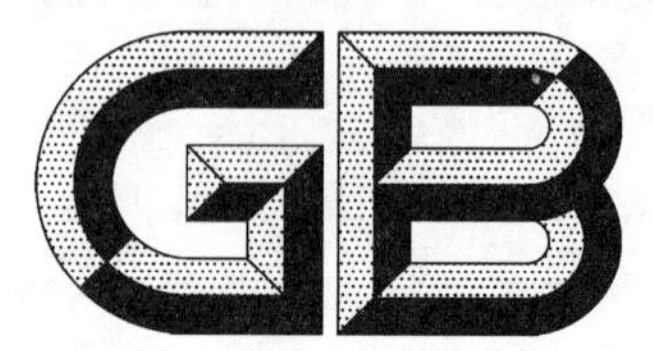

中华人民共和国国家标准

GB/T 13849.1—2013
代替 GB/T 13849.1—1993

聚烯烃绝缘聚烯烃护套市内通信电缆 第1部分:总则

Local telecommunication cables with polyolefin insulation and polyolefin sheath—Part 1:General

2013-07-19 发布 2013-12-02 实施

中华人民共和国国家质量监督检验检疫总局
中国国家标准化管理委员会 发布

前　言

GB/T 13849《聚烯烃绝缘聚烯烃护套市内通信电缆》分为 5 个部分：

——第 1 部分：总则；

——第 2 部分：铜芯、实心或泡沫(带皮泡沫)聚烯烃绝缘、非填充式、挡潮层聚乙烯护套市内通信电缆；

——第 3 部分：铜芯、实心或泡沫(带皮泡沫)聚烯烃绝缘、填充式、挡潮层聚乙烯护套市内通信电缆；

——第 4 部分：铜芯、实心聚烯烃绝缘(非填充)、自承式、挡潮层聚乙烯护套市内通信电缆；

——第 5 部分：铜芯、实心或泡沫(带皮泡沫)聚烯烃绝缘、隔离式(内屏蔽)、挡潮层聚乙烯护套市内通信电缆。

本部分为 GB/T 13849 的第 1 部分。

本部分按照 GB/T 1.1—2009 给出的规则起草。

本部分代替 GB/T 13849.1—1993《聚烯烃绝缘聚烯烃护套市内通信电缆　第 1 部分：一般规定》，与 GB/T 13849.1—1993 相比，主要技术变化如下：

——修改了“带皮泡沫聚烯烃绝缘”的定义(见 3.4，1993 版的 3.5)；

——增加了 0.7 mm 和 0.9 mm 规格的导体(见 5.1)；

——将“导体的接续应采用银合金焊料和无酸性熔剂钎焊，或者电焊，或者冷焊，接续处的抗拉强度应不低于相邻无接续处抗拉强度的 85%”中的“85%”修改为“90%”(见 5.2，1993 版的 5.2)；

——增加了实心高密度聚乙烯和实心聚丙烯的“空气箱热老化后卷绕性能”的试验条件及要求，并将“冷弯损坏”修改为“低温卷绕试验”；增加了绝缘热收缩试验的有效长度为 $L=200$ mm 的规定(见表 1)；

——将“成品电缆中任意线对的绞合节距在 3 m 长度上测得的算术平均值应不大于 155 mm。”中的“不大于 155 mm”修改为“不大于 150 mm”(见 7.3，1993 版的第 7 章)；

——将铝塑复合带的铝带标称厚度由“0.2 mm”修改为“不小于 0.15 mm”(见 13.2.1，1993 版的 13.1.1)；

——在成品电缆取下的聚乙烯护套的机械物理性能中增加了高密度聚乙烯和无卤阻燃材料的抗张强度、老化前后伸长率、耐环境应力开裂和热收缩率的要求(见 13.3.4)；

——增加了吊线的要求(见 13.5)；

——外护层增加了 53 和 553 型、33 和 43 型、23 型和防蚁外被层等外护套的详细规定(见第 14 章)；

——增加了阻燃电缆结构的要求(见第 15 章)；

——关于电气性能主要修改如下(见表 6)：

- 增加了导体规格 0.7 mm、0.9 mm 的直流电阻、电阻不平衡、电容不平衡、衰减要求；
- 增加了泡沫、带皮泡沫聚烯烃绝缘电缆的衰减指标；
- 修改了工作电容的指标(表 6，1993 版的表 7 中序号 4)；
- 将“子单位间线对全部组合的近端传音衰减 $M-S\geqslant 79$” 修改为“子单位间线对全部组合的近端传音衰减 $M-S\geqslant 77$”(表 6，1993 版的表 7 中序号 7.1)；
- 增加了“绝缘强度检验时，也可采用交流电压，其测试电压的有效值 $V_{AC}=V_{DC}/\sqrt{2}$”。

——增加了“电缆的机械物理性能与环境性能”：填充式电缆渗水性能、填充式电缆滴流性能、低温

弯曲、自承式电缆拉断力和阻燃电缆的燃烧特性要求(见表8);

——增加了关于环保性能的规定(见第18章);

——修改了关于试验方法的规定(见第20章,1993版的第17章);

——修改了对主要原材料的要求如下:

- 增加了绝缘材料性能应符合YD/T 760—1995的规定,并删除相应的附录(见6.1,1993版的附录L);
- 增加了填充复合物和阻水带、阻水纱的具体性能应符合YD/T 839—2000和YD/T 1115—2001的规定(见8.2.3和14.1.6);
- 增加了双面铝塑复合带和钢塑复合带的性能应符合YD/T 723.2—2007和YD/T 723.3—2007的规定,并删除相应的附录(见13.2.4和14.2.4,1993版的附录M);
- 增加了聚乙烯护套的原材料应符合GB/T 15065—2009的规定(见13.3.1)。

——删除了第20章规定的三包要求(见1993版的第20章)。

本部分由中国电器工业协会提出。

本部分由全国电线电缆标准化技术委员会(SAC/TC 213)归口。

本部分负责起草单位:上海电缆研究所。

本部分参加起草单位:成都普天电缆股份有限公司、江苏通鼎光电股份有限公司、温州耀华电讯有限公司、浙江一舟电子科技股份有限公司、浙江兆龙线缆有限公司、浙江正导光电股份有限公司、江苏亨通线缆科技有限公司、深圳市联嘉祥科技股份有限公司。

本部分主要起草人:辛秀东、高欢、宋杰、代康、肖仁贵、王圣、陈剑德、倪冬华、罗英宝、淮平、黄冬莲。

本部分所代替标准的历次版本发布情况为:

——GB/T 13849.1—1993。

聚烯烃绝缘聚烯烃护套市内通信电缆 第1部分:总则

1 范围

GB/T 13849的本部分规定了铜芯聚烯烃绝缘挡潮层聚烯烃护套市内通信电缆的结构、机械物理性能及电气性能要求、试验方法、检验规则和标志包装。

本部分适用于铜芯聚烯烃绝缘挡潮层聚烯烃护套市内通信电缆的制造、验收及使用。

本部分规定的电缆可用于传输音频信号和综合业务数字网的2B+D速率及以下的数字信号,也可用于传输2 048 kbit/s的数字信号或150 kHz以下的模拟信号。在一定条件下,也可用于传输2 048 kbit/s以上的数字信号。

2 规范性引用文件

下列文件对于本文件的应用是必不可少的。凡是注日期的引用文件,仅注日期的版本适用于本文件。凡是不注日期的引用文件,其最新版本(包括所有的修改单)适用于本文件。

GB/T 2900.10—2001 电工术语 电缆

GB/T 2951.11—2008 电缆和光缆绝缘和护套材料通用试验方法 第11部分:通用试验方法——厚度和外形尺寸测量——机械性能试验

GB/T 2951.12—2008 电缆和光缆绝缘和护套材料通用试验方法 第12部分:通用试验方法——热老化试验方法

GB/T 2951.13—2008 电缆和光缆绝缘和护套材料通用试验方法 第13部分:通用试验方法——密度测定方法——吸水试验——收缩试验

GB/T 2951.14—2008 电缆和光缆绝缘和护套材料通用试验方法 第14部分:通用试验方法——低温试验

GB/T 2951.41—2008 电缆和光缆绝缘和护套材料通用试验方法 第41部分:聚乙烯和聚丙烯混合料专用试验方法——耐环境应力开裂试验——熔体指数测量方法——直接燃烧法测量聚乙烯中碳黑和(或)矿物质填料含量——热重分析法(TGA)测量碳黑含量——显微镜法评估聚乙烯中碳黑分散度

GB/T 2951.42—2008 电缆和光缆绝缘和护套材料通用试验方法 第42部分:聚乙烯和聚丙烯混合料专用试验方法——高温处理后抗张强度和断裂伸长率试验——高温处理后卷绕试验——空气热老化后的卷绕试验——测定质量的增加——长期热稳定性试验——铜催化氧化降解试验方法

GB/T 2952.1—2008 电缆外护层 第1部分:总则

GB/T 2952.3—2008 电缆外护层 第3部分:非金属套电缆通用外护层

GB/T 3048.9—2007 电线电缆电性能试验方法 第9部分:绝缘线芯火花试验

GB/T 3048.10—2007 电线电缆电性能试验方法 第10部分:挤出护套火花试验

GB/T 3953—2009 电工圆铜线

GB/T 6995.2—2008 电线电缆识别标志方法 第2部分:标准颜色

GB/T 6995.3—2008 电线电缆识别标志方法 第3部分:电线电缆识别标志

GB/T 7424.2—2008 光缆总规范 第2部分:光缆基本试验方法

GB/T 11327.1—1999 聚氯乙烯绝缘聚氯乙烯护套低频通信电缆电线 第1部分:一般试验和测量方法

GB/T 13849.2 聚烯烃绝缘聚烯烃护套市内通信电缆 第2部分:铜芯、实心或泡沫(带皮泡沫)聚烯烃绝缘、非填充式、挡潮层聚乙烯护套室内通信电缆

GB/T 13849.3 聚烯烃绝缘聚烯烃护套市内通信电缆 第3部分:铜芯、实心或泡沫(带皮泡沫)聚烯烃绝缘、填充式、挡潮层聚乙烯护套室内通信电缆

GB/T 13849.4 聚烯烃绝缘聚烯烃护套市内通信电缆 第4部分:铜芯、实心聚烯烃绝缘(非填充)、自承式、挡潮层聚乙烯护套室内通信电缆

GB/T 13849.5 聚烯烃绝缘聚烯烃护套市内通信电缆 第5部分:铜芯、实心或泡沫(带皮泡沫)聚烯烃绝缘、隔离式(内屏蔽)、挡潮层聚乙烯护套室内通信电缆

GB/T 15065—2009 电线电缆用黑色聚乙烯塑料

GB/T 17650.2—1998 取自电缆或光缆的材料燃烧时释出气体的试验方法 第2部分:用测量pH值和电导率来测定气体的酸度

GB/T 17651—1998 电缆或光缆在特定条件下燃烧的烟密度测定

GB/T 18380.12—2008 电缆和光缆在火焰条件下的燃烧试验 第12部分:单根绝缘电线电缆火焰垂直蔓延试验 1 kW 预混合型火焰试验方法

GB/T 19666—2005 阻燃和耐火电线电缆通则

JB/T 8137(所有部分) 电线电缆交货盘

SJ/T 11363—2006 电子信息产品中有毒有害物质的限量要求

YD/T 723.2—2007 通信电缆光缆用金属塑料复合带 第2部分:铝塑复合带

YD/T 723.3—2007 通信电缆光缆用金属塑料复合带 第3部分:钢塑复合带

YD/T 760—1995 市内通信电缆用聚烯烃绝缘料

YD/T 839—2000 通信电缆光缆用填充和涂覆复合物

YD/T 1020—2004 电缆光缆用防蚁护套材料特性

YD/T 1115—2001 通信电缆光缆用阻水材料

3 术语和定义

GB/T 2900.10—2001 界定的以及下列术语和定义适用于本文件。

3.1

基本单位 unit

由25个对线组绞合而成,用以组成超单位或缆芯的电缆元件。

3.2

超单位 super-unit

由若干基本单位或子单位绞合而成,用以组成缆芯的电缆元件。

3.3

子单位 sub-unit

由若干小于基本单位线组数的对线组绞合而成,用以组成缆芯的电缆元件。

3.4

带皮泡沫聚烯烃绝缘 foam-skin polyolefin insulation

内层泡沫聚烯烃绝缘,外层实心聚烯烃绝缘;或内层与外层实心聚烯烃绝缘,中间泡沫聚烯烃绝缘。

4 符号、代号及产品表示方法

4.1 符号、代号

4.1.1 系列代号

H …………………………………………………………………………………… 市内通信电缆

4.1.2 绝缘结构代号

Y …………………………………………………………………………………… 实心聚烯烃绝缘
YF ………………………………………………………………………………… 泡沫聚烯烃绝缘
YP ……………………………………………………………………………… 带皮泡沫聚烯烃绝缘

4.1.3 护套结构代号

A …………………………………………………………………………………… 挡潮层聚乙烯护套

4.1.4 缆芯结构特征代号

省略 ………………………………………………………………………………………… 非填充式
T ……………………………………………………………………………………………… 填充式
G ………………………………………………………………………………… 隔离式(内屏蔽)
C ……………………………………………………………………………………………… 自承式

注：几种结构特征同时存在时，电缆型号中代码顺序号为：T、G、C。

4.1.5 阻燃结构通信电缆的符号、代号

阻燃结构通信电缆的符号、代号应按 GB/T 19666—2005 相关规定执行。

4.1.6 外护层代号

553 …………………………………………………………… 双层纵包皱纹钢带铠装电缆外护层

外护层代号应符合 GB/T 2952.1—2008 和 GB/T 2952.3—2008 的相关规定。

4.2 产品表示方法

产品用型号、规格及标准编号表示，规格包括电缆的标称对数和导体标称直径。

示例 1：

铜芯实心聚烯烃绝缘非填充式挡潮层聚乙烯护套市内通信电缆，200 对，导体标称直径 0.6 mm，表示为：

HYA 200×2×0.6　标准编号

示例 2：

铜芯泡沫聚烯烃绝缘填充式挡潮层聚乙烯护套市内通信电缆，100 对，导体标称直径 0.5 mm，表示为：

HYFAT 100×2×0.5　标准编号

示例 3：

铜芯实心聚烯烃绝缘填充式挡潮层聚乙烯护套单层纵包轧纹钢带铠装聚乙烯套市内通信电缆，200 对，导体标称直径 0.4 mm，表示为：

HYAT53 200×2×0.4　标准编号

示例 4：

铜芯实心聚烯烃绝缘隔离式挡潮层聚乙烯护套市内通信电缆，50 对，导体标称直径 0.8 mm，表示为：

HYAG 50×2×0.8 标准编号

5 导体

5.1 导体应采用符合 GB/T 3953—2009 规定的 TR 型软圆铜线，其标称直径为 0.32 mm、0.4 mm、0.5 mm、0.6 mm、0.7 mm、0.8 mm、0.9 mm。

5.2 导体的接续应采用银合金焊料和无酸性熔剂钎焊，或者电焊，或者冷压技术接头，接续处应光滑圆整，无毛刺。接续处的抗拉强度不应低于相邻无接续处抗拉强度的 90%。

5.3 成品电缆上导体的断裂伸长率应符合下列规定：

——标称直径 0.4 mm 及以下：不小于 10%；

——标称直径 0.4 mm 以上：不小于 15%。

6 绝缘

6.1 绝缘材料

绝缘料应采用低密度、中密度或高密度聚乙烯或聚丙烯，各种绝缘料的主要性能应符合 YD/T 760—1995 的要求。填充式电缆一般不宜采用低密度聚乙烯绝缘。

6.2 绝缘结构

绝缘结构应是下列规定的一种：

——实心聚烯烃绝缘；

——泡沫聚烯烃绝缘；

——带皮泡沫聚烯烃绝缘。

采用泡沫聚烯烃或带皮泡沫聚烯烃绝缘时，由发泡工艺产生的气泡应沿圆周均匀分布，且气泡间应互不连通。

6.3 绝缘连续性及电气要求

6.3.1 绝缘应连续地挤包在导体上，并具有完整性，绝缘厚度应使成品电缆符合规定的电气性能要求。

6.3.2 绝缘完整性采用直流火花试验检验，对于实心聚烯烃绝缘芯线的试验电压应为 2.0 kV～6.0 kV，对于泡沫聚烯烃绝缘和带皮泡沫聚烯烃绝缘单线的试验电压应为 1.0 kV～3.0 kV。每 12 km 绝缘线芯上允许有 1 个针孔或类似的缺陷。当针孔或缺陷超过规定时允许修复，修复后的绝缘线芯应满足本条的规定。

6.4 绝缘颜色

绝缘线芯采用颜色识别标志，颜色应符合 GB/T 6995.2—2008 或附录 A 的规定，有争议时按附录 A 规定。绝缘线芯颜色应均匀，且不迁移。

6.5 绝缘机械物理性能

绝缘的机械物理性能应符合表 1 的规定，试样应取自成品电缆。

表 1　绝缘机械物理性能

序号	性能项目及试验条件	单位	要求指标							
			实心聚乙烯			实心聚丙烯	泡沫或带皮泡沫聚乙烯			泡沫及泡沫皮聚丙烯
			低密度	中密度	高密度		低密度	中密度	高密度	
1	抗张强度中值	MPa	≥10	≥12	≥16	≥20	≥6	≥7	≥10	≥12
2	断裂伸长率中值	%	≥300	≥300	≥300	≥300	≥200	≥200	≥200	≥200
3	热收缩率 （有效长度 L＝200mm） 试验处理温度 试验处理时间	 % ℃ h	 ≤5 100±2 1	 ≤5 100±2 1	 ≤5 115±2 1	 ≤5 115±2 1	 ≤5 100±2 1	 ≤5 100±2 1	 ≤5 115±2 1	 ≤5 115±2 1
4	空气箱热老化后耐卷绕 试验处理温度 试验处理时间	 ℃ h	不开裂 100±2 24×14	不开裂 100±2 24×14	不开裂 115±2 24×14	不开裂 115±2 24×14	不开裂 100±2 24×14	不开裂 100±2 24×14	考虑中	考虑中
5	低温卷绕失效数/试样数 试验处理温度 试验处理时间	个 ℃ h	≤0/10 −55±1 1	≤0/10 −55±1 1	≤0/10 −55±1 1	≤0/10 −40±1 1	≤0/10 −55±1 1	≤0/10 −55±1 1	≤0/10 −55±1 1	≤0/10 −40±1 1
6	抗压缩性 加力时间 施加压力	 min N	导体间不碰触 ≥1 67							

7　对线组（以下简称线对）

7.1　由 a 线和 b 线的两根不同颜色的绝缘线芯均匀地绞合成线对。

7.2　对线组绝缘单线颜色采用下列 10 种颜色：

——a 线：白、红、黑、黄、紫；

——b 线：蓝、桔、绿、棕、灰。

7.3　成品电缆中任意线对的绞合节距在 3m 长度上所测得的平均值应不大于 150 mm。

8　缆芯

8.1　缆芯的组成

8.1.1　缆芯由若干超单位绞合而成，或者由若干基本单位或子单位直接绞合而成。

8.1.2　超单位由若干基本单位绞合而成。超单位分为 3 种：50 对超单位、100 对超单位和 200 对超单位。

8.1.3　50 对超单位由 4 个子单位[2×(12＋13)]组成，100 对超单位由 4 个基本单位组成，200 对超单位由 8 个基本单位组成。200 对超单位仅适用于标称对数为 3 600 对的电缆。

8.1.4　基本单位由 25 个线对通过同心式或交叉式绞合而成。基本单位中所有线对的绞合节距应不相同。

8.1.5　必要时，可将若干线对绞合成等效于一个基本单位的若干子单位（扎带颜色均应与所代替的基本单位相同），再将这些子单位绞合成超单位或缆芯。

8.1.6　20 对及以下电缆应用同心式或交叉式结构，所有线对的绞合节距应各不相同。

8.2 缆芯包带

8.2.1 缆芯应包覆非吸湿性绝缘带,并可在外面用非吸湿性或非吸油性的丝(带)扎紧。对于填充式电缆,绝缘带应与填充混合物相容。

8.2.2 包带应具有足够的隔热性能和机械强度,以防绝缘线芯粘结或变形、损伤。

8.2.3 填充式电缆应在缆芯的间隙中及包带外表面均匀连续地填满填充复合物,在缆芯包带外也可采用其他阻水材料,缆芯包带应与填充混合物及其他阻水材料相容。填充复合物的具体性能指标应符合YD/T 839—2000规定的要求。

8.2.4 隔离式电缆缆芯应采用符合YD/T 723.2—2007规定的双面铝塑复合带,将缆芯分成两个相等的部分,其具体规定见GB/T 13849.5。

8.2.5 各种缆芯的推荐结构参见附录B。

9 基本单位内绝缘线芯的色谱

9.1 基本单位绝缘线芯色谱应符合表2规定。

9.2 同心式绞合基本单位线对的排列应按顺层顺序,第1个线对应在最内层。

表2 基本单位线对序号与绝缘色谱

线对序号		1	2	3	4	5	6	7	8	9	10	11	12	13
绝缘线芯颜色	a线	白	白	白	白	白	红	红	红	红	红	黑	黑	黑
	b线	蓝	桔	绿	棕	灰	蓝	桔	绿	棕	灰	蓝	桔	绿
线对序号		14	15	16	17	18	19	20	21	22	23	24	25	
绝缘线芯颜色	a线	黑	黑	黄	黄	黄	黄	黄	紫	紫	紫	紫	紫	
	b线	棕	灰	蓝	桔	绿	棕	灰	蓝	桔	绿	棕	灰	

10 基本单位、超单位的扎丝(带)及色谱

10.1 基本单位和超单位应螺旋疏绕不同颜色的非吸湿性扎丝(带)。

10.2 任一基本单位(或子单位)缺扎丝(带)的长度不应超过90 m,同一电缆的任意截面上,缺扎丝(带)的基本单位(或子单位)总数应不超过3个,且相邻基本单位(或子单位)不允许同时缺扎丝(带)。

10.3 电缆任意截面上每个超单位中只允许1个基本单位(或其子单位)缺扎丝(带),且缺扎丝(带)的基本单位(或其子单位)总数应不超过3个。

10.4 超单位不允许缺扎丝(带)。

10.5 基本单位及超单位的扎丝(带)色谱应符合表3规定,其颜色应符合GB/T 6995.2—2008规定。

10.6 超单位或基本单位的排列应顺层顺序,第1个超单位或基本单位应在最内层,顺序方向应与基本单位内绝缘线芯的顺序方向一致。

11 电缆端别

11.1 除20对及以下电缆外,电缆应分端别。

11.2 面向电缆端头,缆芯的超单位或基本色谱顺序为顺时针方向,则此端为电缆A端,另一端为B端。

11.3 电缆A端端头应用红色标志,电缆B端端头应用绿色标志。

表 3 基本单位及超单位的扎丝(带)色谱

单位		超单位扎丝(带)色谱																							
		白				红				黑				黄				紫				蓝			
序号	扎丝(带)色谱	超单位序号			线对序号	超单位序号			线对序号	超单位序号			线对序号	超单位序号			线对序号	超单位序号			线对序号	超单位序号			线对序号
		200	100	50		200	100	50		200	100	50		200	100	50		200	100	50		200	100	50	
		对	对	对		对	对	对		对	对	对		对	对	对		对	对	对		对	对	对	
1	白蓝	1	1	1	1～25	4	7	13	601～625	7	13	25	1 201～1 225	10	19	37	1 801～1 825	13	25	49	2 401～2 425	16	31	1	3 001～3 025
2	白橙				26～50				626～650				1 226～1 250				1 826～1 850				2 426～2 450				3 026～3 050
3	白绿			2	51～75			14	651～675			26	1 251～1 275			38	1 851～1 875			50	2 451～2 475			62	3 030～3 075
4	白棕				76～100				676～700				1 276～1 300				1 876～1 900				2 476～2 500				3 076～3 100
5	白灰		2	3	101～125		8	15	701～725		14	27	1 301～1 325		20	39	1 901～1 925		26	51	2 501～2 525		32	63	3 101～3 125
6	红蓝				126～150				726～750				1 326～1 350				1 926～1 950				2 526～2 550				3 126～3 150
7	红橙			4	151～175			16	751～775			28	1 351～1 375			40	1 951～1 975			52	2 551～2 575			64	3 151～3 175
8	红绿				176～200				776～800				1 376～1 400				1 976～2 000				2 575～2 600				3 176～3 200
9	红棕	2	3	5	201～225	5	9	17	801～825	8	15	29	1 401～1 425	11	21	41	2 001～2 025	14	27	53	2 601～2 625	17	33	65	3 201～3 225
10	红灰				226～250				826～850				1 426～1 450				2 026～2 050				2 626～2 650				3 226～3 250
11	黑蓝			6	251～275			18	851～875			30	1 451～1 475			42	2 051～2 075			54	2 651～2 675			66	3 251～3 275
12	黑橙				276～300				876～900				1 476～1 500				2 076～2 100				2 676～2 700				3 276～3 300
13	黑绿		4	7	301～325		10	19	901～925		16	31	1 501～1 525		22	43	2 101～2 125		28	55	2 701～2 725		34	67	3 301～3 325
14	黑棕				326～350				926～950				1 525～1 550				2 126～2 150				2 726～2 750				3 326～3 325
15	黑灰			8	351～375			20	951～975			32	1 551～1 575			44	2 151～2 175			56	2 751～2 775			68	3 351～3 375
16	黄蓝				376～400				976～1 000				1 576～1 600				2 176～2 200				2 776～2 800				3 376～3 400

表 3（续）

单位		超单位扎丝(带)色谱																							
		白				红				黑				黄				紫				蓝			
序号	扎丝(带)色谱	超单位序号			线对序号	超单位序号			线对序号	超单位序号			线对序号	超单位序号			线对序号	超单位序号			线对序号	超单位序号			线对序号
		200	100	50		200	100	50		200	100	50		200	100	50		200	100	50		200	100	50	
		对	对	对		对	对	对		对	对	对		对	对	对		对	对	对		对	对	对	
17	黄橙	3	5	9	401～425	6	11	21	1 001～1 025	9	17	33	1 601～1 625	12	23	45	2 201～2 225	15	29	57	2 801～2 825	18	35	69	3 401～3 425
18	黄绿				426～450				1 026～1 050				1 626～1 650				2 226～2 250				2 826～2 850				3 426～3 450
19	黄棕			10	451～475			22	1 051～1 075			34	1 651～1 675			46	2 251～2 275			58	2 851～2 875			70	3 451～3 475
20	黄灰				476～500				1 076～1 100				1 676～1 700				2 276～2 300				2 876～2 900				3 476～3 500
21	紫蓝		6	11	501～525		12	23	1 101～1 125		18	35	1 701～1 725		24	47	2 301～2 325		30	59	2 901～2 925		36	71	3 501～3 525
22	紫橙				526～550				1 126～1 150				1 726～1 750				2 326～2 350				2 926～2 950				3 526～3 550
23	紫绿			12	551～575			24	1 151～1 175			36	1 751～1 775			48	2 351～2 375			60	2 951～2 975			72	3 551～3 575
24	紫棕				576～600				1 176～1 200				1 176～1 800				2 376～2 400				2 976～3 000				3 575～3 600

12 预备线对和业务线对

12.1 电缆中允许增加预备线对，100 对及以上的非隔离式电缆预备线对数量应不超过电缆标称线对数的 1%，并不超过 6 对。导体标称直径 0.32 mm 的电缆可最多不超过 10 对。
12.2 预备线对应置于缆芯的空隙中，可以单独放置，也可绞合后放置，但不允许放置在超单位内。
12.3 预备线对的色谱应符合表 4 规定。

表 4 预备线对的色谱

线对序号		预备线对									
		1	2	3	4	5	6	7	8	9	10
绝缘线芯颜色	a 线	白	白	白	白	红	红	红	黑	黑	黄
	b 线	红	黑	黄	紫	黑	黄	紫	黄	紫	紫

12.4 交货时，电缆中合格线对数应不少于标称线对数。不合格线对的序号及不合格项目应在质量检验合格证上标明。
12.5 预备线对的各项要求与标称线对相同。
12.6 隔离式电缆也可在缆芯内放置业务线对，其预备线对和业务线对的要求见 GB/T 13849.5。

13 铝-聚乙烯粘结护套（挡潮层聚乙烯护套）

13.1 铝-聚乙烯粘结护套结构及完整性

铝-聚乙烯粘结护套由纵包成形的双面铝塑复合带与挤包在其上的聚乙烯套粘接而成。填充式电缆可采用其他形式的挡潮层。铝-聚乙烯粘结护套应具备完整性，应符合 21.9 的规定。

13.2 铝塑复合带

13.2.1 铝塑复合带的铝带标称厚度应不小于 0.15 mm，铝带应双面复合塑性聚合物薄膜，铝塑复合带可以轧纹也可以不轧纹。
13.2.2 缆芯直径大于 9.5 mm 时，铝塑复合带纵包重叠宽度应不小于 6 mm；缆芯直径小于等于 9.5 mm时，纵包重叠宽度应不小于缆芯圆周长的 20%。
13.2.3 铝塑复合带可以接续。接续时，应先去除塑性聚合物，并净化金属表面，使铝带接续处的机械、电气性能良好，其抗张强度应不小于相邻段同样长度无接续铝塑复合带抗张强度的 80%。接续后应恢复接续处的塑性聚合物层。
13.2.4 双面铝塑复合带的性能应符合 YD/T 723.2—2007 的规定。

13.3 聚乙烯套

13.3.1 聚乙烯套应采用低密度或中密度聚乙烯，聚乙烯中应含有(2.6±0.25)%碳黑，碳黑分布应均匀。护套用黑色聚乙烯料的性能应符合 GB/T 15065—2009 的规定。

注：特殊要求的电缆，可采用高密度聚乙烯或线性低密度聚乙烯或无卤阻燃材料。

13.3.2 聚乙烯套应粘附在铝塑复合带上，二者之间的剥离强度应不小于 0.8 N/mm。对非填充式电缆及有内护套的填充式电缆的铝塑复合带重叠部分，二者之间的剥离强度也应不小于 0.8 N/mm。
13.3.3 聚乙烯套表面应光滑平整，不应有孔洞、裂缝、凹陷等缺陷。聚乙烯套的外径及厚度应符合相应 GB/T 13849.2～13849.5 的规定。

13.3.4 成品电缆取下的聚乙烯护套的机械物理性能应符合表 5 规定。

表 5 聚乙烯套的机械物理性能

<table>
<tr><th>序号</th><th>项目名称及试验条件</th><th>单位</th><th colspan="2">指标</th></tr>
<tr><td>1</td><td>抗张强度中值
线性低密度聚乙烯
低密度、中密度聚乙烯
高密度聚乙烯
无卤阻燃护套</td><td>MPa</td><td colspan="2">
≥10
≥10
≥16.5
≥10</td></tr>
<tr><td rowspan="2">2</td><td rowspan="2">断裂伸长率中值
空气箱老化试验处理温度为 100 ℃±2 ℃;处理时间 10×24 h
老化处理前
老化处理后</td><td rowspan="2">%</td><td>聚乙烯套</td><td>无卤阻燃护套</td></tr>
<tr><td>≥350
≥300</td><td>≥125
≥100</td></tr>
<tr><td>3</td><td>耐环境应力开裂 失效数/试样数[a]
试验持续时间 96 h</td><td>个</td><td colspan="2">0/10</td></tr>
<tr><td>4</td><td>热收缩率
试验处理时间 4 h;
试验处理温度:低密度聚乙烯为 100 ℃±2 ℃;
高、中密度聚乙烯为 115 ℃±2 ℃;
无卤阻燃护套为 85 ℃±2 ℃</td><td>%</td><td colspan="2">≤5</td></tr>
<tr><td colspan="5">[a] 对于外径 30 mm 以下的电缆,耐环境应力开裂试验的试样应采用原始粒料。</td></tr>
</table>

13.4 撕裂绳

13.4.1 根据双方协议,可以在电缆内放置撕裂绳。

13.4.2 撕裂绳应不吸湿,不吸油,连续地贯穿整根电缆,应具有足够的强度以确保剥开护套时不断裂。

13.5 吊线

自承式电缆应在聚乙烯护套内加放吊线,吊线与缆芯分开平行排列,使电缆横截面呈“8”字形结构,具体要求见 GB/T 13849.4。

14 外护层

14.1 电缆外护层应符合 GB/T 2952.1—2008 和 GB/T 2952.3—2008 的相关规定。

14.2 电缆外护层由铠装层和外护套组成,包覆于铝-聚乙烯粘结护套上。外护层的钢带或金属铠装层应保持电气导通。聚乙烯外护套应符合 13.3.1、13.3.4 的规定。

14.3 外护套表面应光滑平整,不应有孔洞、裂缝、凹陷等缺陷。

14.4 53 型电缆在铝-聚乙烯粘结护套外纵包一层皱纹钢塑复合带,再挤包一层黑色聚乙烯套。553 型电缆在铝-聚乙烯粘结护套外纵包两层钢带,内层为皱纹镀锌钢带或皱纹钢塑复合带,外层为皱纹钢塑复合带,再挤包一层黑色聚乙烯套。采用镀锌钢带时,钢带的标称厚度为 0.15 mm。

14.5 钢塑复合带应符合 YD/T 723.3—2007 的规定，其中钢带的标称厚度为 0.15 mm 或 0.20 mm。
14.6 53 型电缆钢塑复合带与护套间、553 型电缆钢带与护套间及两层钢带间应均匀连续地填充涂覆复合物，或采用其他阻水材料。外护层中阻水用填充复合物和涂覆复合物应符合 YD/T 839—2000 规定，阻水带和阻水纱应符合 YD/T 1115—2001 的规定。
14.7 聚乙烯套与复合带之间以及复合带两边缘搭接处应相互粘接在一起。钢塑复合带与聚乙烯外护套间任何部分的平均剥离强度应不小于 1.4 N/mm。

15 防蚁电缆结构

15.1 当电缆有防蚁要求时，在电缆的聚乙烯套外挤包一层聚酰胺套或聚烯烃共聚物套，表面应完整、光滑，最小厚度应不小于 0.4 mm。也可以用无毒、无害的防蚁护套直接替代聚乙烯套，其厚度应与所替代的聚乙烯套厚度一致。
15.2 防蚁层用聚酰胺和聚烯烃共聚物材料应符合 YD/T 1020—2004 的规定。

16 阻燃电缆结构

当电缆有无卤低烟阻燃性能要求时，电缆应符合 GB/T 19666—2005 中 6.3.2 的相应规定。

17 电气性能

17.1 电缆的电气性能应符合表 6 规定。

表 6 电缆的电气性能

序号	项 目	单位	指 标		长度换算关系（L 为被测电缆长度，km）
1	单根导体直流电阻(+20℃)，最大值 导体标称直径/mm 0.32 0.4 0.5 0.6 0.7 0.8 0.9	Ω/km	 ≤236.0 ≤148.0 ≤95.0 ≤65.8 ≤48.0 ≤36.6 ≤29.5		实测值×1/L
2	导体电阻不平衡 导体标称直径/mm 0.32 0.4 0.5 0.6 0.7 0.8 0.9	%	最大值 ≤6.0 ≤5.0 ≤5.0 ≤4.0 ≤4.0 ≤4.0 ≤4.0	平均值 ≤2.5 ≤2.0 ≤1.5 ≤1.5 ≤1.5 ≤1.5 ≤1.5	—

表 6（续）

<table>
<tr><th>序号</th><th>项　　目</th><th>单位</th><th colspan="2">指　　标</th><th>长度换算关系
（L 为被测电缆长度，km）</th></tr>
<tr><td>3</td><td>绝缘电气强度[a]

1）实心聚烯烃绝缘
导体之间：
（3 s DC 2 000 V ）或（1 min DC 1 000 V）
导体对隔离带（隔离式电缆）：
（3 s DC　5 000 V）或（1 min　DC 2 500 V）
导体对屏蔽：
（3 s DC　6 000 V）或（1 min DC 3 000 V）
2）泡沫、带皮泡沫聚烯烃绝缘
导体之间：
（3 s DC 1 500 V）或（1 min DC 750 V）
导体对隔离带（隔离式电缆）：
（3s DC 5 000 V）或（1 min DC 2 500 V）
导体对屏蔽：
（3 s DC 6 000 V）或（1 min DC 3 000 V）</td><td>—</td><td colspan="2">

不击穿

不击穿

不击穿

不击穿

不击穿

不击穿</td><td>—</td></tr>
<tr><td>4</td><td>绝缘电阻（DC 100 V～500 V），最小值
每根绝缘线芯对其余绝缘线芯接屏蔽
非填充式电缆
填充式电缆</td><td>MΩ·km</td><td colspan="2">

≥10 000
≥3 000</td><td>实测值×L</td></tr>
<tr><td>5</td><td>工作电容（0.8 kHz 或 1 kHz）
平均值
最大值</td><td>nF/km</td><td>≤10 对
52.0±4.0
≤58.0</td><td>>10 对
52.0±2.0
≤57.0</td><td>实测值×1/L</td></tr>
<tr><td rowspan="2">6</td><td>电容不平衡[b]
1）线对间电容不平衡　　　最大值
导体标称值/mm：0.32，0.4，0.5
0.6，0.7，0.8，0.9</td><td rowspan="2">pF/km</td><td colspan="2">

≤250
≤200</td><td>$\frac{实测值}{0.5(L+\sqrt{L})}$</td></tr>
<tr><td>2）线对对地　　　　最大值

3）线对对地（>10 对）　　平均值
导体标称值/mm：0.32，0.4，0.5
0.6，0.7，0.8，0.9</td><td colspan="2">≤2 630

≤570
≤490（570）[c]</td><td>实测值×1/L</td></tr>
</table>

表 6（续）

序号	项　　目	单位	指　　标		长度换算关系（L 为被测电缆长度，km）
7	固有衰减(+20 ℃)	dB/km	150kHz	1 024 kHz	实测值×1/L
	1）实心聚烯烃绝缘非填充式电缆　平均值				
	大于 10 对的电缆，导体标称直径/mm				
	0.32		≤16.8	≤33.5	
	0.4		≤12.1	≤27.3	
	0.5		≤9.0	≤22.5	
	0.6		≤7.2	≤18.5	
	0.7		≤6.3	≤15.8	
	0.8		≤5.7	≤13.7	
	0.9		≤5.4	≤12.0	
	2）实心聚烯烃绝缘填充式电缆　平均值				
	大于 10 对的电缆，导体标称直径/mm				
	0.32		≤16.0	≤31.1	
	0.4		≤11.7	≤23.6	
	0.5		≤8.2	≤18.6	
	0.6		≤6.7	≤15.8	
	0.7		≤5.5	≤13.8	
	0.8		≤4.7	≤12.3	
	0.9		≤4.1	≤11.1	
	3）泡沫、带皮泡沫聚烯烃绝缘非填充式电缆　平均值				
	大于 10 对的电缆，导体标称直径/mm				
	0.32		≤17.3	≤36.0	
	0.4		≤12.6	≤29.3	
	0.5		≤9.3	≤24.1	
	0.6		≤7.4	≤19.8	
	0.7		≤6.4	≤16.9	
	0.8		≤5.8	≤14.6	
	0.9		≤5.5	≤12.8	
	4）泡沫、带皮泡沫聚烯烃绝缘填充式电缆　平均值				
	大于 10 对的电缆，导体标称直径/mm				
	0.32		≤17.0	≤32.9	
	0.4		≤12.1	≤26.5	
	0.5		≤9.0	≤21.8	
	0.6		≤7.2	≤18.0	
	0.7		≤6.3	≤15.3	
	0.8		≤5.7	≤13.3	
	0.9		≤5.4	≤11.7	
	5）小于或等于 10 对的电缆		平均值不大于 10 对以上同一型式电缆最大平均值的 110%		

表 6（续）

序号	项　　目	单位	指　　标		长度换算关系 （L 为被测电缆长度，km）
8	近端串音衰减(1 024 kHz)	dB	$M-S$		当电缆长度小于 0.3 km 时按照下式计算： 实测值$+10\lg\frac{1-10^{-(\alpha\times L/5)}}{1-10^{-(\alpha\times 0.3/5)}}$ 式中：α 为线对衰减，dB/km
	1) 非隔离式电缆　长度≥0.3 km				
	10 对电缆内线对间全部组合		$M-S\geqslant 53$		
	12 对、13 对子单位内线对间全部组合		$M-S\geqslant 54$		
	20 对、30 对电缆或基本单位内线对间全部组合		$M-S\geqslant 58$		
	相邻 12 对、13 对子单位间全部线对组合		$M-S\geqslant 63$		
	相邻基本单位间全部线对组合		$M-S\geqslant 64$		
	超单位内两个相对基本单位或子单位间线对全部组合		$M-S\geqslant 70$		
	不同超单位内基本单位间线对全部组合		$M-S\geqslant 79$		
	不同超单位内子单位间线对全部组合		$M-S\geqslant 77$		
	2) 隔离式电缆　长度≥0.3 km				
	高频隔离带两侧的线对间全部组合				
	电缆内线对总数　10		$M-S\geqslant 70$		
	20		$M-S\geqslant 77$		
	30		$M-S\geqslant 80$		
	50 及以上		$M-S\geqslant 84$		
9	远端串音防卫度	dB/km	非隔离式电缆 (150 kHz)	隔离式电缆 (1 024 kHz)	实测值+10lg$L$
	1) 12、13 对子单位内或 10 对(或小于 10 对)或 20 对电缆内线对间的全部组合 功率平均值		≥68	≥51	
	2) 基本单位内或 30 对及以上电缆内线对间的全部组合 功率平均值		≥68	≥52	
	3) 任意线对组合串音防卫度最小值		≥58	≥41	
10	电气参数变异	—	见 17.4 和表 7		—
11	屏蔽铝带和高频隔离带的连续性	—	电气连续		—
12	线芯混线、断线	—	无混线，无断线		—

[a] 绝缘强度检验时，也可以采用交流电压，其测试电压的有效值 $V_{AC}=V_{DC}/\sqrt{2}$。
[b] 在所有情况中，小于 100 m 的电缆应看作等于 100 m。
[c] 括号内为泡沫及带皮泡沫聚烯烃绝缘电缆指标。

17.2　当任意线对组合的远端串音防卫度小于 58 dB/km，但大于或等于 53 dB/km 时，应分别测量和计算该组合的每个单线对功率和，其值不应低于 52 dB/km。

17.3　对有超单位的电缆，单线对功率和应在该超单位内线序连续的两个基本单位的 50 个线对上测量；对没有超单位的电缆，应在相邻的基本单位上测量。这 50 个线对不应包含不完整的基本单位。当电缆内标称线对数少于 50 对时,应在全部线对上测量。

17.4 电缆线对允许电气参数变异,直流电阻不平衡及线对与地之间的电容不平衡的变异应符合表 7 的规定。当发生电气参数变异时,应就变异项目对整盘电缆的全部线对进行测量,并在计算平均值时剔除这些变异值。

表 7 允许电气参数变异

序号	项目	单位	指标					
1	允许电气参数变异的线对数	对	电缆对数	10～100	200、300	400	600	>600
			不超过	1	2	3	4	6
2	任意线对直流电阻不平衡	%	≤7.0					
3	任意线对与地间电容不平衡	pF/km	实心聚烯烃绝缘:≤3 280 泡沫、带皮泡沫聚烯烃绝缘:≤3 940					

17.5 表 6 和表 7 中几个电气性能参数的计算公式:

a) 线对直流电阻不平衡按式(1)计算:

$$\Delta R=\frac{R_{max}-R_{min}}{R_{min}}\times 100\% \qquad \cdots\cdots (1)$$

式中:

ΔR ——线对直流电阻不平衡,%;

R_{max}——线对中最大的电阻值,单位为欧姆(Ω);

R_{min}——线对中最小的电阻值,单位为欧姆(Ω)。

b) 近端串音衰减平均值及标准差分别按式(2)和式(3)计算:

$$M=\sum_{1}^{n}N_{ij}/n \qquad \cdots\cdots (2)$$

$$S=\sqrt{\frac{\sum_{1}^{n}(N_{ij}-M)^{2}}{n-1}} \qquad \cdots\cdots (3)$$

式中:

M ——近端串音衰减平均值,单位为分贝(dB);

n ——测试线对的组合数,单位为对;

N_{ij}——主串线对 x 和被串线对 y 间的近端串音衰减,单位为分贝(dB);

S ——近端串音衰减标准差,单位为分贝(dB)。

c) 远端串音防卫度功率平均值按式(4)计算:

$$\mathrm{MP}=-10\lg\left[\frac{\sum_{1}^{n}10^{-F_{ij}/10}}{n}\right] \qquad \cdots\cdots (4)$$

式中:

MP ——远端串音防卫度功率平均值,单位为分贝(dB);

n ——测试线对的组合数,单位为对;

F_{ij} ——主串线对 x 和被串线对 y 间的远端串音防卫度,单位为分贝(dB)。

d) 单线对功率和按式(5)计算:

$$\mathrm{IPS}_{j}=-10\lg\sum_{\substack{i=1\\ j\neq i}}^{m}10^{-EF_{ij}/10} \qquad \cdots\cdots (5)$$

式中：

IPS_j ——线对 j 的功率和，单位为分贝每千米(dB/km)；

Ef_{ij} ——线对 i 串扰到线对 j 的远端串音防卫度，单位为分贝每千米(dB/km)；

m ——要统计的线对 i 串扰到线对 j 的线对组合数。

18 机械物理性能与环境性能

电缆的机械物理性能和环境性能应符合表 8 规定。

表 8 电缆的机械物理性能和环境性能

序号	项　　目	试验条件和指标
1	填充式电缆渗水性能 试验温度、水高度、试验时间	试验后，应无水渗出(23、33、43 型的铠装层可不检验) (20±5)℃，1 m 高度，24 h
2	填充式电缆的滴流性能 处理温度、时间	应无填充复合物从缆芯与护套的界面上流出 (65±1)℃，24 h
3	电缆低温弯曲性能[(−40±2)℃，4 h] 电缆外径<40 mm 电缆外径≥40 mm	试验后，护套弯曲处应无目力可见的裂纹，铝带裂纹 轴心直径＝电缆外径的 15 倍 轴心直径＝电缆外径的 20 倍
4	自承式电缆吊线拉断力	见 GB/T 13849.4
5	阻燃电缆的燃烧特性	a) 阻燃特性：应通过单根垂直燃烧试验； b) 低烟特性：燃烧烟雾不应使透光率小于 50%； c) 当用于进局或隧道时，还应符合： 无卤特性：燃烧气体的 pH 值应≥4.3，电导率≤10 μS/mm

19 环保性能

当用户有要求时，电缆组成材料应按照 SJ/T 11363—2006 中的规定进行分类，电缆用均一材料(EIP-A 类)中禁用的有毒有害物质限量应符合 SJ/T 11363—2006 中的规定。

20 交货长度

20.1 电缆的交货长度应符合表 9 规定。允许以 100 m 以上的短段交货，其数量应不超过交货长度的 10%。

表 9 电缆的交货长度

电缆标称外径 D mm	交货长度 m	允许偏差 %
$D \leqslant 35.0$	1 000,1 500,2 000	−5～+10
$35.5 < D \leqslant 45.0$	1 000	
$45.0 < D \leqslant 70.0$	500	
$70.0 < D$	250	

20.2 根据双方协议,允许按协议规定的长度及偏差交货。

21 试验方法

21.1 绝缘线芯直流火花试验应按 GB/T 3048.9—2007 规定的方法进行。

21.2 绝缘线芯颜色迁移试验应按附录 C 规定的方法进行。

21.3 绝缘在空气箱热老化后耐卷绕性能试验应按 GB/T 2951.42—2008 中第 10 章规定的方法进行。

21.4 绝缘低温卷绕试验应按 GB/T 2951.14—2008 中 8.1 规定的方法进行。

21.5 绝缘抗压缩性能试验应按附录 D 规定的方法进行。

21.6 绝缘热收缩性试验应按 GB/T 2951.13—2008 中第 10 章规定的方法进行。

21.7 绝缘抗张强度和伸长率试验应按 GB/T 2951.11—2008 中 9.1 规定的方法进行。

21.8 铝带与聚乙烯套之间剥离强度试验应按附录 E 规定的方法进行。

21.9 铝-聚乙烯粘结护套完整性的试验方法:电缆应进行火花试验,非填充式电缆还应进行充气试验。

火花试验:应按 GB/T 3048.10—2007 规定的方法进行,护套应经受表 10 规定的试验电压而不击穿。试验可在挤塑工序上进行。

表 10 聚乙烯套电火花试验电压

电压类型	直流 kV	50 Hz 交流 kV
试验电压(最小值)	9 t,最高 25	6 t,最高 15
注:t 为聚乙烯套的标称厚度,单位为毫米(mm);交流试验电压是有效值。		

充气试验:非填充式电缆应充入 50 kPa～100 kPa 的干燥空气或氮气,在电缆全长气压均衡后 3 h(铠装电缆为 6 h)内,电缆任一端气压应不降低。

21.10 聚乙烯套耐环境应力开裂性试验应按 GB/T 2951.41—2008 中第 8 章的步骤 B 规定的方法进行。当聚乙烯护套外径为 30 mm 以下时,试验的试样采用原始粒料;当聚乙烯护套外径大于等于 30 mm时,用矩形切刀和冲压机在护套的中部(距边缘至少 25 mm 处)冲制 10 个试片。

21.11 聚乙烯套最小厚度测量应按 GB/T 11327.1—1999 规定的方法进行。

21.12 电缆最大外径测量应按 GB/T 2951.11—2008 中第 8 章规定的方法进行,取样应在电缆两端各取一个,测试值取较大的数值。试样直径超过 25 mm 者,可采用纸带法测量。

21.13 聚乙烯护套的热收缩率试验应按 GB/T 2951.13—2008 中第 11 章规定的方法进行。

21.14 成品电缆的低温弯曲性能试验应按附录 F 规定的方法进行。

21.15 聚乙烯护套的断裂伸长率和抗张强度试验应按 GB/T 2951.11—2008 中 9.2 及 GB/T 2951.12—2008 中 8.1 规定的方法进行。

21.16 聚乙烯护套的碳黑含量试验应按 GB/T 2951.41—2008 中第 11 章规定的方法进行。

21.17 填充式电缆的滴流试验应按 GB/T 7424.2—2008 中第 24 章的 F6 的方法进行。

21.18 填充式电缆的渗水试验应按 GB/T 7424.2—2008 中第 23 章的 F5B 的方法进行。

21.19 单根垂直燃烧试验应按 GB/T 18380.12—2008 规定的方法进行。

21.20 烟密度试验应按 GB/T 17651—1998 规定的方法进行。

21.21 腐蚀性试验应按 GB/T 17650.2—1998 规定的方法进行。

21.22 电缆其他性能的试验方法应按 GB/T 13849.2～13849.5 的规定进行。

22 检验规则

22.1 总则

产品应由制造厂的技术检查部门检验合格后方能出厂，出厂产品应附有产品质量检验合格证。产品检验分出厂检验和型式检验。具体的检验项目、技术要求和检验方法按 GB/T 13849.2～13849.5 的规定执行。

22.2 出厂检验规则

22.2.1 对单位产品(以下简称盘)而言，出厂检验分为全检及抽检两种。出厂检验项目及检验规定见表 11。全检项目是每一批的每盘电缆都需要检验的项目，即检验批的 100%盘；抽检项目是从每一批中按规定抽取相应的电缆盘数进行检验的项目，每批抽取 10%盘，但不应少于 1 盘。

表 11 出厂检验项目及检验规定

序号	检验项目	检验规定
1	全检(检验批的 100%)	
1.1	电缆最大外径	整盘电缆
1.2	聚乙烯套最小厚度(含内护套)	整盘电缆
1.3	自承式电缆吊线最小护套厚度和颈脖尺寸	整盘电缆
1.4	铝-聚乙烯粘结护套完整性	整盘电缆
1.5	铝带及铠装层电气连续性	整盘电缆
1.6	电缆外护层完整性	整盘电缆
1.7	标志、包装	整盘电缆
1.8	绝缘电气强度	100%绝缘线芯
1.9	绝缘线芯混、断线	100%绝缘线芯
1.10	导体直流电阻	电缆标称线对： 10 对～20 对，检验全部线对； 30 对～400 对，检验 1 个基本单位； 600 对～2 400 对，检验 2 个基本单位； 2 700 对～3 600 对，检验 3 个基本单位
1.11	导体直流电阻不平衡	电缆标称线对： 10 对～20 对，检验全部线对； 30 对～400 对，检验 1 个基本单位； 600 对～2 400 对，检验 2 个基本单位； 2 700 对～3 600 对，检验 3 个基本单位
1.12	工作电容	电缆标称线对： 10 对～20 对，检验全部线对； 30 对～400 对，检验 1 个基本单位； 600 对～2 400 对，检验 2 个基本单位； 2 700 对～3 600 对，检验 3 个基本单位
1.13	绝缘电阻	每种颜色的绝缘线芯各抽 2 根，在绝缘电气强度之后检验

表 11（续）

序号	检 验 项 目	检 验 规 定
1.14	近端串音衰减(限隔离式电缆)	当在隔离带每侧的线对数为 25 对及以下时，测试隔离带两侧间的全部线对组合； 当在隔离带每侧的线对数为 25 对以上时，每侧各选 1 个基本单位(或线对总数为 25 对的子单位)，这两个基本单位应该相邻且靠近隔离带，测试这两个基本单位间的全部线对组合
1.15	远端串音防卫度(限隔离式电缆)	当在隔离带每侧的线对数为 25 对及以下时，分别测试隔离带两侧的全部线对组合； 当在隔离带每侧的线对数为 25 对以上时，在隔离带每侧各抽 1 个基本单位(或线对总数为 25 对的子单位)，测试这两个基本单位内的全部线对组合
2	抽检项目(检验批的 10%盘，但不少于 1 盘)	
2.1	铝带与聚乙烯间剥离强度	按附录 D 方法取样
2.2	填充式电缆抗渗水性试验	按 GB/T 7424.2—2008 中第 23 章的 F5B 方法取样
2.3	线对间电容不平衡	电缆标称线对： 10 对～20 对，检验全部线对； 30 对～400 对，检验 1 个基本单位； 600 对～2 400 对，检验 2 个基本单位； 2 700 对～3 600 对，检验 3 个基本单位
2.4	线对对地电容不平衡	
2.5	近端串音衰减(隔离式电缆除外)	
2.6	远端串音防卫(隔离式电缆除外)	电缆标称线对： 10 对～20 对，检验全部线对； 30 对～400 对，检验 1 个基本单位； 600 对～2 400 对，检验 2 个基本单位； 2 700 对～3 600 对，检验 3 个基本单位。 基本单位(子单位)间的近端串音衰减，应在抽到的基本单位(子单位)与相邻、相对及相邻超单位内的基本单位(子单位)之间的全本线对组合
2.7	隔离式电缆两侧工作电容差	100 对及以上的填充式电缆，见 GB/T 13849.5

22.2.2 出厂检验中，当规定数量的绝缘线芯或线对某项性能的平均值不合格时，允许另取加倍的绝缘线芯或线对就该项性能进行检验，计算平均值时将第 1 次及第 2 次的全部测试值作为考核，仍不合格时，应对全部线芯或线对进行检验。

22.2.3 实施抽检时，应在一个检验批的制造长度电缆中随机抽取。连续生产同型号电缆 50 盘计作 1 个检验批，若 1 个月的连续生产量不足 50 盘时，亦计作 1 个检验批。

22.2.4 出厂检验抽检不合格时，允许另取加倍数量的盘进行检验，仍不合格时应对该批的每盘电缆进行检验。

22.3 型式检验规则

22.3.1 型式检验项目应包括标准中规定的全部技术要求。

22.3.2 有下列情况之一时，应进行型式检验：

a) 新产品或老产品转厂生产的试制定型；

b) 正式生产后，如结构、材料、工艺有较大改变，可能影响产品性能时；

c) 正常生产时，每年应至少进行一次检验；

d) 产品长期停产后，恢复生产时；

e) 国家质量监督检验机构提出进行型式检验的要求时。

22.3.3 实施22.3.2中列项c)规定的型式检验时，应检验该年度内生产的全部型号的产品，每种型号两盘，最大与最小标称线对数电缆各一盘。

22.3.4 型式检验项目及检验规定见表12规定。

表12 型式检验项目及检验规定

序号	检验项目	检验规定
1	电气性能	
1.1	绝缘强度	每盘100%绝缘线芯
	绝缘线芯混、断线	每盘100%绝缘线芯
1.2	导体直流电阻、导体直流电阻不平衡、工作电容、线对间电容不平衡、线对对地电容不平衡、固有衰减、近端串音衰减、远端串音防卫度	线对试样数量至少为表11规定的2倍
	绝缘电阻	每种颜色的绝缘线芯各抽4根，在绝缘电气强度之后检验
2	绝缘线芯机械物理性能	每种颜色各抽2根，每种颜色不足2根时，按实际根数检验
2.1	导体断裂伸长率	
2.2	绝缘颜色	
2.3	绝缘颜色迁移	
2.4	绝缘抗长强度	
2.5	绝缘断裂伸长率	
2.6	绝缘热收缩率	
2.7	绝缘氧化诱导期	
2.8	绝缘热老化后耐卷绕性	
2.9	绝缘低温弯曲性	
2.10	绝缘抗压缩性	
3	填充电缆绝缘与填充混合物间的相容性	每种颜色各抽2根，每种颜色不足2根时，按实际根数检验
3.1	绝缘线芯处理后耐卷绕性	
3.2	绝缘线芯增重	
4	线对绞合节距	每盘取1个基本单位，20对及以下电缆100%线对检验
5	其他所有性能(见分规范)	每盘检验

22.3.5 在型式检验中对于平均值不合格以及变异的处理办法见17.4和22.2.2的规定。

22.3.6 具有自动检测设备的制造厂，在保证质量的前提下直流电阻、直流电阻不平衡、绝缘电阻、工作电容等项目的检验，可在企业标准中另行规定。

23 标志、包装

23.1 标志

23.1.1 电缆外表面上应印有制造厂名或其代号、制造年份、电缆型号。成品电缆标志应符合 GB/T 6995.3—2008 规定。

23.1.2 电缆外表面上应印有白色能永久辨认的清晰长度标志，长度标志以米为单位，标志距离最多为 1 m，长度标志的误差应不大于±1%。若第 1 次标志不符合上述要求时，允许擦去重印或在电缆另一侧用黄色重新标志。

23.2 包装

23.2.1 电缆应整齐地绕在盘上交货，电缆盘应符合 JB/T 8137 的相应规定。电缆盘的筒体直径应不小于电缆外径的 15 倍，电缆两端应牢固地固定在侧板上，使得在电性能测试时易于取到。装盘的非填充电缆内应充有 30 kPa～50 kPa 的干燥空气或氮气，并在一端装上气门嘴。

23.2.2 用于管道敷设直径大于 35 mm 的电缆，可根据用户要求在电缆上安装拉环或随电缆供应拉环。

23.2.3 电缆盘上应标明：

a) 制造厂名称；

b) 电缆型号、规格；

c) 电缆长度，m；

d) 毛重，kg；

e) 出厂盘号；

f) 制造日期：年 月；

g) 表示电缆盘正确旋转方向的旋转的箭头；

h) 标准编号。

附　录　A
（规范性附录）
绝缘颜色的孟塞尔色标

绝缘颜色的孟塞尔色标见表A.1。

表A.1　绝缘颜色的孟塞尔色标

<table>
<tr><th rowspan="3">颜色</th><th rowspan="3">标准</th><th colspan="6">允许偏差</th></tr>
<tr><th colspan="2">色调</th><th colspan="2">明度</th><th colspan="2">彩度</th></tr>
<tr><th>最小</th><th>最大</th><th>最小</th><th>最大</th><th>最小</th><th>最大</th></tr>
<tr><td>红</td><td>2.5R 4/12</td><td>10RP 4/12</td><td>5.5R 4/12</td><td>2.5R 3.5/12</td><td>2.5R 5/12</td><td>2.5R 4/10</td><td>—</td></tr>
<tr><td>橙</td><td>2.5YR 6/14</td><td>10R 6/14</td><td>5YR 6/14</td><td>2.5YR 5/14</td><td>2.5YR 7/12</td><td>2.5YR 6/10</td><td>—</td></tr>
<tr><td>棕</td><td>2.5YR 3.5/6</td><td>7.5R 3.5/6</td><td>7.5YR 3.5/6</td><td>2.5YR 2.5/6</td><td>2.5YR 4.5/6</td><td>2.5YR 3.5/4.5</td><td>2.5YR 3.5/8</td></tr>
<tr><td>黄</td><td>5Y 8.5/12</td><td>1.25Y 8.5/12</td><td>8.75Y 8.5/12</td><td>5Y 7.5/12</td><td>—</td><td>5Y 8.5/8</td><td>—</td></tr>
<tr><td>绿</td><td>2.5G 5/12</td><td>9GY 5/12</td><td>5G 5/12</td><td>2.5G 4/10</td><td>2.5G 6/12</td><td>2.5G 5/8</td><td>—</td></tr>
<tr><td>蓝</td><td>2.5PB 4/10</td><td>7.5B 4/10</td><td>5PB 4/10</td><td>2.5PB 3/10</td><td>2.5PB 5.2/10</td><td>2.5PB 4/8</td><td>—</td></tr>
<tr><td>紫</td><td>2.5P 4/10</td><td>10PB 4/10</td><td>5P 4/10</td><td>2.5P 3/10</td><td>2.5P 5.5/10</td><td>2.5P 4/5</td><td>—</td></tr>
<tr><td>白</td><td>N9/</td><td colspan="6">　　最小　最大
明度偏差　N8.75/　不规定
色调彩度偏差　5R 9/1　5G 9/0.5
5Y 5/0.5　5B 9/0.5
5YR 9/1　5P 9/0.5</td></tr>
<tr><td>灰</td><td>N5/</td><td colspan="6">　　最小　最大
明度偏差　N4.5/　N6/
色调彩度偏差　5R 5/0.5　5B 9/0.5
5Y 5/0.5　5P 9/0.5
5C 5/0.5</td></tr>
<tr><td>黑</td><td>N2/</td><td colspan="6">　　最小　最大
明度偏差　不规定　N2.3/
色调彩度偏差　5R 2/0.5　5B 2/0.5
5Y 2/0.5　5B 2/0.5
5G 2/0.5</td></tr>
<tr><td colspan="8">注：R—红，Y—黄，G—绿，B—蓝，P—紫，N—中性(白、灰、黑)。</td></tr>
</table>

附　录　B
（资料性附录）
推荐的缆芯结构排列

推荐的缆芯结构排列方式参见表B.1。

表B.1　推荐的缆芯结构排列

标称对数	非隔离式电缆	隔离式电缆
10	同心式或交叉式	5+5
20	同心式或交叉式	10+10
30	(8+9+8)+5	(7+8)+(10+5)
50	2×(12+13)	(12+13)+(12+13)
100	4×25　　1×25+3×(12+13)	(2×25)+(2×25)
200	(1×50)+6×25　　(2+6)×25 (1+7)×25　　4×50	(1×25+3×25)+(1×25+3×25)
300	(3+9)×25　(1+5)×50　3×100	—
400	(1+5+10)×25　　1×100+6×50 4×100	—
600	(3+9)×50　　(1+5)×100	—
800	(1+5+10)×50　　(1+7)×100	—
900	(1+6+11)×50　　4×50+7×100	—
1 000	(1+7+12)×50　　(2+8)×100	—
1 200	(3+8+13)×50　　(3+9)×100	—
1 600	(1+5+10)×100	—
1 800	(1+6+11)×100	—
2 000	(1+7+12)×100	—
2 400	(3+8+13)×100	—
2 700	(3+9+15)×100	—
3 000	(1+5+10+14)×100	—
3 300	(1+6+11+14)×100	—
3 600	(1+6+12+17)×100　　(1+6+11)×200	—

附 录 C
（规范性附录）
颜色迁移试验方法

C.1 适用范围

本试验方法适用于测量聚烯烃绝缘线芯颜色的迁移，包括迁移到邻近线芯和填充混合物中。

C.2 试验设备

自然通风的电热空气箱或老化箱。

C.3 试验制备

C.3.1 对于各种型号电缆，将未接触过填充混合物的非白色绝缘线芯，分别与白色绝缘线芯相绞合，在 150 mm 的长度不少于 20 个扭绞点。

C.3.2 对于填充式电缆，取未接触过填充混合物的非白色绝缘线芯。

C.4 试验步骤

C.4.1 对于各种型号电缆，将 C.3.1 规定的试样放入 80 ℃±2 ℃的自然通风电热空气箱内 24 h，然后取出，冷却至室温。

C.4.2 对于填充式电缆，将 C.3.2 规定的试样浸入填充混合物，进入长度应不小于 100 mm，并将填充混合物放入 70 ℃±2 ℃的自然通风电热空气箱内 72 h，然后取出，冷却至室温。

C.5 试验结果

用正常目力检查，白色线芯和填充混合物不应沾上颜色。

附 录 D
（规范性附录）
绝缘抗压缩性试验方法

D.1 适用范围

本试验方法适用于测定电缆聚烯烃绝缘的抗压缩性能。

D.2 试验设备

试验设备如下：

a) 两块直径为 50 mm 的圆形光滑硬金属板或者 50 mm×50 mm 正方形光滑硬金属板；
b) 1.5 V 的直流电源；
c) 67 N 的恒定加力装置；
d) 灯泡或蜂鸣器；
e) 自然通风的电热空气箱。

D.3 试样制备

在同一根电缆上任意截取 3 段长度不小于 300 mm 的试样。

D.4 试验步骤

D.4.1 将 3 段试样在温度为 65 ℃±2 ℃的电热空气箱中持续放置 14×24 h。

D.4.2 取出试样，冷却至室温，将每段试样仔细拨去护套、屏蔽和缆芯包带，注意不应损伤导体绝缘。

D.4.3 从缆芯中取出线对，仔细分开，清洗填充物(若有)并弄直绝缘线芯。用足够的张力重新将线对的绝缘线芯扭绞在一起，使其在 100 mm 的长度上形成 10 个均匀间隔的 360°的扭绞，再将此线对一端的绝缘剥去适当的长度，另一端的导体应不碰触。

D.4.4 将扭绞好的线对中间 50 mm 部分放在平行的硬金属板之间。

D.4.5 在剥去绝缘一端的两导体之间串联接入 1.5 V 的直流电源和作指示用的灯泡或蜂鸣器，然后用加力装置将 67 N 的恒力加在金属板上，持续 1 min，监测导体间是否有接触。

D.5 试验结果

试样导体间均应无接触，若有 1 个试样导体间接触，即为试验不合格。

附 录 E
（规范性附录）
铝带与聚乙烯套之间剥离强度的试验方法

E.1 试用范围

本试验方法适用于测定铝-聚乙烯粘结护套的铝带与聚乙烯套之间和铝带重叠部分的剥离强度。

E.2 试验设备

试验设备如下：

a) 适当的拉力机；

b) 锋利的冲头。

E.3 试样制备

E.3.1 用冲头在护套上冲出 3 个长 150 mm，宽 15 mm 的长方形试样。

E.3.2 在护套上铝带重叠部分截取 3 个长 150 mm，宽 15 mm 的试样，注意不应损伤试样。

E.3.3 当电缆周长不足 45 mm 时，试样宽度为电缆周长的三分之一。对于重叠部分的试样，如重叠宽度不足 15 mm，则试样宽度等于重叠宽度。

E.4 试验步骤

E.4.1 对不含重叠部分的试样，从试片的一端分离出约 50 mm 长的铝带；铝带重叠部分的试样，将重叠处的两层铝带间分离 50 mm，注意只分开一层铝带，另一层仍留在护套上。

E.4.2 将分离出的铝带夹于拉力机的上夹头中，聚乙烯套部分或留有一层铝带的护套夹于下夹头中。

E.4.3 使拉力机的夹头以 100 mm/min±5 mm/min 的速度分离，每隔 8 s 记录一次显示的分离力，记录次数应不少于 7 次。

E.4.4 6 个试片分别按上述步骤进行试验。

E.5 试验结果

E.5.1 将每隔 8 s 记录的每个试样的数据进行平均，求得每个试样的平均剥离力。

E.5.2 每个试样的平均剥离力除以试样的宽度，即得试样的剥离强度，按式(E.1)计算：

$$F=\frac{F_0}{B_0} \qquad \text{(E.1)}$$

式中：

F ——试样的剥离强度，单位为牛顿每毫米(N/mm)；

F_0 ——试样的平均剥离力，单位为牛顿(N)；

B_0 ——试样的实测宽度，单位为毫米(mm)。

E.5.3 铝带非重叠部分 3 个试样的计算结果的平均值即为铝带与聚乙烯之间的剥离强度。

E.5.4 铝带重叠部分 3 个试样的计算结果的平均值即为铝带重叠部分的剥离强度。

附 录 F
（规范性附录）
成品电缆弯曲性能试验

F.1 适用范围

本试验方法适用于成品电缆的弯曲性能试验。

F.2 试验设备

试验设备如下：

a） 低温箱；

b） 适当的芯轴。

F.3 试样制备

截取一段适当长度的电缆作为试样。23 型、33 型、43 型铠装电缆应在加铠前取样或者切取后剥去铠装层，自承式电缆应去除吊线。

F.4 试验步骤

F.4.1 准备好的试样应放在低温箱内，在(－20±2)℃条件下放置至少 4 h，然后在此温度下进行试验，或者当芯轴是一种非导热表面的轴，如木质时，也可以从处理试样低温箱中取出后产即进行试验。

F.4.2 将样品屏蔽重叠部分向外，绕着一根芯轴弯曲 180°，然后拉直，再朝相反方向弯曲 180°，完成一个周期，将试样拉直，转过 90°进行第二个周期的弯曲，弯曲的速率应使试验在 1 min 内完成。

F.4.3 芯轴的直径应符合表 F.1 规定。

表 F.1 低温弯曲试验条件

电缆外径 mm	芯轴直径 mm
＜40	15 倍电缆外径
≥40	20 倍电缆外径

F.4.4 先将电缆温度回升至室温，再逐层检查电缆的护套、屏蔽层、内护套(若有)。

F.5 试验结果

试验后，用目力检查试样弯曲面上护套是否有裂纹，剥去护套，检查屏蔽是否有裂纹。

中华人民共和国国家标准

聚烯烃绝缘聚烯烃护套市内通信电缆 第2部分 铜芯、实心或泡沫(带皮泡沫)聚烯烃绝缘、非填充式、挡潮层聚乙烯护套市内通信电缆

GB/T 13849.2—93

Local telecommunication cables with polyolefin insulation and polyolefin sheath
Part 2 Unfilled, moisture barrier polyethylene sheathed local telecommunication cables with copper conductors and solid or cellular polyolefin insulation

1 主题内容与适用范围

本标准规定了铜芯、实心或泡沫(带皮泡沫)聚烯烃绝缘非填充式挡潮层聚乙烯护套市内通信电缆的型号、规格、尺寸、技术要求和试验。

本标准适用于铜芯、实心或泡沫(带皮泡沫)聚烯烃绝缘非填充式挡潮层聚乙烯护套市内通信电缆。

电缆除应符合本标准的规定外,还应符合 GB/T 13849.1 的规定。

2 引用标准

GB 228 金属拉伸试验方法

GB/T 13849.1 聚烯烃绝缘聚烯烃护套市内通信电缆 第1部分 一般规定

GB 2951 电线电缆机械物理性能试验方法

GB 3048 电线电缆电性能试验方法

GB 4909 裸电线试验方法

GB 5441 通信电缆试验方法

3 型号

电缆型号如表1规定。

表1

型 号	名 称	主要使用场合
HYA	铜芯实心聚烯烃绝缘挡潮层聚乙烯护套市内通信电缆	管道
HYFA	铜芯泡沫聚烯烃绝缘挡潮层聚乙烯护套市内通信电缆	管道
HYPA	铜芯带皮泡沫聚烯烃绝缘挡潮层聚乙烯护套市内通信电缆	管道
HYA23	铜芯实心聚烯烃绝缘挡潮层聚乙烯护套双钢带铠装聚乙烯套市内通信电缆	直埋

国家技术监督局1993-12-28批准 1994-08-01实施

续表 1

型　号	名　　称	主要使用场合
HYA53	铜芯实心聚烯烃绝缘挡潮层聚乙烯护套单层纵包轧纹钢带铠装聚乙烯套市内通信电缆	直埋
HYA553	铜芯实心聚烯烃绝缘挡潮层聚乙烯护套双层纵包轧纹钢带铠装聚乙烯套市内通信电缆	直埋

注：1）表中所列电缆，建议使用时用气压维护。

2）小容量 HYA、HYFA、HYPA 电缆可架空安装于悬挂线上。

3）HYA23、HYA53、HYA553 型号电缆只限于特殊情况下使用，使用时必须进行气压维护。

4 规格

4.1 电缆的规格如表 2 规定。

表 2

型　号	标称对数				
	导体标称直径 0.32mm	导体标称直径 0.4mm	导体标称直径 0.5mm	导体标称直径 0.6mm	导体标称直径 0.8mm
全部型号	2000～3600	10～2400	10～1600	10～1000	10～600

4.2 电缆标称对数系列如下：

10，20，30，50，100，200，300，400，600，800，900，1 000，1 200，1 600，1 800，2 000，2 400，2 700，3 000，3 300，3 600。

5 聚乙烯套最小厚度

非填充实心聚烯烃绝缘电缆聚乙烯套最小厚度如表 3 规定。

非填充泡沫(带皮泡沫)聚烯烃绝缘电缆聚乙烯套最小厚度如表 4 规定。

6 电缆最大外径

非填充实心聚烯烃绝缘电缆最大外径(限无外护层的电缆)如表 3 规定。

非填充泡沫(带皮泡沫)聚烯烃绝缘电缆最大外径(限无外护层的电缆)如表 4 规定。

具有外护层的电缆不规定电缆最大外径。

表 3　mm

标称对数	导体标称直径									
	0.32		0.4		0.5		0.6		0.8	
	最小厚度	最大外径	最小厚度	最大外径	最小厚度	最大外径	最小厚度	最大外径	最小厚度	最大外径
10	—	—	1.4	11.5	1.4	12.5	1.4	14.0	1.4	17.0
20	—	—	1.4	13.5	1.4	15.0	1.4	17.0	1.4	21.0
30	—	—	1.4	15.0	1.4	17.0	1.4	19.5	1.4	24.5
50	—	—	1.4	17.0	1.4	20.0	1.4	23.0	1.6	29.0
100	—	—	1.4	22.5	1.4	25.5	1.6	29.0	1.8	38.5

续表 3

mm

标称对数	导体标称直径									
	0.32		0.4		0.5		0.6		0.8	
	最小厚度	最大外径	最小厚度	最大外径	最小厚度	最大外径	最小厚度	最大外径	最小厚度	最大外径
200	—	—	1.6	28.0	1.6	32.5	1.8	38.5	2.0	52.5
300	—	—	1.6	32.5	1.6	38.0	1.8	46.0	2.2	62.0
400	—	—	1.6	36.5	1.8	43.5	2.0	52.5	2.2	70.0
600	—	—	1.8	42.5	2.0	51.5	2.2	62.5	2.4	82.0
800	—	—	1.8	49.0	2.0	58.5	2.2	70.5	—	—
900	—	—	2.0	51.5	2.2	61.5	2.4	74.0	—	—
1 000	—	—	2.0	53.5	2.2	64.5	2.4	77.0	—	—
1 200	—	—	2.0	58.0	2.2	69.5	—	—	—	—
1 600	—	—	2.2	65.5	2.4	78.5	—	—	—	—
1 800	—	—	2.2	69.0	—	—	—	—	—	—
2 000	2.0	59.0	2.4	72.0	—	—	—	—	—	—
2 400	2.2	64.0	2.4	77.5	—	—	—	—	—	—
2 700	2.2	67.0	—	—	—	—	—	—	—	—
3 000	2.2	70.0	—	—	—	—	—	—	—	—
3 000	2.4	72.5	—	—	—	—	—	—	—	—
3 600	2.4	75.5	—	—	—	—	—	—	—	—

注：对于管道敷设电缆，最大外径值超过 75mm 时，外径值可由用户与制造厂协商确定。

表 4

mm

标称对数	导体标称直径									
	0.32		0.4		0.5		0.6		0.8	
	最小厚度	最大外径	最小厚度	最大外径	最小厚度	最大外径	最小厚度	最大外径	最小厚度	最大外径
10	—	—	1.4	11.5	1.4	12.5	1.4	13.0	1.4	15.5
20	—	—	1.4	13.0	1.4	14.5	1.4	15.5	1.4	19.0
30	—	—	1.4	14.5	1.4	16.5	1.4	17.5	1.4	21.5
50	—	—	1.4	17.0	1.4	19.5	1.4	21.0	1.4	25.5
100	—	—	1.4	22.0	1.4	24.5	1.6	26.0	1.6	34.0
200	—	—	1.6	26.0	1.6	32.0	1.6	34.5	1.8	45.5
300	—	—	1.6	30.0	1.6	37.5	1.8	41.5	2.0	54.5
400	—	—	1.6	33.5	1.8	41.5	1.8	46.5	2.2	61.5
600	—	—	1.8	39.0	2.0	49.5	2.0	56.0	2.4	73.0
800	—	—	1.8	44.5	2.0	55.5	2.2	63.0	—	—

续表 4

mm

标称对数	导体标称直径									
	0.32		0.4		0.5		0.6		0.8	
	最小厚度	最大外径	最小厚度	最大外径	最小厚度	最大外径	最小厚度	最大外径	最小厚度	最大外径
900	—	—	1.8	47.0	2.0	58.5	2.2	66.5	—	—
1 000	—	—	1.8	49.0	2.2	61.0	2.4	69.5	—	—
1 200	—	—	2.0	52.5	2.2	66.0	—	—	—	—
1 600	—	—	2.0	59.5	2.4	74.5	—	—	—	—
1 800	—	—	2.2	62.0	—	—	—	—	—	—
2 000	2.0	52.5	2.2	65.5	—	—	—	—	—	—
2 400	2.0	56.5	2.2	70.5	—	—	—	—	—	—
2 700	2.0	60.0	—	—	—	—	—	—	—	—
3 000	2.2	63.0	—	—	—	—	—	—	—	—
3 300	2.2	65.5	—	—	—	—	—	—	—	—
3 600	2.2	68.0	—	—	—	—	—	—	—	—

注：对于管道敷设电缆，最大外径值超过 75mm 时，外径值可由用户与制造厂协商确定。

7 技术要求

电缆的技术要求应符合表 5 规定。

表 5

序号	项目名称	技术要求	检验类型			试验方法
			型式检验	出厂检验	中间控制	
1	结构尺寸					
1.1	线对绞合节距	符合 GB/T 13849.1 第 7 条及第 8.1.3、8.1.5 条规定	○		○	钢皮尺
1.2	缆芯组成	符合 GB/T 13849.1 第 8、11、12 条规定	○		○	目力检查
1.3	聚乙烯套最小厚度	符合本标准表 3、表 4 规定	○	○		GB/T 13849.1 附录 H
1.4	电缆最大外径(限无外护层的电缆)	符合本标准表 3、表 4 规定	○	○		GB 2951.4 及 GB/T 13849.1 第 17.11 条
2	基本单位、单位、缆芯色谱	符合 GB/T 13849.1 第 9、10 条规定	○		○	目力检查
3	导体					
3.1	接续处抗拉强度	符合 GB/T 13849.1 第 5.2 条规定			○	GB 4909.3
3.2	断裂伸长率	符合 GB/T 13849.1 第 5.3 条规定	○			GB 4909.3
4	绝缘					
4.1	完整性	符合 GB/T 13849.1 第 6.3 条规定			○	GB/T 3048.15
4.2	颜色	符合 GB/T 13849.1 第 6.4 条规定	○			目力检查或规定仪器测量

续表 5

序号	项目名称	技术要求	检验类型			试验方法
			型式检验	出厂检验	中间控制	
4.3	颜色迁移	符合 GB/T 13849.1 第 6.4 条规定	○			GB/T 13849.1 附录 B
4.4	抗张强度	符合 GB/T 13849.1 表 2 规定	○			GB 2951.5
4.5	断裂伸长率	符合 GB/T 13849.1 表 2 规定	○			GB 2951.5
4.6	热收缩率	符合 GB/T 13849.1 表 2 规定	○			GB 2951.33
4.7	空气箱热老化耐卷绕性	符合 GB/T 13849.1 表 2 规定	○			GB/T 13849.1 附录 C
4.8	低温弯曲性	符合 GB/T 13849.1 表 2 规定	○			GB/T 13849.1 附录 D
4.9	抗压缩性	符合 GB/T 13849.1 表 2 规定	○			GB/T 13849.1 附录 E
5	铝-聚乙烯粘结护套					
5.1	铝带接续处抗张强度	符合 GB/T 13849.1 第 13.1.3 条规定			○	GB 228
5.2	铝塑复合带纵包重叠宽度	符合 GB/T 13849.1 第 13.1.2 条规定	○			用钢皮尺
5.3	聚乙烯碳黑含量	符合 GB/T 13849.1 第 13.2.1 条规定	○			GB 2951.36
5.4	铝带与聚乙烯间剥离强度	符合 GB/T 13849.1 第 13.2.2 条规定	○	○		GB/T 13849.1 附录 F
5.5	铝-聚乙烯粘结护套完整性	符合 GB/T 13849.1 第 13.3 条规定	○	○		GB/T 13849.1 第 17.8 条
5.6	聚乙烯抗张强度	符合 GB/T 13849.1 表 6 规定	○			GB 2951.6
5.7	聚乙烯断裂伸长率	符合 GB/T 13849.1 表 6 规定	○			GB 2951.6 及 GB 2951.7
5.8	聚乙烯耐环境应力开裂性	符合 GB/T 13849.1 表 6 规定	○			GB/T 13849.1 附录 G
5.9	聚乙烯热收缩率	符合 GB/T 13849.1 表 6 规定	○			GB/T 13849.1 附录 I
5.10	电缆弯曲性能	经试验后，弯曲区的护套及屏蔽层不应有明显可见的裂纹	○			GB/T 13849.1 附录 J
6	电缆电气性能					
6.1	导体直流电阻	符合 GB/T 13849.1 表 7 规定	○	○		GB 3048.4
6.2	导体直流电阻不平衡	符合 GB/T 13849.1 表 7 规定	○	○		GB 3048.4
6.3	绝缘强度	符合 GB/T 13849.1 表 7 规定	○	○		GB/T 3048.14
6.4	绝缘电阻	符合 GB/T 13849.1 表 7 规定	○	○		GB 3048.5 或GB 3048.6，试验电压为 200～500V
6.5	工作电容	符合 GB/T 13849.1 表 7 规定	○	○		GB 5441.2
6.6	电容不平衡	符合 GB/T 13849.1 表 7 规定	○	○		GB 5441.3
6.7	固有衰减	符合 GB/T 13849.1 表 7 规定	○	○		GB 5441.7 或电平差法
6.8	近端串音衰减	符合 GB/T 13849.1 表 7 规定	○	○		GB 5441.6 或电平差法
6.9	远端串音防卫度	符合 GB/T 13849.1 表 7 规定	○	○		GB 5441.6 或电平差法
6.10	绝缘线芯不混线不断线	符合 GB/T 13849.1 表 7 规定	○	○		用电铃、耳机或指示灯
6.11	铝带电气连续性	符合 GB/T 13849.1 表 7 规定	○	○		用电铃、耳机或指示灯
7	外护层	符合 GB/T 13849.1 第 14 条规定	○	○		GB 2952 规定方法
8	标志、包装	符合 GB/T 13849.1 第 19 条规定	○	○		目力检查

电缆固有衰减、近端串音衰减和远端串音防卫度的试验结果有争议时，应分别以 GB 5441.7 和 GB 5441.6规定的试验方法为准。

8 检验

产品检验项目、检验类型和试验方法按表 5 规定。

产品检验规则应符合 GB/T 13849.1 第 18 条的规定。

附加说明：

本标准由中华人民共和国机械工业部提出。

本标准由机械工业部上海电缆研究所归口。

本标准由机械工业部上海电缆研究所、邮电部成都电缆厂等起草。

本标准起草负责人刘谦、周凤岐。

本标准参照采用美国农业部农村电气化管理局规范 REA PE22。

中华人民共和国国家标准

聚烯烃绝缘聚烯烃护套市内通信电缆 第3部分 铜芯、实心或泡沫(带皮泡沫)聚烯烃绝缘、填充式、挡潮层聚乙烯护套市内通信电缆

GB/T 13849.3—93

Local telecommunication cables with polyolefin insulation and polyolefin sheath
Part 3 Filled, moisture barrier polyethylene sheathed local telecommunication cables with copper conductors and solid or cellular polyolefin insulation

1 主题内容与适用范围

本标准规定了铜芯、实心或泡沫(带皮泡沫)聚烯烃绝缘、填充式、挡潮层聚乙烯护套市内通信电缆的型号、规格、尺寸、技术要求和试验。

本标准适用于铜芯、实心或泡沫(带皮泡沫)聚烯烃绝缘、填充式、挡潮层聚乙烯护套市内通信电缆。

电缆除应符合本标准规定外,还应符合GB/T 13849.1的规定。

2 引用标准

GB 228 金属拉伸试验方法
GB 270 润滑脂和固体烃滴点测定法
GB/T 13849.1 聚烯烃绝缘聚烯烃护套市内通信电缆 第1部分 一般规定
GB 2951 电线电缆机械物理性能试验方法
GB 3048 电线电缆电性能试验方法
GB 4909 裸电线试验方法
GB 5441 通信电缆试验方法

3 型号

电缆型号如表1规定。

表1

型 号	名 称	主要使用场所
HYAT	铜芯实心聚烯烃绝缘填充式挡潮层聚乙烯护套市内通信电缆	管道
HYFAT	铜芯泡沫聚烯烃绝缘填充式挡潮层聚乙烯护套市内通信电缆	管道

国家技术监督局1993-12-28批准 1994-08-01实施

续表 1

型 号	名 称	主要使用场所
HYPAT	铜芯带皮泡沫聚烯烃绝缘填充式挡潮层聚乙烯护套市内通信电缆	管道
HYAT23	铜芯实心聚烯烃绝缘填充式挡潮层聚乙烯护套双钢带铠装聚乙烯套市内通信电缆	直埋
HYFAT23	铜芯泡沫聚烯烃绝缘填充式挡潮层聚乙烯护套双钢带铠装聚乙烯套市内通信电缆	直埋
HYPAT23	铜芯带皮泡沫聚烯烃绝缘填充式挡潮层聚乙烯护套双钢带铠装聚乙烯套市内通信电缆	直埋
HYAT53	铜芯实心聚烯烃绝缘填充式挡潮层聚乙烯护套单层纵包轧纹钢带铠装聚乙烯套市内通信电缆	直埋
HYFAT53	铜芯泡沫聚烯烃绝缘填充式挡潮层聚乙烯护套单层纵包轧纹钢带铠装聚乙烯套市内通信电缆	直埋
HYPAT53	铜芯带皮泡沫聚烯烃绝缘填充式挡潮层聚乙烯护套单层纵包轧纹钢带铠装聚乙烯套市内通信电缆	直埋
HYAT553	铜芯实心聚烯烃绝缘填充式挡潮层聚乙烯护套双层纵包轧纹钢带铠装聚乙烯套市内通信电缆	直埋
HYFAT553	铜芯泡沫聚烯烃绝缘填充式挡潮层聚乙烯护套双层纵包轧纹钢带铠装聚乙烯套市内通信电缆	直埋
HYPAT553	铜芯带皮泡沫聚烯烃绝缘填充式挡潮层聚乙烯护套双层纵包轧纹钢带铠装聚乙烯套市内通信电缆	直埋
HYAT33	铜芯实心聚烯烃绝缘填充式挡潮层聚乙烯护套单细钢丝铠装聚乙烯套市内通信电缆	水下
HYAT43	铜芯实心聚烯烃绝缘填充式挡潮层聚乙烯护套单粗钢丝铠装聚乙烯套市内通信电缆	水下

注：小容量 HYAT、HYFAT、HYPAT 电缆可架空安装于悬挂线上。

4 规格

4.1 电缆规格如表 2 规定。

表 2

型 号	标称对数				
	导体标称直径 0.32mm	导体标称直径 0.4mm	导体标称直径 0.5mm	导体标称直径 0.6mm	导体标称直径 0.8mm
实心绝缘全部型号	2000～3000	10～1600	10～1000	10～800	10～400
泡沫(带皮泡沫)绝缘全部型号	2000～3300	10～2000	10～1600	10～1000	10～600

4.2 电缆标称对数系列如下：

10，20，30，50，100，200，300，400，600，800，900，1 000，1 200，1 600，1 800，2 000，2 400，2 700，3 000，3 300。

5 聚乙烯套最小厚度

填充式实心聚烯烃绝缘电缆聚乙烯套最小厚度如表 3 规定。

填充式泡沫(带皮泡沫)聚烯烃绝缘电缆聚乙烯套最小厚度如表 4 规定。

6 电缆最大外径

填充式实心聚烯烃绝缘电缆最大外径(限无外护层的电缆)如表 3 规定。

填充式泡沫(带皮泡沫)聚烯烃绝缘电缆最大外径(限无外护层的电缆)如表 4 规定。

具有外护层的电缆不规定电缆最大外径。

表 3　　mm

标称对数	导体标称直径									
	0.32		0.4		0.5		0.6		0.8	
	最小厚度	最大外径	最小厚度	最大外径	最小厚度	最大外径	最小厚度	最大外径	最小厚度	最大外径
10	—	—	1.4	12.5	1.4	14.0	1.4	15.0	1.4	19.0
20	—	—	1.4	15.0	1.4	17.0	1.4	19.0	1.4	23.5
30	—	—	1.4	17.0	1.4	19.5	1.4	21.5	1.6	27.0
50	—	—	1.4	20.0	1.4	23.0	1.4	25.0	1.6	32.5
100	—	—	1.4	25.5	1.6	29.0	1.6	33.0	1.8	44.0
200	—	—	1.6	32.5	1.8	38.5	1.8	44.5	2.0	59.5
300	—	—	1.6	38.0	1.8	45.5	2.0	53.5	2.2	70.5
400	—	—	1.8	42.5	2.0	52.0	2.2	60.5	2.4	79.5
600	—	—	2.0	50.0	2.2	61.0	2.4	72.0	—	—
800	—	—	2.0	57.5	2.2	69.5	2.4	81.0	—	—
900	—	—	2.2	60.5	2.4	73.0	—	—	—	—
1 000	—	—	2.2	62.5	2.4	76.0	—	—	—	—
1 200	—	—	2.2	67.0	—	—	—	—	—	—
1 600	—	—	2.4	76.5	—	—	—	—	—	—
1 800	—	—	—	—	—	—	—	—	—	—
2 000	2.2	66.5	—	—	—	—	—	—	—	—
2 400	2.4	72.0	—	—	—	—	—	—	—	—
2 700	2.4	76.0	—	—	—	—	—	—	—	—
3 000	2.4	79.5	—	—	—	—	—	—	—	—

注：对于管道敷设电缆，最大外径值超过 75mm 时，外径值可由用户与制造厂协商确定。

表 4

mm

标称对数	导体标称直径									
	0.32		0.4		0.5		0.6		0.8	
	最小厚度	最大外径	最小厚度	最大外径	最小厚度	最大外径	最小厚度	最大外径	最小厚度	最大外径
10	—	—	1.4	11.5	1.4	12.5	1.4	14.0	1.4	17.0
20	—	—	1.4	13.5	1.4	15.0	1.4	17.0	1.4	20.5
30	—	—	1.4	15.0	1.4	17.0	1.4	19.5	1.4	24.0
50	—	—	1.4	17.5	1.4	20.0	1.4	23.0	1.6	28.5
100	—	—	1.4	23.0	1.4	25.5	1.6	29.5	1.8	38.5
200	—	—	1.6	28.5	1.6	33.5	1.8	39.5	2.0	52.0
300	—	—	1.6	34.0	1.8	39.5	1.8	46.5	2.2	61.5
400	—	—	1.8	38.5	1.8	45.0	2.0	53.5	2.2	69.0
600	—	—	1.8	45.5	2.0	53.0	2.2	63.5	2.4	82.0
800	—	—	2.0	52.0	2.2	60.5	2.4	71.5	—	—
900	—	—	2.0	54.5	2.2	63.5	2.4	75.0	—	—
1 000	—	—	2.0	57.0	2.2	66.0	2.4	78.0	—	—
1 200	—	—	2.2	61.5	2.4	71.5	—	—	—	—
1 600	—	—	2.2	69.0	2.4	81.0	—	—	—	—
1 800	—	—	2.4	73.0	—	—	—	—	—	—
2 000	2.0	60.0	2.4	76.0	—	—	—	—	—	—
2 400	2.2	65.0	—	—	—	—	—	—	—	—
2 700	2.2	69.0	—	—	—	—	—	—	—	—
3 000	2.4	72.5	—	—	—	—	—	—	—	—
3 300	2.4	75.5	—	—	—	—	—	—	—	—

注：对于管道敷设电缆，最大外径值超过 75mm 时，外径值可由用户与制造厂协商确定。

7 技术要求

7.1 电缆的技术要求应符合表 5 规定。

7.2 电缆抗渗水性

在电缆缆芯的间隙中及缆芯包带外表面应均匀连续地填满填充混合物，在缆芯包带外也可采用其它阻水材料，缆芯包带应与填充混合物及其它阻水材料相容。

电缆经渗水性试验后应不渗水。

7.3 绝缘与填充混合物之间的相容性。

7.3.1 绝缘线芯(在填充混合物中)预处理后耐卷绕性

绝缘线芯经规定试验后应不开裂。

7.3.2 绝缘线芯(浸于填充混合物后)增重

绝缘线芯经规定的增重试验后，重量增加应不大于原重量的 15%。

7.4 电缆的滴流性能

电缆经规定的滴流性能试验应无填充混合物自电缆中滴流出，滴流试验温度为65℃。

7.5 填充式电缆的内护套

对于水下敷设的电缆，可在缆芯包带外加内护套。内护套最小厚度为电缆聚乙烯套最小厚度的二分之一。内护套材料应与聚乙烯套相同。

7.6 填充混合物的性能

填充混合物材料主要性能指标参见附录E。

表5

序号	项目名称	技术要求	检验类型			试验方法
			型式检验	出厂检验	中间控制	
1	结构尺寸					
1.1	线对绞合节距	符合GB/T 13849.1第7条及第8.1.3、8.1.5条规定	○		○	钢皮尺
1.2	缆芯组成	符合GB/T 13849.1第8、11、12条规定	○		○	目力检查
1.3	聚乙烯套最小厚度(含内护套)	符合本标准表3、表4及本标准第7.5条规定	○	○		GB/T 13849.1附录H
1.4	电缆最大外径(限无外护层的电缆)	符合本标准表3、表4规定	○	○		GB 2951.4及GB/T 13849.1第17.11条
2	基本单位、单位、缆芯色谱	符合GB/T 13849.1第9、10条规定	○		○	目力检查
3	导体					
3.1	接续处抗拉强度	符合GB/T 13849.1第5.2条规定			○	GB 4909.3
3.2	断裂伸长率	符合GB/T 13849.1第5.3条规定	○			GB 4909.3
4	绝缘					
4.1	完整性	符合GB/T 13849.1第6.3条规定			○	GB/T 3048.15
4.2	颜色	符合GB/T 13849.1第6.4条规定	○			目力检查或规定仪器测量
4.3	颜色迁移	符合GB/T 13849.1第6.4条规定	○			GB/T 13849.1附录B
4.4	抗张强度	符合GB/T 13849.1表2规定	○			GB 2951.5
4.5	断裂伸长率	符合GB/T 13849.1表2规定	○			GB 2951.5
4.6	热收缩率	符合GB/T 13849.1表2规定	○			GB 2951.33
4.7	空气箱热老化耐卷绕性	符合GB/T 13849.1表2规定	○			GB/T 13849.1附录C
4.8	低温弯曲性	符合GB/T 13849.1表2规定	○			GB/T 13849.1附录D
4.9	抗压缩性	符合GB/T 13849.1表2规定	○			GB/T 13849.1附录E
5	铝-聚乙烯粘结护套					
5.1	铝带接续处抗张强度	符合GB/T 13849.1第13.1.3条规定			○	GB 228
5.2	铝塑复合带纵包重叠宽度	符合GB/T 13849.1第13.1.2条规定	○			用钢皮尺
5.3	聚乙烯碳黑含量	符合GB/T 13849.1第13.2.1条规定	○			GB 2951.36

续表 5

序号	项 目 名 称	技 术 要 求	检验类型			试 验 方 法
			型式检验	出厂检验	中间控制	
5.4	铝带与聚乙烯间剥离强度	符合 GB/T 13849.1 第 13.2.2 条规定	○	○		GB/T 13849.1 附录 F
5.5	铝-聚乙烯粘结护套完整性	符合 GB/T 13849.1 第 13.3 条规定	○	○		GB/T 13849.1 第 17.8 条
5.6	聚乙烯抗张强度	符合 GB/T 13849.1 表 6 规定	○			GB 2951.6
5.7	聚乙烯断裂伸长率	符合 GB/T 13849.1 表 6 规定	○			GB 2951.6 及 GB 2951.7
5.8	聚乙烯耐环境应力开裂性	符合 GB/T 13849.1 表 6 规定	○			GB/T 13849.1 附录 G
5.9	聚乙烯热收缩率	符合 GB/T 13849.1 表 6 规定	○			GB/T 13849.1 附录 I
5.10	电缆弯曲性能	经试验后，弯曲区的护套及屏蔽层、内护套不应有明显可见的裂纹	○			GB/T 13849.1 附录 J
6	电缆电气性能					
6.1	导体直流电阻	符合 GB/T 13849.1 表 7 规定	○	○		GB 3048.4
6.2	导体直流电阻不平衡	符合 GB/T 13849.1 表 7 规定	○	○		GB 3048.4
6.3	绝缘强度	符合 GB/T 13849.1 表 7 规定	○	○		GB/T 3048.14
6.4	绝缘电阻	符合 GB/T 13849.1 表 7 规定	○	○		GB 3048.5 或 GB 3048.6，试验电压为 200～500V
6.5	工作电容	符合 GB/T 13849.1 表 7 规定	○	○		GB 5441.2
6.6	电容不平衡	符合 GB/T 13849.1 表 7 规定	○	○		GB 5441.3
6.7	固有衰减	符合 GB/T 13849.1 表 7 规定	○	○		GB 5441.7 或电平差法
6.8	近端串音衰减	符合 GB/T 13849.1 表 7 规定	○	○		GB 5441.6 或电平差法
6.9	远端串音防卫度	符合 GB/T 13849.1 表 7 规定	○	○		GB 5441.6 或电平差法
6.10	绝缘线芯不混线不断线	符合 GB/T 13849.1 表 7 规定	○	○		用电铃、耳机或指示灯
6.11	铝带电气连续性	符合 GB/T 13849.1 表 7 规定	○	○		用电铃、耳机或指示灯
7	电缆抗渗水性	符合本标准第 7.2 条规定	○	○		本标准附录 A，容许工厂采用较短时间较短长度的试验方法，但有争议时，必须采用附录 A 中方法
8	绝缘与填充混合物之间的相容性					
8.1	绝缘线芯预处理后耐卷绕性	符合本标准第 7.3.1 条规定	○			本标准附录 B
8.2	绝缘线芯增重	符合本标准第 7.3.2 条规定	○			本标准附录 C
9	电缆的滴流性能	符合本标准第 7.4 条规定	○			本标准附录 D

续表 5

序号	项 目 名 称	技 术 要 求	检验类型			试 验 方 法
			型式检验	出厂检验	中间控制	
10	外护层	符合 GB/T 13849.1 第 14 条规定	○	○		GB 2952 规定方法
11	标志、包装	符合 GB/T 13849.1 第 19 条规定	○	○		目力检查

电缆固有衰减、近端串音衰减和远端串音防卫度的试验结果有争议时，应分别以 GB 5441.7 和 GB 5441.6规定的试验方法为准。

8 检验

产品检验项目、检验类型和试验方法按表 5 规定。

产品检验规则应符合 GB/T 13849.1 第 18 条的规定。

附 录 A
填充电缆抗渗水性试验方法
（补充件）

本试验方法参照国际电工委员会 IEC 708-1 的规定制订。

A1 适用范围

本试验方法适用于铜芯、聚烯烃绝缘、填充式、挡潮层聚乙烯护套市内通信电缆抗渗水性的测量。

A2 试验设备

a. 套管
适当尺寸，能密封在电缆护套上，其上有能安装 1m 水头的一个孔；

b. 端帽
能密封地安装在电缆末端，使该端不漏水；

c. 水溶性荧光染料。

A3 试样制备

取一大约 3.5m 长的电缆试样，在离一端 3m 处剥去 25mm 长的护套和包带，如图 A1 所示。

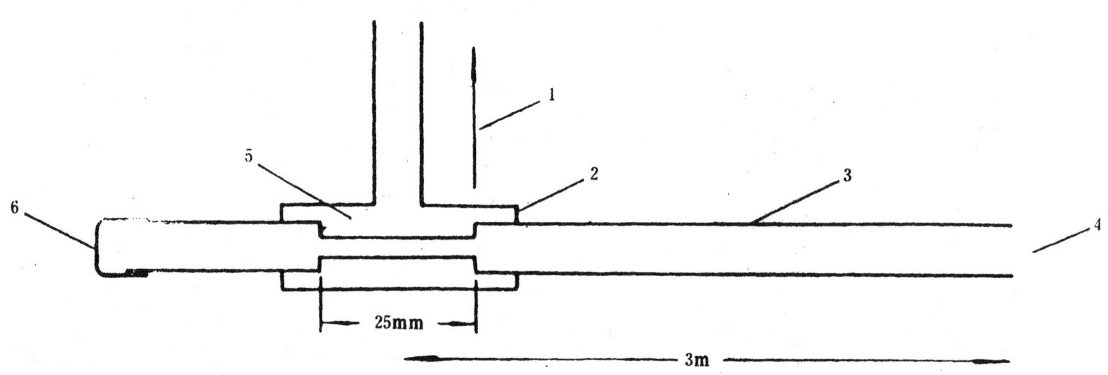

图 A1

1—1m 水头；2—套管；3—试样；4—检测端；5—缆芯暴露部分；6—端帽

A4 试验步骤

A4.1 电缆应水平放置，将上述套管跨装在缆芯暴露部分，套管与电缆护套的连接应密封，将端帽密封在试样的非测试端，如图 A1 所示。

A4.2 在套上施加 1m 水头，水内应含有足够数量的水溶性荧光染料，以更方便地检测漏泄，试验应在 20±5℃温度下持续 24h。

A5 试验结果

试验结束时，在离套管 3m 远处的一端（测试端）应无水滴流出，应用紫外光检查染料的出现。

附 录 B
填充电缆绝缘线芯预处理后卷绕试验方法
(补充件)

本试验方法参照国际电工委员会 IEC 811-4-2(1990)的规定制订。

B1 适用范围

本试验方法适用于铜芯聚烯烃绝缘填充式市内通信电缆绝缘线芯预处理后的卷绕试验。

试验适用于小于 0.8mm 壁厚的聚烯烃绝缘试样。

B2 试验设备

a. 光滑的金属芯轴和加重量的元件(砝码);

b. 卷绕装置,推荐采用具有机械驱动的试棒;

c. 自然通风的电热烘箱。

B3 试样预处理

试样制备前应先预处理。一根足够长度(大于 2m)的成品电缆试样应放在空气中预处理(即悬挂在一台烘箱内),空气应连续维持在下列温度和时间上:

对于标称滴点在 50～70℃(包括 70℃)的填充混合物,为(24×7)h,60℃。

对于标称滴点在 70℃以上的填充混合物,为(24×7)h,70℃。

在预处理后,应将电缆试样在环境温度中至少冷却 16h,但不得受到阳光直接照射,然后剥去护套,缆芯用适当的方法清除干净。

B4 试样制备

应在上述预处理后的电缆试样上,抽取规定数量的绝缘线芯,并去除线芯上的填充剂,保留导线在绝缘中,然后将试样伸直。

B5 试验步骤

B5.1 试样卷绕

上述试样在环境温度中进行卷绕,为此目的,应在绝缘线芯的一端剥去绝缘,裸露导体,并在导体端头挂一重量,使导体截面上产生约 15MPa±20%的拉力。(对于壁厚小于或等于 0.2mm 的泡沫绝缘,拉力应减小到约 7.5MPa)。用卷绕装置将试样另一端卷绕于金属试棒上 10 圈,卷绕速度约每 5s1 圈,线圈的内径应为试样直径的 1～1.5 倍。

B5.2 试样的热处理

将卷绕的试样从试棒上取下,垂直悬挂于自然空气流的烘箱中央 24h,温度 70±2℃,然后冷却至室温。

B6 试验结果

在冷却到室温后,当不用放大镜而用正常视力或校正视力检查时,试样应没有开裂,如果有一个试样不合格,试验可重做一次。

附 录 C
绝缘线芯增重试验方法
（补充件）

本试验方法参照国际电工委员会 IEC 811-4-2(1990)的规定制订。

C1 适用范围

本试验方法适用于铜芯聚烯烃绝缘填充式市内通信电缆中绝缘料与填充混合物相互作用后，绝缘料重量增加数值的测量。

C2 试验设备

a. 电热烘箱；

b. 适当容积的玻璃瓶；

c. 精度达到 0.1mg 的天平。

C3 试样制备

在填充工序前，从电缆内每种颜色的绝缘线芯上取 3 根 2m 长的试样，每根试样再切成长度分别为 600mm，800mm，600mm 的 3 个试件。

C4 试验步骤

C4.1 800mm 长的试件应浸于有 200g 填充混合物的玻璃瓶中，并加热到下列温度：

对于滴点为 50～70℃(包括 70℃)的填充混合物，为 60℃±1℃；

对于滴点 70℃以上的填充混合物，为 70℃±1℃。

C4.2 800mm 长试件的两个端头应在填充混合物之外，玻璃瓶应放置于烘箱内 10 天，使填充混合物连续保持上述规定温度。

C4.3 然后，从烘箱中取出试件，用吸收性纸仔细清除表面，再切除两个端头，仅留下中间 500mm 或更短的浸于填充混合物的部分。

C4.4 两根 600mm 长的干试件，应切割到同样的长度。

C4.5 从所有 3 根试件中抽去铜芯。

C4.6 3 个试件应在环境温度中称重，精确到 0.5mg。

C5 试验结果及计算

绝缘线芯增重 W 应由下式求出：

$$W=\frac{M_2-M_1}{M_1}\times 100\%$$

式中：M_1——两根干试件绝缘重量的平均值，mg；

M_2——浸于填充混合物中试件绝缘的重量，mg。

附　录　D
填充电缆滴流性能试验方法
（补充件）

D1　适用范围

本试验方法适用于聚烯烃绝缘挡潮层聚乙烯护套填充式市内通信电缆成品的滴流性能试验。

D2　试验设备

电热烘箱。

D3　试样制备

D3.1　从成品电缆上取 3 个 31cm 长的试样。
D3.2　从试样的一端剥去 13cm 长的护套材料，然后剥去 8cm 长的屏蔽材料和缆芯包带层，以暴露电缆芯。

D4　试验步骤

D4.1　轻微抖散电缆的剥离端，以使线对分开。
D4.2　将 3 个试样悬挂在电热烘箱内 24h，电缆抖散端向下，烘箱温度为 65℃。

D5　试验结果

在试验期末进行目力观察，任一试样的填充混合物不应从缆芯或缆芯与护套的界面上流出或滴出。

附　录　E
填充混合物材料主要性能指标及试验方法
（参考件）

本附录第 E2、E3、E4 条规定的试验方法参照采用国际电工委员会 IEC 811-5-1(1990)的规定。

E1　填充混合物主要性能

E1.1　填充混合物滴点
　　填充混合物滴点应不低于 70℃。滴点试验方法采用 GB 270。
E1.2　填充混合物油分离
　　经规定的试验后，油扩展应不超过 5mm。油分离试验采用本附录 E2 规定的方法。
E1.3　填充混合物低温脆性
　　经规定的试验后，开裂试样的比例应不大于 2/10。低温脆性试验采用本附录 E3 规定的方法。
E1.4　填充混合物无腐蚀性
　　经规定的试验后，试样应无腐蚀。腐蚀性试验采用本附录 E4 规定的方法。
E1.5　填充混合物应对人体无害

E2　填充混合物油分离试验方法

E2.1　适用范围

本试验方法适用于测定填充式市内通信电缆中填充混合物在 50℃时油分离的数量。

E2.2 试验设备

a. 有两个长方形框板的直角盒，其表面应加工得很光滑，而不致妨碍分离的油的扩散，其尺寸如图 E1。

直角盒的材料可采用厚度 0.5～0.7mm 的铜带。

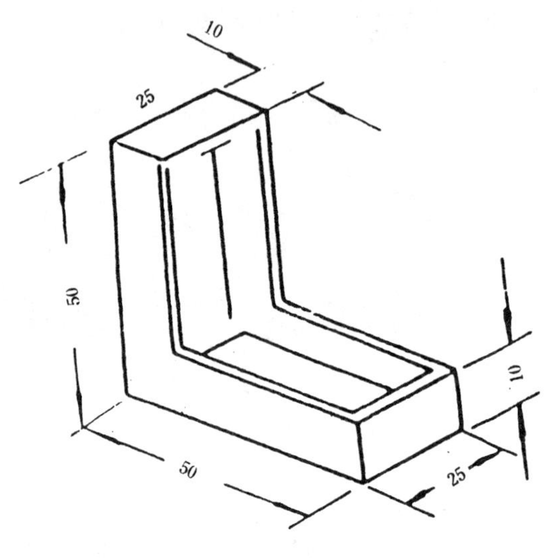

图 E1

b. 电热烘箱。

E2.3 试样制备

E2.3.1 填充混合物应加热到它的透明点并很好地搅拌。

E2.3.2 用熔融的混合物填充直角盒的一个长方形框板。

E2.4 试验步骤

E2.4.1 将直角盒送进烘箱内（烘箱预先加热到大约 100℃）然后烘箱冷却到室温，并将门打开。

E2.4.2 冷却时间不少于 24h，然后直角盒转过 90°，烘箱加热到 50±2℃，在 24h 后，直角盒从烘箱内取出，并检查。

E2.5 试验结果

在未填充的直角盒的中心部分（即不计沿直角盒边的渗流）油扩展应不超过 5mm。

E3 填充混合物低温脆性试验方法

E3.1 适用范围

本试验方法适用于填充式市内通信电缆中填充混合物经低温处理后的脆性试验。

注：这一试验方法不适用于滴点高于 80℃的填充混合物。

E3.2 试验设备

a. 若干铅合金条，尺寸 170mm×14mm×0.9mm；

b. 一片黄铜板，尺寸 160mm×160mm×1mm，其中有一长方形孔 100mm×10mm 和一定位边。

E3.3 试样制备

E3.3.1 每一个铅合金条应该用金属丝刷清刷，并放在一平板上，然后将黄铜板的长方形孔放在铅合金条上，使得铅合金条的两个纵向边被对称地覆盖上。

E3.3.2 被试的填充混合物在环境温度中被刮到黄铜板的长方形孔中，而多余的材料应该用加热的抹刀或其它适当的工具刮去。

E3.3.3 将黄铜板从铅合金条上移去，得到一个试样。

E3.3.4 每一试验应制备 10 个试样。

E3.4 试验步骤

E3.4.1 试样应放在环境温度中至少 16h。

E3.4.2 然后，试样冷却至－10℃±1℃，至少 1h。

E3.4.3 每个试样应立即被螺旋绕在 ϕ12 金属试棒上（试棒是固定在水平位置上，并预先冷至－10℃），绕的速率应约为每秒 1 转。

E3.5 试验结果

每个试样应该用正常视力或校正过的视力（但不得用放大镜）来检查开裂，在被试验的 10 个试样上，开裂的试样数不应多于 2 个。若多于 2 个，试验可再重复一次。

在混合物几个角上的轻微拉离，应不算开裂。

E4 填充混合物腐蚀性试验方法

E4.1 适用范围

本试验方法适用于测定填充式市内通信电缆中填充混合物对所接触的电缆中金属材料的腐蚀作用。

E4.2 试验设备

a. 电热烘箱；

b. 玻璃烧杯（至少 200mL 容量）。

E4.3 试样制备

E4.3.1 从纯度至少 99.5%，厚度不小于 0.5mm 的铝板上，切下 50mm 长，20mm 宽的试条。

从厚度不小于 0.5mm 的冷轧铜板上，切下 50mm 长，20mm 宽的试条。

注：一般应用的 3 个等级的铜，高强度高导电率铜，含磷的脱氧铜和无氧高导电率铜，可得出类似的结果。

E4.3.2 每 1 个试条的两面都要抛光，以获得无缺陷的均匀表面。

E4.3.3 每个试条用乙醚清洗。再使其干燥。

E4.4 试验步骤

E4.4.1 所有的操作应该用清洁的钳子进行。

E4.4.2 将大约 120g 填充混合物放在一高的玻璃烧杯（容量至少 200mL）中，预热到 80±2℃。

E4.4.3 将新制备的一个铝试条和一个铜试条，完全浸于填充混合物内，不能彼此接触或碰到烧杯边。

E4.4.4 然后烧杯应在 80±2℃的烘箱中放置 14 天。

E4.4.5 从烘箱中取出烧杯，并冷却至室温。

E4.4.6 从烧杯中取出铝试条和铜试条，擦去表面的混合物，再先用汽油，然后用乙醚清洗。

E4.5 试验结果

用正常视力或校正视力（不用放大镜）检查 2 个试条的表面，应无腐蚀痕迹或变色。

附加说明：

本标准由中华人民共和国机械工业部提出。

本标准由机械工业部上海电缆研究所归口。

本标准由机械工业部上海电缆研究所、邮电部成都电缆厂等起草。

本标准起草负责人刘谦、周凤岐。

本标准参照采用美国农业部农村电气化管理局规范 REA PE39。

中华人民共和国国家标准

聚烯烃绝缘聚烯烃护套市内通信电缆 第4部分 铜芯、实心 聚烯烃绝缘(非填充)、自承式、挡潮层 聚乙烯护套市内通信电缆

GB/T 13849.4—93

Local telecommunication cables with polyolefin insulation and polyolefin sheath
Part 4 Unfilled, moisture barrier polyethylene sheathed local telecommunication cables with copper conductors, solid polyolefin insulation and integral suspension strand

1 主题内容与适用范围

本标准规定了铜芯、实心聚烯烃绝缘(非填充)自承式挡潮层聚乙烯护套市内通信电缆的型号、规格、尺寸、技术要求和试验。

本标准适用于铜芯、实心聚烯烃绝缘(非填充)自承式挡潮层聚乙烯护套市内通信电缆。

电缆除应符合本标准的规定外,还应符合 GB/T 13849.1 的规定。

2 引用标准

GB 228 金属拉伸试验方法
GB 8358 钢丝绳破断拉伸试验方法
GB/T 13849.1 聚烯烃绝缘聚烯烃护套市内通信电缆 第1部分 一般规定
GB 2951 电线电缆机械物理性能试验方法
GB 3048 电线电缆电性能试验方法
GB 4909 裸电线试验方法
GB 5441 通信电缆试验方法

3 型号

电缆型号如表1规定。

表 1

型号	名 称	主要使用场合
HYAC	铜芯、实心聚烯烃绝缘(非填充)、自承式、挡潮层聚乙烯护套市内通信电缆	架空

国家技术监督局1993-12-28批准 1994-08-01实施

4 规格

4.1 电缆的规格如表 2 规定。

表 2

型号	标称对数			
	导体标称直径 0.40mm	导体标称直径 0.50mm	导体标称直径 0.60mm	导体标称直径 0.80mm
HYAC	10～300	10～300	10～200	10～100

4.2 电缆标称对数系列如下:10、20、30、50、100、200、300。

5 聚乙烯套最小厚度

聚乙烯套最小厚度如表 3 规定。

6 电缆(有护套电缆芯)的最大外径

有护套电缆芯的最大外径如表 3 规定。

7 技术要求

7.1 电缆的技术要求应符合表 4 规定。

7.2 带有整体式(与电缆成一体的)悬挂绞线的护套结构,聚乙烯外护套应包复在悬挂绞线和电缆芯外使电缆的横截面呈"8"字形结构,悬挂绞线与缆芯平行且保持一定距离。

7.3 悬挂绞线和颈脖

7.3.1 电缆的悬挂绞线由镀锌钢线在无扭绞力矩情况下绞合而成,悬挂绞线的拉断力应符合表 3 的规定。

7.3.2 悬挂绞线护套最小厚度为 1.0mm,颈脖高为(3.1±0.5)mm、宽为(2.5±0.6)mm。

悬挂绞线护套和颈脖尺寸也可由用户和制造厂协议规定。

表 3

标称对数	导体标称直径 mm											
	0.4			0.5			0.6			0.8		
	缆芯外的最小护套厚度(mm)	有护套缆芯外径最大(mm)	悬挂绞线拉断力最小(kN)	缆芯外的最小护套厚度(mm)	有护套缆芯外径最大(mm)	悬挂绞线拉断力最小(kN)	缆芯外的最小护套厚度(mm)	有护套缆芯外径最大(mm)	悬挂绞线拉断力最小(kN)	缆芯外的最小护套厚度(mm)	有护套缆芯外径最大(mm)	悬挂绞线拉断力最小(kN)
10	1.4	11.5	16.0	1.4	12.5	16.0	1.4	14.0	16.0	1.4	17.5	16.0
20	1.4	13.5	16.0	1.4	15.0	16.0	1.4	17.0	16.0	1.4	21.0	16.0
30	1.4	15.0	16.0	1.4	17.0	16.0	1.4	19.5	16.0	1.4	24.5	16.0
50	1.4	17.5	16.0	1.4	20.0	16.0	1.4	23.0	16.0	1.6	29.0	25.0
100	1.4	22.5	16.0	1.4	25.5	16.0	1.6	29.0	25.0	1.8	38.5	25.0
200	1.6	28.0	25.0	1.6	32.5	25.0	1.8	38.5	25.0	—	—	—
300	1.6	32.5	25.0	1.6	38.0	25.0	—	—	—	—	—	—

8 检验

产品检验项目、检验类型和试验方法按表 4 规定。

产品检验规则应符合 GB/T 13849.1 第 18 条的规定。

表 4

序号	项目名称	技术要求	检验类型 型式检验	 出厂检验	 中间控制	试验方法
1	结构尺寸					
1.1	线对绞合节距	符合 GB/T 13849.1 第 7 条及第 8.1.3、8.1.5 条规定	○		○	钢皮尺
1.2	缆芯组成	符合 GB/T 13849.1 第 8、11、12 条规定	○		○	目力检查
1.3	聚乙烯套及悬挂绞线护套最小厚度和颈脖尺寸	符合本标准表 3 及第 7.3.3 条规定	○	○		GB/T 13849.1 附录 H
1.4	电缆最大外径	符合本标准表 3 规定	○	○		GB 2951.4 及 GB/T 13849.1 第 17.11 条
2	基本单位、单位、缆芯色谱	符合 GB/T 13849.1 第 9、10 条规定	○		○	目力检查
3	导体					
3.1	接续处抗拉强度	符合 GB/T 13849.1 第 5.2 条规定			○	GB 4909.3
3.2	断裂伸长率	符合 GB/T 13849.1 第 5.3 条规定	○			GB 4909.3
4	绝缘					
4.1	完整性	符合 GB/T 13849.1 第 6.3 条规定			○	GB/T 3048.15
4.2	颜色	符合 GB/T 13849.1 第 6.4 条规定	○			目力检查或规定仪器测量
4.3	颜色迁移	符合 GB/T 13849.1 第 6.4 条规定	○			GB/T 13849.1 附录 B
4.4	抗张强度	符合 GB/T 13849.1 表 2 规定	○			GB 2951.5
4.5	断裂伸长率	符合 GB/T 13849.1 表 2 规定	○			GB 2951.5
4.6	热收缩率	符合 GB/T 13849.1 表 2 规定	○			GB 2951.33
4.7	空气箱热老化耐卷绕性	符合 GB/T 13849.1 表 2 规定	○			GB/T 13849.1 附录 C
4.8	低温弯曲性	符合 GB/T 13849.1 表 2 规定	○			GB/T 13849.1 附录 D
4.9	抗压缩性	符合 GB/T 13849.1 表 2 规定	○			GB/T 13849.1 附录 E
5	铝-聚乙烯粘结护套					
5.1	铝带接续处抗张强度	符合 GB/T 13849.1 第 13.1.3 条规定			○	GB 228
5.2	铝塑复合带纵包重叠宽度	符合 GB/T 13849.1 第 13.1.2 条规定	○			用钢皮尺
5.3	聚乙烯碳黑含量	符合 GB/T 13849.1 第 13.2.1 条规定	○			GB 2951.36

续表 4

序号	项目名称	技术要求	检验类型			试验方法
			型式检验	出厂检验	中间控制	
5.4	铝带与聚乙烯间剥离强度	符合 GB/T 13849.1 第 13.2.2 条规定	○	○		GB/T 13849.1 附录 F
5.5	铝-聚乙烯粘结护套完整性	符合 GB/T 13849.1 第 13.3 条规定	○	○		GB/T 13849.1 第 17.8 条
5.6	聚乙烯抗张强度	符合 GB/T 13849.1 表 6 规定	○			GB 2951.6
5.7	聚乙烯断裂伸长率	符合 GB/T 13849.1 表 6 规定	○			GB 2951.6 及 GB 2951.7
5.8	聚乙烯耐环境应力开裂性	符合 GB/T 13849.1 表 6 规定	○			GB/T 13849.1 附录 G
5.9	聚乙烯热收缩率	符合 GB/T 13849.1 表 6 规定	○			GB/T 13849.1 附录 I
5.10	电缆弯曲性能	经试验后，弯曲区的护套及屏蔽层不应有明显可见的裂纹	○			GB/T 13849.1 附录 J
6	电缆电气性能					
6.1	导体直流电阻	符合 GB/T 13849.1 表 7 规定	○	○		GB 3048.4
6.2	导体直流电阻不平衡	符合 GB/T 13849.1 表 7 规定	○	○		GB 3048.4
6.3	绝缘强度	符合 GB/T 13849.1 表 7 规定	○	○		GB/T 3048.14
6.4	绝缘电阻	符合 GB/T 13849.1 表 7 规定	○	○		GB 3048.5 或 GB 3048.6，试验电压为 200～500V
6.5	工作电容	符合 GB/T 13849.1 表 7 规定	○	○		GB 5441.2
6.6	电容不平衡	符合 GB/T 13849.1 表 7 规定	○	○		GB 5441.3
6.7	固有衰减	符合 GB/T 13849.1 表 7 规定	○	○		GB 5441.7 或电平差法
6.8	近端串音衰减	符合 GB/T 13849.1 表 7 规定	○	○		GB 5441.6 或电平差法
6.9	远端串音防卫度	符合 GB/T 13849.1 表 7 规定	○	○		GB 5441.6 或电平差法
6.10	绝缘线芯不混线不断线	符合 GB/T 13849.1 表 7 规定	○	○		用电铃、耳机或指示灯
6.11	铝带电气连续性	符合 GB/T 13849.1 表 7 规定	○	○		用电铃、耳机或指示灯
7	悬挂绞线的拉断力	符合本标准第 7.3.1 条规定	○			GB 8358
8	标志、包装	符合 GB/T 13849.1 第 19 条规定	○	○		目力检查

电缆固有衰减、近端串音衰减和远端串音防卫度的试验结果有争议时，应分别以 GB 5441.7 和 GB 5441.6规定的试验方法为准。

附加说明：

本标准由中华人民共和国机械工业部提出。

本标准由机械工业部上海电缆研究所归口。

本标准由机械工业部上海电缆研究所、邮电部成都电缆厂等起草。

本标准起草负责人刘谦、周凤岐。

本标准参照采用美国农业部农村电气化管理局规范 REA PE 22。

中华人民共和国国家标准

聚烯烃绝缘聚烯烃护套市内通信电缆 第5部分 铜芯、实心或泡沫(带皮泡沫)聚烯烃绝缘、隔离式(内屏蔽)、挡潮层聚乙烯护套市内通信电缆

GB/T 13849.5—93

Local telecommunication cables with polyolefin insulation and polyolefin sheath
Part 5 Moisture barrier polyethylene sheathed and separated(inner-screened) local telecommunication cables with copper conductors and solid or cellular polyolefin insulation

1 主题内容与适用范围

本标准规定了铜芯、实心或泡沫(带皮泡沫)聚烯烃绝缘、隔离式(内屏蔽)、挡潮层聚乙烯护套市内通信电缆的型号、规格、尺寸、技术要求和试验。

本标准适用于铜芯、实心或泡沫(带皮泡沫)聚烯烃绝缘、隔离式(内屏蔽)、挡潮层聚乙烯护套市内通信电缆。

电缆除应符合本标准的规定外,还应符合 GB/T 13849.1(缆芯结构和预备线对除外)的规定。

2 引用标准

GB 228 金属拉伸试验方法

GB 270 润滑脂和固体烃滴点测定法

GB 8358 钢丝绳破断拉伸试验方法

GB/T 13849.1 聚烯烃绝缘聚烯烃护套市内通信电缆 第1部分 一般规定

GB 2951 电线电缆机械物理性能试验方法

GB 3048 电线电缆电性能试验方法

GB 4909 裸电线试验方法

GB 5441 通信电缆试验方法

3 型号

电缆型号如表1规定。

4 规格

电缆规格如表2规定。

国家技术监督局1993-12-28批准 1994-08-01实施

5 预备线对和业务线对

5.1 预备线对和业务线对结构应与标称线对相同，其机械物理性能要求和电气性能除固有衰减与串音外的要求均应与标称线对相同。

5.2 200对电缆可有2个预备线对，隔离带两侧各放一对。预备线对色谱如GB/T 13849.1表5规定。

5.3 根据用户的要求，可在每个隔离部分中均匀放置业务线对，50对及以下电缆最多放置2对，100对、200对电缆最多放置4对。业务线对的色谱如表3规定。

6 隔离带（内屏蔽）

各种型号电缆均应符合本条要求。

6.1 隔离带将电缆缆芯分成两个相等的分隔部分，在电缆中起内屏蔽的作用。

6.2 隔离带应采用双面复合的铝塑复合带，铝塑复合带铝带标称厚度应为0.10mm，铝带应双面复合塑性聚合物薄膜。塑料薄膜应具有足够的介电强度。铝带边缘不应与绝缘线芯表面直接接触。

6.3 隔离带允许接续，接续方法可采用冷焊、电焊或其它合适的方法，接续处的抗拉强度应不低于相邻未接续处抗拉强度的85%，接续后的铝带应包覆具有足够电气强度的塑料薄膜带，并能使电缆满足本标准的性能要求。

表1

型号	名称	主要使用场所
HYAGC	铜芯实心聚烯烃绝缘隔离式(内屏蔽)挡潮层聚乙烯护套自承式市内通信电缆	架空
HYAG	铜芯实心聚烯烃绝缘隔离式(内屏蔽)挡潮层聚乙烯护套市内通信电缆	管道
HYFAG	铜芯泡沫聚烯烃绝缘隔离式(内屏蔽)挡潮层聚乙烯护套市内通信电缆	管道
HYPAG	铜芯带皮泡沫聚烯烃绝缘隔离式(内屏蔽)挡潮层聚乙烯护套市内通信电缆	管道
HYATG	铜芯实心聚烯烃绝缘隔离式(内屏蔽)填充式挡潮层聚乙烯护套市内通信电缆	管道
HYFATG	铜芯泡沫聚烯烃绝缘隔离式(内屏蔽)填充式挡潮层聚乙烯护套市内通信电缆	管道
HYPATG	铜芯带皮泡沫聚烯烃绝缘隔离式(内屏蔽)填充式挡潮层聚乙烯护套市内通信电缆	管道
HYATG23	铜芯实心聚烯烃绝缘隔离式(内屏蔽)填充式挡潮层聚乙烯护套双钢带铠装聚乙烯套市内通信电缆	直埋
HYFATG23	铜芯泡沫聚烯烃绝缘隔离式(内屏蔽)填充式挡潮层聚乙烯护套双钢带铠装聚乙烯套市内通信电缆	直埋
HYPATG23	铜芯带皮泡沫聚烯烃绝缘隔离式(内屏蔽)填充式挡潮层聚乙烯护套双钢带铠装聚乙烯套市内通信电缆	直埋
HYATG53	铜芯实心聚烯烃绝缘隔离式(内屏蔽)填充式挡潮层聚乙烯护套单层纵包轧纹钢带铠装聚乙烯套市内通信电缆	直埋
HYFATG53	铜芯泡沫聚烯烃绝缘隔离式(内屏蔽)填充式挡潮层聚乙烯护套单层纵包轧纹钢带铠装聚乙烯套市内通信电缆	直埋
HYPATG53	铜芯带皮泡沫聚烯烃绝缘隔离式(内屏蔽)填充式挡潮层聚乙烯护套单层纵包轧纹钢带铠装聚乙烯套市内通信电缆	直埋
HYATG553	铜芯实心聚烯烃绝缘隔离式(内屏蔽)填充式挡潮层聚乙烯护套双层纵包轧纹钢带铠装聚乙烯套市内通信电缆	直埋
HYFATG553	铜芯泡沫聚烯烃绝缘隔离式(内屏蔽)填充式挡潮层聚乙烯护套双层纵包轧纹钢带铠装聚乙烯套市内通信电缆	直埋
HYPATG553	铜芯带皮泡沫聚烯烃绝缘隔离式(内屏蔽)填充式挡潮层聚乙烯护套双层纵包轧纹钢带铠装聚乙烯套市内通信电缆	直埋

续表 1

型　号	名　　称	主要使用场所
HYATG33	铜芯实心聚烯烃绝缘隔离式(内屏蔽)填充式挡潮层聚乙烯护套单细钢丝铠装聚乙烯套市内通信电缆	水下
HYATG43	铜芯实心聚烯烃绝缘隔离式(内屏蔽)填充式挡潮层聚乙烯护套单粗钢丝铠装聚乙烯套市内通信电缆	水下

注：小容量 HYAG、HYFAG、HYPAG、HYATG、HYFATG、HYPATG 电缆可架空安装在悬挂线上。

表 2

型　　号	标　称　对　数
	导体标称直径 0.5、0.6、0.8mm
全　部　型　号	10、20、30、40、50、100、200

表 3

线　对　序　号	a 线	b 线
1	白	黄
2	白	紫
3	红	黑
4	红	黄

7　隔离型缆芯的组成

各种型号电缆均应符合本条要求。

7.1　用隔离带把缆芯分隔成相等的两部分，两部分间应充分隔离，使电缆性能符合本标准的要求。

7.2　隔离型式

缆芯的隔离型式有"D"型、"C"型和"Z"型等，如图 1 所示。

隔离带的包复程度应满足电缆的电气性能要求。

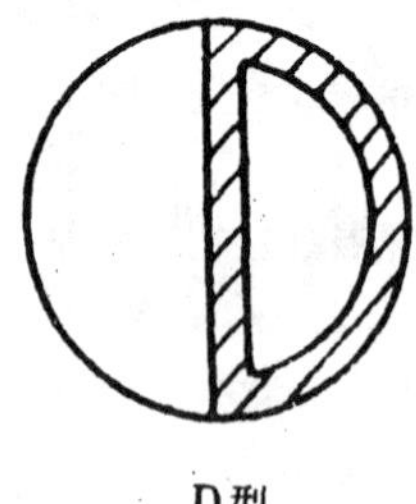
D型

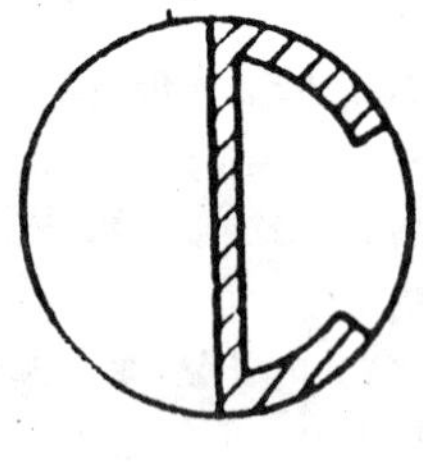
C型

Z型

图 1

对于"C"型和"Z"型电缆，其隔离带在横截面上的长度均应不少于一个隔离部分周长的 70%。

7.3　预备线对和业务线对应均匀地放置在被分隔的两部分中，一般应对称地放在缆芯外层间隙中，预备线对和业务线对的各项技术要求与标称线对相同。

7.4　缆芯结构

7.4.1　缆芯结构和排列参见 GB/T 13849.1 附录 A 及本标准附录 A。

7.4.2　交货时，电缆中合格线对数应不小于标称线对数与业务线对数(如果有的话)之和，并均匀分布于隔离带两侧。

8 非填充式电缆的要求

非填充式电缆应符合 GB/T 13849.2 的相应规定。

9 填充式电缆的要求

填充式电缆应符合 GB/T 13849.3 的相应规定。

10 自承式非填充式电缆的要求

自承式电缆应符合 GB/T 13849.4 的相应规定。

11 隔离两侧工作电容差

隔离两侧工作电容差(适用于 100 对及以上的填充式电缆)一个隔离部分中各基本单位的最内层线对的平均工作电容($\overline{X}$)和另一隔离部分中各基本单位的最外层线对平均工作电容($\overline{Y}$)的百分数差,应不大于表 4 的规定值,百分数差按下式计算:

$$百分数差=\frac{\overline{Y}-\overline{X}}{\overline{Y}}\times 100\%$$

表 4

标称对数	百分数差		
	导体标称直径 0.5mm	导体标称直径 0.6mm	导体标称直径 0.8mm
100	2.5	2.5	2.5
200	3.5	2.8	2.5

12 技术要求

所有型号电缆均应符合表 5 的规定。

填充式电缆还应符合表 6 的规定。

自承式电缆还应符合表 7 的规定。

13 检验

产品检验项目、检验类型和试验方法按表 5、表 6、表 7 规定。

产品检验规则应符合 GB/T 13849.1 第 18 条的规定。

表 5

序号	项 目 名 称	技 术 要 求	检验类型 型式检验	检验类型 出厂检验	检验类型 中间控制	试 验 方 法
1	结构尺寸					
1.1	线对绞合节距	符合 GB/T 13849.1 第 7 条及第 8.1.3、8.1.5 条规定	○		○	钢皮尺
1.2	缆芯组成	符合 GB/T 13849.1 第 8、11、12 条规定	○		○	目力检查
1.3	聚乙烯套最小厚度		○	○		GB/T 13849.1 附录 H
	非填充式电缆	符合 GB/T 13849.2 表 3、表 4 规定				
	填充式电缆(含内护套)	符合 GB/T 13849.3 表 3、表 4 及第 7.5 条规定				
	自承式电缆(含悬挂绞线护套最小厚度及颈脖尺寸)	符合 GB/T 13849.4 表 3 及第 7.3.3 条规定				
1.4	电缆最大外径 (限无外护层的电缆)		○	○		GB 2951.4 及 GB/T 13849.1 第 17.11 条
	非填充式电缆	符合 GB/T 13849.2 表 3、表 4 规定				
	填充式电缆	符合 GB/T 13849.3 表 3、表 4 规定				
	自承式电缆	符合 GB/T 13849.4 表 3 规定				
2	基本单位、超单位、缆芯色谱	符合 GB/T 13849.1 第 9、10 条规定	○		○	目力检查
3	导体					
3.1	接续处抗拉强度	符合 GB/T 13849.1 第 5.2 条规定			○	GB 4909.3
3.2	断裂伸长率	符合 GB/T 13849.1 第 5.3 条规定	○			GB 4909.3
4	绝缘					
4.1	完整性	符合 GB/T 13849.1 第 6.3 条规定			○	GB/T 3048.15
4.2	颜色	符合 GB/T 13849.1 第 6.4 条规定	○			目力检查或规定仪器测量
4.3	颜色迁移	符合 GB/T 13849.1 第 6.4 条规定	○			GB/T 13849.1 附录 B
4.4	抗张强度	符合 GB/T 13849.1 表 2 规定	○			GB 2951.5
4.5	断裂伸长率	符合 GB/T 13849.1 表 2 规定	○			GB 2951.5
4.6	热收缩率	符合 GB/T 13849.1 表 2 规定	○			GB 2951.33
4.7	空气箱热老化耐卷绕性	符合 GB/T 13849.1 表 2 规定	○			GB/T 13849.1 附录 C

续表 5

序号	项 目 名 称	技 术 要 求	检验类型			试 验 方 法
			型式检验	出厂检验	中间控制	
4.8	低温弯曲性	符合 GB/T 13849.1 表 2 规定	○			GB/T 13849.1 附录 D
4.9	抗压缩性	符合 GB/T 13849.1 表 2 规定	○			GB/T 13849.1 附录 E
5	铝-聚乙烯粘结护套					
5.1	铝带接续处抗张强度	符合 GB/T 13849.1 第 13.1.3 条规定			○	GB 228
5.2	铝塑复合带纵包重叠宽度	符合 GB/T 13849.1 第 13.1.2 条规定	○			用钢皮尺
5.3	聚乙烯碳黑含量	符合 GB/T 13849.1 第 13.2.1 条规定	○			GB 2951.36
5.4	铝带与聚乙烯间剥离强度	符合 GB/T 13849.1 第 13.2.2 条规定	○	○		GB/T 13849.1 附录 F
5.5	铝-聚乙烯粘结护套完整性	符合 GB/T 13849.1 第 13.3 条规定	○	○		GB/T 13849.1 第 17.8 条
5.6	聚乙烯抗张强度	符合 GB/T 13849.1 表 6 规定	○			GB 2951.6
5.7	聚乙烯断裂伸长率	符合 GB/T 13849.1 表 6 规定	○			GB 2951.6 及 GB 2951.7
5.8	聚乙烯耐环境应力开裂性	符合 GB/T 13849.1 表 6 规定	○			GB/T 13849.1 附录 G
5.9	聚乙烯热收缩率	符合 GB/T 13849.1 表 6 规定	○			GB/T 13849.1 附录 I
5.10	电缆弯曲性能	经试验后，弯曲区的护套、屏蔽层、内护套不应有明显可见的裂纹				GB/T 13849.1 附录 J
6	电缆电气性能					
6.1	导体直流电阻	符合 GB/T 13849.1 表 7 规定	○	○		GB 3048.4
6.2	导体直流电阻不平衡	符合 GB/T 13849.1 表 7 规定	○	○		GB 3048.4
6.3	绝缘强度	符合 GB/T 13849.1 表 7 规定	○	○		GB/T 3048.14
6.4	绝缘电阻	符合 GB/T 13849.1 表 7 规定	○	○		GB 3048.5 或 GB 3048.6，试验电压为 200～500V
6.5	工作电容	符合 GB/T 13849.1 表 7 规定	○	○		GB 5441.2
6.6	隔离两侧工作电容差	符合本标准第 11 条规定	○	○		GB 5441.2
6.7	电容不平衡	符合 GB/T 13849.1 表 7 规定	○	○		GB 5441.3
6.8	固有衰减	符合 GB/T 13849.1 表 7 规定	○	○		GB 5441.7 或电平差法
6.9	近端串音衰减	符合 GB/T 13849.1 表 7 规定	○	○		GB 5441.6 或电平差法
6.10	远端串音防卫度	符合 GB/T 13849.1 表 7 规定	○	○		GB 5441.6 或电平差法
6.11	绝缘线芯不混线不断线	符合 GB/T 13849.1 表 7 规定	○	○		用电铃、耳机或指示灯
6.12	铝带电气连续性	符合 GB/T 13849.1 表 7 规定	○	○		用电铃、耳机或指示灯
7	外护层	符合 GB/T 13849.1 第 14 条规定	○	○		GB 2952 规定方法
8	标志、包装	符合 GB/T 13849.1 第 19 条规定	○	○		目力检查

电缆固有衰减、近端串音衰减和远端串音防卫度的试验结果有争议时，应分别以 GB 5441.7 和 GB 5441.6规定的试验方法为准。

表 6

序号	项 目 名 称	技 术 要 求	检验类型 型式检验	 出厂检验	 中间控制	试 验 方 法
1	电缆抗渗水性	符合 GB/T 13849.3 第 7.2 条规定	○	○		GB/T 13849.3 附录 A 容许工厂采用较短时间较短长度的试验方法，但有争议时必须采用附录 A 中方法
2	绝缘与填充混合物之间的相容性					
2.1	绝缘线芯预处理后耐卷绕性	符合 GB/T 13849.3 第 7.3.1 条规定	○			GB/T 13849.3 附录 B
2.2	绝缘线芯增重	符合 GB/T 13849.3 第 7.3.2 条规定	○			GB/T 13849.3 附录 C
3	电缆的滴流性能	符合 GB/T 13849.3 第 7.4 条规定	○			GB/T 13849.3 附录 D

表 7

序号	项 目 名 称	技 术 要 求	检验类型 型式检验	 出厂检验	 中间控制	试 验 方 法
1	悬挂绞线拉断力	符合 GB/T 13849.4 第 7.3.1 条规定	○			GB 8358

附 录 A
隔离式(内屏蔽)电缆缆芯排列图(25对基本单位)
(参考件)

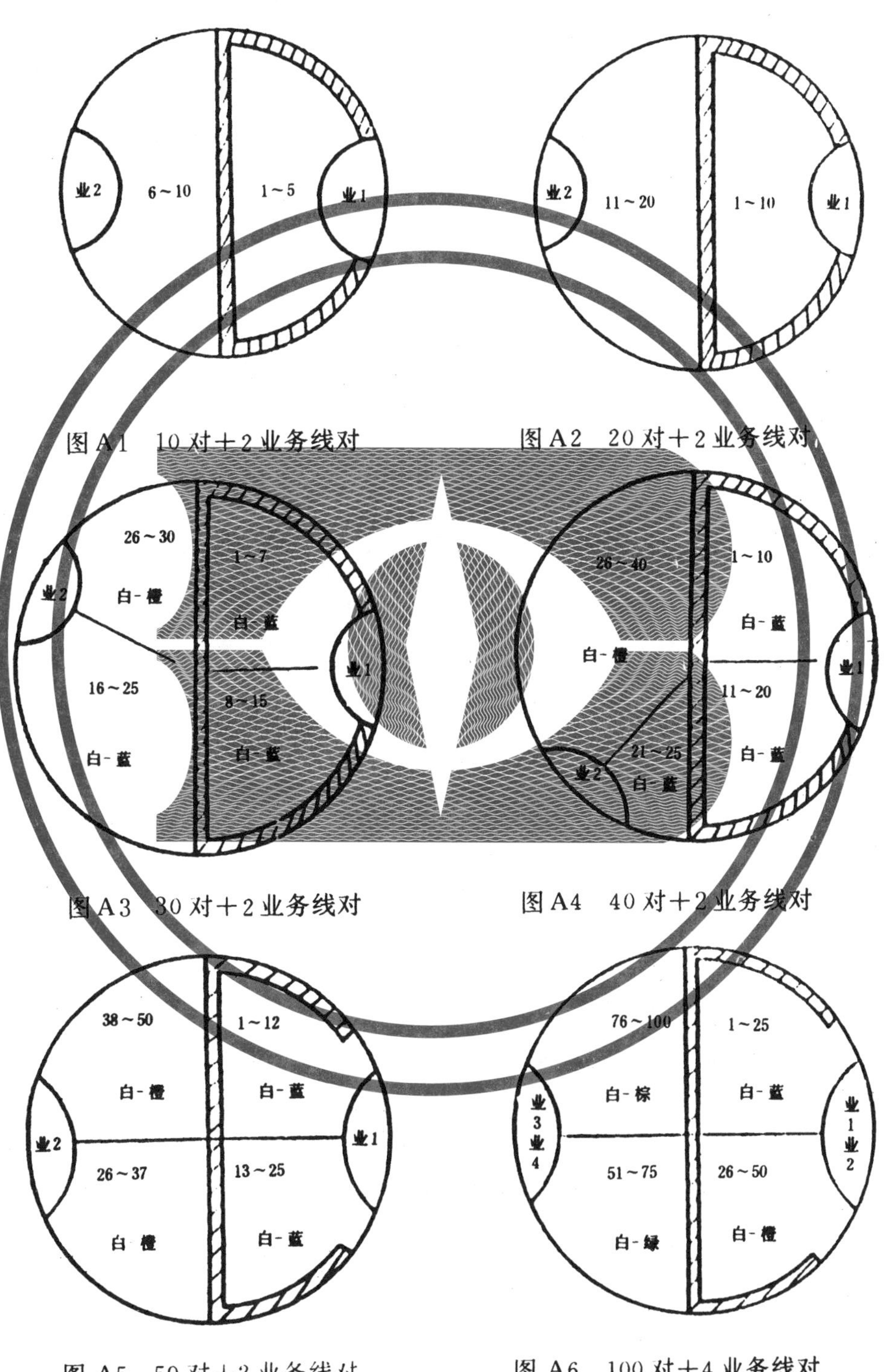

图 A1 10对+2业务线对

图 A2 20对+2业务线对

图 A3 30对+2业务线对

图 A4 40对+2业务线对

图 A5 50对+2业务线对

图 A6 100对+4业务线对

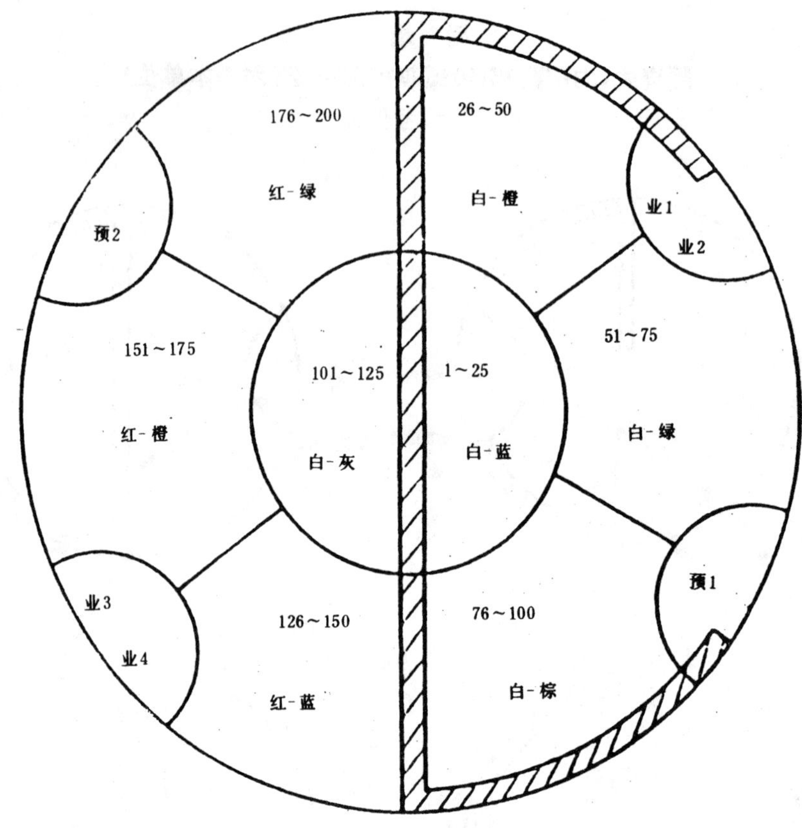

图 A7　200对＋2预备线对＋4业务线对

附加说明：

本标准由中华人民共和国机械工业部提出。

本标准由机械工业部上海电缆研究所归口。

本标准由机械工业部上海电缆研究所、邮电部成都电缆厂等起草。

本标准起草负责人周凤岐、刘谦。

本标准参照采用美国农业部农村电气化管理局规范 REA PE22、PE23、PE39。

ICS 29.060.20
K 13

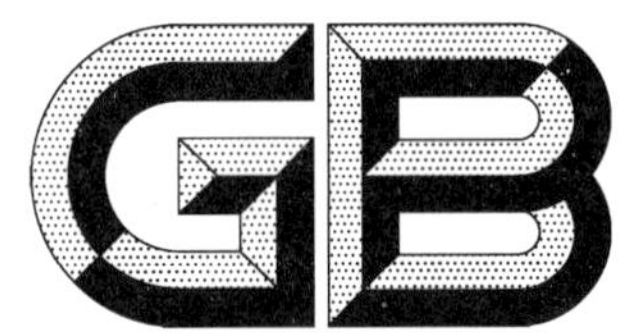

中华人民共和国国家标准

GB/T 18015.1—2017
代替 GB/T 18015.1—2007

数字通信用对绞或星绞多芯对称电缆 第1部分:总规范

Multicore and symmetrical pair/quad cables for digital communications—Part 1:Generic specification

(IEC 61156-1:2009,MOD)

2017-12-29 发布　　2018-07-01 实施

中华人民共和国国家质量监督检验检疫总局
中国国家标准化管理委员会　发布

前言

GB/T 18015《数字通信用对绞或星绞多芯对称电缆》已经或计划发布以下部分：

——第1部分：总规范；

——第2部分：水平层布线电缆 分规范；

——第3部分：工作区布线电缆 分规范；

——第4部分：垂直布线电缆 分规范；

——第5部分：具有600 MHz及以下传输特性的对绞或星绞对称电缆 水平层布线电缆 分规范；

——第6部分：具有600 MHz及以下传输特性的对绞或星绞对称电缆 工作区布线电缆 分规范；

——第7部分：具有1 200 MHz及以下传输特性的对绞或星绞对称电缆 数字和模拟通信电缆分规范；

——第8部分：具有1 200 MHz及以下传输特性的对绞或星绞对称电缆 工作区布线电缆分规范；

——第11部分：能力认可 总规范；

——第21部分：水平层布线电缆 空白详细规范；

——第22部分：水平层布线电缆 能力认可 分规范；

——第31部分：工作区布线电缆 空白详细规范；

——第32部分：工作区布线电缆 能力认可 分规范；

——第41部分：垂直布线电缆 空白详细规范；

——第42部分：垂直布线电缆 能力认可 分规范。

本部分为GB/T 18015的第1部分。

本部分按照GB/T 1.1—2009给出的规则起草。

本部分代替GB/T 18015.1—2007《数字通信用对绞或星绞多芯对称电缆 第1部分：总规范》，与GB/T 18015.1—2007相比主要技术变化如下：

——删除了“对屏蔽电容不平衡”(见2007年版的2.1.3)；

——删除了“群传播速度”(见2007年版的2.1.5a)；

——删除了“群传播时延”(见2007年版的2.1.13)；

——增加了“耦合衰减”的术语和定义(见3.5)；

——删除了“有毒气体的散发”(见2007年版的3.5.13)；

——增加了“载流量”的术语和定义(见3.6)；

——增加了“近端衰减串音比”的术语和定义与试验方法(见3.17,6.3.6)；

——增加了“远端衰减串音比”的术语和定义与试验方法(见3.18,6.3.7)；

——增加了“缆间(外部的)近端串音”的术语和定义与试验方法(见3.19,6.3.8)；

——增加了“缆间(外部的)远端串音”的术语和定义与试验方法(见3.20,6.3.9)；

——增加了“缆间(外部的)串音功率和”的术语和定义与试验方法(见3.21)；

——增加了“成束电缆”的术语和定义(见3.28)；

——增加了“吸湿性”的术语和定义(见3.29)；

——增加了“毛细现象”的术语和定义(见3.30)；

——增加了“环境温度”的术语和定义(见 3.31);

——增加了“工作温度”的术语和定义(见 3.32);

——增加了共模匹配负载的数值(见 6.1);

——修改了“转移阻抗”的测试要求(见 6.2.7,2007 年版的 3.2.7);

——增加了“耦合衰减”的试验方法(见 6.2.8);

——修改了“传播速度”的测量方法(见 6.3.2,2007 年版的 3.3.1);

——增加了试验时对温度的要求(见 6.3.4.1 和 6.3.4.2);

——增加了“成束电缆的缆间串音”的试验方法(见 6.3.10);

——增加了“张力下的弯曲”试验(见 6.4.10);

——增加了“电缆反复弯曲”试验(见 6.4.11);

——增加了“冲击试验”(见 6.4.13);

——增加了“碰撞试验”(见 6.4.14);

——增加了“振动试验”(见 6.4.15);

——增加了“稳态湿热”(见 6.5.9);

——增加了“日照辐射”(见 6.5.10);

——增加了“耐溶剂和污染液体”(见 6.5.11);

——增加了“盐雾与二氧化硫”(见 6.5.12);

——增加了“浸水”(见 6.5.13);

——增加了“吸湿性”(见 6.5.14);

——增加了“毛细现象试验”(见 6.5.15)。

本部分使用重新起草法修改采用 IEC 61156-1:2009《数字通信用对绞或星绞多芯对称电缆　第 1 部分:总规范》。

本部分与 IEC 61156—1:2009 相比在结构上有较多调整,附录 A 中列出了本部分与 IEC 61156-1:2009 的章条编号对照一览表。

本部分与 IEC 61156-1:2009 相比存在技术性差异,这些差异涉及的条款已通过在其外侧页边空白位置的垂直单线(|)进行了标示,附录 B 中给出了相应技术性差异及其原因的一览表。

本部分做了下列编辑性修改:

——将原文中第 2 章有误的引用文件 IEC 62012-1:2004 更改为 IEC 62012-1:2002;

——修正了远端不平衡衰减公式的编辑性错误[见 6.3.5.3.4 中的式(22)];

——将原文中大量的悬置段改为“一般要求”;

——增加了附录 C(资料性附录)“常用电缆结构缩写”;

——增加了附录 D(资料性附录)“数字通信用对绞或星绞多芯对称电缆的型号编制方法”。

本部分由中国电器工业协会提出。

本部分由全国电线电缆标准化技术委员会(SAC/TC 213)归口。

本部分起草单位:上海电缆研究所有限公司、中国信息通信研究院、江苏东强股份有限公司、江苏亨通线缆科技有限公司、浙江兆龙线缆有限公司、苏州永鼎线缆科技有限公司、浙江正导电缆有限公司、惠州市秋叶原实业有限公司、杭州富通电线电缆有限公司、深圳市联嘉祥科技股份有限公司、宝胜科技创新股份有限公司。

本部分主要起草人:尹莹、江斌、涂建坤、刘泰、王子纯、淮平、倪冬华、杨辉、罗英宝、陈建法、杨喜海、黄冬莲、房权生。

本部分所代替标准的历次版本发布情况为:

——GB/T 18015.1—1999、GB/T 18015.1—2007。

数字通信用对绞或星绞多芯对称电缆
第1部分:总规范

1 范围

GB/T 18015 的本部分规定了数字通信用对绞或星绞多芯对称电缆的安装条件、材料和电缆结构、性能与要求。

本部分适用于数字通信系统,如综合业务数字网(ISDN)、局域网和数据通信系统,以及楼宇布线系统中使用的电缆。

2 规范性引用文件

下列文件对于本文件的应用是必不可少的。凡是注日期的引用文件,仅注日期的版本适用于本文件。凡是不注日期的引用文件,其最新版本(包括所有的修改单)适用于本文件。

GB/T 2951.11—2008 电缆和光缆绝缘和护套材料通用试验方法 第11部分:通用试验方法 厚度和外形尺寸测量 机械性能试验(IEC 60811-1-1:2001,IDT)

GB/T 2951.12—2008 电缆和光缆绝缘和护套材料通用试验方法 第12部分:通用试验方法 热老化试验方法(IEC 60811-1-2:1985,IDT)

GB/T 2951.13—2008 电缆和光缆绝缘和护套材料通用试验方法 第13部分:通用试验方法 密度测定方法 吸水试验 收缩试验(IEC 60811-1-3:2001,IDT)

GB/T 2951.14—2008 电缆和光缆绝缘和护套材料通用试验方法 第14部分:通用试验方法 低温试验(IEC 60811-1-4:1985,IDT)

GB/T 2951.31—2008 电缆和光缆绝缘和护套材料通用试验方法 第31部分:聚氯乙烯混合料专用试验方法 高温压力试验 抗开裂试验(IEC 60811-3-1:1985,IDT)

GB/T 2951.42—2008 电缆和光缆绝缘和护套材料通用试验方法 第42部分:聚乙烯和聚丙烯混合料专用试验方法 高温处理后抗张强度和断裂伸长率试验 高温处理后卷绕试验 空气热老化后的卷绕试验 测定质量的增加 长期热稳定性试验 铜催化氧化降解试验方法(IEC 60811-4-2:2004,IDT)

GB/T 3953—2009 电工圆铜线

GB/T 4910—2009 镀锡圆铜线

GB/T 6995.2 电线电缆识别标志方法 第2部分:标准颜色

GB/T 7424.2—2008 光缆总规范 第2部分:光缆基本试验方法(IEC 60794-1-2:2003,MOD)

GB/T 11327.1—1999 聚氯乙烯绝缘聚氯乙烯护套低频通信电缆电线 第1部分:一般试验和测量方法

GB/T 14733.2 电信术语 传输线和波导(GB/T 14733.2—2008,IEC 60050-726:1982,IDT)

GB/T 17650.1—1998 取自电缆或光缆的材料燃烧时释出气体的试验方法 第1部分:卤酸气体总量的测定(idt IEC 60754-1-1994)

GB/T 17650.2—1998 取自电缆或光缆的材料燃烧时释出气体的试验方法 第2部分:用测量pH值和电导率来测定气体的酸度(idt IEC 60754-2:1991 Amendment No.1:1997)

GB/T 17651(所有部分) 电缆或光缆在特定条件下燃烧的烟密度测定[IEC 61034(所有部分)]

GB/T 18380.12 电缆和光缆在火焰条件下的燃烧试验 第12部分:单根绝缘电线电缆火焰垂直蔓延试验 1 kW预混合型火焰试验方法(GB/T 18380.12—2008,IEC 60332-1-2:2004,IDT)

GB/T 18380.22 电缆和光缆在火焰条件下的燃烧试验 第22部分:单根绝缘细电线电缆火焰垂直蔓延试验 扩散型火焰试验方法(GB/T 18380.22—2008,IEC 60332-2-2:2004,IDT)

GB/T 18380.35 电缆和光缆在火焰条件下的燃烧试验 第35部分:垂直安装的成束电线电缆火焰垂直蔓延试验 C类(GB/T 18380.35—2008,IEC 60332-3-24:2000,IDT)

GB/T 21204.1—2007 用于严酷环境的数字通信用对绞或星绞多芯对称电缆 第1部分:总规范(IEC 62012-1:2002,IDT)

GB/T 21430.1—2008 宽带数字通信(高速率数字接入通信网络)用对绞或星绞多芯对称电缆 户外电缆 第1部分:总规范(IEC 62255-1:2003,IDT)

JB/T 3135—2011 镀银软圆铜线

IEC 60169-22 射频连接器 第22部分:与双芯屏蔽对称电缆配用双极卡口锁紧射频连接器(BNO型)[Radio-frequency connectors—Part 22:R.F. two-pole bayonet coupled connectors for use with shielded balanced cables having twin inner conductors (Type BNO)]

IEC 60708 聚烯烃绝缘聚烯烃防潮层护套低频电缆(Low-frequency cables with polyolefin insulation and moisture barrier polyolefin sheath)

IEC 62153-4-3 金属通信电缆试验方法 第4-3部分:电磁兼容性能(EMC) 表面转移阻抗 三同轴法[Metallic communication cable test methods—Part 4-3: Electromagnetic compatibility (EMC)—Surface transfer impedance—Triaxial method]

IEC 62153-4-5 金属通信电缆试验方法 第4-5部分:电磁兼容性能(EMC) 耦合或屏蔽衰减 吸收钳法[Metallic communication cable test methods—Part 4-5: Electromagnetic compatibility (EMC)—Coupling or screening attenuation—Absorbing clamp method]

IEC 62153-4-9 金属通信电缆试验方法 第4-9部分:电磁兼容性能(EMC) 屏蔽对称电缆的耦合衰减 三同轴法[Metallic communication cable test methods—Part 4-9: Electromagnetic compatibility (EMC)—Coupling attenuation of screened balanced cables, triaxial method]

ITU-T G.117:1996 对地不平衡的传输特性(Transmission aspects of unbalance about earth)

ITU-T O.9:1999 评估对地不平衡程度的测试装置(Measuring arrangements to assess the degree of unbalance about earth)

3 术语和定义

GB/T 14733.2界定的以及下列术语和定义适用于本文件。

3.1

电阻不平衡 resistance unbalance

对绞组两导体间或星绞组中一对线两导体间,或对绞组/星绞组间不同线对的两导体间的电阻的差。

注:电阻不平衡以%表示。

3.2

对地电容不平衡 capacitance unbalance to earth

对绞组或星绞组中一对线的两个导体对地的电容的算术差。

注:对地电容不平衡的单位是皮法每米(pF/m)。

3.3

工作电容 mutual capacitance

对绞组(或星绞组中一对线)的导体储存电荷的参数。

注 1：工作电容是四个主要的传输线参数之一：工作电容、工作电感、电阻和电导。

注 2：工作电容的单位是皮法每米(pF/m)。

3.4

转移阻抗 transfer impedance

电气上短而纵向均匀的电缆屏蔽的转移阻抗定义为单位长度上外电路(环境)上的纵向感应电压与内电路(电缆)上的注入电流的比值，反之亦然。

注：转移阻抗的单位是毫欧每米(mΩ/m)。

3.5

耦合衰减 coupling attenuation

沿着导体的输入功率与由于存在共模电路所引起的最大反射功率的峰值的比值。

注：耦合衰减的单位是分贝(dB)。

3.6

载流量 current carrying capacity

一条电缆线路(一根或几根导体)能够承载的最大电流，在该电流下导体表面温度升高到不超过电缆允许的最大工作温度(可以超出环境温度)。

3.7

传播速度(相速度) velocity of propagation (phase velocity)

正弦波信号在电缆的一个线对里的传播速度。

注：传播速度的单位是米每秒(m/s)。

3.8

时延(相时延) phase delay

一个正弦波的特定相位通过电缆上给定的两点的时间。

注：单位长度电缆的相时延的单位是纳秒每米(ns/m)。

3.9

相时延差(偏移) differential phase delay(delay skew)

电缆中任意两线对间的相时延之间的差。

注：单位长度电缆的相时延差的单位是纳秒每米(ns/m)。

3.10

衰减 attenuation

当信号沿着电缆的某一线对传播时，其传输功率下降的现象，用起始点的输入功率与相应的终点的输出功率的对数比表示。

注：衰减的单位是分贝(dB)。

3.11

不平衡衰减 unbalance attenuation

信号在电缆内传播时，共模功率与差模功率比的对数。

注 1：不平衡衰减的单位是分贝(dB)。

注 2：不平衡衰减也时常被叫做转换损耗，例如纵向转换损耗(*LCL*)、纵向转换转移损耗(*LCTL*)、横向转换损耗(*TCL*)、横向转换转移损耗(*TCTL*)、等电平纵向转换转移损耗(*EL LCTL*)和等电平横向转换转移损耗(*EL TCTL*)。

3.12

横向转换损耗 transverse conversation loss

TCL

在近端的差模功率和在近端测得的共模耦合功率的对数比。

3.13

等电平远端不平衡衰减 equal-level transverse conversation transfer loss

EL TCTL

横向转换转移损耗(*TCTL*)与衰减的差,即在近端的差模功率和在远端测得的共模耦合功率的对数比与该线对衰减的差值。

注:等电平远端不平衡衰减也称为等电平横向转换转移损耗。

3.14

近端串音 near-end crosstalk

NEXT

近端主串线对的信号耦合到近端被串线对的信号功率的幅值。

注:近端串音的单位是分贝(dB)。

3.15

远端串音 far-end crosstalk

FEXT

近端主串线对的信号耦合到远端被串线对的信号功率的幅值。

注:远端串音的单位是分贝(dB)。

3.16

串音功率和 power sum of crosstalk

PS

所有主串线对到被串线对的功率的和。

注1:串音功率和适用于近端串音功率和和远端串音功率和。

注2:串音功率和的单位是分贝(dB)。

3.17

近端串音衰减比 attenuation to crosstalk ratio,near-end

ACR-N

主串线对的近端串音与被串线对测量长度上衰减之间的差值。

注:近端串音衰减比的单位是分贝(dB)。

3.18

远端串音衰减比 attenuation to crosstalk ratio far-end

ACR-F

主串线对的远端串音和被串线对测量长度上衰减之间的差值。

注:远端串音衰减比的单位是分贝(dB)。

3.19

缆间(外部的)近端串音 alien(exogenous) near-end crosstalk

ANEXT

在不同的电缆内的主串线对和被串线对间的近端串音。

注:外部缆间近端串音的单位是分贝(dB)。

3.20

缆间(外部的)远端串音 alien(exogenous) far-end crosstalk

AFEXT

在不同的电缆内的主串线对和被串线对间的远端串音。

注:外部缆间远端串音的单位是分贝(dB)。

3.21

缆间(外部的)串音功率和　power sum of alien(exogenous) crosstalk

PSA

不同电缆内所有的主串线对到某一被串线对的缆间(外部的)串音功率和。

注 1：外部缆间串音功率和分为外部缆间近端串音功率和和外部缆间远端串音功率和。

注 2：外部缆间串音功率和的单位是分贝(dB)。

3.22

特性阻抗　characteristic impedance

Z_c

无限长且均匀的传输线,在输入端呈现的阻抗,是在规定频率下由计算得到的值,单位是 Ω。线缆某一线对的近端(输入端)的特性阻抗等于该线对远端开路测试得到的数据和远端短路测试得到的数据相乘的平方根。

注 1：无限长均匀线路的特性阻抗定义为当波在其内部同一方向(正向或者反向)传播时,电压和电流的比值。

注 2：对于一根理想的均匀电缆,开短路方法得到的特性阻抗在整频段是一根光滑的曲线。实际的电缆由于结构的不均匀,特性阻抗的曲线有若干尖峰。

3.23

匹配输入阻抗　terminated input impedance

Z_{in}

线缆某一线对的近端(输入端)匹配输入阻抗,是规定频率下,电缆的末端端接系统标称阻抗时,测量得到的数值,单位是 Ω。

3.24

拟合特性阻抗　fitted characteristic impedance

Z_m

对被测电缆的特性阻抗值进行最小二乘法函数拟合后,计算得到的值,单位是 Ω。

3.25

平均特性阻抗　mean characteristic impedance

Z_∞

特性阻抗在频率足够高时(≈100 MHz)的渐近值,单位是 Ω,此时阻抗的虚部(相位角)可以忽略不计。

注 1：Z_∞ 是高频时特性阻抗的渐近值。

注 2：通常通过电容和时延测量。

注 3：适用于频率与工作电容无关的电缆。

3.26

回波损耗　return loss

RL

电缆在输入端的近端输入功率和反射功率的比值。

注：回波损耗的单位是分贝(dB)。

3.27

平衡变换器　balun

用于平衡到不平衡阻抗匹配的变换器。

注：平衡-不平衡变换器也称为“平衡变换器”或“巴伦”。

3.28

成束电缆　bundled cables

成组或几根独立的电缆按照一定的组合摆放在一起的电缆。

3.29

吸湿性　hygroscopic

原材料从大气中吸收潮气的特性。

3.30

毛细现象　wicking

由于毛细作用，材料里的液体纵向的流动。

3.31

环境温度　ambient temperature

电缆周围空间或者房间的温度。

注：环境温度的单位是摄氏度(℃)。

3.32

工作温度　operating temperature

电缆运行时导体表面的温度，是室温和导体通电时升高温度的和。

注：工作温度的单位是摄氏度(℃)。

4　安装条件

电缆设计应满足下列各种场合的安装条件：

a)　设备电缆

这种电缆适用于工作站与外围设备(如打印机)之间。

b)　工作区电缆

这种电缆适用于工作站与通信输出端之间。

c)　水平层布线电缆

这种电缆适用于工作区通信输出端与通信机房之间。

d)　垂直和建筑物主干电缆

这种电缆适用于水平安装或各楼层之间的垂直安装。

e)　建筑物间电缆

这种电缆用于建筑物之间互连并应适用于室外安装，其护套及防护应符合 GB/T 21430.1—2008 的规定。

5　材料和电缆结构

5.1　一般要求

材料和电缆结构的选用应适合电缆的预期用途及安装条件，应特别注意满足电磁兼容性能和(或)防火性能的任何特殊的要求。

5.2　电缆结构

5.2.1　一般要求

电缆结构应符合有关电缆详细规范中规定的要求。

5.2.2　导体

导体应由质地均匀，无缺陷的退火铜线制成。

导体可以是实心的或绞合的。实心导体应具有圆形截面,可以是裸铜,也可以镀金属。裸铜线的性能应符合 GB/T 3953—2009 中 TR 型软圆铜线的要求;镀锡铜线应符合 GB/T 4910—2009 中 TXRH 型可焊镀锡软圆铜线的要求;镀银铜线应符合 JB/T 3135—2011 的要求。

实心导体通常应是整根拉制而成,实心导体允许有接头,接头处的抗拉强度应不低于无接头实心导体的 85%。

绞合导体可采用同心绞或束绞方式,将多根裸铜线绞合成圆形截面。

注:对采用绝缘刺破型(IDC)连接的,不推荐束绞方式。

绞合导体的单线可以是裸铜线,也可以是镀金属铜线。单线通常应是整根拉制而成。单线中允许有接头,接头处的抗拉强度应不低于无接头处单线的 85%。除非在相关电缆详细规范中规定并允许,否则绞合后的导体不允许整体接头。

工作区电缆和设备电缆的导体可由单根或多根螺旋绕在纤维线上的薄铜或铜合金带构成。整根导体不允许接头。

5.2.3 绝缘

5.2.3.1 一般要求

导体绝缘应由一种或多种适当的介电材料组成。绝缘结构可以是实心、泡沫或复合式(如皮-泡-皮结构)。

绝缘应连续,其厚度尽可能均匀。

绝缘应适当紧密地包覆在导体上。

绝缘芯线应采用颜色识别标识,可采用挤出、打印或喷印彩色/环形标识/符号等一种或多种方式的组合。着色应清晰易识别,并符合 GB/T 6995.2 的要求。

5.2.3.2 色谱

绝缘色谱应遵照相关详细规范的要求。

5.2.4 电缆元件

5.2.4.1 概述

电缆元件是两根绝缘导体一起扭绞成一个对绞组,记作“a”线和“b”线,或四根绝缘导体一起扭绞成一个星绞组(也称四线组),按旋转方向顺次记作“a”线、“c”线、“b”线和“d”线。

成品电缆中最大平均节距的选择,应综合考虑规定的串音要求、加工性能和对绞组或星绞组的完整性。

注:用变化的节距组成电缆元件时,会偶然发生扭绞节距的最大值大于规定值的情况,但这种情况是可以接受的。

5.2.4.2 电缆元件屏蔽

如果对绞组或星绞组外需要屏蔽,可采用以下方式组成:

a) 一层单面的铝塑复合带;

b) 一层单面的铝塑复合带和一根与金属带接触的镀金属或裸铜的排流线;

c) 金属编织丝;

d) 一层单面的铝塑复合带和金属编织丝;

e) 裸铜带。

当不同种类的金属互相接触时,应特别谨慎。可能需要用涂覆或其他保护方法以防止相互的原电池作用。

在屏蔽之内和(或)之外可采用包带保护。

5.2.5 成缆

电缆元件可用同心层绞式或单位式结构成缆。缆芯可用非吸湿性、无毛细现象的包带保护。

注 1:为保持缆芯圆整可使用填充物。

注 2:用变化的节距组成电缆元件时,会偶然发生扭绞节距的最大值大于规定值的情况,但这种情况是可以接受的。

5.2.6 缆芯屏蔽

缆芯可采用以下屏蔽方式:

a) 一层单面的铝塑复合带,其塑料面允许与护套黏结;

b) 一层单面的铝塑复合带和一根与金属面接触的镀金属或裸铜的排流线;

c) 金属编织丝;

d) 一层单面的铝塑复合带和金属编织丝;

e) 不镀金属的铜带或铝带。

当不同种类的金属互相接触时,应特别谨慎。可能需要用涂覆或其他保护方法以防止相互的原电池作用。

在屏蔽之内和(或)之外可采用包带保护。

5.2.7 护套

护套应满足以下要求:

a) 护套应为聚合物材料;

b) 护套应连续,并且其厚度应尽可能均匀;

c) 护套应适当紧密地包覆在缆芯上,对于屏蔽电缆,除有意黏结外,护套不应黏附于屏蔽上;

d) 护套颜色应在相关详细规范中规定。

5.2.8 标识

5.2.8.1 电缆标识

电缆每隔一定长度应标有制造商名称,电缆类型,必要时还应有制造年份。标识可使用下列方法之一进行:

a) 着色线和着色带;

b) 印字带;

c) 在缆芯包带上印字;

d) 在护套上作标记。

护套上可能还要有电缆详细规范中规定的其他附加标记。

5.2.8.2 包装标识

应在每个成品电缆所附的标签上或在产品包装外面给出以下信息:

a) 电缆类型;

b) 制造商名称或专用标志;

c) 制造年份;

d) 电缆长度,m;

e) 执行标准。

5.2.9 成品电缆

在储存及装运过程中，应对成品电缆有足够的防护。

6 性能与要求

6.1 一般要求

除非另有规定，所有的试验都应在(20±3)℃工作温度下进行。试验的信号应足够低，以避免引起任何的温升。

试验样品的典型试验布置如下：

a) 放在非金属表面上，距离导电表面至少 25 mm；

b) 悬空支撑，使得圈间至少间隔 25 mm；

c) 在线盘上绕成单螺旋形，圈之间至少相隔 25 mm。

屏蔽电缆可以不采用 a)、b)、c)的规定。

当电缆在其原包装内测量时，工作电容、特性阻抗、衰减和串音这些参数的测量值有时会高出实际值 10%左右。这是由于电缆包装紧密和相互卷绕效应造成的。此外，装箱可能会对电缆的回波、串音、阻抗、衰减产生不利的影响，安装后，电缆的性能会得到全部或部分的恢复。

当有异议时，工作电容、特性阻抗、衰减、串音的测量应在去除包装的电缆试样上进行。

外部缆间串扰的测量程序规定了如何将多根电缆按照指定的布线方式进行测量的方法(见 6.3.8 和 6.3.9)。

共模匹配负载的数值为：

——线对屏蔽的电缆，0 Ω；

——总屏蔽的电缆，25 Ω；

——非屏蔽电缆，50 Ω。

6.2 电气性能和测试

6.2.1 导体电阻

导体电阻的测量应按照 GB/T 11327.1—1999 中的 7.1 的要求进行。

6.2.2 电阻不平衡

6.2.2.1 一般要求

电阻不平衡以及测试设备的精度应按照 IEC 60708 的要求进行。

6.2.2.2 线对内电阻不平衡

线对两导体间或者星绞组的同一对线的两导体间的电阻不平衡的计算见式(1)：

$$\Delta R = \frac{(R_{\max} - R_{\min})}{(R_{\max} + R_{\min})} \times 100\% \qquad \cdots\cdots(1)$$

式中：

ΔR ——导体电阻不平衡；

$R_{\max}$ ——较大电阻值的导体电阻，单位为欧姆(Ω)；

$R_{\min}$ ——较小电阻值的导体电阻，单位为欧姆(Ω)。

6.2.2.3 线对间电阻不平衡

对绞组间或者星绞组中的线对间电阻不平衡的计算见式(2)：

$$\Delta RP_{i,k}=\frac{|R_{\max i}\cdot R_{\min i}\times(R_{\max k}+R_{\min k})-R_{\max k}\cdot R_{\min k}\times(R_{\max i}+R_{\min i})|}{R_{\max i}\cdot R_{\min i}\times(R_{\max k}+R_{\min k})+R_{\max k}\cdot R_{\min k}\times(R_{\max i}+R_{\min i})}\times 100\% \qquad (2)$$

式中：

$\Delta RP_{i,k}$ ——线对间电阻不平衡；

$R_{\max}$ ——较大电阻值的线对电阻，单位为欧姆(Ω)；

$R_{\min}$ ——较小电阻值的线对电阻，单位为欧姆(Ω)；

i,k ——$i\neq k, i=1\cdots\cdots n, k=1\cdots\cdots n$，$n$ 为线对数。

6.2.3 介电强度

应按照 GB/T 11327.1—1999 中 7.2 的要求测量导体/导体间，导体/屏蔽间(如有)，屏蔽/屏蔽间(如有)的介电强度。

6.2.4 绝缘电阻

应按照 GB/T 11327.1—1999 中 7.3 的要求测量导体/导体间，导体/屏蔽间，屏蔽/屏蔽间的绝缘电阻。试验电压应在直流 100 V～500 V 之间，详细规范中另有规定除外。

6.2.5 工作电容

应按照 GB/T 11327.1—1999 中 7.4 的要求测量多芯对绞电缆或星绞组电缆的工作电容。

6.2.6 电容不平衡

多线对或星绞组的电容不平衡的测量应按照 GB/T 11327.1—1999 中的 7.5 的要求进行。

对绞组或星绞组中一对线的对地电容不平衡的计算见式(3)：

$$\Delta C_e=C_1-C_2 \qquad (3)$$

式中：

ΔC_e ——线对对地电容不平衡，单位为皮法每米(pF/m)；

C_1 ——导体 a 与 b 间的电容，导体 b 接所有其他导体及屏蔽(如有)与地，单位为皮法每米(pF/m)；

C_2 ——导体 b 与 a 间的电容，导体 a 接所有其他导体及屏蔽(如有)与地，单位为皮法每米(pF/m)。

如果被测电缆长度 L 不是 500 m，测量值应作如下修正：

对于线对与线对间或星绞组内一对线与另一对线间，测量值应按式(4)修正。对于线对与地间或星绞组内一对线与地间，测量值应按式(5)修正。

$$C_{\text{corr}}=\frac{C_{\text{meas}}}{0.5\times\left(\frac{L}{500}+\sqrt{\frac{L}{500}}\right)} \qquad (4)$$

$$C_{\text{corr}}=\frac{C_{\text{meas}}}{L/500} \qquad (5)$$

式中：

C_{corr} ——修正后的电容值，单位为皮法每米(pF/m)；

C_{meas}——测量的电容值，单位为皮法每米(pF/m)；

L ——被测电缆的长度，单位为米(m)。

6.2.7 转移阻抗

按照 IEC 62153-4-3 的要求测量转移阻抗。被测电缆两端的所有屏蔽应连接在一起。转移阻抗的频率范围应按照相关详细规范中的要求进行测量。

6.2.8 耦合衰减

按照 IEC 62153-4-5 或者 IEC 62153-4-9 的要求进行耦合衰减的测量。被测电缆两端的所有屏蔽应连接在一起。耦合衰减的频率范围应按照相关详细规范中的要求进行测量。

6.3 传输性能

6.3.1 一般要求

传输性能测量应在平衡条件下进行。当使用不平衡试验仪表时，线对的两端应通过平衡变换器接到试验仪表。试验仪表可以是网络分析仪或者信号源/接收机。应选择能使试验仪表在试验频率上与电缆的标称特性阻抗匹配的平衡变换器，平衡变换器的相关性能应符合表1中的要求。为了补偿平衡变换器的剩余失配，宜将平衡变换器连到一根短段的电缆上(≤1 m)进行系统的初始校准。

不平衡衰减的测量要求平衡变换器应具备共模端口；其余参数的测量，平衡变换器的共模端口不是必须的。

6.3.2 传播速度(相速度)

传播速度应在相关电缆详细规范指定的频率范围下测量。

测试设备如图1所示。

通过测量，计算出使输出信号的相位与输入信号相比旋转了 2π 弧度的频率间隔 Δf 值。

传播速度的计算见式(6)：

$$V_p = L \cdot \Delta f \qquad (6)$$

式中：

V_p ——相速度，单位为米每秒(m/s)；

L ——待测电缆的长度，单位为米(m)；

Δf——频率间隔，单位为赫兹(Hz)。

为了得到足够精度的频率间隔 Δf，可以测试旋转 n 个 2π 弧度的频率差 $\Delta f'$，然后计算出频率间隔 Δf，见式(7)：

$$\Delta f = \frac{\Delta f'}{n} \qquad (7)$$

式中：

$\Delta f'$——旋转 n 个 2π 弧度的频率间隔，单位为赫兹(Hz)；

n ——旋转次数，≤10。

注：有时，相速度由其与真空中光速(c)的比值表述。例如 $0.71c$ 表示 0.71 倍的光速。也可用百分比表述，如，71%。

6.3.3 相时延和相时延差(时延差)

相时延的计算见式(8)：

$$\tau_p = \frac{L}{V_p} \qquad (8)$$

式中：

τ_p ——相时延，单位为秒(s)；

V_p ——相速度，单位为米每秒(m/s)；

L ——待测电缆长度，单位为米(m)。

时延差的计算见式(9)：

$$\Delta\tau_p = \left| L \cdot \left(\frac{1}{v_{p,1}} - \frac{1}{v_{p,2}} \right) \right| \quad \cdots\cdots\cdots\cdots (9)$$

式中：

$\Delta\tau_p$——时延差，单位为秒(s)；

$v_{p,1}$——线对 1 的相速度，单位为米每秒(m/s)；

$v_{p,2}$——线对 2 的相速度，单位为米每秒(m/s)。

6.3.4 衰减

6.3.4.1 20 ℃工作温度的衰减

衰减应在相关电缆详细规范指定的频率范围内测量。测试示意图如图 1 所示。

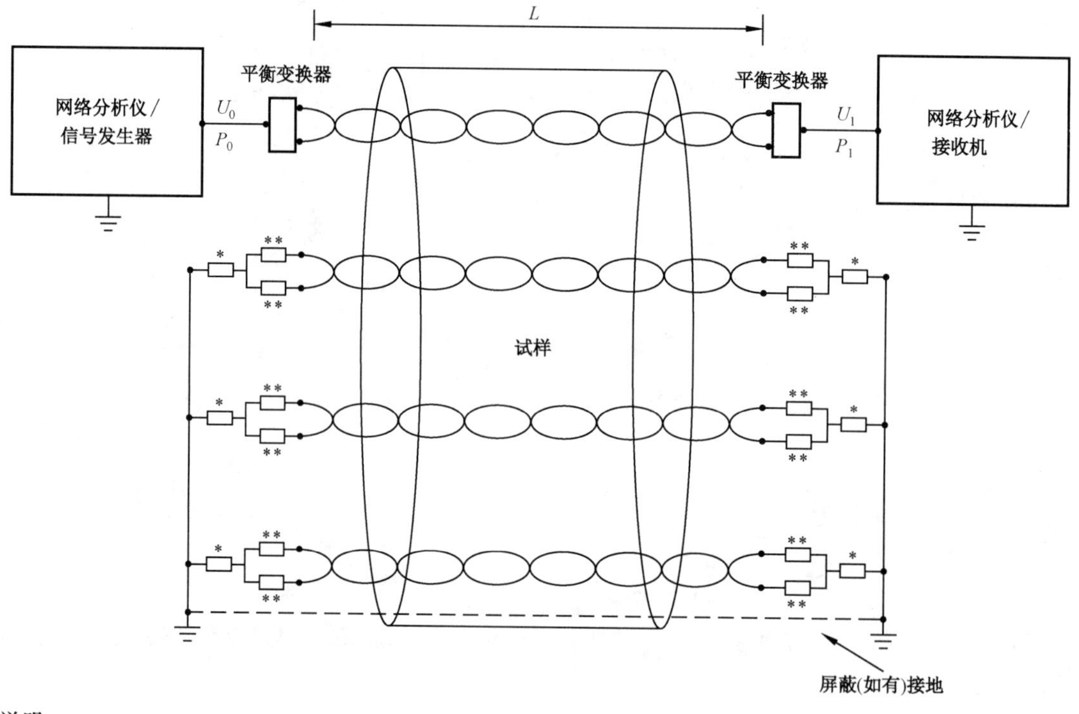

说明：

* ——共模匹配负载(参见 6.1)；

** ——差模匹配负载(线对匹配用)；

L ——待测电缆长度，单位为米(m)；

U_0 ——矢量网络分析仪或者信号发生器的输出电压，单位为伏特(V)；

U_1 ——矢量网络分析仪或者接收机的输入电压，单位为伏特(V)；

P_0 ——矢量网络分析仪或者信号发生器的输出功率，单位为瓦特(W)；

P_1 ——矢量网络分析仪或者接收机的输入功率，单位为瓦特(W)。

图 1 衰减，传播速度，相时延测试装置示意图

衰减的测量应在环境温度下进行，电缆的衰减见式(10)：

$$\alpha = \frac{100}{L} \times \log_{10} \left| \frac{P_0}{P_1} \right| \quad \cdots\cdots(10)$$

式中：

α ——测量的衰减值，单位为分贝每百米(dB/100 m)；

L——被测电缆的长度，单位为米(m)。

应将式(10)按照式(11)修正到 20 ℃：

$$\alpha_{20} = \frac{\alpha}{1 + \delta_{\text{cable}} \cdot (T - 20)} \quad \cdots\cdots(11)$$

式中：

α_{20} ——修正到 20 ℃的衰减，单位为分贝每百米(dB/100 m)；

δ_{cable}——衰减的温度系数，单位为百分比每摄氏度(%/℃)；

T ——环境温度，单位为摄氏度(℃)。

6.3.4.2 高于环境温度的衰减

6.3.4.2.1 试验箱

试验箱(温箱)可以是空气循环试验箱或者环境室。在试验期间，试验箱应具有保持所需温度的能力，精度满足±2 ℃。尺寸应足够大，可以存放测试样品以及支撑样品所必需的夹具。试验箱应提供连接被测样品与测试设备的端口。待测样品末端伸出试验箱的长度最长不超过 1 m。

6.3.4.2.2 样品准备和试验配置

试样样品可以有两种方式放入试验箱。一种方式为松散打圈，最小弯曲直径为 18 cm，放置在试验箱中，这种方式圈与圈之间距离较近，对于非屏蔽电缆，圈与圈之间的内部耦合可能会影响测试结果；另一种方式为将样品缠绕在一个非金属的转筒上，圈与圈之间的间距至少为 2.5 cm，这种方式对于非屏蔽电缆将减少内部耦合的影响。

6.3.4.2.3 试验程序

试样在试验箱里按要求至少放置 4 h 后，然后在环境温度下按照 6.3.4.1 的要求测试衰减。

试验箱应保持在所要求的温度，样品放置 4 h～24 h 后，需要再次测量衰减。测试信号应足够低，避免引起试样的温升。

为消除由于缠绕引起的耦合对于衰减的影响，可以用式(12)来平滑衰减测试曲线：

$$\alpha_{\text{sm}} = a + b \times \sqrt{f} + c \times f + d / \sqrt{f} \quad \cdots\cdots(12)$$

式中：

α_{sm} ——平滑后的衰减值，单位为分贝每百米(dB/100 m)；

a,b,c,d——回归系数；

f ——频率，单位为赫兹(Hz)。

6.3.4.3 衰减温度系数

按照式(13)计算衰减的温度系数 δ_{cable}：

$$\delta_{\text{cable}} = \frac{\alpha_{T2} - \alpha_{T1}}{\alpha_{T1} \cdot (T_2 - T_1)} \times 100 \quad \cdots\cdots(13)$$

式中：

δ_{cable}——衰减温度系数，单位为百分比每摄氏度(%/℃)；

α_{T1} ——温度 T_1时的衰减，单位为分贝每百米(dB/100 m)；

α_{T2} ——温度 T_2 时的衰减，单位为分贝每百米(dB/100 m)；

T_1 ——参考温度或者环境温度，单位为摄氏度(℃)；

T_2 ——升高后的温度，单位为摄氏度(℃)。

注：式(13)既适用于衰减测量值，也适用于衰减修正值。

6.3.5 不平衡衰减

6.3.5.1 设备

除满足 6.3.1 中的要求外，不平衡衰减的测试应建立共模信号的回传通道。常见的实现方式为除待测线对外，所有其他线对以及屏蔽(如有)接到平衡变换器的地。线对的末端应端接差模和共模匹配负载，这些负载在线对的近端和远端都应接地。另一种方法是，待测电缆缠绕在一个尺寸适宜的接地的金属线盘上。线盘表面有足够宽的凹槽，可以将线缆嵌入，并且 100 m 的待测电缆只缠绕一层。

平衡变换器应有共模端口，性能应满足表 1 的要求。

当待测电缆的共模阻抗未知时，可使用矢量网络分析仪或者时域反射计(TDR 设备)进行测量。

表 1 平衡变换器性能

参数	A 级-250 MHz 性能	A 级-600 MHz 性能	B 级性能
阻抗，一次端口[a]	50 Ω，不平衡端	50 Ω，不平衡端	50 Ω，不平衡端
阻抗，二次端口	平衡匹配	平衡匹配	平衡匹配
插入损耗	≥−3 dB	≥−3 dB	≥−10 dB
回波损耗，二次端口	≥20 dB	≥12 dB，5 MHz～15 MHz ≥20 dB，15 MHz～550 MHz ≥17.5 dB，550 MHz～600 MHz	≥6 dB
回波损耗，共模方式[b]	≥10 dB	≥15 dB，5 MHz～15 MHz ≥20 dB，15 MHz～400 MHz ≥15 dB，400 MHz～600 MHz	≥10 dB
额定功率	≥0.1 W	≥0.1 W	≥0.1 W
纵向平衡[c]	≥60 dB	≥60 dB，15 MHz～350 MHz ≥50 dB，350 MHz～600 MHz	≥35 dB
输出信号平衡[c]	≥50 dB	≥60 dB，15 MHz～350 MHz ≥50 dB，350 MHz～600 MHz	≥35 dB
共模抑制比[c]	≥50 dB	≥60 dB，15 MHz～350 MHz ≥50 dB，350 MHz～600 MHz	≥35 dB

平衡变换器使用建议：

1) 为得到最好的精度，平衡变换器应配合合适的连接器一起使用(例如可使用符合 IEC 60169-22 的连接器)。
2) 测试到 250 MHz 时，使用 A 级-250 MHz 巴伦。
3) 测试到 600 MHz 时，使用 A 级-600 MHz 巴伦。
4) B 级巴伦，在插入损耗和回波损耗之间做了权衡。可通过使用衰减器的方式改善回波损耗，但这会增加插入损耗。如果回波小于 10 dB，插入损耗应小于 5 dB。如果插入损耗大于 5 dB，回波损耗应大于 10 dB。
5) 对于 120 Ω 电缆，通常可以使用 100 Ω 的平衡变换器进行测量，除非用户明确要求使用 120 Ω 的平衡变换器。

[a] 一次端口的阻抗应等于分析仪输出端口的阻抗，不一定是 50 Ω。

[b] 将两个平衡变换器的对称端口连接在一起测量回波，共模端口需要端接 50 Ω 的负载。

[c] 按照 ITU-T G.117 和 ITU-T 0.9 规定的方法测量。

6.3.5.2 平衡变换器校准

平衡变换器的校准遵循以下步骤：

a) 将校准用的同轴电缆线连接网络分析仪的输入端口和输出端口，进行直通校准，得到 0 基准线。校准应在电缆相关详细规范规定的频率范围内进行。校准 0 基准线用的同轴电缆线还将用于平衡变换器的校准。

b) 图 2 给出了测量平衡变换器差模损耗的测试装置示意图。采用相同的两个平衡变换器，将两个平衡变换器的对称输出端口背对背的连接在一起，在电缆相关详细规范规定的频率范围内测量插入损耗。用于背对背连接的线缆应尽可能短，其插入损耗应能忽略不计。共模端口(不平衡端口)用等于测试设备特性阻抗的负载进行端接。

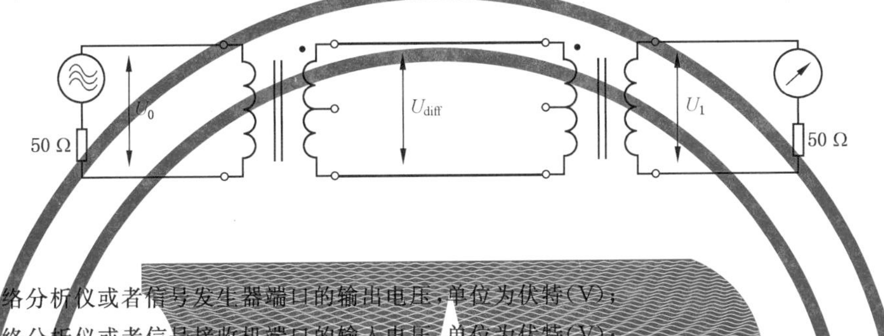

说明：

U_0 ——网络分析仪或者信号发生器端口的输出电压，单位为伏特(V)；

U_1 ——网络分析仪或者信号接收机端口的输入电压，单位为伏特(V)；

U_{diff} ——背对背连接的平衡变换器对称端口的电压，单位为伏特(V)。

图 2 平衡变换器差模损耗测试装置图

单个平衡变换器的差模损耗的计算见式(14)：

$$\alpha_{diff} = 0.5 \times \left(20 \times \log_{10} \left| \frac{U_1}{U_0} \right| \right) \quad \cdots\cdots (14)$$

式中：

α_{diff}——平衡变换器的差模损耗，单位为分贝(dB)。

c) 图 3 是测试平衡变换器共模损耗的测试装置示意图。测量平衡变换器背对背的共模损耗时，测试设备的端口连接到平衡变换器的共模输出端(中心抽头)。平衡变换器的不平衡端口应用等于测试设备特性阻抗的负载进行端接。

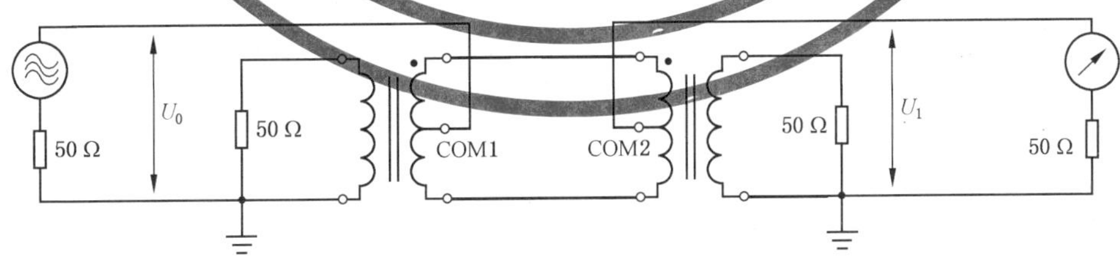

说明：

U_0 ——网络分析仪或者信号发生器端口的输出电压，单位为伏特(V)；

U_1 ——网络分析仪或者信号接收机端口的输入电压，单位为伏特(V)；

COM1 ——共模端口 1；

COM2 ——共模端口 2。

图 3 平衡变换器共模损耗测试装置图

单个平衡变换器共模损耗的计算见式(15)：

$$\alpha_{\text{comm}} = 0.5 \times \left(20 \times \log_{10}\left|\frac{U_1}{U_0}\right|\right) \quad \cdots\cdots(15)$$

式中：

α_{comm}——平衡变换器的共模损耗，单位为分贝(dB)。

d) 平衡变换器的衰减由差模损耗和共模损耗组成，见式(16)：

$$\alpha_{\text{balun}} = \alpha_{\text{diff}} + \alpha_{\text{comm}} \quad \cdots\cdots(16)$$

式中：

α_{balun}——平衡变换器的工作衰减或者固有衰减，单位为分贝(dB)。

注：下述两种方法可以得到更高精度的巴伦衰减数据。方法一对调两只平衡变换器测量差模损耗 α_{diff} 和共模损耗 α_{comm}，并取平均值；方法二使用三只平衡变换器，分别背对背连接在一起进行测量，然后求解。方法二对巴伦的一致性没有要求。

e) 平衡变换器的电压比可以用平衡变换器的匝数比与平衡变换器的工作衰减来表示，见式(17)：

$$20 \times \log_{10}\left|\frac{U_{\text{diff}}}{U_0}\right| = 10 \times \log_{10}\left|\frac{Z_{\text{diff}}}{Z_0}\right| - \alpha_{\text{balun}} = 20 \times \log_{10}\left|\frac{U_{\text{diff}}}{U_1}\right| = 10 \times \log_{10}\left|\frac{Z_{\text{diff}}}{Z_1}\right| - \alpha_{\text{balun}} \quad \cdots\cdots(17)$$

式中：

U_{diff}——待测电缆输入端的差模电压，单位为伏特(V)；

U_0 ——矢量网络分析仪或者信号发生器的输出电压，单位为伏特(V)；

Z_{diff}——差模电路的特性阻抗，单位为欧姆(Ω)；

Z_0 ——矢量网络分析仪或者信号发生器的输出阻抗，单位为欧姆(Ω)；

U_1 ——负载输入端的电压，单位为伏特(V)；

Z_1 ——负载的输入阻抗，单位为欧姆(Ω)。

6.3.5.3 测量

6.3.5.3.1 一般要求

待测电缆的所有线对或星绞组应双向测量。测量应在电缆相关详细规范规定的频率范围内进行，测量与校准设置保持一致。

当电缆的标称阻抗为 100 Ω 时，共模阻抗值为：

——25 线对及以下的非屏蔽电缆的共模负载值 Z_{comm} 为 75 Ω；

——屏蔽电缆和大于 25 线对的非屏蔽电缆的共模阻抗值 Z_{comm} 为 50 Ω；

——线对屏蔽电缆的共模阻抗值 Z_{comm} 为 25 Ω。

用 TDR 设备或网络分析仪设备测量电缆的共模阻抗值，可以得到更高的精度。对绞组两端的两根导体短接在一起，测量这些导体与回传通道间的阻抗值。

6.3.5.3.2 试样(CUT)

待测电缆的两端连接到测试设备末端时，应保持对绞组/星绞组的扭矩不变。待测样品的长度应为 100 m±1 m。除被测线对外，其余未被测试的线对，在近远端都应端接 6.1 所要求的差模负载和共模负载，并接地。如有屏蔽，则屏蔽在近远端同样应接地。

注：当测试设备的精度和动态范围可以满足测试要求时，待测样品的长度应为 100 m。对于 Cat7_{A} 及以上类别的电缆，待测样品的长度宜等同于衰减测试的长度。

6.3.5.3.3 不平衡衰减测量的试验装置

图 4 是近端不平衡衰减(TCL)的试验装置示意图。

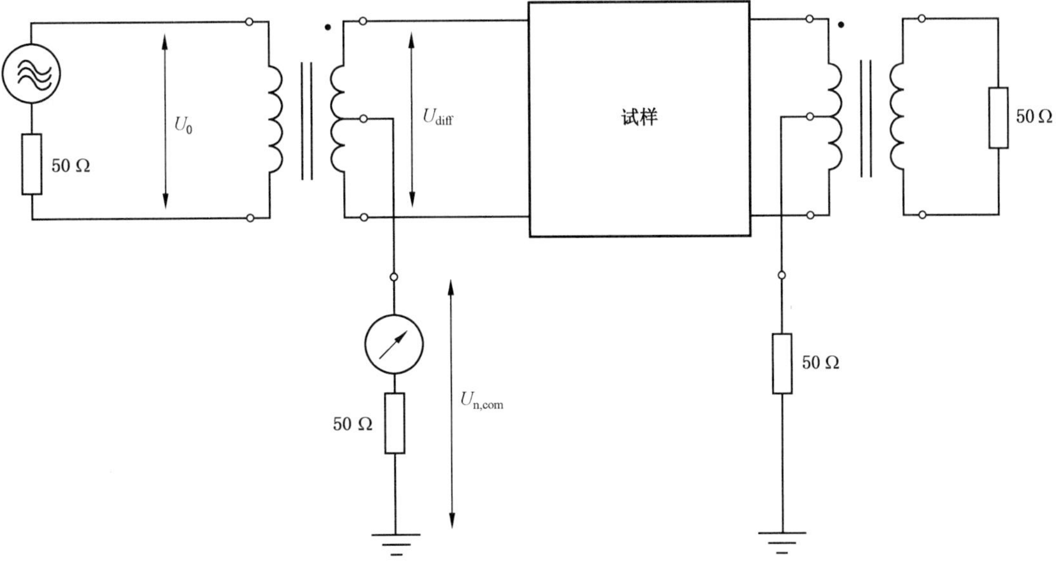

图 4 近端不平衡衰减(TCL)测试装置示意图

$$\alpha_{meas} = 20 \times \log_{10} \left| \frac{U_{n,comm}}{U_0} \right| \qquad (18)$$

式中:

α_{meas} ——测量的衰减值,单位为分贝(dB);

$U_{n,comm}$ ——近端共模电路的电压,单位为伏特(V);

n ——代表近端。

图 5 是远端不平衡衰减(TCTL)测试装置示意图。

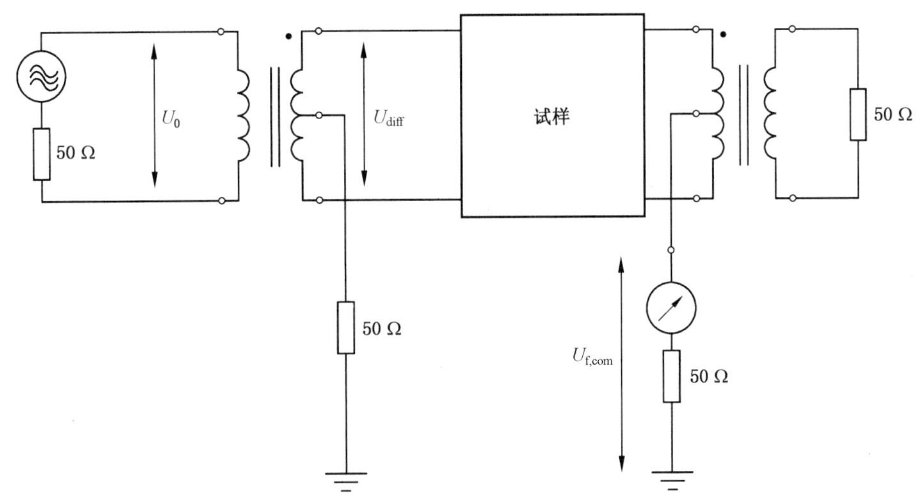

图 5 远端不平衡衰减(TCTL)测量装置示意图

理论上,图 4 和图 5 中所示的 50 Ω 共模负载应该是 Z_{comm},但实际上用 50 Ω 的负载,所引起的误差很小,见式(19)。

$$\alpha_{\text{meas}} = 20 \times \log_{10}\left|\frac{U_{\text{f,comm}}}{U_0}\right| \qquad \cdots\cdots(19)$$

式中：

$U_{\text{f,comm}}$——远端共模电路的电压，单位为伏特(V)；

f ——代表远端。

6.3.5.3.4 测试结果

不平衡衰减定义为共模功率与差模功率的对数比，见式(20)：

$$\alpha_{\substack{\text{u,n}\\ \text{u,f}}} = 10 \times \log_{10}\left|\frac{P_{\substack{\text{n,comm}\\ \text{f,comm}}}}{P_{\text{diff}}}\right| = 20 \times \log_{10}\left|\frac{U_{\substack{\text{n,comm}\\ \text{f,comm}}}}{U_{\text{diff}}}\right| + 10 \times \log_{10}\left|\frac{Z_{\text{diff}}}{Z_{\text{comm}}}\right| \qquad \cdots\cdots(20)$$

式中：

α_{u} ——不平衡衰减，单位为分贝(dB)；

P_{diff} ——匹配的差模功率，单位为瓦特(W)；

P_{comm}——匹配的共模功率，单位为瓦特(W)；

U_{diff} ——差模电路电压，单位为伏特(V)；

U_{comm}——共模电路电压，单位为伏特(V)；

Z_{diff} ——差模电路的特性阻抗，单位为欧姆(Ω)；

Z_{comm}——共模电路的特性阻抗，单位为欧姆(Ω)；

n，f ——分别代表近端和远端。

当用带S参数的测试装置进行不平衡衰减测试时，测量的是发生器的输出电压而不是待测电缆的差模电压。考虑到平衡变换器的工作衰减，近端或远端不平衡衰减的计算见式(21)和式(22)：

$$\alpha_{\substack{\text{u,n}\\ \text{u,f}}} = 10 \times \log_{10}\left|\frac{P_{\substack{\text{n,comm}\\ \text{f,comm}}}}{P_{\text{diff}}}\right| = 10 \times \log_{10}\left|\frac{P_{\substack{\text{n,comm}\\ \text{f,comm}}}}{P_0}\right| - \alpha_{\text{balun}} = 20 \times \log_{10}\left|\frac{U_{\substack{\text{n,comm}\\ \text{f,comm}}}}{U_0}\right| + 10 \times \log_{10}\left|\frac{Z_0}{Z_{\text{comm}}}\right| - \alpha_{\text{balun}} \qquad \cdots\cdots(21)$$

式中：

P_0——矢量网络分析仪或者信号发生器的输出功率，单位为瓦特(W)。

$$\alpha_{\substack{\text{u,n}\\ \text{u,f}}} = \alpha_{\text{meas}} + 10 \times \log_{10}\left|\frac{Z_0}{Z_{\text{comm}}}\right| - \alpha_{\text{balun}} \qquad \cdots\cdots(22)$$

等电平远端不平衡衰减的计算见式(23)：

$$EL\alpha_{\text{u,f}} = \alpha_{\text{meas}} + 10 \times \log_{10}\left|\frac{Z_0}{Z_{\text{comm}}}\right| - \alpha_{\text{balun}} - \alpha_{\text{cable}} \qquad \cdots\cdots(23)$$

式中：

$EL\ \alpha_{\text{u,f}}$——等电平远端不平衡衰减(EL TCTL)，单位为分贝(dB)；

α_{cable} ——电缆的衰减，单位为分贝(dB)。

6.3.6 近端串音

图6是近端串音测试示意图。近端串音衰减应在电缆相关规范规定的频率范围内进行，测试设备可以是网络分析仪或者具有同样功能的测试装置。

待测两线对按照图6所示连接到平衡变换器，待测线对的远端应端接差模和共模负载并接地(见6.1)。

其余未参加测试线对的近端和远端，端接差模和共模负载并接地(见6.1)。如果有屏蔽层，两端均应接地。应特别注意使末端的耦合效应最小。剥离待测电缆的护套时，应保持线对的扭矩，小心分离线对。

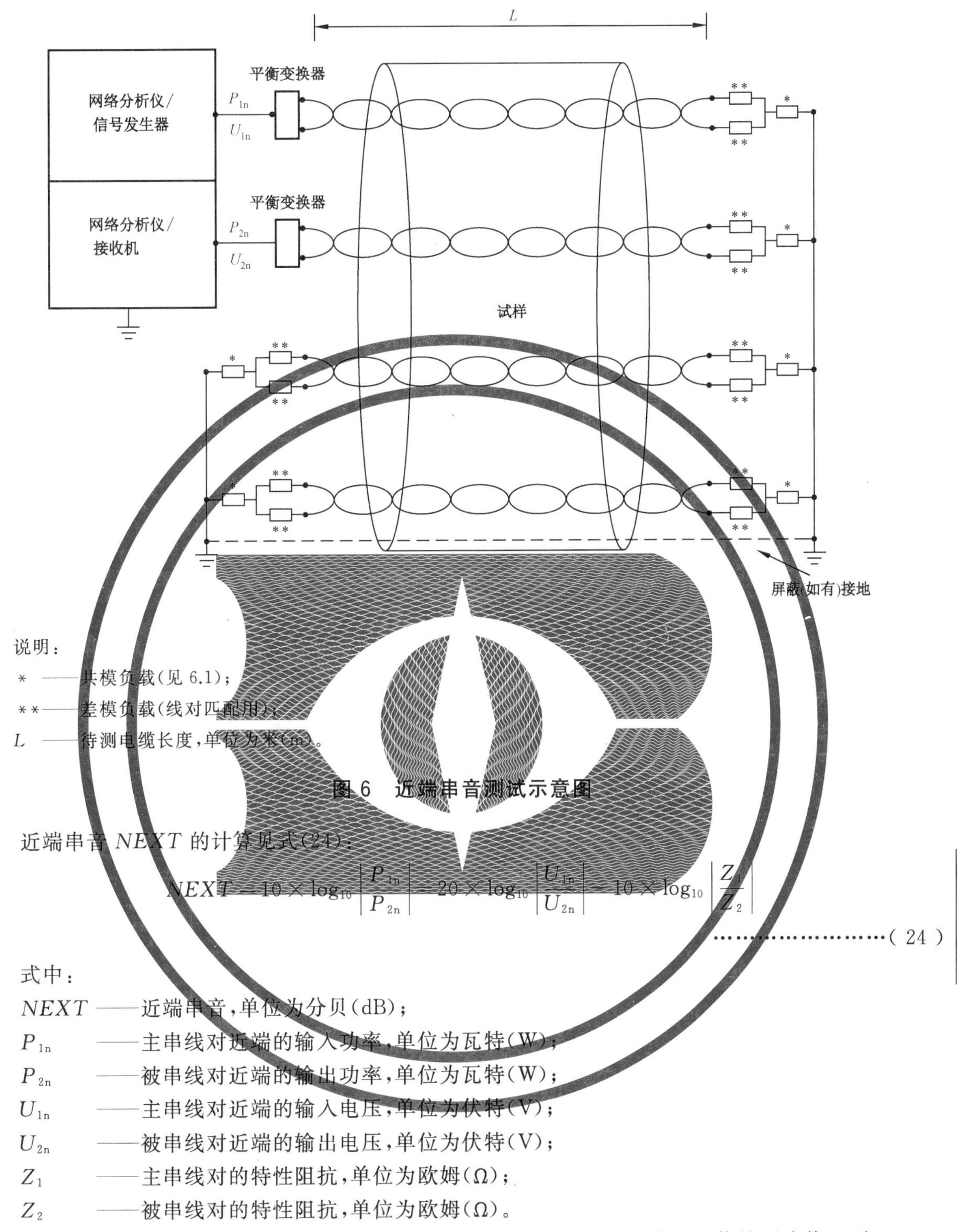

说明：

* ——共模负载(见 6.1)；

** ——差模负载(线对匹配用)；

L ——待测电缆长度，单位为米(m)。

图 6　近端串音测试示意图

近端串音 $NEXT$ 的计算见式(24)：

$$NEXT = 10 \times \log_{10}\left|\frac{P_{1n}}{P_{2n}}\right| = 20 \times \log_{10}\left|\frac{U_{1n}}{U_{2n}}\right| - 10 \times \log_{10}\left|\frac{Z_1}{Z_2}\right| \quad \cdots\cdots(24)$$

式中：

$NEXT$ ——近端串音，单位为分贝(dB)；

P_{1n} ——主串线对近端的输入功率，单位为瓦特(W)；

P_{2n} ——被串线对近端的输出功率，单位为瓦特(W)；

U_{1n} ——主串线对近端的输入电压，单位为伏特(V)；

U_{2n} ——被串线对近端的输出电压，单位为伏特(V)；

Z_1 ——主串线对的特性阻抗，单位为欧姆(Ω)；

Z_2 ——被串线对的特性阻抗，单位为欧姆(Ω)。

近端串音的测量应在至少 100 m 的长度上进行。长度超过 100 m 的测试值按下式修正到 100 m，见式(25)：

$$NEXT_{100} = NEXT - 10 \times \log_{10}\left[\frac{1 - 10^{-\left(\frac{\alpha}{5}\right) \times \left(\frac{100}{L}\right)}}{1 - 10^{-\left(\frac{\alpha}{5}\right)}}\right] \quad \cdots\cdots(25)$$

式中：

$NEXT_{100}$——修正到 100 m 长度的近端串音，单位为分贝(dB)；

$NEXT$ ——被测电缆长度的近端串音，单位为分贝(dB)；

α ——电缆衰减实测值，单位为分贝(dB)；

L ——被测电缆长度，单位为米(m)。

近端串音功率和的计算见式(26)：

$$PS\ NEXT_j = -10 \times \log 10 \sum_{\substack{i=1 \\ i \neq j}}^{m} (10^{\frac{-NEXT_{i,j}}{10}}) \qquad \cdots\cdots(26)$$

式中：

$PS\ NEXT_j$——线对 j 的近端串音功率和，单位为分贝(dB)；

$NEXT_{i,j}$ ——线对 i 对线对 j 的近端串音，单位为分贝(dB)；

m ——线对数。

6.3.7 远端串音

图 7 是远端串音测试示意图。远端串音应在电缆相关规范规定的频率范围内进行，测试设备可以是网络分析仪或者信号源/接收机。

待测的两线对按照图 7 所示连接到平衡变换器，待测线对的另一端，应端接差模和共模负载并接地(见 6.1)。

其余未参加测试线对的近端和远端，端接差模和共模负载并接地(见 6.1)。如果有屏蔽层，两端均应接地。应特别注意使末端的耦合效应最小。剥离待测电缆的护套时，应保持线对的扭矩，小心分离线对。

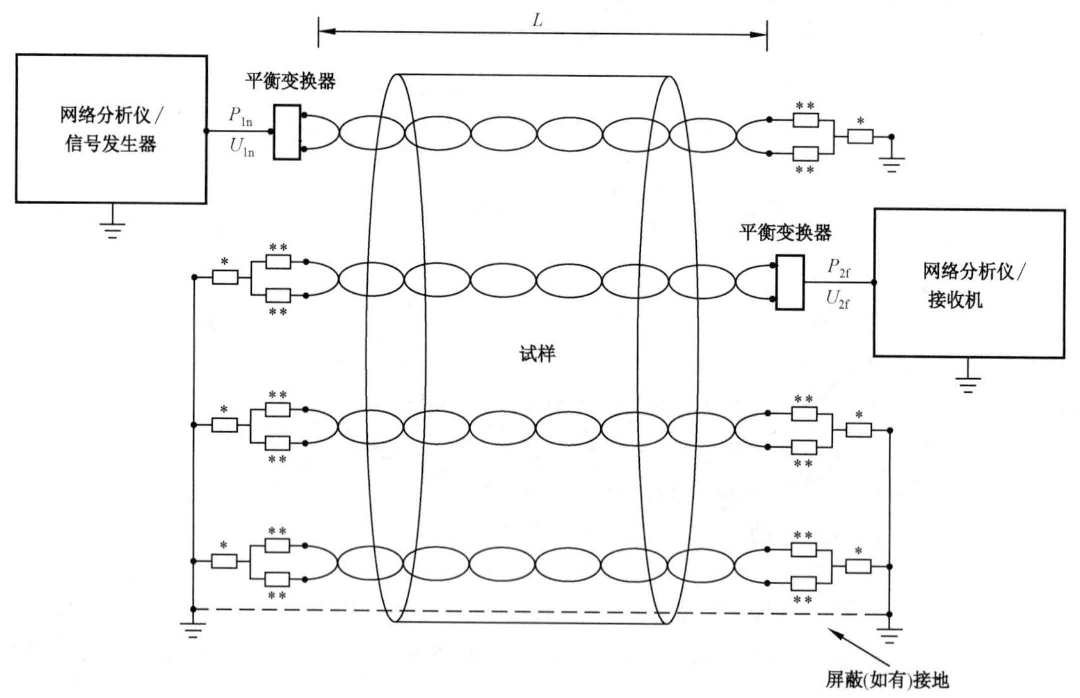

说明：

* ——共模负载(见 6.1)；

**——差模负载(线对匹配用)；

L ——待测电缆长度，单位为米(m)。

图 7 远端串音测试示意图

远端串音的测量应在至少 100 m 的长度上进行。远端串音的计算见式(27)：

$$FEXT = 10 \times \log_{10} \left| \frac{P_{1n}}{P_{2f}} \right| = 20 \times \log_{10} \left| \frac{U_{1n}}{U_{2f}} \right| - 10 \times \log_{10} \left| \frac{Z_1}{Z_2} \right| \quad \cdots\cdots(27)$$

式中：

$FEXT$ ——远端串音,单位为分贝(dB)；

P_{1n} ——主串线对近端的输入功率,单位为瓦特(W)；

P_{2f} ——被串线对远端的串音输出功率,单位为瓦特(W)；

U_{1n} ——主串线对近端的输入电压,单位为伏特(V)；

U_{2f} ——被串线对远端的输出电压,单位为伏特(V)；

Z_1 ——主串线对的特性阻抗,单位为欧姆(Ω)；

Z_2 ——被串线对的特性阻抗,单位为欧姆(Ω)。

为了使从试验仪器的噪声本底引起的误差最小,推荐被测电缆的最大长度应不超过 305 m。当待测样品长度大于 100 m 时,使用式(28)将 $FEXT$ 的测量值修正到 100 m：

$$FEXT_{100} = FEXT + 10 \times \log_{10} \left(\frac{L}{100} \right) + \alpha_1 \times \left(\frac{100}{L} - 1 \right) \quad \cdots\cdots(28)$$

式中：

$FEXT_{100}$ ——修正到 100 m 长度的远端串音,单位为分贝(dB)；

$FEXT$ ——远端串音测量值,单位为分贝(dB)；

α_1 ——主串线对的衰减测量值,单位为分贝(dB)；

L ——被测电缆实际长度,单位为米(m)。

等电平远端串音的计算见式(29)：

$$EL\ FEXT = 10 \times \log_{10} \left| \frac{P_{1f}}{P_{2f}} \right| = 20 \times \log_{10} \left| \frac{U_{1f}}{U_{2f}} \right| - 10 \times \log_{10} \left| \frac{Z_1}{Z_2} \right| \quad \cdots\cdots(29)$$

式中：

$EL\ FEXT$ ——等电平远端串音,单位为分贝(dB)；

P_{1f} ——主串线对远端的输出功率,单位为瓦特(W)；

U_{1f} ——主串线对远端的输出电压,单位为伏特(V)。

等电平远端串音与远端串音以及测量长度的主串线对的衰减有关,计算见式(30)：

$$EL\ FEXT = FEXT - \alpha_1 \quad \cdots\cdots(30)$$

式中：

α_1——主串线对的衰减测量值,单位为分贝(dB)。

当待测样品长度大于 100 m 时,使用式(31)将计算值 $EL\ FEXT$ 修正到 100 m：

$$EL\ FEXT_{100} = EL\ FEXT + 10 \times \log_{10} \left(\frac{L}{100} \right) \quad \cdots\cdots(31)$$

式中：

$EL\ FEXT_{100}$——修正到 100 m 长度的等电平远端串音,单位为分贝(dB)；

$EL\ FEXT$ ——等电平远端串音,单位为分贝(dB)；

L ——被测电缆实际长度,单位为米(m)。

等电平远端串音功率和的计算见式(32)：

$$PS\ ELFEXT_j = -10 \times \log_{10} \sum_{\substack{i=1 \\ i \neq j}}^{m} \left(10^{\frac{-EL\ FEXT_{i,j}}{10}} \right) \quad \cdots\cdots(32)$$

式中：

$PS\ ELFEXT_j$——线对 j 的等电平远端串音功率和，单位为分贝(dB)；

$EL\ FEXT_{i,j}$——主串线对 i 到被串线对 j 的等电平远端串音，单位为分贝(dB)；

m——线对数。

以奈培为单位时，远端串音衰减比是远端串音与被串线对的衰减的比值；以 dB 为单位时，远端串音衰减比是远端串音与被串线对的衰减的差，计算见式(33)：

$$ACR\text{-}F_j = FEXT_{i,j} - \alpha_j \qquad (33)$$

式中：

$ACR\text{-}F_j$——远端串音衰减比，单位为分贝(dB)；

α_j——被串线对的衰减，单位为分贝(dB)；

$FEXT_{i,j}$——主串线对 i 到被串线对 j 的远端串音，单位为分贝(dB)。

6.3.8 缆间(外部的)近端串音

6.3.8.1 一般要求

图 8 是外部缆间近端串音 $ANEXT$ 的测试示意图。试验仪器的要求与近端串音一样，样品末端的准备要求可参照近端串音的要求。电缆末端扇形展开的长度不宜超过 1 m。测量应在电缆相关详细规范中规定的频率范围内进行。

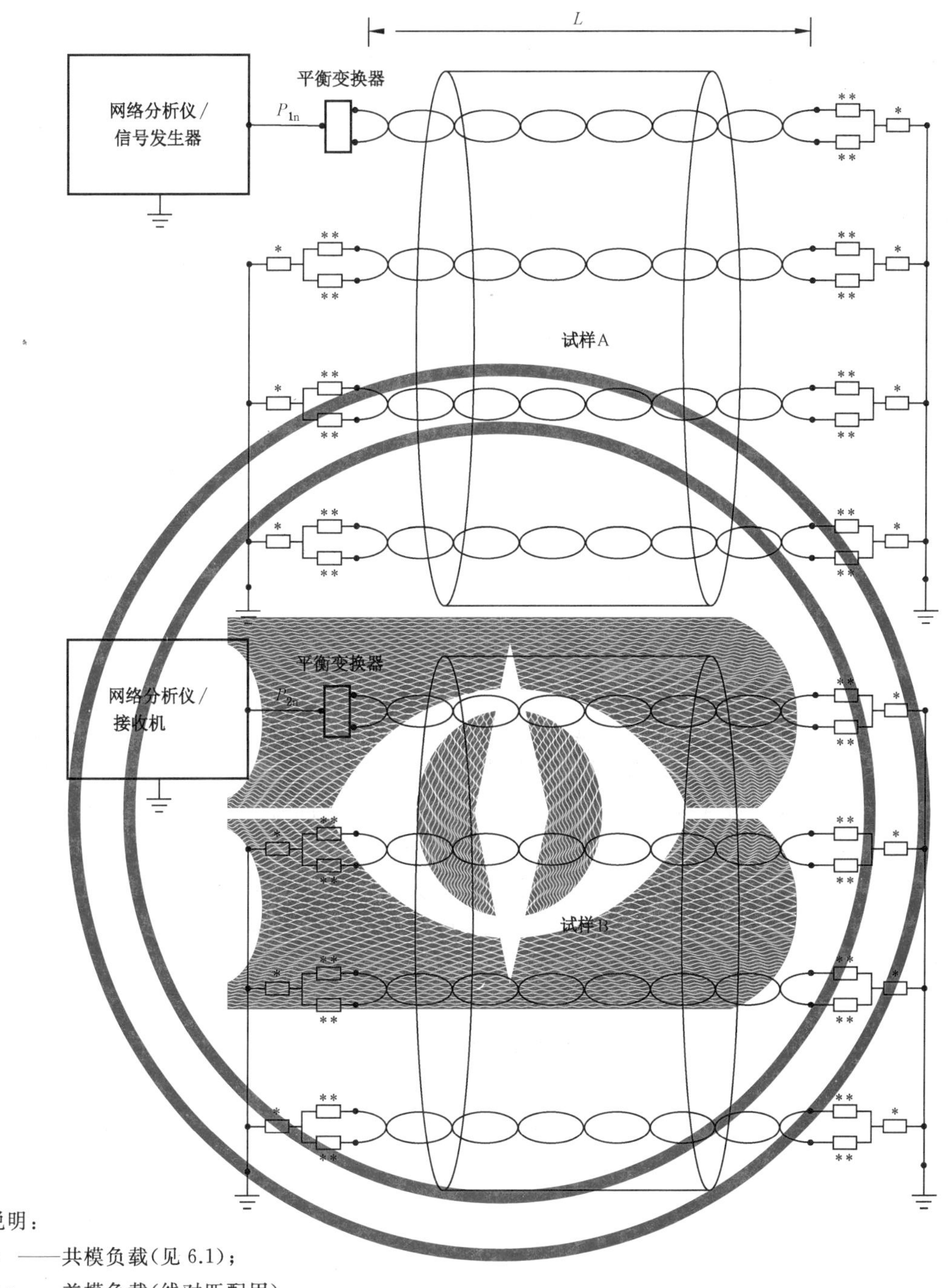

说明：

* ——共模负载(见 6.1)；

**——差模负载(线对匹配用)；

L ——待测电缆长度,单位为米(m)。

图 8　外部缆间近端串音测试示意图

外部近端串音 $ANEXT$ 的计算见式(34)：

$$ANEXT = 10 \times \log_{10} \left| \frac{P_{1n}}{P_{2n}} \right| \quad \cdots\cdots(34)$$

式中：

$ANEXT$ ——外部近端串音,单位为分贝(dB)；

P_{1n} ——主串线对近端的输入功率,单位为瓦特(W)；

P_{2n} ——被串线对近端的输出功率,单位为瓦特(W)。

主串线对和被串线对不在同一根电缆内。

外部近端串音功率和、外部远端串音功率和的计算见式(35)：

$$PSAX\text{-}TALK_j = -10 \times \log_{10}\left(\sum_{l=1}^{N}\sum_{i=1}^{n} 10^{-AX\text{-}talk_{i,j,l}}\right) \qquad (35)$$

式中：

$PSAX\text{-}TALK_j$——线对 j 的外部串音功率和，单位为分贝(dB)；

$AX\text{-}talk_{i,j,l}$ ——指定电缆线对 j 与相邻电缆线对 i 之间的串音，单位为分贝(dB)；

i ——主串电缆中主串线对的当前序号；

j ——被串电缆中被串线对的编号；

l ——主串电缆的序号；

N ——主串电缆的总数；

n ——主串线对的总数。

待测电缆应按照电缆相关详细规范的要求进行铺设。

测试方法为六串一。

电缆的排列方式可以是成束电缆平铺在地面上，也可以在一个线盘上进行三层布线。推荐采用成束电缆平铺的方式进行排列。

6.3.8.2 六根电缆包围一根电缆-平铺结构

需要准备 7 根测试样品参与测试，这 7 根电缆捆扎在一起形成一束电缆，其横截面图形如图 9 所示。待测样品的长度应遵循电缆相关详细规范中的要求。样品捆扎在一起时，横截面应保持不变，不应有纵向扭绞，捆扎时不应使横截面有明显的挤压变形。可选用扎带、自粘带、胶带等非金属材质进行若干个独立的捆扎，也可采用螺旋形的方式连续进行捆扎。无论是独立包扎还是连续包扎，其间隔均应使待测试的电缆能够紧密接触，缆与缆之间不应有明显空隙，见图 9。测试样品平铺在地面上，如图 10 所示，必要时可以蜿蜒平铺。平铺时圈与圈之间的间距至少为 10 cm。宜平铺在非金属材质的地面上。

1 号电缆～6 号电缆的每一个线对与 7 号电缆中每一个线对的串音，应按照电缆相关详细规范规定的频率范围内进行。

外部近端串音功率和 *PS ANEXT*，根据外部近端串音的测量值，按照式(35)进行计算。

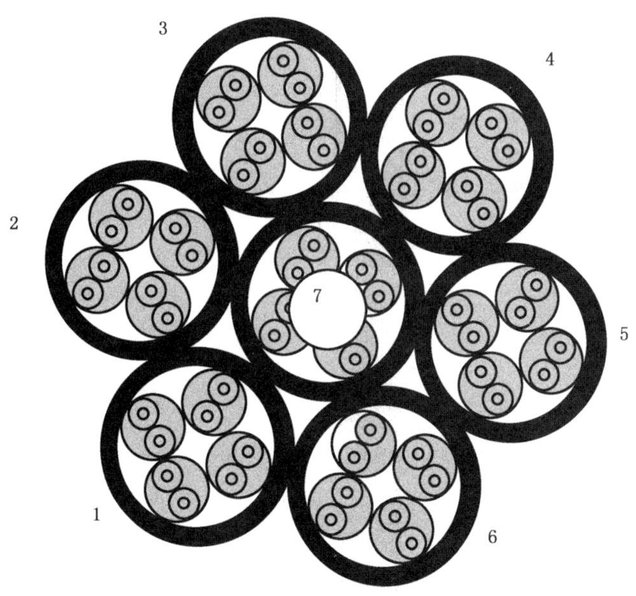

图 9 六串一水平布线方式-测试样品横截面

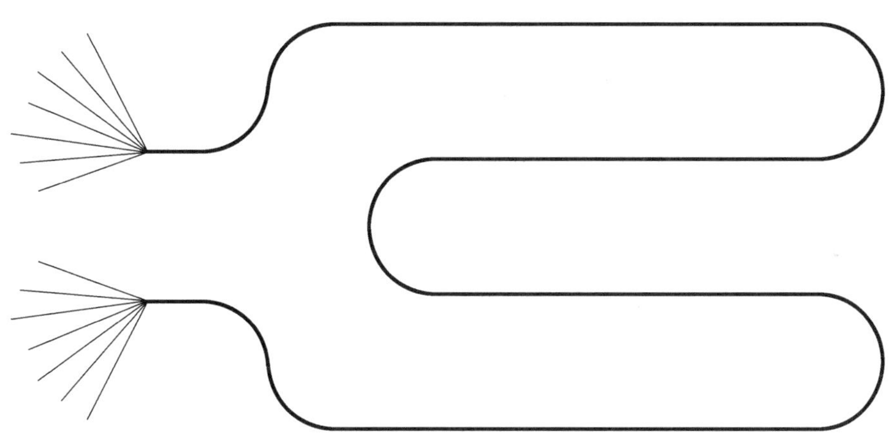

图 10 六串一电缆试样平铺示意图

6.3.8.3 六根电缆包围一根电缆-线盘三层布线结构

这种测试方法是在线盘上进行 6 串 1 试验。一共需要 9 根长度均为 100 m 的电缆，每 3 根电缆形成一个样品集合，共有三个样品集合。首先将样品集合 1 并排缠绕在一个木制的线盘上，形成第一层(图 11 中的 8 号、5 号、4 号电缆)。线盘的直径至少为 1.2 m。然后将样品集合 2 并排缠绕在第一层电缆上，形成第二层(图 11 中的 6 号、V 号及 3 号电缆)。最后，将样品集合 3 并排缠绕在第二层电缆上，形成第三层(图 11 中的 1 号、2 号、7 号电缆)。参与测试的 9 根 100 m 长的电缆应为同一生产批次。

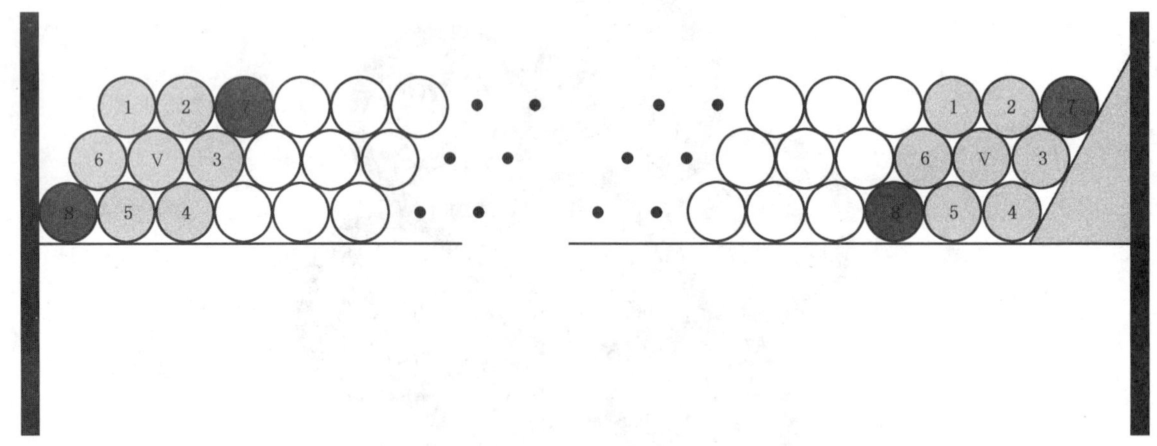

图 11 木质转盘上 9 根电缆布线位置示意图

根据 6 串 1 的原则，被串电缆 V 被 1 号～6 号主串电缆包围。

为了使这种布线比较规整，可通过缠绕扎带的方式进行。如图 12 所示，在样品的两端，每隔 10 cm 用黏性扎带将参与测试的 7 根电缆捆扎在一起。

图 12 六串一样品三层布线示意图

图 13 是电缆末端的示意图，其中 7 号电缆和 8 号电缆不参与测试，仅做规整布线用，将来如有需要，也有进一步研究的可能。

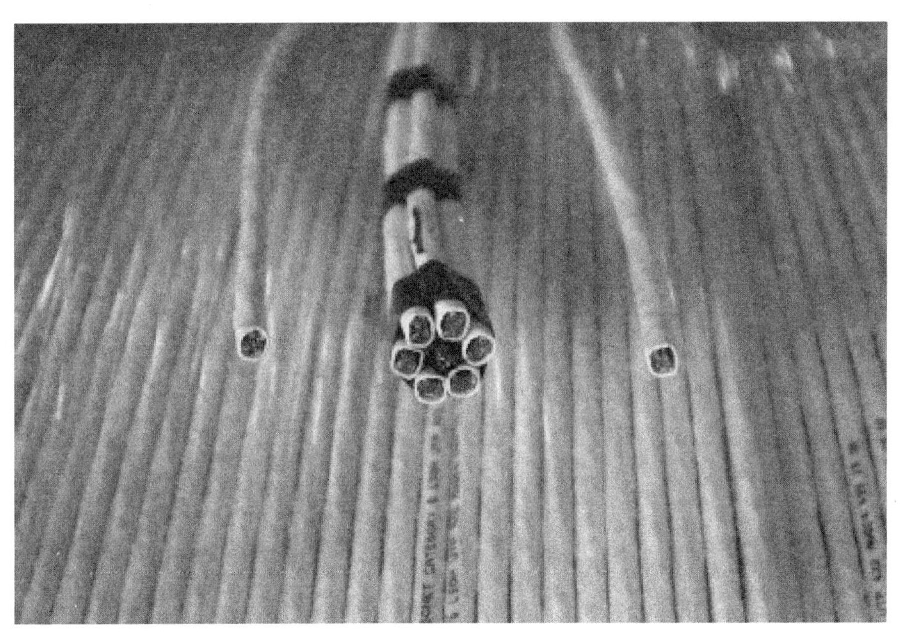

图 13　电缆末端示意图

6.3.9　缆间(外部的)远端串音

外部缆间远端串音,*AFEXT*,所需试验设备与远端串音相同,样品末端的准备工作,参照远端串音的要求。测试样品的铺设要求按照 6.3.8.2 中要求的平铺结构或者 6.3.8.3 中的三层布线结构,或者是相关详细规范中的要求。

外部缆间远端串音功率和 *PS AFEXT*,根据外部远端串音的测量值,应按照式(35)进行计算。

外部缆间远端串音功率和也可以用 *PS AACR-F* 表示,*AACR-F* 应按照式(36)从测量值计算得到。

$$AACR\text{-}F = AFEXT - \alpha \qquad \cdots\cdots(36)$$

式中:

AACR-F ——外部远端缆间串音衰减比,单位为分贝(dB);

AFEXT ——外部缆间远端串音,单位为分贝(dB);

α ——被串线对的衰减,单位为分贝(dB)。

外部远端缆间串音衰减功率和 *PS AACRF*,从式(35)计算得到,单位为分贝(dB)。

6.3.10　成束电缆的缆间串音

外部缆间串音(外部缆间近端串音和外部缆间远端串音)在成束电缆上直接测量,不需要特殊的样品准备。

成束电缆按照图 10 所示蜿蜒摆放,圈与圈之间的间距至少是 10 cm,宜摆放在非金属的地板上。

被串电缆的每个线对,都被周围的主串电缆的所有线对包围,其近端串音及远端串音的测量应在电缆相关详细规范要求的频率范围内进行。

成束电缆中的每一根电缆,都应依次作为被串电缆,进行近端串音和远端串音的测试。

成束电缆的外部串音功率和,*PS ANEXT* 和 *PS AFEXT* 应按照式(35)通过测量值计算得到。

6.3.11 阻抗

6.3.11.1 试样的准备

准备待测电缆(CUT)时,应使试样末端影响最小。非屏蔽电缆应悬挂或者平铺在非导电的平面上,电缆横向的间距应不小于25 mm。

6.3.11.1.1 试验装置

试验应在平衡条件下进行,可使用带有S参数的网络分析仪或者阻抗计。平衡变换器在测试频率范围内应符合表1的相关要求。试验示意图如图14所示。

测量应按照电缆相关详细规范中的要求进行。

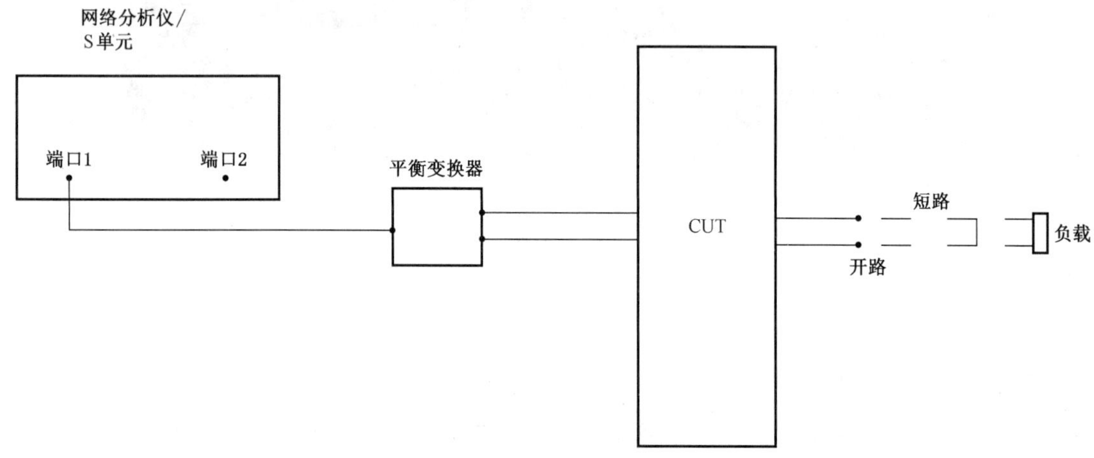

图14 特性阻抗,回波测试装置示意图

6.3.11.1.2 试验程序

在平衡变换器的输出端口进行三步校准(开路,短路,负载),此时电缆不连接在平衡变换器上。

校准完成后,将待测电缆的一端连接到平衡变换器,另一端保持开路状态、短路状态,分别测试S_{11}值。按照式(37)计算阻抗。

$$Z_{meas}=Z_R \cdot \left|\frac{1+S_{11}}{1-S_{11}}\right| \qquad \cdots\cdots(37)$$

式中:

Z_{meas}——开短路阻抗,单位为欧姆(Ω);

Z_R ——基准阻抗,单位为欧姆(Ω)(即按规定的100 Ω、120 Ω或150 Ω);

S_{11} ——开路和短路状态下测量的S参数值。

特性阻抗等于开路数据和短路数据相乘并开平方的值,见式(38):

$$Z_c=\sqrt{|Z_{oc} \cdot Z_{sc}|} \qquad \cdots\cdots(38)$$

式中:

Z_c ——特性阻抗,单位为欧姆(Ω);

Z_{oc}——开路时测量的阻抗值,单位为欧姆(Ω);

Z_{sc}——短路时测量的阻抗值,单位为欧姆(Ω)。

6.3.11.2 拟合特性阻抗

为了去除电缆的结构性影响，可以对测试数据进行函数拟合，得到光滑的测试曲线。

拟合不同于数据平滑，是用与特性阻抗相类似的公式(根据传输线理论)去拟合测得的数据[从式(38)或匹配输入阻抗数据得到]。

拟合计算见式(39)：

$$|Z_{\mathrm{m}}|=k_0+\frac{k_1}{f^{\frac{1}{2}}}+\frac{k_2}{f}+\frac{k_3}{f^{\frac{3}{2}}} \qquad (39)$$

式中：

$|Z_{\mathrm{m}}|$ ——拟合特性阻抗的幅值，单位为欧姆(Ω)；

k_1,k_2,k_3 ——最小二乘法系数；

f ——频率，单位为赫兹(Hz)。

式(39)中等号右边的各项一般是从左到右重要性依次减小。前两项有确凿的理论依据。常数项有切实的理论基础，它表示线对的空间外电感(电感的主要部分)和线对的电容。第二项表示内电感产生的特性阻抗分量。最后两项用来表示次要的效应，例如使用极性绝缘材料时随频率的增加而减小的电容或屏蔽的作用等。在后一种情况下，函数拟合范围的低频段被限于斜率随频率增加(二阶导数为正)的频率范围内。

6.3.11.3 平均特性阻抗

平均特性阻抗计算见式(40)：

$$Z_{\infty}=\frac{\tau}{C} \qquad (40)$$

式中：

Z_{∞}——平均特性阻抗，单位为欧姆(Ω)；

τ ——相时延，单位为秒(s)；

C ——工作电容，单位为法拉(F)。

6.3.11.4 匹配输入阻抗

匹配输入阻抗的校准同特性阻抗的校准相同。

校准完成后，将待测电缆的一端连接到平衡变换器，另一端连接基准阻抗，测试 S_{11} 值，得到匹配状态下的输入阻抗。当终端匹配阻抗与被测阻抗相差不大(小于 15 Ω)，并且测量长度上的环路衰减足够大(不低于 10 dB)时，可采用这种测量方法。

6.3.12 回波损耗

6.3.12.1 试样准备

试样的制备应使末端效应最小化。非屏蔽电缆应悬空，或者平铺在非导电的平面上，电缆横向的间距应不小于 25 mm。

6.3.12.2 试验设备

测量时，带 S 参数的网络分析仪应工作在平衡模式。平衡变换器应满足表 1 相关内容以及测试频率的要求。测量示意图见图 14。匹配电阻的值等于电缆的标称阻抗值。

测量应按照电缆相关详细规范中的要求进行。

6.3.12.3 程序

在平衡变换器的输出端口进行三步校准(开路,短路,负载),此时电缆不连接在平衡变换器上。回波损耗作为散射参数,直接从网络分析仪读取,见式(41)。

$$RL = -20 \times \log_{10} |S_{11}| \quad \cdots\cdots\cdots\cdots(41)$$

用阻抗表示的回波损耗由式(42)给出:

$$RL = -20 \times \log_{10} \left| \frac{Z_T - Z_R}{Z_T + Z_R} \right| \quad \cdots\cdots\cdots\cdots(42)$$

式中:

RL ——回波损耗,单位为分贝(dB);

S_{11} ——测得的 S 参数值;

Z_T ——电缆远端终接阻抗 Z_R 时测得的电缆复数阻抗,单位为欧姆(Ω);

Z_R ——基准阻抗,单位为欧姆(Ω)(即按规定的 100 Ω、120 Ω 或 150 Ω)。

由于测回波损耗时电缆两端必须以基准阻抗匹配,因此开短路数据并不适合于回波损耗。

6.4 机械性能及尺寸测量

6.4.1 尺寸测量

应按 GB/T 2951.11—2008 第 8 章中规定的方法测量绝缘与护套的厚度和直径。

6.4.2 导体断裂伸长率

应按 GB/T 11327.1—1999 中 5.1 规定的方法测量导体的断裂伸长率。

6.4.3 绝缘抗张强度

应按 GB/T 2951.11—2008 中 9.1 规定的方法测量绝缘抗张强度。

6.4.4 绝缘断裂伸长率

应按 GB/T 2951.11—2008 中 9.1 规定的方法测量绝缘断裂伸长率。

6.4.5 绝缘剥离性能

应按 GB/T 11327.1—1999 中 5.4 规定的方法测量绝缘从导体剥离的难易程度。

6.4.6 护套断裂伸长率

应按 GB/T 2951.11—2008 中 9.2 规定的方法测量护套断裂伸长率。

6.4.7 护套抗张强度

应按 GB/T 2951.11—2008 中 9.2 规定的方法测量护套抗张强度。

6.4.8 电缆的压扁试验

应按 GB/T 21204.1—2007 中 3.3.6 规定的方法进行电缆压扁试验。

6.4.9 电缆的低温冲击试验

应按 GB/T 2951.14—2008 中 8.5 规定的方法进行电缆聚氯乙烯绝缘和护套的低温冲击试验。

6.4.10 张力下的弯曲

6.4.10.1 试验设备

试验设备包括：

a) 拉伸动力设备，力值的最大误差在±3%；

b) 有特殊应用需求时，用于测量传输性能变化的测量装置；

c) 对于U型弯曲试验，单滚轴/滑轮的弯曲半径 r 的值在相关详细规范中定义，如图15所示；

d) 对于S型弯曲试验，双滚轴/滑轮的弯曲半径 R 以及间隔距离 Y 的值，在相关详细规范中定义，如图16所示；

e) 为了确定试样护套的A点标记和B点标记的位置，应提供参考框架，如图16和图17所示。

6.4.10.2 试样样品

试样样品应取自成品电缆一端。试样的两端应适当处理，可以施加规定的负载，以及能进行规定的传输性能的测试。

试样应在图15和图16所示的A点和B点进行标记。在相关详细规范中定义试样的总长度以及两个标记点A点和B点之间的距离，总长度还应满足规定的传输性能的测试。

6.4.10.3 试验程序

6.4.10.3.1 一般要求

试验应在室温环境下进行。如果相关详细规范中有规定，传输性能应在施加负载之前以及试验结束后负载为零时测试并记录。可参照相关详细规范的要求，选用下述两种试验方法之一进行试验。

6.4.10.3.2 U型弯曲试验

如图15所示，试样沿着滚轴/滑轮以最小180°(U型弯曲)的角度进行。

张力应连续增加至相关分规范要求的数值。

如图15所示，将试样从A点移动到B点，然后再从B点返回到A点，这定义为一个循环。按照相关详细规范中要求的循环次数以及移动的速度进行张力下的弯曲试验。

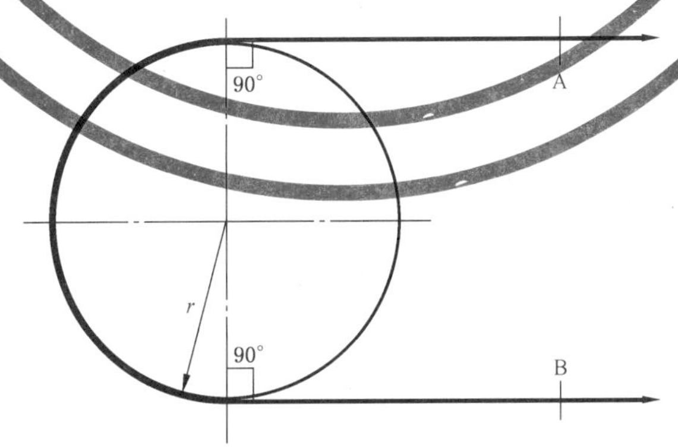

图15 U型弯曲试验

6.4.10.3.3 S型弯曲试验

如图16所示，试样沿着两个滚轴/滑轮弯成S型进行张力试验。

张力应持续增加到相关规范规定的大小。

将试样从A点移动到B点，然后再从B点返回到A点，这定义为一次循环。按照相关详细规范中要求的循环次数以及移动的速度进行张力下的弯曲试验。

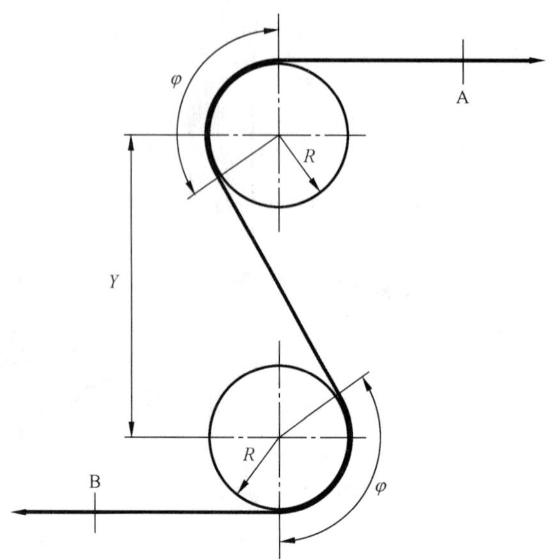

图16 S型弯曲试验

6.4.10.3.4 介电强度

弯曲试验完成后，应进行试样的导体/导体和导体/屏蔽介电强度的试验。电压值与持续时间应在相关详细规范中规定。

6.4.10.4 试验报告

试验报告应包含下述信息：

a) 弯曲试验方法(U-型弯曲或S-型弯曲)；

b) 试验的长度，护套标记点A与护套标记点B之间的长度；

c) 末端的准备；

d) 张力设备；

e) 半径，r，U型弯曲试验中滚轴/滑轮的半径；

f) 半径，R，S型弯曲中滚轴/滑轮的半径；

g) S型试验中两个滚轴/滑轮之间的距离，Y；

h) S型试验中弯曲角，φ；

i) 移动的速度；

j) 试验循环次数；

k) 试验中施加的电压及持续的时间；

l) 试验中施加的最大的张力；

m) 环境温度。

当相关详细规范规定时，记录合格/不合格。

6.4.11 电缆反复弯曲试验

6.4.11.1 测试设备

试验设备应满足试样在承受砝码的同时,可以最大 180°角前后移动,前后方向与中垂线成 90°角。适用的设备如图 17 所示。其他类似设备也可以使用。

弯曲臂应具有一个可调节的夹具或夹持装置,在整个测试过程中可安全固定测试样品。

测试设备应具备循环运动能力。试样从中垂线摆动到右极限位置,然后摆动到左极限位置,再回到起始位置,称为一个循环。除非相关详细规范中另有规定,完成一个弯曲循环的时间为 2 s。

相关详细规范中要求测量传输性能的变化时,试验装置应包括任何必要的测试装置。

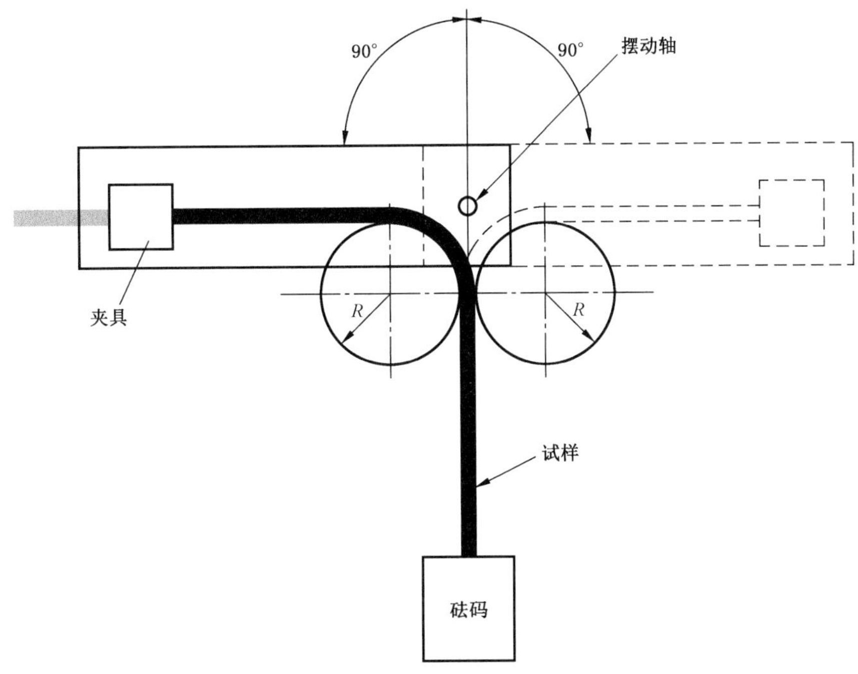

图 17　反复弯曲试验装置

6.4.11.2 试样长度

试样应足够长,可以完成规定的测试。当仅用于评估物理损伤时,长度范围是 1 m(例如,直径较小的跳线)到 5 m(直径较大的电缆)。当需要测试传输性能时,需要更长的长度。

试样长度应在相关详细规范中规定。

6.4.11.3 测试步骤

试验步骤如下:

a) 预处理:试样在室温环境下放置 24 h;
b) 按照图 17 所示,将试样固定在测试装置上;
c) 按照相关详细规范要求在试样上施加砝码;
d) 测量合格判据参数,建立基准线值;
e) 按照相关详细规范所要求的重复次数,进行反复弯曲试样;
f) 进行合格判据参数测量。必要时,将试样从测试装置中取下,进行目测检查。

6.4.11.4 要求

相关详细规范中应有合格判断依据。典型的不合格包括电缆的传输性能受损、混线、断线、物理损伤等。

6.4.11.5 测试报告

测试报告应包括以下内容：

a) 位移角；

b) 循环次数；

c) 砝码的质量；

d) 弯曲半径，R；

e) 环境温度。

相关详细规范中要求时，应记录合格/不合格。

6.4.12 电缆抗拉性能

应按GB/T 7424.2—2008第5章规定的方法进行电缆抗拉性能试验。

6.4.13 电缆的冲击试验

应按GB/T 21204.1—2007中3.4.4规定的方法进行电缆的冲击试验。

6.4.14 电缆碰撞试验

应按GB/T 21204.1—2007中3.4.3规定的方法进行电缆的碰撞试验。

6.4.15 电缆振动试验

应按GB/T 21204.1—2007中3.4.2规定的方法进行电缆的振动试验。

6.5 环境试验

6.5.1 绝缘收缩

应按GB/T 2951.13—2008中第10章规定的方法进行绝缘收缩的测量。

6.5.2 绝缘热老化后的卷绕试验

应按GB/T 2951.42—2008中第10章规定的方法测量绝缘热老化性能。

6.5.3 绝缘低温弯曲试验

应按GB/T 2951.14—2008中8.1规定的方法进行绝缘低温弯曲性能试验。

6.5.4 护套老化后的断裂伸长率

应按GB/T 2951.11—2008中9.2规定的方法制备护套试样并进行试验，老化后应按GB/T 2951.12—2008中8.1的规定进行护套的断裂伸长率的试验，时间与温度由有关的电缆详细规范规定。

6.5.5 护套老化后的抗张强度

应按GB/T 2951.11—2008中9.2规定的方法制备护套试样并进行试验，老化后应按GB/T 2951.12—

2008 中 8.1 规定进行护套的抗张强度的试验，时间与温度由有关的电缆详细规范规定。

6.5.6 护套高温压力试验

应按 GB/T 2951.31—2008 中 8.2 规定的方法进行护套高温压力试验。

6.5.7 电缆低温弯曲试验

应按 GB/T 2951.14—2008 规定的要求进行电缆低温弯曲。

6.5.8 热冲击试验

应按 GB/T 2951.31—2008 中 9.2 规定的方法进行热冲击试验。

6.5.9 稳态湿热

应按 GB/T 21204.1—2007 中 3.5.2 的要求测试电缆的稳态湿热性能。

6.5.10 日照辐射

试样的电缆护套应按照规定的时间，放在碳弧老化试验机或者氙弧老化试验机进行试验。在试验结束后，按照 6.4.6 要求测试护套的断裂伸长率，按照 6.4.7 要求测试护套的抗张强度。测试结果应和未参与测试的样本进行比对。

6.5.11 耐溶剂和污染液体

应按 GB/T 21204.1—2007 中 3.6.1 的要求测试电缆的溶剂与污染液体性能。

6.5.12 盐雾与二氧化硫试验

应按 GB/T 21204.1—2007 中 3.6.2 的要求测试电缆的盐雾与二氧化硫(SO_2)性能。

6.5.13 浸水

温度在(20±3)℃时，将 100 m 的成品电缆浸入水中，保持规定的时间。时间到后，样品仍保持在水中的状态，按照 6.2.4 的要求测试导体的绝缘电阻。

6.5.14 吸湿性

将干燥试样放在相对湿度为 65%±5%、温度为(20±1)℃的环境里，3 h 后，试样所吸收的潮气不超过试样重量的 1%，则认为电缆材料是防潮的。

6.5.15 毛细现象试验

6.5.15.1 试验设备

适用的设备为：

a) 量杯：500 mL～1 000 mL；

b) 试验室架：带有可移动的十字杆；

c) 砝码：25 g，带铅坠，3 个；

d) 荧光剂燃料溶液：0.1 g/L；

e) 滤纸：25 mm×25 mm，3 张。

6.5.15.2 试验步骤

试验步骤如下述所示：

a) 取 3 根长度均为 450 mm 的试样，在每根试样的末端连接铅坠型的砝码。

b) 3 根样品的另一端连接到十字杆上，每根样品之间的间距为 25 mm。如图 18 所示。

c) 在砝码上方大约 75 mm 的位置上，用回形针将滤纸固定在试样上。

d) 量杯里注入荧光素溶液，深度约 75 mm。

e) 将带有样品的十字杆垂直放置在量杯上方。调低十字杆横杆的位置，使带砝码的试样末端浸入溶液中，并且滤纸位置距离液体表面 25 mm。记录浸入液体的时间。

f) 6 h 内滤纸的下边缘没有变湿、染色，则认为试样是无毛细作用的。

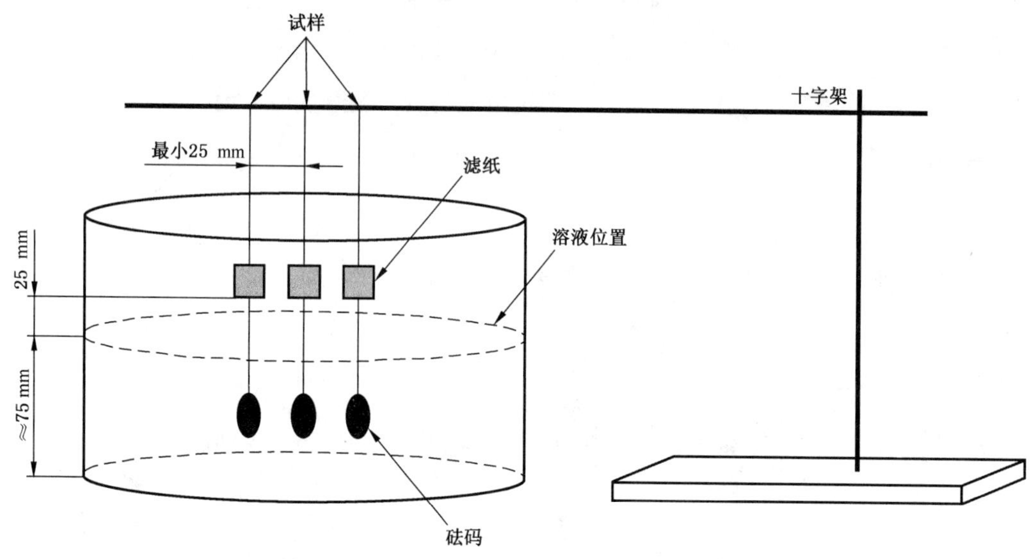

图 18 毛细现象试验装置图

6.5.16 单根电缆的火焰蔓延性能

应按 GB/T 18380.12 中规定的方法测量单根电缆的燃烧性能。当由于细小导体在火焰的作用下可能熔化而不适用上述方法时，应按 GB/T 18380.22 中的规定进行试验。

6.5.17 成束电缆的火焰蔓延性能

应按 GB/T 18380.35 中规定的方法测量成束电缆的燃烧性能。

6.5.18 卤酸气体含量

当试样材料是以卤化聚合物为基础的混合物或含卤添加剂混合物时，应按 GB/T 17650.1—1998 中规定的方法测量产生的卤酸气体；当试样材料为“无卤”或者所有卤酸的相当含量小于 5 mg/g 时，应按 GB/T 17650.2—1998 中规定的方法测量产生的卤酸气体。

6.5.19 透光率

应按 GB/T 17651 中规定的方法测量透光率。

6.5.20 电缆在通风空间环境条件下的燃烧和烟雾组合试验

应按 GB/T 21204.1—2007 附录 A 的方法测量电缆在通风空间环境下的燃烧和烟雾。

附　录　A
（资料性附录）
本部分与 IEC 61156-1:2009 相比的结构变化情况

本部分与 IEC 61156-1:2009 相比在结构上有较多调整，具体章条编号对照情况见表 A.1。

表 A.1　本部分与 IEC 61156-1:2009 的章条编号对照情况

本部分章条编号	IEC 61156-1:2009 章条编号
3.4	—
3.5	3.27
3.6	3.24
3.7	3.4
3.8	3.5
3.9	3.6
3.10	3.7
3.11	3.8
3.12	—
3.13	—
3.14	3.9
3.15	3.10
3.16	3.11
3.17	3.12
3.18	3.13
3.19	3.14
3.20	3.15
3.21	3.16
3.22	3.17
3.23	3.18
3.24	3.19
3.25	3.20
3.26	3.21
3.27	3.22
3.28	3.23
3.29	3.25
3.30	3.26
3.31	3.28
3.32	3.29
5.2.1	—
5.2.2	5.2.1
5.2.3	5.2.2

表 A.1（续）

本部分章条编号	IEC 61156-1:2009 章条编号
5.2.3.1	—
5.2.3.2	5.2.2.1
5.2.4	5.2.3
5.2.4.1	5.2.3.1
5.2.4.2	5.2.3.2
5.2.5	5.2.4
5.2.6	5.2.5
5.2.7	5.2.6
5.2.8	5.2.7
5.2.8.1	5.2.7.1
5.2.8.2	5.2.7.2
5.2.9	5.2.8
6.2.2.1	—
6.2.2.2	6.2.2.1
6.2.2.3	6.2.2.2
—	6.2.9
6.3.1	—
6.3.2	6.3.1
6.3.3	6.3.2
6.3.4	6.3.3
6.3.4.1	6.3.3.1
6.3.4.2	6.3.3.2
6.3.4.2.1	6.3.3.2.1
6.3.4.2.2	6.3.3.2.2
6.3.4.2.3	6.3.3.2.3
6.3.4.3	6.3.3.3
6.3.5	6.3.4
6.3.5.1	6.3.4.1
6.3.5.2	6.3.4.2
6.3.5.3	6.3.4.3
6.3.5.3.1	—
6.3.5.3.2	6.3.4.3.1
6.3.5.3.3	6.3.4.3.2
6.3.5.3.4	6.3.4.3.3

表 A.1（续）

本部分章条编号	IEC 61156-1:2009 章条编号
6.3.6	6.3.5
6.3.7	6.3.6
6.3.8	6.3.7
6.3.8.1	—
6.3.8.2	6.3.7.1
6.3.8.3	6.3.7.2
6.3.9	6.3.8
6.3.10	6.3.9
6.3.11	6.3.10
6.3.11.1	6.3.10.1
6.3.11.1.1	6.3.10.1.1
6.3.11.1.2	6.3.10.1.2
6.3.11.2	6.3.10.2
6.3.11.3	6.3.10.3
6.3.11.4	—
6.3.12	6.3.11
6.3.12.1	6.3.11.1
6.3.12.2	6.3.11.2
6.3.12.3	6.3.11.3
6.4.10.3.1	—
6.4.10.3.2	6.4.10.3.1
6.4.10.3.3	6.4.10.3.2
6.4.10.3.4	6.4.10.3.3
—	6.5.20
图 11	图 18
图 12	图 19
图 13	图 20
图 14	图 13
图 15	图 14
图 16	图 15
图 17	图 16
图 18	图 17

附 录 B
（资料性附录）
本部分与 IEC 61156-1:2009 的技术性差异及其原因

表 B.1 给出了本部分与 IEC 61156-1:2009 的技术性差异及其原因。

表 B.1 本部分与 IEC 61156-1:2009 的技术性差异及其原因

本部分章条编号	技术性差异	原因
2	增加了 GB/T 3953—2009	根据我国的实际应用情况加以引用
2	增加了 GB/T 4910—2009	根据我国的实际应用情况加以引用
2	用 GB/T 6995.2 代替了 IEC 60304(见 5.2.2)	优先引用我国的标准
2	增加了 GB/T 17650.1—1998	在测试卤酸气体含量时，原文引用的标准不能覆盖含卤混合物
2	删除了 IEC 60332-1-1 电缆和光缆在火焰条件下的燃烧试验 第 11 部分：单根绝缘电线电缆火焰垂直蔓延试验 试验装置	该文件在原文中未使用
2	增加了 GB/T 18380.12	原文中缺少试验方法的引用
2	删除了 IEC 60332-2-1 电缆和光缆在火焰条件下的燃烧试验 第 21 部分：单根绝缘细电线电缆火焰垂直蔓延试验 试验装置	该文件在原文中未使用
2	增加了 GB/T 18380.22	原文中缺少试验方法的引用
2	删除了 IEC 60332-3-10 电缆和光缆在火焰条件下的燃烧试验 第 31 部分：垂直安装的成束电线电缆火焰垂直蔓延试验 试验装置	该文件在原文中未使用
2	用 GB/T 11327.1—1999 代替了 IEC 60189-1:1986	优先引用我国的标准
2	增加了 JB/T 3135—2011	根据我国的实际应用情况加以引用
2	删除了 IEC 62153-4-4 金属通信电缆测试方法 第 4-4 部分：电磁兼容性能(EMC) 频率 3 GHz 及以上屏蔽衰减 三同轴法	符合我国的实际应用情况。屏蔽衰减主要用于评估同轴电缆的屏蔽性能，对称电缆用耦合衰减评估
2	增加了 IEC 62153-4-9 金属通信电缆测试方法 第 4-9 部分：电磁兼容性能(EMC) 耦合或屏蔽衰减 三同轴法	根据我国的实际应用情况，增加了耦合衰减的测试方法
3.4	增加了“转移阻抗”的术语和定义	原文中缺少转移阻抗的定义
3.10	修改了衰减的定义	使衰减的定义更明确
3.11	增加了不平衡衰减的注 2	介绍了不平衡衰减的分类
3.12	增加了“横向转换损耗”的术语与定义	原文中缺少此项定义
3.13	增加了“等电平远端不平衡衰减”的术语与定义	原文中缺少此项定义

表 B.1（续）

本部分章条编号	技术性差异	原因
5.2.2	修改了对导体的要求	根据我国的实际应用情况，规定了导体的种类及相应的性能要求
5.2.4.2	增加了“裸铜带”列项	符合我国的实际应用情况
5.2.8.2	增加了“执行标准”列项	符合我国的实际应用情况
6.1	将 20 ℃改为(20±3)℃	符合实际应用情况
6.2.8	增加了“耦合衰减”的另外一种测试方法	根据我国的实际应用情况，增加了耦合衰减的测试方法
6.2.9	删除了“载流量”试验	原文是“在考虑中”，没有规定明确的测试方法，不符合我国国家标准的要求
6.3.1	增加了对平衡变换器共模端口的说明	更加明确共模端口的应用
6.3.2	删除了第二段中“对于传播速度的测量，平衡变换器不必具备共模端口”	在 6.3.1 中进行了说明
6.3.2	增加了相速度的注	比值或百分比是相速度在我国实际应用中更常见的表述
6.3.4 式(10)	修改了衰减的计算公式	增加了 100 m 长标准长度的换算
6.3.4.1	删除了第一段中“对于衰减的测量，平衡变换器不必具备共模端口”	在 6.3.1 中进行了说明
6.3.5.3.2	增加了“注”	根据现有的测试技术及实际应用情况，对试样的长度进行了说明
6.3.6	删除了第 2 段对平衡变换器的要求	在 6.3.1 中已有同样内容，不需要重复说明
6.3.6 式(24)	修正了 $NEXT$ 的公式	原文中公式错误
6.3.6 式(25)	修正了 $NEXT_{100}$ 的公式	原文中公式错误，将电缆衰减的实测值与电缆的百米衰减值混淆
6.3.6 式(26)	修正了 $PS\ NEXT_j$ 的公式	原文中公式错误，缺少负号，正确公式为 $PS\ NEXT_j = -10 \times \log_{10} \sum_{\substack{i=1 \\ i \neq j}}^{m} (10^{\frac{-NEXT_{i,j}}{10}})$
6.3.7	删除了第 2 段对平衡变换器的要求	在 6.3.1 中已有同样内容，不需要重复说明
6.3.7 式(27)	修正了 $FEXT$ 的公式	原文公式错误
6.3.7 的第五段	“被测电缆的最大长度应不超过 300 m”改为“被测电缆的最大长度应不超过 305 m”	符合我国的国情，常用的产品交付单位除 100 m 外，还有 1 000 英尺，即 305 m
6.3.7 式(28)	修正了 $FEXT_{100}$ 的公式	原文公式错误，将电缆衰减的实测值与电缆的百米衰减值混淆
6.3.7 式(29)	修正了 $EL\ FEXT$ 的公式	原文公式错误
6.3.8	将“…6.3.7.2 four-parallel-cable configuration”修改为“ …6.3.7.2 six cables around one cable on a drum (three layers on a drum)”	原文描述错误

表 B.1(续)

本部分章条编号	技术性差异	原因
6.3.11.4	增加了匹配输入阻抗的测试方法	原文中缺少该参数的测试方法
6.3.12.3 式(42)	增加了"回波损耗"的公式	回波损耗的另一种表示方法
6.5.7	修改了电缆低温弯曲试验方法	原文件中规定的测试方法在我国没有应用,因此按照我国国情,保留上一版本(GB/T 18015.1—2007)中的试验方法
6.5.16	修改了原文中错误的引用	原文中引用的是测试装置的标准,应引用测试方法的标准
6.5.18	修改了原文中的试验方法	增加 GB/T 17650.1—1998 试验方法
6.5.19	将发烟量改为透光率	更适用于电缆试验
6.5.20	删除了"有毒气体的散发"试验	原文是"在考虑中",没有规定明确的测试方法,不符合我国国家标准的要求

附 录 C
（资料性附录）
常见电缆结构缩写

表 C.1 给出了常见电缆结构的缩写。

图 C.1 给出了一些常见电缆结构的示意图。

表 C.1 电缆结构缩写

缩写		
XX/ABB		
XX-总屏蔽	A-电缆元件屏蔽	BB-电缆元件类型
U-非屏蔽 F-铝箔屏蔽 S-编织屏蔽 SF-铝箔加编织屏蔽	U-非屏蔽 F-铝箔屏蔽	TP-对绞线对 TQ-星绞线对

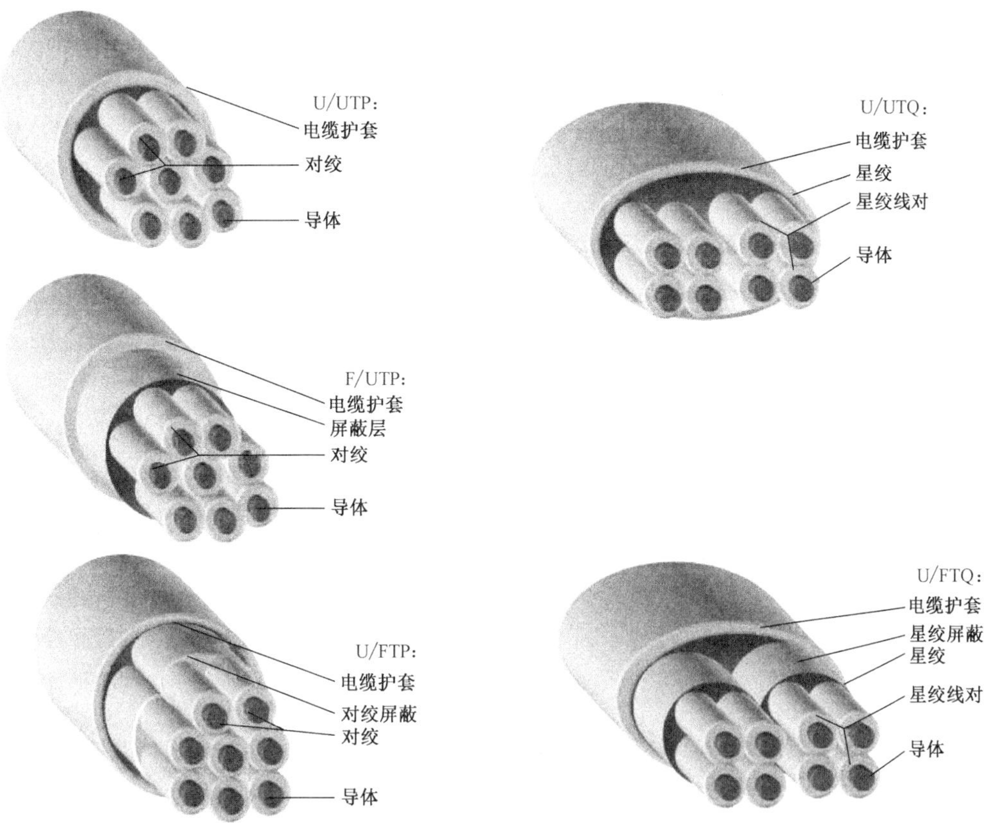

图 C.1 常见电缆结构示意图

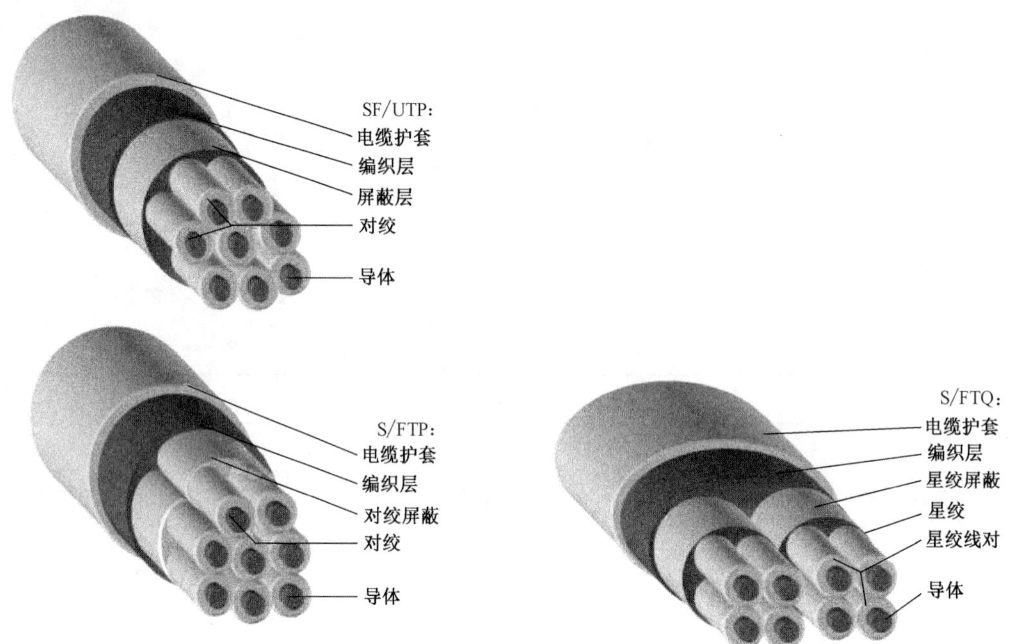
SF/UTP:
电缆护套
编织层
屏蔽层
对绞
导体
S/FTP:
电缆护套
编织层
对绞屏蔽
对绞
导体
S/FTQ:
电缆护套
编织层
星绞屏蔽
星绞
星绞线对
导体

图 C.1（续）

附　录　D
（资料性附录）
数字通信用对绞或星绞多芯对称电缆的型号编制方法

D.1　电缆的分类代号

表 D.1 给出了电缆的分类代号。

表 D.1　电缆的分类代号

<table>
<tr><th>分类方法</th><th colspan="2">类别</th><th>代号</th></tr>
<tr><td>燃烧性能代号[a]</td><td colspan="2">—</td><td>—</td></tr>
<tr><td>数字通信电缆系列</td><td colspan="2">数字通信用对绞或星绞多芯对称电缆系列</td><td>HS</td></tr>
<tr><td rowspan="5">使用环境特征</td><td colspan="2">水平层布线电缆</td><td>S</td></tr>
<tr><td colspan="2">工作区布线电缆</td><td>Q</td></tr>
<tr><td colspan="2">主干布线电缆</td><td>G</td></tr>
<tr><td colspan="2">垂直布线电缆</td><td>C</td></tr>
<tr><td colspan="2">设备布线电缆</td><td>SB</td></tr>
<tr><td rowspan="3">导体结构</td><td colspan="2">实芯导体</td><td>省略</td></tr>
<tr><td colspan="2">绞合导体</td><td>R</td></tr>
<tr><td colspan="2">铜皮导体</td><td>TR</td></tr>
<tr><td rowspan="2">绝缘型式</td><td colspan="2">实心</td><td>省略</td></tr>
<tr><td colspan="2">泡沫实心皮(或皮-泡-皮)</td><td>YP</td></tr>
<tr><td rowspan="4">绝缘材料</td><td colspan="2">聚氯乙烯</td><td>V</td></tr>
<tr><td colspan="2">聚烯烃</td><td>Y</td></tr>
<tr><td colspan="2">含氟聚合物</td><td>F</td></tr>
<tr><td colspan="2">低烟无卤热塑性材料</td><td>Z</td></tr>
<tr><td rowspan="4">护套材料</td><td colspan="2">聚氯乙烯</td><td>V</td></tr>
<tr><td colspan="2">聚烯烃</td><td>Y</td></tr>
<tr><td colspan="2">含氟聚合物</td><td>F</td></tr>
<tr><td colspan="2">低烟无卤热塑性材料</td><td>Z</td></tr>
<tr><td rowspan="3">屏蔽</td><td colspan="2">非屏蔽</td><td>参见附录 C</td></tr>
<tr><td rowspan="2">有屏蔽</td><td>单对屏蔽</td><td>参见附录 C</td></tr>
<tr><td>总屏蔽</td><td>参见附录 C</td></tr>
<tr><td rowspan="4">最高传输频率</td><td colspan="2">16 MHz</td><td>3</td></tr>
<tr><td colspan="2">20 MHz</td><td>4</td></tr>
<tr><td colspan="2">100 MHz</td><td>5</td></tr>
<tr><td colspan="2">100 MHz(支持双工)</td><td>5e</td></tr>
</table>

表 D.1（续）

分类方法	类别	代号
最高传输频率	250 MHz	6
	500 MHz	6A
	600 MHz	7
	1 000 MHz	7A
	2 000 MHz	8
特性阻抗	100 Ω	省略
	120 Ω	120
	150 Ω	150
[a] 参见 GB/T 19666。		

D.2 电缆型号

图 D.1 给出了电缆的型号示意。

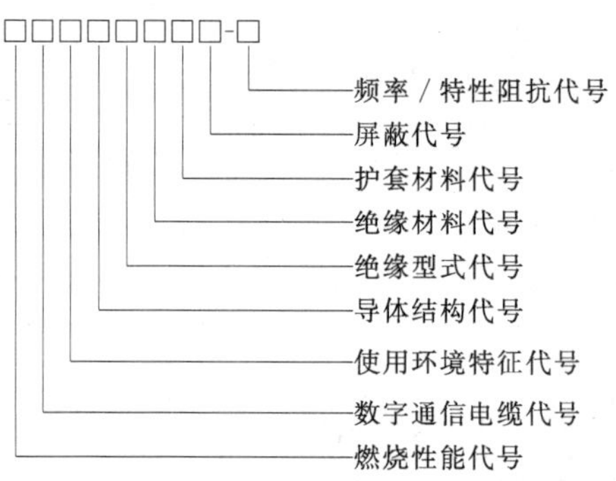

图 D.1 电缆型号示意

D.3 产品表示方法

产品用型号、缆芯对(组)数、导体标称直径和相应的标准编号表示。产品表示示例如下：

示例 1：

标称直径 0.5 mm 实心导体、缆芯 4 对、特性阻抗 100 Ω、实心聚烯烃绝缘、聚烯烃外护套的 5 类数字通信用多芯对称水平层布线非屏蔽电缆表示为：HSSYYU/UTP-5/100 4×2×0.5 GB/T 18015.2；

示例 2：

标称直径 0.5 mm 绞合导体、缆芯 2 对、特性阻抗 120 Ω、实心聚烯烃绝缘、低烟无卤塑料护套的 6 类数字通信用多芯对称工作区布线铝箔总屏蔽电缆表示为：HSQRYZF/UTP-6/120 2×2×0.5 GB/T 18015.5。

参 考 文 献

[1] GB/T 18015.2 数字通信用对绞或星绞多芯对称电缆 第2部分:水平层布线电缆分规范

[2] GB/T 18015.5 数字通信用对绞或星绞多芯对称电缆 第5部分:具有600 MHz及以下传输特性的对绞或星绞对称电缆 水平层布线电缆分规范

[3] GB/T 19666 阻燃和耐火电线电缆通则

[4] IEC 62153-4-4 Metallic communication cable test methods—Part 4-4:Electromagnetic compatibility(EMC)—Test method for measuring of the screening attenuation as up to and above 3 GHz,triaxial method

ICS 29.060.20
K 13

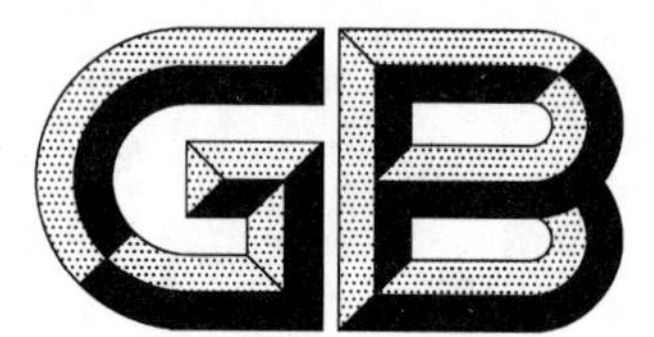

中华人民共和国国家标准

GB/T 18015.11—2007/IEC 61156-1-1:2001

数字通信用对绞或星绞多芯对称电缆 第11部分:能力认可　总规范

Multicore and symmetrical pair/quad cables for digital communications—Part 11:Capability Approval—Generic specification

(IEC 61156-1-1:2001,IDT)

2007-01-23 发布　　2007-08-01 实施

中华人民共和国国家质量监督检验检疫总局
中国国家标准化管理委员会　发布

前　言

GB/T 18015《数字通信用对绞或星绞多芯对称电缆》分为20个部分：

——第1部分：总规范；

——第11部分：能力认可　总规范；

——第2部分：水平层布线电缆　分规范；

——第21部分：水平层布线电缆　空白详细规范；

——第22部分：水平层布线电缆　能力认可　分规范；

——第3部分：工作区布线电缆　分规范；

——第31部分：工作区布线电缆　空白详细规范；

——第32部分：工作区布线电缆　能力认可　分规范；

——第4部分：垂直布线电缆　分规范；

——第41部分：垂直布线电缆　空白详细规范；

——第42部分：垂直布线电缆　能力认可　分规范；

——第5部分：具有600 MHz及以下传输特性的对绞或星绞对称电缆　水平层布线电缆　分规范；

——第51部分：具有600 MHz及以下传输特性的对绞或星绞对称电缆　水平层布线电缆　空白详细规范；

——第52部分：具有600 MHz及以下传输特性的对绞或星绞对称电缆　水平层布线电缆　能力认可　分规范；

——第6部分：具有600 MHz及以下传输特性的对绞或星绞对称电缆　工作区布线电缆　分规范；

——第61部分：具有600 MHz及以下传输特性的对绞或星绞对称电缆　工作区布线电缆　空白详细规范；

——第62部分：具有600 MHz及以下传输特性的对绞或星绞对称电缆　工作区布线电缆　能力认可　分规范；

——第7部分：具有1 200 MHz及以下传输特性的对绞对称电缆　数字和模拟通信电缆　分规范；

——第71部分：具有1 200 MHz及以下传输特性的对绞对称电缆　数字和模拟通信电缆　空白详细规范；

——第72部分：具有1 200 MHz及以下传输特性的对绞对称电缆　数字和模拟通信电缆　能力认可分规范。

本部分为GB/T 18015的第11部分。

本部分等同采用IEC 61156-1-1:2001《数字通信用对绞或星绞多芯对称电缆　第1-1部分：能力认可总规范》(英文版)。

考虑到我国国情和便于使用，本部分在等同采用IEC 61156-1-1:2001时做了几处修改。这些差异和修正如下：

——本部分第1.2条部分引用了采用国际标准的我国标准而非国际标准；

1) 由于ISO 9001:1994及ISO 9002:1994已修订合并为ISO 9001:2000，因此，本部分第1.2条引用等同采用ISO 9001:2000的我国标准GB/T 19001—2000《质量管理体系

要求》;

2) 因原文中除第1.2条中列出ISO 9000-1,其后的标准文本中并未提及,本部分的1.2条中删除了ISO 9000-1;

——将一些适用于国际标准的表述改为适用于我国标准的表述。

本部分的附录A为资料性附录。

本部分由中国电器工业协会提出。

本部分由全国电线电缆标准化技术委员会归口。

本部分负责起草单位:上海电缆研究所。

本部分参加起草单位:宁波东方集团有限公司、江苏东强股份有限公司、江苏永鼎股份有限公司、浙江兆龙线缆有限公司、西安西电光电缆有限责任公司、江苏亨通集团有限公司、安徽新科电缆股份有限公司。

本部分主要起草人:孟庆林、吉利、高欢、叶信宏、赵佩杰、倪厚森。

数字通信用对绞或星绞多芯对称电缆
第11部分:能力认可　总规范

1　总则

1.1　范围

GB/T 18015的本部分是适用于GB/T 18015.1—2007规定的数字通信用对绞或星绞多芯对称电缆能力认可要求的总规范。

本部分规定了制造商在其能力手册中明确的数字通信用对绞或星绞多芯对称电缆的设计(如适用)、生产、检验、试验和放行的能力认可要求。

包含GB/T 19001相关要求的制造商认可是获准能力认可的先决条件,但制造商也可同时申请制造商认可和能力认可。

注1:制定本部分用于第三方认证,但也可作为第二方认证或自我认证的依据。

注2:当需要认证,应采用下文所指明的内容进行能力认可。也可用作第二方认证或自我认证。

1.2　规范性引用文件

下列文件中的条款通过GB/T 18015的本部分的引用而成为本部分的条款。凡是注日期的引用文件,其随后所有的修改单(不包括勘误的内容)或修订版均不适用于本部分,然而,鼓励根据本部分达成协议的各方研究是否可使用这些文件的最新版本。凡是不注日期的引用文件,其最新版本适用于本部分。

GB 3100　国际单位制及其应用(GB 3100—1993,eqv ISO 1000:1992)

GB/T 7428(所有部分)　电气简图用图形符号[idt IEC 60617(所有部分)]

GB/T 18015(所有部分)　数字通信用对绞或星绞多芯对称电缆[idt IEC 61156(所有部分)]

GB/T 18015.1—2007　数字通信用对绞或星绞多芯对称电缆　第1部分:总规范(IEC 61156-1:2002,IDT)

GB/T 19001　质量管理体系　要求(GB/T 19001—2000,idt ISO 9001:2000)

IEC 60027　电气技术用字母符号

IEC 60050　国际电工术语(IEV)

IEC QC 001002-3:1998　IEC电工委员会质量评定体系(IECQ)　程序规定　第三部分:认可程序

1.3　单位、符号和术语

单位、图形符号和术语尽可能采用以下标准:IEC 60027、IEC 60050、GB/T 7428和GB 3100。

其他符号应在能力手册和(或)相关规范中规定。

1.4　定义

本部分采用下列定义:

1.4.1

(制造商的)能力手册　capability manual (CM)(of a manufacturer)

能力手册为设计规则、生产过程和试验程序的完整描述,包含其界限和验证程序。能力手册是获准能力认可的基础文件。

1.4.2

质量手册　quality manual;QM

直接描述或引用制造商内部文件描述制造商为确保产品符合适用规范的程序的手册。它对鉴定和能力认可都是必要的。

1.4.3

能力合格检验试件　capability qualifying components;CQCs

专门设计的或从生产中抽取的用于按相关总规范验证能力界限的试样。

1.4.4

工艺水平界限　process boundaries

制造商所宣称的在每一生产阶段受良好控制的产品范围(对于一类的产品)。

1.4.5

返工　rework

在最终检验或交货前后,重新进行某些正常生产过程或操作。如剥皮挤护套。

1.4.6

返修　repair

不同于生产操作的操作,包括不合格性能的修复,如修补针孔。

2　质量评估程序

2.1　总则

2.1.1　能力认可资格

如要获得能力认可资格,任何公司必须实施质量管理体系,以管理通信电缆的设计(如适用)、生产和试验,并提出认可申请。

2.1.2　外包

生产过程的外包,或原材料和零配件的采购应符合 IEC QC 001002-3:1998 中 4.2.2 的规定。也就是说,按通信电缆的能力认可,全部制造工序直至最终试验不允许外包。

但是,如果两个制造商都有同一类产品的能力认可,则按其能力认可允许外包。

2.1.3　返工和返修

在本规范中宜采用 1.4.5 和 1.4.6 给出的定义。

最终检验前的返工和返修应按 IEC QC 001002-3:1998 中 4.7 的要求进行管理,并应在能力手册中说明。

2.2　能力证实程序

2.2.1　能力认可的申请

申请能力认可的强制先决条件是按 GB/T 19001 获得制造商认可。

但是,制造商可同时申请 GB/T 19001 的制造商认可和能力认可,或在取得 GB/T 19001 制造商认可后申请能力认可。

不应接受贸易公司或类似公司的申请,它们没有生产数字通信电缆的必要设备,仅是买进最终产品后在贸易公司做最终试验。

2.2.2　能力认可的获准

应从国家认证机构获准能力认可。

2.2.3　能力手册

为了得到国家监督检查员认可,每个制造商都应编制能力手册。能力手册至少应包含或引用以下内容:

a) 参照分规范对各类电缆作说明;

b) 对各类电缆有关的现有制造设备的确认和识别;

c) 生产过程及其元件制造阶段的说明或流程图,包括每个生产阶段的工艺水平范围和试验及控制点的说明;

d) 结构工艺;

e) 任何外包工作的说明;

f) 返工返修原则;

g) 对各项质量计划的引用;

h) 采用统计质量控制技术;

i) 获得和保持能力认可的程序。

2.2.4 质量计划

制造商应对各类电缆制定质量计划,通常应至少包含下列内容:

a) 设计目标和评审阶段(如适用);

b) 过程目标和评审阶段;

c) 质量目标和评审阶段;

d) 客观和主观的接收准则。

2.2.5 能力合格检验试件(CQCs)

能力的证实应通过检验质量计划规定的生产阶段范围来进行:

a) 生产阶段的范围应包括重要工艺和申明能力的界限;

b) 为了评价各生产阶段,供试验的 CQCs 应是:

——生产元件;

或

——与各生产阶段有关的成品。

c) 为了证实想得到批准的那类电缆的生产能力,要按制造商与国家监督检查员之间协商同意的适当数目的制造过程进行试验,包括 CQC 在内;

d) 应有一定数量的生产样品或最终产品,它们足以代表生产过程的整个范围,包括最终试验;

e) 审核生产过程各个阶段包括对每一阶段实施控制的审核、生产范围内设备能力的评审以及所有相关文件的评审;

f) 与质量计划有关的生产阶段产品质量统计指标的检查;

g) 附录 A 给出生产表的示例以作引导,它对于标明证实能力所需的主要的生产阶段和生产过程的 CQC 规范是有用的。

2.2.6 能力的证实和验证

a) 从质量计划中选出来的适合于在放行的产品所用的材料或生产过程中证实能力的各种试验应当用从各个生产阶段和成品中抽取的样品进行。

b) 应制定证实和接受能力认可的方案,并经国家监督检查员和制造商同意。

2.2.7 CQC 失效的后续程序

如果最初能力认可证实中,一个 CQC 不符合规定的试验要求,并且超过允许的失效数,制造商应:

a) 征得国家监督检查员的同意,修改申明的能力范围;

或

b) 调查失效的原因是由于试验本身的失误,如试验设备故障或操作者失误,还是由于设计或生产过程的失误。

如果确定失效的原因是试验本身,那么要取得国家监督检查员的同意,在采取必要的纠正措施之后,采用失效的 CQC 或一个新的 CQC(如适用)重新试验。如果采用新的 CQC,它应经受适合于原 CQC 试验方案的全部试验。

如果确定失败的原因是设计或生产过程的失误,应实施制造商和国家监督检查员同意的试验方案,以证实失败的原因已根除,所有纠正措施已实施并已编入文件。完成这些之后,应采用新的 CQC 重复全部试验顺序。

一些在产品寿命期内不影响使用质量的轻微失效,可经国家监督检查员和制造商协商同意而接受。

2.2.8 能力认可报告

编制能力认可报告是获取能力认可的基础。能力认可报告应包括制造商所申明的能力的简述和按同意的检验用的全部试验方案得到的结果。

2.3 能力认可证书

如获准能力认可,国家监督检查员应向制造商颁发证书。

证书应包括以下信息:

a) 参考编号;

b) 制造商和生产地点的识别;

c) 能力描述的摘要;

d) 能力手册或其他相当的文件的引用文件,和

e) 颁发证书的权威机构的识别和签名。

2.4 获准能力认可以后的程序

2.4.1 能力认可的保持

能力认可的保持是按认可的能力范围进行审核来保证的。可通过以下的一种方法进行验证:

a) 按规定的时间间隔,用原先的检验要求和相关的验收准则,重复最初的证实程序;

b) 由国家监督检查员在试验或控制点作定期试验见证;

c) a)和 b)的组合,以及

d) 查阅与日常生产的电缆有关的记录,在那里相关的生产过程控制与检验证实是符合要求的。

能力手册中应规定选择能力保持方法。

2.4.2 能力认可的改变或变更

制造商应报告可能影响能力认可有效性的任何更改,国家监督检查员应决定是否有必要重复所有或部分能力认可试验。

2.4.3 生产设备的改变

在新的或改造过的机械用于已鉴定产品制造之前,与能力认可范围内的产品制造有关的任何制造设备的重大改变应书面通知国家认证机构。

在这方面,以下任何一种变化均应被视为重大改变:

a) 降低能力范围而其本身严重地影响能力认可范围;

b) 需要增加以前文件未作规定的与产品性能有关的生产范围的规定。

在这方面,国家监督检查员应决定采用定期或中间审核,以验证能力认可的保持。

2.5 合格发运

除了能力认可保持所要求的检验,在产品放行前,制造商应实施符合质量计划要求或符合相关电缆规范的试验和检验。

3 试验和测量方法(一般导则)

试验方法应在相关规范中规定。

当适用的规范中未规定所要求的试验,其试验方法和试验条件应在质量计划中规定。

附 录 A
(资料性附录)
系列:5 类总屏蔽对绞或星绞对称电缆:CQC 选择导向示例

工序号	生产工序	生产线	操作说明	生产范围
1	绝缘	挤出机 ××××× ×××× ××××	××××× ××××	实心铜导体 最小或最大直径 绝缘厚度和直径 绝缘类型 色标
2	绞合	绞合机 ××××× ××××	××××× ××××	对绞组和(或)四线组 最小或最大节距
3	成缆	××××× ××××	××××× ××××	对绞组或四线组的最大数目 电缆的最大或最小节距
4	屏蔽	包带机 ××××× ××××	××××× ××××	纵包或绕包最小搭盖
5	护套	挤出机 ××××× ××××	××××× ××××	材料类型 最小或最大外径 最小或最大厚度
6	最终试验	试验部门		内部或外部的试验
7	包装	发运部门		最大的电缆长度 最大线盘尺寸

ICS 29.060.20
K 13

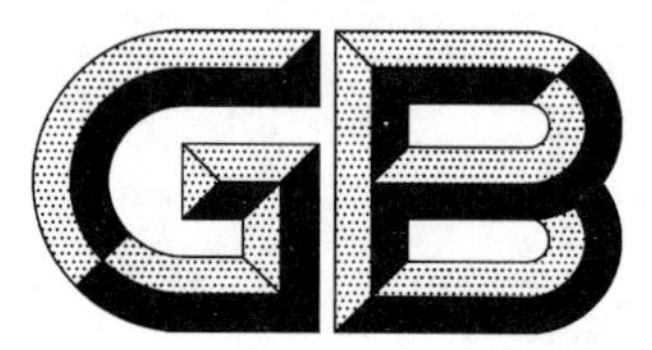

中华人民共和国国家标准

GB/T 18015.2—2007/IEC 61156-2:2003
代替 GB/T 18015.2—1999

数字通信用对绞或星绞多芯对称电缆 第2部分:水平层布线电缆 分规范

Multicore and symmetrical pair/quad cables for digital communications—Part 2:Horizontal floor wiring—Section specification

(IEC 61156-2:2003,IDT)

2007-01-23 发布　　2007-08-01 实施

中华人民共和国国家质量监督检验检疫总局
中国国家标准化管理委员会　发布

前　　言

GB/T 18015《数字通信用对绞或星绞多芯对称电缆》分为 20 个部分：

——第 1 部分：总规范；

——第 11 部分：能力认可　总规范；

——第 2 部分：水平层布线电缆　分规范；

——第 21 部分：水平层布线电缆　空白详细规范；

——第 22 部分：水平层布线电缆　能力认可　分规范；

——第 3 部分：工作区布线电缆　分规范；

——第 31 部分：工作区布线电缆　空白详细规范；

——第 32 部分：工作区布线电缆　能力认可　分规范；

——第 4 部分：垂直布线电缆　分规范；

——第 41 部分：垂直布线电缆　空白详细规范；

——第 42 部分：垂直布线电缆　能力认可　分规范；

——第 5 部分：具有 600 MHz 及以下传输特性的对绞或星绞对称电缆　水平层布线电缆　分规范；

——第 51 部分：具有 600 MHz 及以下传输特性的对绞或星绞对称电缆　水平层布线电缆　空白详细规范；

——第 52 部分：具有 600 MHz 及以下传输特性的对绞或星绞对称电缆　水平层布线电缆　能力认可　分规范；

——第 6 部分：具有 600 MHz 及以下传输特性的对绞或星绞对称电缆　工作区布线电缆　分规范；

——第 61 部分：具有 600 MHz 及以下传输特性的对绞或星绞对称电缆　工作区布线电缆　空白详细规范；

——第 62 部分：具有 600 MHz 及以下传输特性的对绞或星绞对称电缆　工作区布线电缆　能力认可　分规范；

——第 7 部分：具有 1 200 MHz 及以下传输特性的对绞对称电缆　数字和模拟通信电缆　分规范；

——第 71 部分：具有 1 200 MHz 及以下传输特性的对绞对称电缆　数字和模拟通信电缆　空白详细规范；

——第 72 部分：具有 1 200 MHz 及以下传输特性的对绞对称电缆　数字和模拟通信电缆　能力认可分规范。

本部分为 GB/T 18015 的第 2 部分。

本部分等同采用 IEC 61156-2:2003《数字通信用对绞或星绞多芯对称电缆　第 2 部分：水平层布线电缆　分规范》(英文版)。

考虑到我国国情和便于使用，本部分在等同采用 IEC 61156-2:2003 时做了几处修改：

——本部分第 1.2 引用了采用国际标准的我国标准而非国际标准；

——将一些适用于国际标准的表述改为适用于我国标准的表述。

本部分代替 GB/T 18015.2—1999《数字通信用对绞或星绞多芯对称电缆　第 2 部分：水平层布线电缆—分规范》。

本部分与 GB/T 18015.2—1999 相比主要变化如下：

——补充了相时延及时延差的要求(1999 年版无;本版的 3.3.1.1、3.3.1.2、3.3.1.2.1)；

——补充了电缆远端串音要求(1999 年版无;本版的 3.3.5)；

——补充了输入阻抗和拟合阻抗的要求(1999 年版无;本版的 3.3.6)；

——补充了回波损耗和结构回波损耗的要求(1999 年版无,本版的 3.3.7)。

本部分由中国电器工业协会提出。

本部分由全国电线电缆标准化技术委员会归口。

本部分负责起草单位:上海电缆研究所。

本部分参加起草单位:宁波东方集团有限公司、江苏东强股份有限公司、江苏永鼎股份有限公司、浙江兆龙线缆有限公司、西安西电光电缆有限责任公司、江苏亨通集团有限公司、安徽新科电缆股份有限公司。

本部分主要起草人:孟庆林、吉利、高欢、周红平、刘根荣、巫志。

本部分所代替标准的历次版本发布情况为：

——GB/T 18015.2—1999。

数字通信用对绞或星绞多芯对称电缆
第2部分:水平层布线电缆　分规范

1　总则

1.1　范围和目的

本部分与GB/T 18015.1一起使用。这种电缆专用于GB/T 18233中定义的水平层布线。

本部分适用于水平层布线的对数少于20个对绞组或10个四线组的电缆。对绞组或四线组可具有或没有单独屏蔽。这种电缆的缆芯可以有总屏蔽。这种电缆适用于在合适的详细规范中所提到的各种通信系统。

本部分所包括的电缆应在通信系统通常采用的电压电流下工作。这些电缆不宜被接到如公共供电那样的低阻抗电源上。

电缆安装和运行期间推荐的温度范围由详细规范中规定。

1.2　规范性引用文件

下列文件中的条款通过GB/T 18015的本部分的引用而成为本部分的条款。凡是注日期的引用文件,其随后所有的修改单(不包括勘误的内容)或修订版均不适用于本部分,然而,鼓励根据本部分达成协议的各方研究是否可使用这些文件的最新版本。凡是不注日期的引用文件,其最新版本适用于本部分。

GB 6995.2　电线电缆识别标志　第二部分:标准颜色(GB 6995.2—1986,neq IEC 60304:1982)

GB/T 12269　射频电缆总规范(GB/T 12269—1990,idt IEC 60096-1:1986)

GB/T 18015.1—2007　数字通信用对绞或星绞多芯对称电缆　第1部分:总规范(IEC 61156-1:2002,IDT)

GB/T 18015.21　数字通信用对绞或星绞多芯对称电缆　第21部分:水平层布线电缆　空白详细规范(GB/T 18015.21—2007,IEC 61156-2-1:2003,IDT)

GB/T 18213　低频电缆和电线无镀层和有镀层铜导体电阻计算导则(GB/T 18213—2000,idt IEC 60344:1980)

GB/T 18233　信息技术　用户建筑群的通用布缆(GB/T 18233—2000,idt ISO/IEC 11801:1995)

1.3　安装要求

见GB/T 18015.1。

2　定义、材料和电缆结构

2.1　定义

见GB/T 18015.1—2007中2.1。

2.2　材料和电缆结构

2.2.1　一般说明

材料和电缆结构的选择应适合于电缆的预期用途和安装要求。应特别注意要符合任何防火性能的特殊要求(如燃烧性能,发烟量,含卤素气体的产生等)。

2.2.2　电缆结构

电缆结构应符合适用的电缆详细规范规定的详细要求及尺寸。

2.2.3　导体

导体应由退火铜线制成。

导体可以是实心的或绞合的。导体标称直径应在 0.4 mm～0.8 mm 之间。绞合导体宜由七根单线绞合而成。

导体应是不镀锡或镀锡的。

2.2.4 绝缘

导体应由适当的热塑性材料绝缘。例如：

——聚烯烃；

——PVC；

——含氟聚合物；

——低烟无卤热塑性材料。

绝缘可以是实心，泡沫或泡沫实心皮。绝缘应连续，其厚度应使成品电缆符合规定的要求。绝缘的标称厚度应适应导体的连接方法。

2.2.5 绝缘色谱

本部分不规定绝缘色谱，但应由相关的详细规范规定。颜色应易于辨别并应符合 GB 6995.2 中规定的标准颜色。

注：为便于线对识别，可以用标记或色环方法在“a”线上标以“b”线的颜色。

2.2.6 电缆元件

电缆元件应为对绞组或四线组，经适当的扭绞以利于线对的识别。

2.2.7 电缆元件的屏蔽

如果需要，电缆元件可加以屏蔽。屏蔽应符合 GB/T 18015.1—2007 第 2.2.7 规定。

采用铜丝编织层时其填充系数应不小于 0.41(编织密度不小于 65%)。采用包带和编织屏蔽时其填充系数应不小于 0.16(编织密度不小于 30%)。填充系数的定义应按照 GB/T 12269 的规定。

2.2.8 成缆

电缆元件应绞合成缆芯，无屏蔽的对绞组或四线组可与有屏蔽的对绞组或四线组一起成缆。

缆芯可用非吸湿性包带保护。

2.2.9 缆芯屏蔽

如果适用的详细规范要求，缆芯可加以屏蔽。

屏蔽应符合 GB/T 18015.1—2007 中 2.2.9 规定。

当采用铜丝编织层时其填充系数应不小于 0.41(编织密度不小于 65%)。采用包带和编织屏蔽时其填充系数应不小于 0.16(编织密度不小于 30%)。填充系数的定义应按照 GB/T 12269 的规定。

2.2.10 护套

护套材料应由适当的热塑性材料组成，例如，

——聚烯烃；

——PVC；

——含氟聚合物；

——低烟无卤热塑性材料。

护套应连续，厚度尽可能均匀。

护套内可以放置非吸湿性的非金属材料撕裂绳。

2.2.11 护套颜色

护套颜色应由用户和生产厂协商确定，也可由适用的详细规范说明。

2.2.12 标志

每根电缆上应标有生产厂厂名，有要求时，还应有制造年份。可使用下列方法之一加上识别标志：

a) 适合的着色线或着色带；

b) 印字带；

c) 在缆芯包带上印字;

d) 在护套上作标记。

允许在护套上作附加标记,这些标记可在适用的详细规范中指明。

2.2.13 成品电缆

成品电缆应对储存及装运有足够的防护。

3 性能和要求

3.1 一般说明

本章规定了按本部分生产的电缆的性能和最低要求。试验方法应符合 GB/T 18015.1—2007 第 3 章规定。为了区别特定的产品及其性能可以制订详细规范(见第 5 章)。

3.2 电气性能

试验应在长度不小于 100 m 的电缆上进行。

3.2.1 导体电阻

导体电阻值应符合 GB/T 18213 的要求。

3.2.2 电阻不平衡

电阻不平衡应不大于 3%。

3.2.3 介电强度

试验应在导体/导体间进行,当有屏蔽时,在导体/屏蔽间及屏蔽/屏蔽间进行。

直流　1 kV　1 min

或直流　2.5 kV　2 s

注:可以使用交流试验电压,其值为直流电压值除以 1.5。

3.2.4 绝缘电阻

试验应在两种情况下进行:

——导体/导体;

——有屏蔽时,导体/屏蔽,屏蔽/屏蔽。

最小绝缘电阻值应符合相关电缆规范并在任何情况下均大于 150 MΩ·km。

3.2.5 工作电容

本部分不规定工作电容,但可由适用的详细规范规定。

3.2.6 电容不平衡

对于屏蔽电缆,试验应在线对/屏蔽间进行,在 1 kHz 频率下,其值应不大于 1 700 pF/500 m。

3.2.7 转移阻抗

对于屏蔽电缆,其值应不大于:

1 MHz 频率下,50 mΩ/m;

10 MHz 频率下,100 mΩ/m。

3.3 传输性能

试验应在长度不少于 100 m 的电缆上进行。

注:在适当情况下,传输性能按照用途和系统要求而分为以下几类。各类电缆是为了在下列最高频率以下使用的:

第 3 类　16 MHz;

第 4 类　20 MHz;

第 5 类　100 MHz。

3.3.1 传播速度

本部分不规定其值,但可由适用的详细规范规定。

3.3.1.1 相时延

当按照 GB/T 18015.1—2007 的 A.4.2.1 和 A.4.3 测量时，从 2 MHz 到电缆类别规定的最高传输频率的整个频带内，任何线对的相时延应不大于 567 ns/100 m。

3.3.1.2 时延差

当按照 GB/T 18015.1—2007 的 A.4.2.1 和 A.4.3 测量时，在温度(−40±1)℃，(20±1)℃和(60±1)℃时，从 1 MHz 到电缆类别规定的最高传输频率，任何两个线对间的最大相时延差(skew)应不大于 45 ns/100 m。该要求是以按照有顺序的色标进行接续和装连接器为依据的。

3.3.1.2.1 环境影响

在−40℃到 60℃范围内，对不少于 100 m 长的成品电缆，由温度引起所有线对组合之间的时延差与 3.3.1.2 规定值相比变化应不超过±10 ns/100 m。

3.3.2 衰减

任意线对衰减的最大个别值应符合下述规定(dB/100 m)：

电缆类别	频率/MHz	特性阻抗/Ω		
		100	120	150
第 3 类	1	2.6	不适用	不适用
	4	5.6	不适用	不适用
	10	9.8	不适用	不适用
	16	13.1	不适用	不适用
第 4 类	1	2.1	2.0	不适用
	4	4.3	4.0	不适用
	10	7.2	6.7	不适用
	16	8.9	8.1	不适用
	20	10.2	9.2	不适用
第 5 类	1	2.1	1.8	考虑中
	4	4.3	3.6	2.2
	10	6.6	5.2	3.6
	16	8.2	6.2	4.4
	20	9.2	7.0	4.9
	31.25	11.8	8.8	6.9
	62.50	17.1	12.5	9.8
	100	22.0	17.0	12.3

注：本部分不规定低频的衰减值，但可由适用的详细规范作为系统信息提供。

3.3.3 不平衡衰减

本部分不规定近端不平衡衰减和远端不平衡衰减，但可由适用的详细规范规定。从 1 MHz 到最高基准频率范围内，任何线对的值应等于或大于详细规范规定值确定的曲线上的值。

3.3.4 近端串音(NEXT)

在 1 MHz 至电缆分类规定的最高频率范围内测得的任意线对组合间的近端串音衰减(NEXT)应等于或大于由以下数值确定的曲线上的数值(dB/100 m)。

对于大于 4 对绞组/2 四线组的电缆。按照 GB/T 18015.1—2007 中 2.1.10 定义的等电平远端串音衰减功率和，应大于或等于以下数值(dB/100 m)：

频率/MHz	NEXT/(dB/100 m)		
	第3类	第4类	第5类
1	41	56	62
4	32	47	53
10	26	41	47
16	23	38	44
20	不适用	36	42[a)]
31.25	不适用	不适用	40[a)]
62.5	不适用	不适用	35[a)]
100	不适用	不适用	32[a)]

a) 作为替代,可以使用性能符合下表中规定数值的电缆。

频率/MHz	衰减 最大值/(dB/100 m)	NEXT 最小值/(dB/100 m)
20	8.0	41
31.25	10.3	39
62.5	15.3	33
100	19.0	29

3.3.5 远端串音

从1MHz至电缆类别规定的最高传输频率范围内,任何线对组合间的IO FEXT和EL FEXT应大于或等于由以下数值确定的曲线上的数值(dB/100 m)。

从1 MHz至电缆类别规定的最高传输频率范围内,对于大于4个对绞组或2个四线组的电缆,任一线对由GB/T 18015.1—2007的2.1.10定义的等电平远端串音衰减功率和,应大于或等于以下数值(dB/100 m):

频率/MHz	EL FEXT/(dB/100 m)	特性阻抗/Ω		
		100	120	150
		IO FEXT/(dB/100 m)		
	第3类			
1	39	42	不适用	不适用
4	27	33	不适用	不适用
10	19	29	不适用	不适用
16	15	28	不适用	不适用
	第4类			
1	55	57	57	不适用
4	43	47	47	不适用
10	35	42	42	不适用
16	31	40	39	不适用
20	29	39	38	不适用

表（续）

频率/MHz	EL FEXT/(dB/100 m)	特性阻抗/Ω		
		100	120	150
		IO FEXT/(dB/100 m)		
	第5类			
1	61	63	63	考虑中
4	49	53	53	51
10	41	48	46	45
16	37	45	43	41
20	35	44	42	40
31.25	31	43	40	38
62.5	25	42	38	36
100	21	43	38	33

规范要求可以用IO FEXT或者EL FEXT给出。应清楚地说明所规定的FEXT的类型。为符合试验要求，IO FEXT应是实测值，而EL FEXT可由IO FEXT导出。

3.3.6 特性阻抗

在1 MHz至电缆分类规定的最高频率范围内测得的特性阻抗标称值应为100 Ω、120 Ω或150 Ω。是否符合这个要求，应当确定如下：

按照GB/T 18015.1—2007中3.3.6.1测得的输入阻抗应当符合表1所列要求。

表1 电缆线对的输入阻抗

电缆类别	频率 f/MHz		
	$1 \leqslant f \leqslant 16$	$16 < f \leqslant 20$	$20 < f \leqslant 100$
3类	考虑中	不适用	不适用
4类	标称阻抗±25 Ω		不适用
5类	标称阻抗±15 Ω		

如果电缆线对输入阻抗满足表1规定要求，不要求测量回波损耗/结构回波损耗。

如果电缆线对输入阻抗不能满足要求，则应进行函数拟合，同时电缆线对还应满足3.3.7中的回波损耗或结构回波损耗的要求。

按照GB/T 18015.1—2007规定的测量方法，电缆线对经过函数拟合的阻抗，从1 MHz至电缆分类规定的最高频率范围内应符合表2规定。

表2 电缆线对的拟合阻抗

单位为欧姆

标称阻抗	第3,4,5类缆要求	
100	95	$105+8/\sqrt{f}$
120	115	$125+8/\sqrt{f}$
150	145	$155+8/\sqrt{f}$
注：f——频率，单位：MHz。		

3.3.7 回波损耗(RL)和结构回波损耗(SRL)

回波损耗为基准规范，结构回波损耗为替代规范。只有当阻抗不符合3.3.6规定的初始要求才测量结构回波损耗，而这时测量是与3.3.6中所规定的函数拟合阻抗一起进行的。

电缆的回波损耗和结构回波损耗，应符合表3和表4中的要求。

表 3　电缆的回波损耗(最小)

单位为分贝

类　别	频率 f/MHz			
	$1 \leqslant f \leqslant 10$	$10 < f \leqslant 16$	$16 < f \leqslant 20$	$20 < f \leqslant 100$
3 类	12	$12-10\times\lg(f/10)$	不适用	不适用
4 类	$15+2.0\times\lg(f)$	17	17	不适用
5 类	$17+3.0\times\lg(f)$	20	20	$20-7\times\lg(f/20)$

表 4　电缆的结构回波损耗(最小)

单位为分贝

类　别	频率 f/MHz			
	$1 \leqslant f \leqslant 10$	$10 < f \leqslant 16$	$16 < f \leqslant 20$	$20 < f \leqslant 100$
3 类	12	$12-10\times\lg(f/10)$	不适用	不适用
4 类	21	$21-10\times\lg(f/10)$	$21-10\times\lg(f/10)$	不适用
5 类	23	23	23	$23-10\times\lg(f/20)$

3.3.8　纵向转换损耗(LCL)

在考虑中。

3.3.9　机械性能和尺寸要求

3.3.10　尺寸要求

本部分未规定绝缘外径、标称护套厚度及最大外径,但应由适用的详细规范规定。

3.3.11　导体断裂伸长率

最小值应为:

标称直径≥0.5 mm　　15%;

标称直径<0.5mm　　10%。

3.3.12　绝缘断裂伸长率

最小值应为 100%。

3.3.13　护套断裂伸长率

最小值应为 100%。

3.3.14　护套抗张强度

最小值应为 9 MPa。

3.3.15　电缆压扁试验

不适用。

3.3.16　电缆冲击试验

不适用。

3.3.17　电缆反复弯曲

不适用。

3.3.18　电缆抗拉性能

本部分不规定电缆抗拉性能,但可由适用的详细规范规定。

注:在安装时,根据全部导体的横截面计算的牵引力之值(单位:N)不宜超过 50 N/mm^2。

3.4　环境性能

3.4.1　绝缘收缩

持续时间:1 h;

温度:(100±2)℃;

要求:该值应小于或等于5%。

3.4.2 绝缘热老化后的缠绕试验

不适用。

3.4.3 绝缘低温弯曲试验

温度:(−20±2)℃;

弯曲芯轴直径:6 mm;

要求:不开裂。

3.4.4 护套热老化后的断裂伸长率

持续时间:7天;

温度:(100±2)℃;

要求最小值:初始值的50%。

3.4.5 护套热老化后的抗张强度

持续时间:7天;

温度:(100±2)℃;

要求最小值:初始值的70%。

3.4.6 护套高温压力试验

不适用。

3.4.7 电缆低温弯曲试验

温度:(−20±2)℃;

弯曲芯轴直径:电缆外径的8倍;

要求:不开裂。

3.4.8 热冲击试验

不适用。

3.4.9 单根电缆延燃性能

如果地方法规有要求,而且相关详细规范有规定时,试验应按照GB/T 18015.1的规定进行。

3.4.10 成束电缆的延燃性能

如果地方法规有要求,而且相关详细规范有规定时,试验应按照GB/T 18015.1的规定进行。

3.4.11 酸性气体的释出

如果地方法规有要求,而且相关详细规范有规定时,试验应按照GB/T 18015.1的规定进行。

3.4.12 发烟量

如果地方法规有要求,而且相关详细规范有规定时,试验应按照GB/T 18015.1的规定进行。

3.4.13 有毒气体的散发

在考虑中

3.4.14 电缆在通风空间环境条件下的燃烧和烟雾组合试验

在考虑中

注:在美国和部分加拿大地区,关于电缆安装在管道、通风道和环境空气用的空间,有永久性的法定要求。它们包括用这些国家的国家标准所给出组合试验来测定发烟量和阻燃特性。

4 质量评定程序

在考虑中。

5 空白详细规范介绍

本部分所述电缆的空白详细规范以GB/T 18015.21发布,用以鉴别特定的产品。

当详细规范完成时,应提供下列信息:

——导体尺寸;

——元件数目;

——电缆详细结构;

——类别(3,4 或 5)[1];

——特性阻抗[1];

——阻燃性能。

1) 应保持有关分规范中对各类电缆(3 类、4 类或 5 类)规定的传输性能和特性阻抗。
在本部分中指出的其他信息可在有关详细规范中规定。

ICS 29.060.20
K 13

中华人民共和国国家标准

GB/T 18015.21—2007/IEC 61156-2-1:2003
代替 GB/T 18015.3—1999

数字通信用对绞或星绞多芯对称电缆 第21部分:水平层布线电缆 空白详细规范

Multicore and symmetrical pair/quad cables for digital communications—Part 21:Horizontal floor wiring—Blank detail specification

(IEC 61156-2-1:2003,IDT)

2007-01-23 发布

2007-08-01 实施

中华人民共和国国家质量监督检验检疫总局
中国国家标准化管理委员会 发布

前　　言

GB/T 18015《数字通信用对绞或星绞多芯对称电缆》分为20个部分：

——第1部分：总规范；

——第11部分：能力认可　总规范；

——第2部分：水平层布线电缆　分规范；

——第21部分：水平层布线电缆　空白详细规范；

——第22部分：水平层布线电缆　能力认可　分规范；

——第3部分：工作区布线电缆　分规范；

——第31部分：工作区布线电缆　空白详细规范；

——第32部分：工作区布线电缆　能力认可　分规范；

——第4部分：垂直布线电缆　分规范；

——第41部分：垂直布线电缆　空白详细规范；

——第42部分：垂直布线电缆　能力认可　分规范；

——第5部分：具有600 MHz及以下传输特性的对绞或星绞对称电缆　水平层布线电缆　分规范；

——第51部分：具有600 MHz及以下传输特性的对绞或星绞对称电缆　水平层布线电缆　空白详细规范；

——第52部分：具有600 MHz及以下传输特性的对绞或星绞对称电缆　水平层布线电缆　能力认可　分规范；

——第6部分：具有600 MHz及以下传输特性的对绞或星绞对称电缆　工作区布线电缆　分规范；

——第61部分：具有600 MHz及以下传输特性的对绞或星绞对称电缆　工作区布线电缆　空白详细规范；

——第62部分：具有600 MHz及以下传输特性的对绞或星绞对称电缆　工作区布线电缆　能力认可　分规范；

——第7部分：具有1 200 MHz及以下传输特性的对绞对称电缆　数字和模拟通信电缆　分规范；

——第71部分：具有1 200 MHz及以下传输特性的对绞对称电缆　数字和模拟通信电缆　空白详细规范；

——第72部分：具有1 200 MHz及以下传输特性的对绞对称电缆　数字和模拟通信电缆　能力认可　分规范。

本部分为GB/T 18015的第21部分。

本部分等同采用IEC 61156-2-1:2003《数字通信用对绞或星绞多芯对称电缆　第2-1部分：水平层布线电缆　空白详细规范》(英文版)。

考虑到我国国情和便于使用，本部分在等同采用IEC 61156-2-1:2003时做了几处修改：

——本部分第2章引用了采用国际标准的我国标准而非国际标准；

——将一些适用于国际标准的表述改为适用于我国标准的表述。

本部分代替GB/T 18015.3—1999《数字通信用对绞或星绞多芯对称电缆　第3部分：水平层布线电缆　空白详细规范》。本部分与GB/T 18015.3—1999的主要变化如下：

——增加相时延及时延差的要求(1999年版第4章中无;见本版的第4章“传输性能”中);

——增加电缆远端串音的要求(1999年版第4章中无;见本版的第4章“传输性能”中)。

本部分由中国电器工业协会提出。

本部分由全国电线电缆标准化技术委员会归口。

本部分负责起草单位:上海电缆研究所。

本部分参加起草单位:宁波东方集团有限公司、江苏东强股份有限公司、江苏永鼎股份有限公司、浙江兆龙线缆有限公司、西安西电光电缆有限责任公司、江苏亨通集团有限公司、安徽新科电缆股份有限公司。

本部分主要起草人:孟庆林、吉利、高欢、周红平、刘根荣、巫志。

本部分所代替标准的历次版本发布情况为:

——GB/T 18015.3—1999。

数字通信用对绞或星绞多芯对称电缆
第21部分:水平层布线电缆　空白详细规范

1　范围与目的

本部分适用于数字通信用对绞或星绞多芯对称水平层布线电缆。

本部分确定数字通信用对绞或星绞多芯对称水平层布线电缆详细规范的框架与编写格式。以空白详细规范为基础的详细规范可由国家标准化组织、制造商或用户制定。

2　规范性引用文件

下列文件中的条款通过GB/T 18015本部分的引用而成为本部分的条款。凡是注日期的引用文件,其随后所有的修改单(不包括勘误的内容)或修订版均不适用于本部分,然而,鼓励根据本部分达成协议的各方研究是否可使用这些文件的最新版本。凡是不注日期的引用文件,其最新版本适用于本部分。

GB/T 18015.1—2007　数字通信用对绞或星绞多芯对称电缆　第1部分:总规范(IEC 61156-1:2002,IDT)

GB/T 18015.2—2007　数字通信用对绞或星绞多芯对称电缆　第2部分:水平层布线电缆　分规范(IEC 61156-2:2003,IDT)

3　详细规范制定导则

应保持相关分规范对各类电缆(3类、4类或5类)规定的传输性能和特性阻抗。

详细规范应按照空白详细规范的框架编写,框架是本空白详细规范的组成部分。

注:当一项性能不适用,则相应的空白处宜填入"不适用"。

　当一项性能适用但具体数值不必考虑,则相应空白处宜填入"不规定"。

　当采用"不规定"时,宜采用分规范中的适当要求。

在本页及后面各页的半圆括号内的字母对应于下列各项必要的信息,宜将这些信息填入所留的空白处。

a)　制定该文件的机构名称和地址;

b)　国家标准编号,版本号和发布日期;

c)　可获得文件的机构地址;

d)　相关文件;

e)　其他电缆参考资料、国内参考资料、商业名称等;

f)　电缆的详细说明;

示例:第4类数字通信用4对无总屏蔽水平层布线电缆的详细规范。

g)　电缆材料和结构的详细情况;

h)　弯曲半径或运行温度的特殊要求;

i)　电缆性能表。应分为电气性能、传输性能、机械性能和环境性能;

j)　GB/T 18015.1"总规范"和GB/T 18015.2"分规范"的适用章条;

k)　适用于本电缆的各项要求,填入的数值至少应符合GB/T 18015.2"分规范"的要求;

l)　相关的备注。

4　数字通信用对绞或星绞多芯对称水平层布线电缆空白详细规范

<table>
<tr><td>a）制定者：</td><td>b）文件：
版本：
日期：</td></tr>
<tr><td>c）可从何处获得：</td><td>d）总规范：　GB/T 18015.1
分规范：　GB/T 18015.2
空白详细规范：　GB/T 18015.21</td></tr>
<tr><td colspan="2">e）其他参考文件：</td></tr>
<tr><td colspan="2">f）电缆说明：</td></tr>
<tr><td colspan="2">g）电缆结构：
导体说明：
绝缘说明：
标称厚度
最大外径
元件数目(对绞组/四线组)：
元件色谱：
电缆元件屏蔽：
包带材料
最小搭盖
屏蔽连通线
编织线
编织材料
填充系数
缆芯保护包带层：
缆芯屏蔽：
包带材料
最小搭盖
屏蔽连通线
编织线
编织材料
填充系数
撕裂绳：
护套：
材料
标称厚度
颜色
最大外径
标志</td></tr>
<tr><td colspan="2">h）
静态弯曲最小半径：　mm
动态弯曲最小半径：　mm
温度范围(安装/运行)：　℃</td></tr>
</table>

表（续）

i) 性能	j) 相关章条	k) 要求	l) 备注
电气性能	3.2		
导体电阻	3.2.1	≤…Ω/km	
电阻不平衡	3.2.2	≤…%	
介电强度	3.2.3		
导体/导体		…kV	
导体/屏蔽		…kV	
屏蔽/屏蔽		…kV	
绝缘电阻	3.2.4		
导体/导体		≥…MΩ·km	
导体/屏蔽		≥…MΩ·km	
工作电容	3.2.5	≤…nF/km	
电容不平衡	3.2.6		
线对/屏蔽		≤…pF/500 m	
转移阻抗 1 MHz	3.2.7	≤…mΩ/m	
10 MHz		≤…mΩ/m	
传输性能	3.3		
传播速度(相速度)	3.3.1	≥…km/s	
相时延	3.3.1.1		
时延差	3.3.1.2		
环境影响 −40℃～+60℃	3.3.1.2.1		
衰减 1 MHz	3.3.2	≤…dB/100 m	
4 MHz		≤…dB/100 m	
10 MHz		≤…dB/100 m	
16 MHz		≤…dB/100 m	
20 MHz		≤…dB/100 m	
31.25 MHz		≤…dB/100 m	
62.5 MHz		≤…dB/100 m	
100 MHz		≤…dB/100 m	
近端不平衡衰减(TCL)	3.3.3		
Cat.3		…dB	
Cat.4		…dB	
Cat.5		…dB	
远端不平衡衰减(EL-TCTL)	3.3.3		
Cat.3		…dB	
Cat.4		…dB	
Cat.5		…dB	

表（续）

i) 性能		j) 相关章条	k) 要求	l) 备注
近端串音	1 MHz	3.3.4	≥…dB	
	4 MHz		≥…dB	
	10 MHz		≥…dB	
	16 MHz		≥…dB	
	20 MHz		≥…dB	
	31.25 MHz		≥…dB	
	62.5 MHz		≥…dB	
	100 MHz		≥…dB	
远端串音	1 MHz	3.3.5	≥…dB	要说明是 EL FEXT 还是 IO FEXT； 是在 100 m 的长度上测量或者是换算到 100 m 长度
	4 MHz		≥…dB	
	10 MHz		≥…dB	
	16 MHz		≥…dB	
	20 MHz		≥…dB	
	31.25 MHz		≥…dB	
	62.5 MHz		≥…dB	
	100 MHz		≥…dB	
标称特性阻抗　1 MHz～… MHz		3.3.6	…Ω	
结构回波损耗(SRL)		3.3.7	在考虑中	
机械性能		3.4		
导体断裂伸长率		3.4.2	≥…%	
绝缘断裂伸长率		3.4.3	≥…%	
护套断裂伸长率		3.4.4	≥…%	
护套抗张强度		3.4.5	≥…MPa	
电缆抗拉性能		3.4.9	…N	
环境性能		3.5		
绝缘收缩率		3.5.1	≤…%	
绝缘低温弯曲试验		3.5.3		
护套老化后断裂伸长率		3.5.4	≥…%	注明初始值
护套老化后抗张强度		3.5.5	≥…%	注明初始值
电缆低温弯曲试验		3.5.7		
单根电缆延燃性能		3.5.9		
成束电缆延燃性能		3.5.10		
酸性气体的释出		3.5.11		
发烟量		3.5.12		
有毒气体的散发		3.5.13	在考虑中	
电缆在通风空间环境条件下的燃烧和烟雾组合试验 雾组合试验		3.5.14	在考虑中	

ICS 29.060.20
K 13

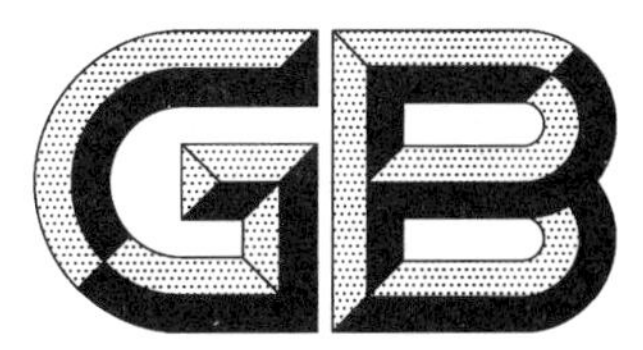

中华人民共和国国家标准

GB/T 18015.22—2007/IEC 61156-2-2:2001

数字通信用对绞或星绞多芯对称电缆 第22部分:水平层布线电缆 能力认可 分规范

Multicore and symmetrical pair/quad cables for digital communications—Part 22:Horizontal floor wiring—Capability Approval—Sectional specification

(IEC 61156-2-2:2001,IDT)

2007-01-23 发布　　2007-08-01 实施

中华人民共和国国家质量监督检验检疫总局
中国国家标准化管理委员会　发布

前　言

GB/T 18015《数字通信用对绞或星绞多芯对称电缆》分为 20 个部分：

——第 1 部分：总规范；

——第 11 部分：能力认可　总规范；

——第 2 部分：水平层布线电缆　分规范；

——第 21 部分：水平层布线电缆　空白详细规范；

——第 22 部分：水平层布线电缆　能力认可　分规范；

——第 3 部分：工作区布线电缆　分规范；

——第 31 部分：工作区布线电缆　空白详细规范；

——第 32 部分：工作区布线电缆　能力认可　分规范；

——第 4 部分：垂直布线电缆　分规范；

——第 41 部分：垂直布线电缆　空白详细规范；

——第 42 部分：垂直布线电缆　能力认可　分规范；

——第 5 部分：具有 600 MHz 及以下传输特性的对绞或星绞对称电缆　水平层布线电缆　分规范；

——第 51 部分：具有 600 MHz 及以下传输特性的对绞或星绞对称电缆　水平层布线电缆　空白详细规范；

——第 52 部分：具有 600 MHz 及以下传输特性的对绞或星绞对称电缆　水平层布线电缆　能力认可　分规范；

——第 6 部分：具有 600 MHz 及以下传输特性的对绞或星绞对称电缆　工作区布线电缆　分规范；

——第 61 部分：具有 600 MHz 及以下传输特性的对绞或星绞对称电缆　工作区布线电缆　空白详细规范；

——第 62 部分：具有 600 MHz 及以下传输特性的对绞或星绞对称电缆　工作区布线电缆　能力认可　分规范；

——第 7 部分：具有 1 200 MHz 及以下传输特性的对绞对称电缆　数字和模拟通信电缆　分规范；

——第 71 部分：具有 1 200 MHz 及以下传输特性的对绞对称电缆　数字和模拟通信电缆　空白详细规范；

——第 72 部分：具有 1 200 MHz 及以下传输特性的对绞对称电缆　数字和模拟通信电缆　能力认可分规范。

本部分为 GB/T 18015 的第 22 部分。

本部分等同采用 IEC 61156-2-2:2001《数字通信用对绞或星绞多芯对称电缆　第 2-2 部分：水平层布线电缆　能力认可　分规范》(英文版)。

考虑到我国国情和便于使用，本部分在等同采用 IEC 61156-2-2:2001 时做了几处修改：

——本部分第 1.2 条引用了采用国际标准的我国标准而非国际标准；

——将一些适用于国际标准的表述改为适用于我国标准的表述。

本部分的附录 A、附录 B、附录 C 为资料性附录。

本部分为首次制订的国家标准。

本部分由中国电器工业协会提出。

本部分由全国电线电缆标准化技术委员会归口。

本部分负责起草单位:上海电缆研究所。

本部分参加起草单位:宁波东方集团有限公司、江苏东强股份有限公司、江苏永鼎股份有限公司、浙江兆龙线缆有限公司、西安西电光电缆有限责任公司、江苏亨通集团有限公司、安徽新科电缆股份有限公司。

本部分主要起草人:孟庆林、吉利、高欢、周红平、刘根荣、巫志。

数字通信用对绞或星绞多芯对称电缆
第22部分:水平层布线电缆　能力认可　分规范

1　总则

1.1　范围

GB/T 18015 的本部分是适用于 GB/T 18015.1—2007 和 GB/T 18015.2—2007 规定的数字通信水平层布线电缆能力认可要求的分规范。

第 2 章是关于能力手册的内容。

第 3 章是关于质量计划。

第 4 章是关于能力认可的保持。

注:质量评估取决于客户与制造商间的协议。当有第三方能力认可要求时,要用下列条款作为导则。然而,它也可作为第二方认证或自我认证的基础。

1.2　规范性引用文件

下列文件中的条款通过 GB/T 18015 的本部分的引用而成为本部分的条款。凡是注日期的引用文件,其随后所有的修改单(不包括勘误的内容)或修订版均不适用于本部分,然而,鼓励根据本部分达成协议的各方研究是否可使用这些文件的最新版本。凡是不注日期的引用文件,其最新版本适用于本部分。

GB/T 18015.1—2007　数字通信用对绞或星绞多芯对称电缆　第 1 部分:总规范(IEC 61156-1:2002,IDT)

GB/T 18015.2—2007　数字通信用对绞/星绞多芯对称电缆　第 2 部分:水平层布线电缆　分规范(IEC 61156-2:2001,IDT)

GB/T 18015.11—2007　数字通信用对绞/星绞多芯对称电缆　第 11 部分:能力认可　总规范(IEC 61156-1-1:2001,IDT)

2　能力手册的内容

2.1　与能力方面有关的各类电缆的描述

能力手册的本条款描述了需要能力认可的一类或各类电缆,包括以下内容:

a) 引用适用标准(如分规范,详细规范等等);

b) 电缆的详细构造的描述,比如导体的类型、材料、形式和尺寸、绝缘材料和尺寸、对绞或星绞、屏蔽材料和尺寸、护套材料和尺寸、外径、最大电缆尺寸、最大电缆长度、以及

c) 适用标准不包括的其他性能和要求。

2.2　生产过程及其范围的界定

对每一类电缆,应当界定生产过程的各个阶段,例如借助于一张流程表(参见附录 A 中的一个例子)。应对每个阶段加以规定:

a) 可用的机器和可用的操作说明的描述;

b) 构造技术;

c) 与生产各阶段相关的工艺限制范围,以及

d) 试验或检验点。

识别的示例参见附录 B。

2.3 返工返修原则

能力手册的本条款中描述了允许的返工返修操作及有关的操作说明。

3 质量计划

关于生产过程控制,参照 GB/T 18015.11—2007 中 2.2.4 制订的质量计划,至少应考虑下列项目:

a) 生产阶段的识别;

b) 根据生产阶段和有关的试验对产品性能的识别;

c) 试验程序的识别;

d) 产品合格的界限,以及

e) 取样(类型和频次)。示例参见附录 C。

3.1 CQC 的选择

有必要指出的是,电缆的生产是由许多连续的互相关联的生产阶段组成的。每一生产阶段中的产品都不是无关联的生产元件。

所以,通过从每一生产阶段或成品中抽取代表性样品来代表 CQC。

注:推荐对每个生产阶段中所进行的试验的结果的趋势和(或)统计质量指标进行检查。

3.2 原材料采购

在质量计划中应给出该类电缆产品需用的原材料表,并附有其采购规范和进料检验方法。

3.3 设计准则(如适用)

通过直接或引用制造商内部文件,在质量计划中应规定与该类电缆设计有关的文件表。

主要的项目可为:

a) 该类产品中每一种产品的设计;

b) 材料选择准则,以及

c) 确定电缆元件尺寸的规则。

4 能力认可的保持

应根据下列检查来保持能力认可:

a) 在所考虑的时间段内进行的生产过程控制的文件;

b) 成品试验结果;

c) 按照能力手册复查各条生产线。

附 录 A
（资料性附录）
系列:5 类总屏蔽对绞或星绞对称电缆 生产过程阶段示例

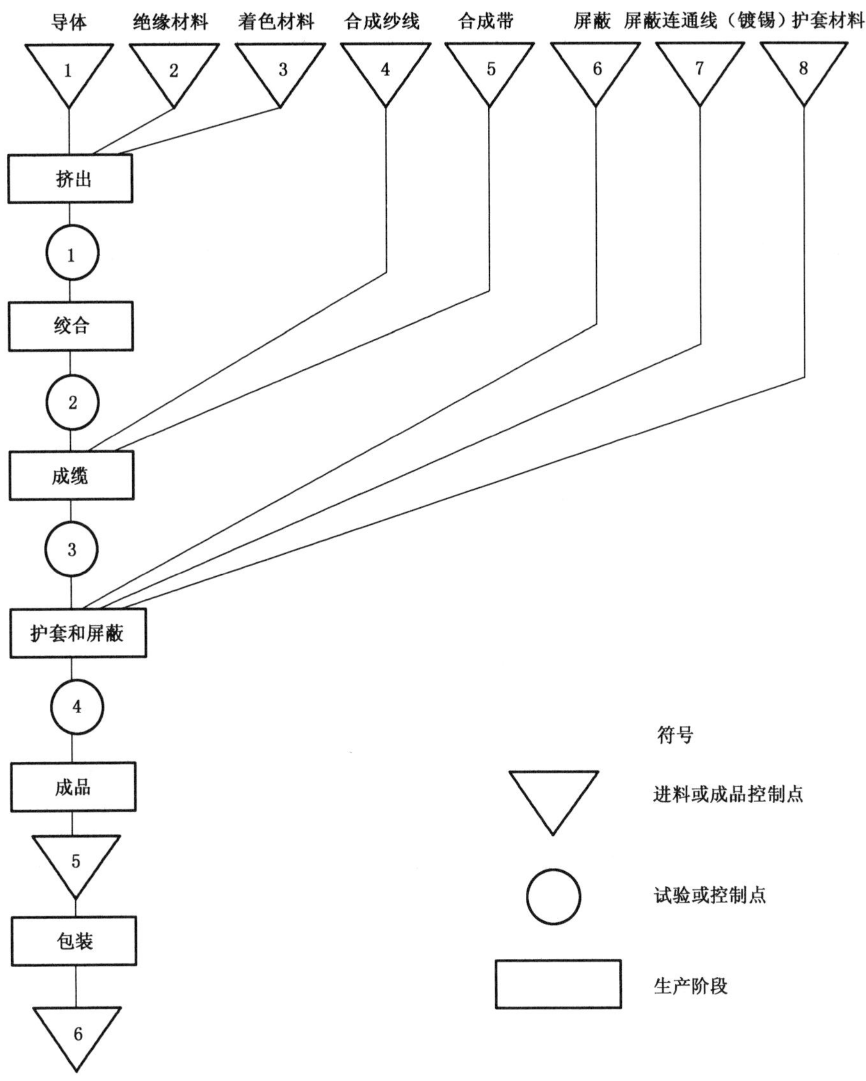

附 录 B
（资料性附录）
系列:5 类总屏蔽对绞或星绞对称电缆　生产过程和其范围界定示例

工序号	生产工序	生产线	操作说明	生产范围
1	绝缘	挤出机 ××××× ×××× ××××	××××× ××××	实心铜导体 最小或最大直径 绝缘厚度和绝缘外径 绝缘类型 色标
2	绞合	绞合机 ××××× ××××	××××× ××××	对绞组和(或)四线组 最小或最大节距
3	成缆	××××× ××××	××××× ××××	对绞组或四线组的最大数目 缆芯的最大或最小节距
4	屏蔽	包带机 ××××× ××××	××××× ××××	纵包或绕包最小搭盖
5	护套	挤出机 ××××× ××××	××××× ××××	材料类型 最小或最大外径 最小或最大厚度
6	最终试验	试验部门		内部或外部的试验
7	包装	发运部门		最大的电缆长度 最大线盘尺寸

附 录 C
(资料性附录)
系列:5 类总屏蔽对绞或星绞对称电缆 质量计划示例

工序号[a]	生产工序	试验	生产阶段产品特性	CQC 类型	频次
1a	铜线拉丝	直径 伸长率 电阻率[b] 扭绞/UTS/UTE[c]	几何尺寸 均匀性 电容 完整性	线盘上的绝缘线	
1b	绝缘	直径 伸长率 电阻率 火花	几何尺寸 均匀性 电容 完整性	线盘上的绝缘线	
2	绞合	节距长度 火花 不平衡	柔软性 串音 完整性 (传输参数)	线盘上的线对	
3	成缆	节距长度 直径 火花 不平衡	柔软性 串音 (传输参数)	线盘上的绞合线对	
4	屏蔽	搭盖 连续性	电磁兼容保护	屏蔽绞合线对	
5	护套	直径 厚度 火花 目力检验	几何尺寸 完整性	有护套电缆	
6	成品试验	目力或尺寸检验 阻抗 衰减 近端串音 回波损耗 转移阻抗 防火性能 材料性能	符合性能要求	成品电缆长度 电缆样品 材料样品	
7	包装	目力检验	电缆运输	成品电缆盘,包装	

a 工序号 1a-1b-2-3-4-5 各阶段可按照给出的流程图串联起来,例如:1a+1b,2+3+4 或 3+4 或 4+5 等。

b 在进料上试验。

c UTS/UTE 分别为"断裂抗拉强度"和"断裂伸长率"。

ICS 29.060.20
K 13

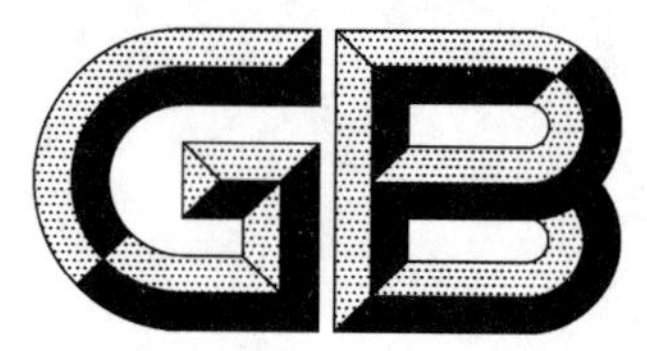

中华人民共和国国家标准

GB/T 18015.3—2007/IEC 61156-3:2003
代替 GB/T 18015.4—1999

数字通信用对绞或星绞多芯对称电缆 第3部分:工作区布线电缆 分规范

Multicore and symmetrical pair/quad cables for digital communications—Part 3:Work area wiring—Sectional specification

(IEC 61156-3:2003,IDT)

2007-01-23 发布

2007-08-01 实施

中华人民共和国国家质量监督检验检疫总局
中国国家标准化管理委员会 发布

前　言

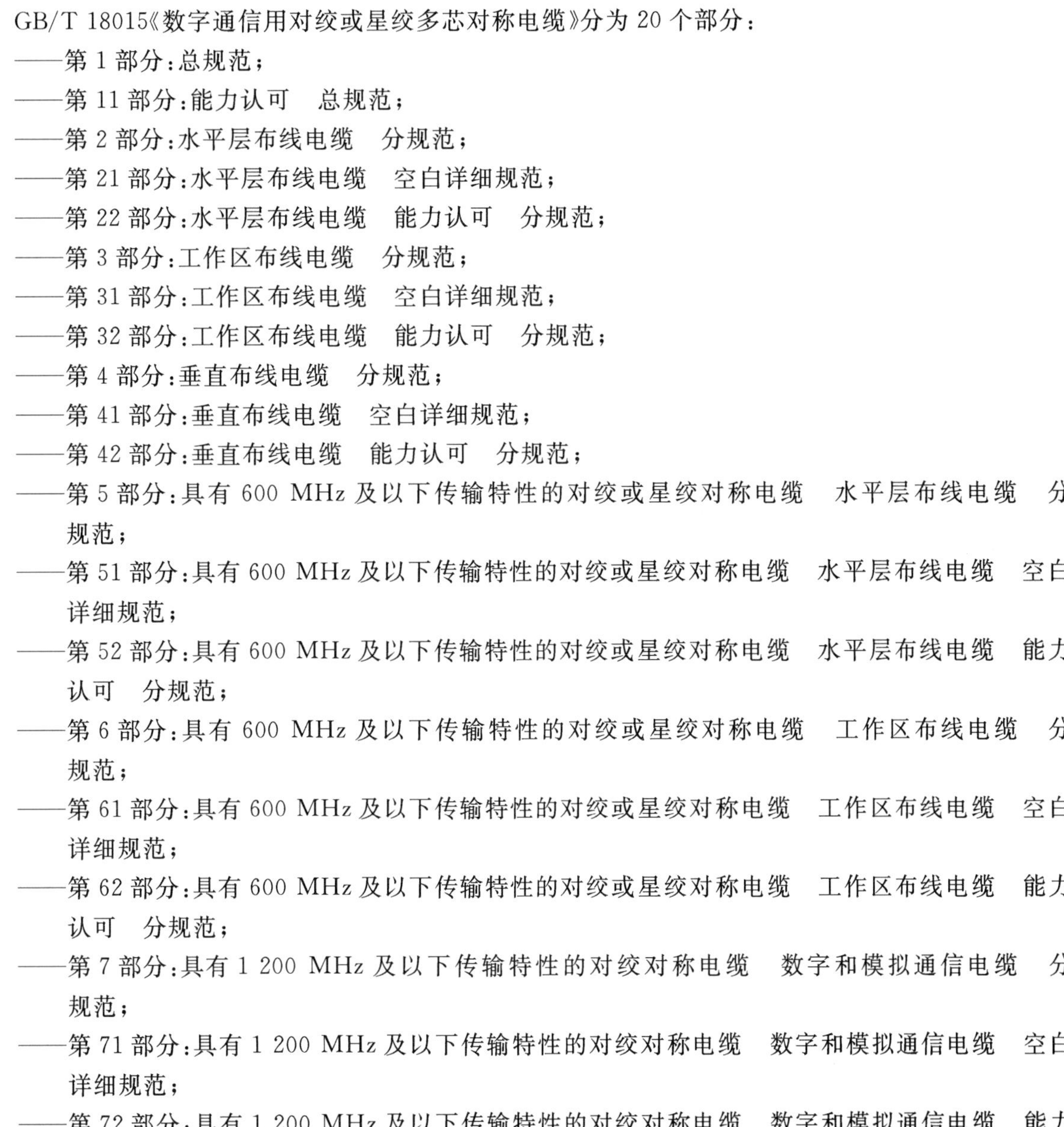

GB/T 18015《数字通信用对绞或星绞多芯对称电缆》分为20个部分：

——第1部分：总规范；

——第11部分：能力认可　总规范；

——第2部分：水平层布线电缆　分规范；

——第21部分：水平层布线电缆　空白详细规范；

——第22部分：水平层布线电缆　能力认可　分规范；

——第3部分：工作区布线电缆　分规范；

——第31部分：工作区布线电缆　空白详细规范；

——第32部分：工作区布线电缆　能力认可　分规范；

——第4部分：垂直布线电缆　分规范；

——第41部分：垂直布线电缆　空白详细规范；

——第42部分：垂直布线电缆　能力认可　分规范；

——第5部分：具有600 MHz及以下传输特性的对绞或星绞对称电缆　水平层布线电缆　分规范；

——第51部分：具有600 MHz及以下传输特性的对绞或星绞对称电缆　水平层布线电缆　空白详细规范；

——第52部分：具有600 MHz及以下传输特性的对绞或星绞对称电缆　水平层布线电缆　能力认可　分规范；

——第6部分：具有600 MHz及以下传输特性的对绞或星绞对称电缆　工作区布线电缆　分规范；

——第61部分：具有600 MHz及以下传输特性的对绞或星绞对称电缆　工作区布线电缆　空白详细规范；

——第62部分：具有600 MHz及以下传输特性的对绞或星绞对称电缆　工作区布线电缆　能力认可　分规范；

——第7部分：具有1 200 MHz及以下传输特性的对绞对称电缆　数字和模拟通信电缆　分规范；

——第71部分：具有1 200 MHz及以下传输特性的对绞对称电缆　数字和模拟通信电缆　空白详细规范；

——第72部分：具有1 200 MHz及以下传输特性的对绞对称电缆　数字和模拟通信电缆　能力认可　分规范。

本部分为GB/T 18015的第3部分。

本部分等同采用IEC 61156-3:2003《数字通信用对绞或星绞多芯对称电缆　第3部分：工作区布线电缆　分规范》(英文版)。

考虑到我国国情和便于使用，本部分在等同采用IEC 61156-3:2003时做了几处修改：

——本部分第1.2条引用了采用国际标准的我国标准而非国际标准；

——将一些适用于国际标准的表述改为适用于我国标准的表述。

本部分代替GB/T 18015.4—1999《数字通信用对绞或星绞多芯对称电缆　第4部分：工作区布线电缆　分规范》。

本部分与 GB/T 18015.4—1999 相比主要变化如下：

——补充了相时延及时延差的要求(1999 年版无;本版的 3.3.1.1、3.3.1.2、3.3.1.2.1)；

——补充了电缆远端串音要求(1999 年版无;本版的 3.3.5)；

——补充了输入阻抗和拟合阻抗的要求(1999 年版无;本版的 3.3.6)；

——补充了回波损耗和结构回波损耗的要求(1999 年版无,本版的 3.3.7)。

本部分由中国电器工业协会提出。

本部分由全国电线电缆标准化技术委员会归口。

本部分负责起草单位:上海电缆研究所。

本部分参加起草单位:宁波东方集团有限公司、江苏东强股份有限公司、江苏永鼎股份有限公司、浙江兆龙线缆有限公司、西安西电光电缆有限责任公司、江苏亨通集团有限公司、安徽新科电缆股份有限公司。

本部分主要起草人:孟庆林、吉利、梁勇、王子纯、赵佩杰、倪厚森。

本部分所代替标准的历次版本发布情况为：

——GB/T 18015.4—1999。

数字通信用对绞或星绞多芯对称电缆 第3部分:工作区布线电缆 分规范

1 总则

1.1 范围和目的

本部分与GB/T 18015.1一起使用。这种电缆专用于GB/T 18233中定义的工作区布线。

本部分包括用于工作区布线的没有线对单独屏蔽的电缆。这种电缆的缆芯可以有总屏蔽。这种电缆适用于在合适的详细规范中所提到的各种通信系统。

本部分所包括的电缆应在通信系统通常采用的电压电流下工作。这些电缆不宜被接到如公共供电那样的低阻抗电源上。

电缆安装和运行时推荐的温度范围由详细规范规定。

注1:对各类电缆在频率范围1 MHz到规定的最高频率之间按GB/T 18015.1—2007测得的电缆链路的标称特性阻抗应为100 Ω,120 Ω或150 Ω。

注2:衰减不应比相应各类电缆的衰减值大50%。

注3:电阻可比相应各类电缆的电阻大20%。

1.2 规范性引用文件

下列文件中的条款通过GB/T 18015的本部分的引用而成为本部分的条款。凡是注日期的引用文件,其随后所有的修改单(不包括勘误的内容)或修订版均不适用于本部分,然而,鼓励根据本部分达成协议的各方研究是否可使用这些文件的最新版本。凡是不注日期的引用文件,其最新版本适用于本部分。

GB 6995.2 电线电缆识别标志 第二部分:标准颜色(GB 6995.2—1986,neq IEC 60304:1982)

GB/T 12269 射频电缆总规范(GB/T 12269—1990,idt IEC 60096-1:1986)

GB/T 18015.1—2007 数字通信用对绞或星绞多芯对称电缆 第1部分:总规范(IEC 61156-1:2002,IDT)

GB/T 18015.31 数字通信用对绞或星绞多芯对称电缆 第31部分:工作区布线电缆 空白详细规范(GB/T 18015.31—2007,IEC 61156-3-1:2003,IDT)

GB/T 18213 低频电缆和电线无镀层和有镀层铜导体电阻计算导则(GB/T 18213—2000,idt IEC 60344:1980)

GB/T 18233 信息技术 用户建筑群的通用布缆(GB/T 18233—2000,idt ISO/IEC 11801:1995)

1.3 安装要求

见GB/T 18015.1—2007。

2 定义、材料和电缆结构

2.1 定义

见GB/T 18015.1—2007中2.1。

2.2 材料和电缆结构

2.2.1 一般说明

材料和电缆结构的选择应适合于电缆的预期用途和安装要求。应特别注意要符合任何防火性能的特殊要求(如燃烧性能,发烟量,含卤素气体的产生等)。

2.2.2 电缆结构

电缆结构应符合适用的电缆详细规范规定的详细要求及尺寸。

2.2.3 导体

导体应由退火铜线制成。

导体可以是实心的或绞合的。实心导体标称直径应在 0.3 mm 到 0.6 mm 之间。绞合导体宜由七根单线绞合而成。

导体应是不镀锡或镀锡的。

导体可由一根或多根螺旋缠绕在纤维上的薄铜或铜合金带构成,整根元件不允许有接头。

2.2.4 绝缘

导体应由适当的热塑性材料绝缘。例如:

——聚烯烃;

——PVC;

——含氟聚合物;

——低烟无卤热塑性材料。

绝缘可以是实心,泡沫或泡沫实心皮。绝缘应连续,其厚度应使成品电缆符合规定的要求。绝缘的标称厚度应适应导体的连接方法。

2.2.5 绝缘色谱

本部分不规定绝缘色谱,但应由相关的详细规范规定。颜色应易于辨别并应符合 GB 6995.2 中规定的标准颜色。

注:为便于线对识别,可以用标记或色环方法在“a”线上标以“b”线的颜色。

2.2.6 电缆元件

电缆元件应为一线对,经适当扭绞以利于线对的识别。

2.2.7 电缆元件的屏蔽

GB/T 18015.1—2007 中 2.2.7 不适用于本部分所涉及的电缆。

2.2.8 成缆

电缆元件应绞合成缆芯。

缆芯可用非吸湿性包带保护。

2.2.9 缆芯屏蔽

如果适用的详细规范要求,缆芯可加以屏蔽。

屏蔽应符合 GB/T 18015.1—2007 中 2.2.9 规定。

当采用铜丝编织层时其填充系数应不小于 0.41(编织密度不小于 65%)。采用包带和编织屏蔽时其填充系数应不小于 0.16(编织密度不小于 30%)。填充系数的定义应按照 GB/T 12269 的规定。

2.2.10 护套

护套材料应由适当的热塑性材料组成,例如:

——聚烯烃;

——PVC;

——含氟聚合物;

——低烟无卤热塑性材料。

护套应连续,厚度尽可能均匀。

护套内可放置非金属材料撕裂绳。

2.2.11 护套颜色

护套颜色应由用户和生产厂协商确定,也可由适用的详细规范说明。

2.2.12 标志

每根电缆上应标有生产厂厂名，有要求时，还应有制造年份。可使用下列方法之一加上识别标志：

a) 适合的着色线或者色带；

b) 印字带；

c) 在缆芯包带上印字；

d) 在护套上作标记。

允许在护套上作附加标记，这些标记可在适用的详细规范中指明。

2.2.13 成品电缆

成品电缆应对储存及装运有足够的防护。

3 性能和要求

3.1 一般说明

本章规定了按本部分生产的电缆的性能和最低要求。试验方法应符合 GB/T 18015.1—2007 第 3 章规定。为了区别特定的产品及其性能可以制订详细规范(见第 5 章)。

3.2 电气性能

试验应在长度不小于 100 m 的电缆上进行。

3.2.1 导体电阻

导体电阻值应符合 GB/T 18213 的要求。

3.2.2 电阻不平衡

电阻不平衡值应不大于 3%。

3.2.3 介电强度

试验应在导体/导体间进行，当有屏蔽时，在导体/屏蔽间及屏蔽/屏蔽间进行。

直流　1 kV　1 min

或直流　2.5 kV　2 s

注：可以使用交流试验电压，其值为直流电压值除以 1.5。

3.2.4 绝缘电阻

试验应在两种情况下进行：

——导体/导体；

——有屏蔽时，导体/屏蔽。

最小绝缘电阻值应符合相关电缆规范并在任何情况下均大于 150 MΩ·km。

3.2.5 工作电容

本部分不规定工作电容，但可由适用的详细规范规定。

3.2.6 电容不平衡

对于屏蔽电缆，试验应在线对/屏蔽间进行，在 1 kHz 频率下，其值应不大于 1 700 pF/500 m。

3.2.7 转移阻抗

对于屏蔽电缆，其值应不大于：

10 MHz 频率下，100 mΩ/m。

3.3 传输性能

试验应在长度不少于 100 m 的电缆上进行。

注：在适当的情况下，传输性能按照用途和系统要求而分为几类。各类电缆预定使用的上限传输频率为：

第 3 类　16 MHz

第 4 类　20 MHz

第 5 类　100 MHz

3.3.1 传播速度

本部分不规定其值,但可由适用的详细规范规定。

3.3.1.1 相时延

当按照 GB/T 18015.1—2007 的 A.4.2.1 和 A.4.3 测量时,从 2 MHz 到电缆类别规定的最高传输频率的整个频带内,任何线对的相时延应不大于 567 ns/100 m。

3.3.1.2 时延差

当按照 GB/T 18015.1—2007 的 A.4.2.1 和 A.4.3 测量时,在温度(−40±1)℃,(20±1)℃和(60±1)℃时,从 1 MHz 到电缆类别规定的最高传输频率,任何两个线对间的最大相时延差(skew)应不大于 45 ns/100 m。该要求是以按照有顺序的色标进行接续和装连接器为依据的。

3.3.1.2.1 环境影响

在−40℃到 60℃范围内,对不少于 100 m 长的成品电缆,由温度引起所有线对组合之间的时延差与 3.3.1.2 规定值相比变化应不超过±10 ns/100 m。

3.3.2 衰减

任意线对衰减的最大个别值应符合下述规定(dB/100 m):

注:根据 ISO/IEC/JTC 1/SC 25 的建议。

电缆类别	频率/MHz	特性阻抗/Ω		
		100	120	150
第 3 类	1	2.6	不适用	不适用
	4	5.6	不适用	不适用
	10	9.8	不适用	不适用
	16	13.1	不适用	不适用
第 4 类	1	2.1	3.0	不适用
	4	4.3	6.0	不适用
	10	7.2	10.0	不适用
	16	8.9	12.1	不适用
	20	10.2	13.8	不适用
第 5 类	1	2.1	2.7	考虑中
	4	4.3	5.4	考虑中
	10	6.6	7.8	考虑中
	16	8.2	9.3	考虑中
	20	9.2	10.5	考虑中
	31.25	11.8	13.2	考虑中
	62.50	17.1	18.7	考虑中
	100	22.0	25.5	考虑中

注:本部分不规定低频的衰减值,但可由适用的详细规范作为系统信息提供。

3.3.3 不平衡衰减

本部分不规定近端不平衡衰减和远端不平衡衰减,但可由适用的详细规范规定。从 1 MHz 到最高基准频率范围内,任何线对的值应等于或大于详细规范规定值确定的曲线上的值。

3.3.4 近端串音(NEXT)

在 1 MHz 至电缆分类规定的最高频率范围内测得的任意线对组合间的近端串音衰减(NEXT)应等于或大于由以下数值确定的曲线上的数值(dB/100 m)。

频率/MHz	NEXT/(dB/100 m)		
	第3类	第4类	第5类
1	41	56	62
4	32	47	53
10	26	41	47
16	23	38	44
20	不适用	36	42
31.25	不适用	不适用	40
62.5	不适用	不适用	35
100	不适用	不适用	32

3.3.5 远端串音(FEXT)

从1 MHz至电缆类别规定的最高传输频率范围内,任何线对组合间的IO FEXT和EL FEXT应大于或等于由以下数值确定的曲线上的数值(dB/100 m)。

频率/MHz	EL FEXT/(dB/100 m)	特性阻抗/Ω		
		100	120	150
		IO FEXT/(dB/100 m)		
	第3类			
1	39	43	不适用	不适用
4	27	35	不适用	不适用
10	19	34	不适用	不适用
16	15	35	不适用	不适用
	第4类			
1	55	58	58	不适用
4	43	49	49	不适用
10	35	46	45	不适用
16	31	44	43	不适用
20	29	44	43	不适用
	第5类			
1	61	64	64	考虑中
4	49	55	54	考虑中
10	41	51	49	考虑中
16	37	49	46	考虑中
20	35	49	46	考虑中
31.25	31	49	44	考虑中
62.5	25	51	44	考虑中
100	21	54	48	考虑中

规范要求可以用IO FEXT或者EL FEXT给出。应清楚地说明所规定的FEXT的类型。为了试验是否符合要求,IO FEXT是实测的,而EL FEXT则可以用IO FEXT导出。

3.3.6 特性阻抗

在 1 MHz 至电缆分类规定的最高频率范围内测得的特性阻抗标称值应为 100 Ω、120 Ω 或 150 Ω。是否符合这个要求，应当确定如下：

按照 GB/T 18015.1—2007 中 3.3.6.1 测得的输入阻抗应当符合表 1 所列要求。

表 1 电缆线对的输入阻抗

电缆类别	频率 f/MHz		
	$1 \leqslant f \leqslant 16$	$16 < f \leqslant 20$	$20 < f \leqslant 100$
3 类	考虑中	不适用	不适用
4 类	标称阻抗±25 Ω		不适用
5 类	标称阻抗±15 Ω		

如果电缆线对输入阻抗满足表 1 规定要求，不要求测量回波损耗/结构回波损耗。

如果电缆线对输入阻抗不能满足要求，则应进行函数拟合，同时电缆线对还应满足 3.3.7 中的回波损耗或结构回波损耗的要求。

按照 GB/T 18015.1—2007 规定的测量方法，电缆线对经过函数拟合的阻抗，从 1 MHz 至电缆分类规定的最高频率范围内应符合表 2 规定。

表 2 电缆线对的拟合阻抗

单位为欧姆

标称阻抗	第 3,4,5 类缆要求	
100	95	$105+8/\sqrt{f}$
120	115	$125+8/\sqrt{f}$
150	145	$155+8/\sqrt{f}$
注：f——频率，单位：MHz。		

3.3.7 回波损耗(RL)和结构回波损耗(SRL)

回波损耗为基准规范，结构回波损耗为替代规范。只有当阻抗不符合 3.3.6 规定的初始要求才测量结构回波损耗，而这时测量是与 3.3.6 中所规定的函数拟合阻抗一起进行的。

电缆的回波损耗和结构回波损耗，应符合表 3 和表 4 中的要求。

表 3 电缆的回波损耗(最小)

单位为分贝

类别	频率 f/MHz			
	$1 \leqslant f \leqslant 10$	$10 < f \leqslant 16$	$16 < f \leqslant 20$	$20 < f \leqslant 100$
3 类	12	$12-10\times\lg(f/10)$	不适用	不适用
4 类	$15+2.0\times\lg(f)$	17	17	不适用
5 类	$17+3.0\times\lg(f)$	20	20	$20-7\times\lg(f/20)$

表 4 电缆的结构回波损耗(最小)

单位为分贝

类别	频率 f/MHz			
	$1 \leqslant f \leqslant 10$	$10 < f \leqslant 16$	$16 < f \leqslant 20$	$20 < f \leqslant 100$
3 类	12	$12-10\times\lg(f/10)$	不适用	不适用
4 类	21	$21-10\times\lg(f/10)$	$21-10\times\lg(f/10)$	不适用
5 类	23	23	23	$23-10\times\lg(f/20)$

3.4 机械性能和尺寸要求

3.4.1 尺寸要求

本部分未规定绝缘外径、护套标称厚度及最大直径，但应由适用的详细规范规定。

3.4.2 导体断裂伸长率

最小值应为：

标称直径　≥0.5 mm　15%

标称直径　<0.5 mm　10%

3.4.3 绝缘断裂伸长率

最小值应为100%。

3.4.4 护套断裂伸长率

最小值应为100%。

3.4.5 护套抗张强度

最小值应为9 MPa。

3.4.6 电缆压扁试验

本部分不规定电缆压扁试验，但可由适用的详细规范规定。

3.4.7 电缆冲击试验

本部分不规定电缆冲击试验，但可由适用的详细规范规定。

3.4.8 电缆反复弯曲

本部分不规定电缆反复弯曲试验，但可由适用的详细规范规定。

3.4.9 电缆抗拉性能

不适用。

3.5 环境性能

3.5.1 绝缘收缩

持续时间：1 h；

温度：(100±2)℃；

要求：该值应小于或等于5%。

3.5.2 绝缘热老化后的缠绕试验

不适用。

3.5.3 绝缘低温弯曲试验

温度：(－20±2)℃；

弯曲芯轴直径：6 mm；

要求：不开裂。

3.5.4 护套热老化后的断裂伸长率

持续时间：7 d；

温度：(100±2)℃；

要求最小值：初始值的50%。

3.5.5 护套热老化后的抗张强度

持续时间：7 d；

温度：(100±2)℃；

要求最小值：初始值的70%。

3.5.6 护套高温压力试验

不适用。

3.5.7 电缆低温弯曲试验

温度:(−20±2)℃;

弯曲芯轴直径:电缆外径的 8 倍;

要求:不开裂。

3.5.8 热冲击试验

不适用。

3.5.9 单根电缆延燃性能

如果地方法规有要求,而且相关详细规范有规定时,试验应按照 GB/T 18015.1 的规定进行。

3.5.10 成束电缆延燃性能

不适用。

3.5.11 酸性气体的释出

如果地方法规有要求,而且相关详细规范有规定时,试验应按照 GB/T 18015.1 的规定进行。

3.5.12 发烟量

如果地方法规有要求,而且相关详细规范有规定时,试验应按照 GB/T 18015.1 的规定进行。

3.5.13 有毒气体的散发

在考虑中。

3.5.14 电缆在通风空间环境条件下的燃烧和烟雾组合试验

不适用。

4 质量评定程序

在考虑中。

5 空白详细规范介绍

本部分所述电缆的空白详细规范以 GB/T 18015.31 发布,用以鉴别特定的产品。

当详细规范完成时,应提供下列信息:

——导体尺寸;

——元件数目;

——电缆详细结构;

——类别(3,4 或 5);[1)]

——特性阻抗;[1)]

——阻燃性能。

1) 应保持有关分规范中对各类电缆(3 类、4 类或 5 类)规定的传输性能和特性阻抗。
在本部分中指出的其他信息可在有关详细规范中规定。

ICS 29.060.20
K 13

中华人民共和国国家标准

GB/T 18015.31—2007/IEC 61156-3-1:2003
代替 GB/T 18015.5—1999

数字通信用对绞或星绞多芯对称电缆 第31部分:工作区布线电缆 空白详细规范

Multicore and symmetrical pair/quad cables for digital communications—Part 31:Work area wiring—Blank detail specification

(IEC 61156-3-1:2003,IDT)

2007-01-23 发布　　2007-08-01 实施

中华人民共和国国家质量监督检验检疫总局
中国国家标准化管理委员会　发布

前　　言

GB/T 18015《数字通信用对绞或星绞多芯对称电缆》分为 20 个部分：

——第 1 部分：总规范；

——第 11 部分：能力认可　总规范；

——第 2 部分：水平层布线电缆　分规范；

——第 21 部分：水平层布线电缆　空白详细规范；

——第 22 部分：水平层布线电缆　能力认可　分规范；

——第 3 部分：工作区布线电缆　分规范；

——第 31 部分：工作区布线电缆　空白详细规范；

——第 32 部分：工作区布线电缆　能力认可　分规范；

——第 4 部分：垂直布线电缆　分规范；

——第 41 部分：垂直布线电缆　空白详细规范；

——第 42 部分：垂直布线电缆　能力认可　分规范；

——第 5 部分：具有 600 MHz 及以下传输特性的对绞或星绞对称电缆　水平层布线电缆　分规范；

——第 51 部分：具有 600 MHz 及以下传输特性的对绞或星绞对称电缆　水平层布线电缆　空白详细规范；

——第 52 部分：具有 600 MHz 及以下传输特性的对绞或星绞对称电缆　水平层布线电缆　能力认可　分规范；

——第 6 部分：具有 600 MHz 及以下传输特性的对绞或星绞对称电缆　工作区布线电缆　分规范；

——第 61 部分：具有 600 MHz 及以下传输特性的对绞或星绞对称电缆　工作区布线电缆　空白详细规范；

——第 62 部分：具有 600 MHz 及以下传输特性的对绞或星绞对称电缆　工作区布线电缆　能力认可　分规范；

——第 7 部分：具有 1 200 MHz 及以下传输特性的对绞对称电缆　数字和模拟通信电缆　分规范；

——第 71 部分：具有 1 200 MHz 及以下传输特性的对绞对称电缆　数字和模拟通信电缆　空白详细规范；

——第 72 部分：具有 1 200 MHz 及以下传输特性的对绞对称电缆　数字和模拟通信电缆　能力认可　分规范。

本部分为 GB/T 18015 的第 31 部分。

本部分等同采用 IEC 61156-3-1:2003《数字通信用对绞或星绞多芯对称电缆　第 3-1 部分：工作区布线电缆　空白详细规范》(英文版)。

考虑到我国国情和便于使用，本部分在等同采用 IEC 61156-3-1:2003 时做了几处修改：

——本部分第 2 章引用了采用国际标准的我国标准而非国际标准；

——将一些适用于国际标准的表述改为适用于我国标准的表述。

本部分代替 GB/T 18015.5—1999《数字通信用对绞或星绞多芯对称电缆　第 5 部分：工作区布线电缆　空白详细规范》。本部分与 GB/T 18015.5—1999 的主要变化如下：

——增加相时延及时延差的要求(1999 年版第 4 章中无;见本版的第 4 章“传输性能”中);
——增加电缆远端串音的要求(1999 年版第 4 章中无;见本版的第 4 章“传输性能”中)。

本部分由中国电器工业协会提出。

本部分由全国电线电缆标准化技术委员会归口。

本部分负责起草单位:上海电缆研究所。

本部分参加起草单位:宁波东方集团有限公司、江苏东强股份有限公司、江苏永鼎股份有限公司、浙江兆龙线缆有限公司、西安西电光电缆有限责任公司、江苏亨通集团有限公司、安徽新科电缆股份有限公司。

本部分主要起草人:孟庆林、吉利、梁勇、王子纯、赵佩杰、倪厚森。

本部分所代替标准的历次版本发布情况为:

——GB/T 18015.5—1999。

数字通信用对绞或星绞多芯对称电缆 第31部分:工作区布线电缆 空白详细规范

1 范围与目的

本部分适用于数字通信用对绞或星绞多芯对称工作区布线电缆。

本部分确定数字通信用对绞或星绞多芯对称工作区布线电缆详细规范的框架与编写格式。以空白详细规范为基础的详细规范可由国家标准化组织、制造商或用户制订。

2 规范性引用文件

下列文件中的条款通过GB/T 18015的本部分的引用而成为本部分的条款。凡是注日期的引用文件,其随后所有的修改单(不包括勘误的内容)或修订版均不适用于本部分,然而,鼓励根据本部分达成协议的各方研究是否可使用这些文件的最新版本。凡是不注日期的引用文件,其最新版本适用于本部分。

GB/T 18015.1—2007 数字通信用对绞或星绞多芯对称电缆 第1部分:总规范(IEC 61156-1:2002,IDT)

GB/T 18015.3—2007 数字通信用对绞或星绞多芯对称电缆 第3部分:工作区布线电缆 分规范(IEC 61156-3:2003,IDT)

3 详细规范制定导则

应保持相关分规范对各类电缆(3类、4类或5类)规定的传输性能和特性阻抗。

详细规范应按照空白详细规范的框架编写,框架是本空白详细规范的组成部分。

注:当一项性能不适用,则相应的空白处宜填入"不适用"。

当一项性能适用但具体数值不必考虑,则相应空白处宜填入"不规定"。

当采用"不规定"时,宜采用分规范中的适当要求。

在本页及后面各页的半圆括号内的字母对应于下列各项必要的信息,宜将这些信息填入所留的空白处。

a) 制定该文件的机构名称和地址;

b) 国家标准编号,版本号和发布日期;

c) 可获得文件的机构地址;

d) 相关文件;

e) 其他电缆参考资料、国内参考资料、商业名称等;

f) 电缆的详细说明;

示例:第4类数字通信用4对无总屏蔽工作区布线电缆的详细规范。

g) 电缆材料和结构的详细情况;

h) 弯曲半径或运行温度的特殊要求;

i) 电缆性能表。应分为电气性能、传输性能、机械性能和环境性能;

j) GB/T 18015.1"总规范"和GB/T 18015.3"分规范"的适用章条;

k) 适用于本电缆的各项要求,填入的数值至少应符合GB/T 18015.3"分规范"的要求;

l) 相关的备注。

4 数字通信用对绞或星绞多芯对称工作区布线电缆空白详细规范

<table>
<tr><td>a) 制定者：</td><td>b) 文件：
版本：
日期：</td></tr>
<tr><td>c) 可从何处获得：</td><td>d) 总规范：GB/T 18015.1
分规范：GB/T 18015.3
空白详细规范：GB/T 18015.31</td></tr>
<tr><td colspan="2">e) 其他参考文件：</td></tr>
<tr><td colspan="2">f) 电缆说明：</td></tr>
<tr><td colspan="2">g) 电缆结构：
导体说明：
绝缘说明：
标称厚度
最大外径
元件数目(对绞组)：
元件色谱
缆芯保护包带层
缆芯屏蔽：
包带材料
最小搭盖
屏蔽连通线
编织线
编织材料
填充系数
撕裂绳：
护套：
材料
标称厚度
颜色
最大外径
标志</td></tr>
<tr><td colspan="2">h)
静态弯曲最小半径： mm
动态弯曲最小半径： mm
温度范围(安装/运行)： ℃</td></tr>
</table>

i) 性能		j) 相关章条	k) 要求	l) 备注
电气性能		3.2		
导体电阻		3.2.1	≤...Ω/km	
电阻不平衡		3.2.2	≤...%	
介电强度		3.2.3		
导体/导体			...kV	
导体/屏蔽			...kV	
绝缘电阻		3.2.4		
导体/导体			≥...MΩ·km	
导体/屏蔽			≥...MΩ·km	
工作电容		3.2.5	≤...nF/km	
电容不平衡		3.2.6		
线对/屏蔽			≤...pF/500 m	
转移阻抗	10 MHz	3.2.7	≤...mΩ/m	
传输性能		3.3		
传播速度(相速度)		3.3.1	≥...km/s	
相时延		3.3.1.1		
时延差		3.3.1.2		
环境影响	−40℃～+60℃	3.3.1.2.1		
衰减	1 MHz	3.3.2	≤...dB/100 m	
	4 MHz		≤...dB/100 m	
	10 MHz		≤...dB/100 m	
	16 MHz		≤...dB/100 m	
	20 MHz		≤...dB/100 m	
	31.25 MHz		≤...dB/100 m	
	62.5 MHz		≤...dB/100 m	
	100 MHz		≤...dB/100 m	
近端不平衡衰减(TCL)		3.3.3		
Cat.3			...dB	
Cat.4			...dB	
Cat.5			...dB	
远端不平衡衰减(EL-TCTL)		3.3.3		
Cat.3			...dB	
Cat.4			...dB	
Cat.5			...dB	

i) 性能		j) 相关章条	k) 要求	l) 备注
近端串音	1 MHz	3.3.4	≥...dB	
	4 MHz		≥...dB	
	10 MHz		≥...dB	
	16 MHz		≥...dB	
	20 MHz		≥...dB	
	31.25 MHz		≥...dB	
	62.5 MHz		≥...dB	
	100 MHz		≥...dB	
远端串音	1 MHz	3.3.5	≥...dB	要说明是 EL FEXT 还是 IO FEXT; 是在 100 m 的长度上测量或者是换算到 100 m 长度。
	4 MHz		≥...dB	
	10 MHz		≥...dB	
	16 MHz		≥...dB	
	20 MHz		≥...dB	
	31.25 MHz		≥...dB	
	62.5 MHz		≥...dB	
	100 MHz		≥...dB	
标称特性阻抗	1 MHz~... MHz	3.3.6	...Ω	
机械性能		3.4		
导体断裂伸长率		3.4.2	≥...%	
绝缘断裂伸长率		3.4.3	≥...%	
护套断裂伸长率		3.4.4	≥...%	
护套抗张强度		3.4.5	≥...MPa	
电缆压扁试验		3.4.6		
电缆冲击试验		3.4.7		
电缆反复弯曲性能		3.4.8		
环境性能		3.5		
绝缘收缩率		3.5.1	≤...%	
绝缘低温弯曲试验		3.5.3		
护套老化后断裂伸长率		3.5.4	≥...%	注明初始值
护套老化后抗张强度		3.5.5	≥...%	注明初始值
电缆低温弯曲试验		3.5.7		
单根电缆延燃性能		3.5.9		
酸性气体的释出		3.5.11		
发烟量		3.5.12		
有毒气体的散发		3.5.13	在考虑中	

ICS 29.060.20
K 13

中华人民共和国国家标准

GB/T 18015.32—2007/IEC 61156-3-2:2001

数字通信用对绞或星绞多芯对称电缆 第32部分:工作区布线电缆 能力认可分规范

Multicore and symmetrical pair/quad cables for digital communications—Part 32: Work area wiring—Capability Approval—Sectional specification

(IEC 61156-3-2:2001,IDT)

2007-01-23 发布

2007-08-01 实施

中华人民共和国国家质量监督检验检疫总局
中国国家标准化管理委员会 发布

前　言

GB/T 18015《数字通信用对绞或星绞多芯对称电缆》分为20个部分：

——第1部分：总规范；

——第11部分：能力认可　总规范；

——第2部分：水平层布线电缆　分规范；

——第21部分：水平层布线电缆　空白详细规范；

——第22部分：水平层布线电缆　能力认可　分规范；

——第3部分：工作区布线电缆　分规范；

——第31部分：工作区布线电缆　空白详细规范；

——第32部分：工作区布线电缆　能力认可　分规范；

——第4部分：垂直布线电缆　分规范；

——第41部分：垂直布线电缆　空白详细规范；

——第42部分：垂直布线电缆　能力认可　分规范；

——第5部分：具有600 MHz及以下传输特性的对绞或星绞对称电缆　水平层布线电缆　分规范；

——第51部分：具有600 MHz及以下传输特性的对绞或星绞对称电缆　水平层布线电缆　空白详细规范；

——第52部分：具有600 MHz及以下传输特性的对绞或星绞对称电缆　水平层布线电缆　能力认可　分规范；

——第6部分：具有600 MHz及以下传输特性的对绞或星绞对称电缆　工作区布线电缆　分规范；

——第61部分：具有600 MHz及以下传输特性的对绞或星绞对称电缆　工作区布线电缆　空白详细规范；

——第62部分：具有600 MHz及以下传输特性的对绞或星绞对称电缆　工作区布线电缆　能力认可　分规范；

——第7部分：具有1 200 MHz及以下传输特性的对绞对称电缆　数字和模拟通信电缆　分规范；

——第71部分：具有1 200 MHz及以下传输特性的对绞对称电缆　数字和模拟通信电缆　空白详细规范；

——第72部分：具有1 200 MHz及以下传输特性的对绞对称电缆　数字和模拟通信电缆　能力认可　分规范。

本部分为GB/T 18015的第32部分。

本部分等同采用IEC 61156-3-2:2001《数字通信用对绞或星绞多芯对称电缆　第3-2部分：工作区布线电缆　能力认可　分规范》(英文版)。

考虑到我国国情和便于使用，本部分在等同采用IEC 61156-3-2:2001时做了几处修改：

——本部分第1.2条引用了采用国际标准的我国标准而非国际标准；

——将一些适用于国际标准的表述改为适用于我国标准的表述。

本部分的附录A、附录B、附录C为资料性附录。

本部分为首次制定的国家标准。

本部分由中国电器工业协会提出。

本部分由全国电线电缆标准化技术委员会归口。

本部分负责起草单位:上海电缆研究所。

本部分参加起草单位:宁波东方集团有限公司、江苏东强股份有限公司、江苏永鼎股份有限公司、浙江兆龙线缆有限公司、西安西电光电缆有限责任公司、江苏亨通集团有限公司、安徽新科电缆股份有限公司。

本部分主要起草人:孟庆林、吉利、梁勇、王子纯、赵佩杰、倪厚森。

数字通信用对绞或星绞多芯对称电缆 第32部分:工作区布线电缆 能力认可 分规范

1 总则

1.1 范围

GB/T 18015 的本部分是适用于 GB/T 18015.1—2007 和 GB/T 18015.3—2007 规定的数字通信用工作区布线电缆能力认可要求的分规范。

第 2 章是关于能力手册的内容。

第 3 章是关于质量计划。

第 4 章是关于能力认可的保持。

注:质量评估取决于客户与制造商间的协议。当有第三方能力认可要求时,要用下列条款作为导则。然而,它也可作为第二方认证或自我认证的基础。

1.2 规范性引用文件

下列文件中的条款通过 GB/T 18015 的本部分的引用而成为本部分的条款。凡是注日期的引用文件,其随后所有的修改单(不包括勘误的内容)或修订版均不适用于本部分,然而,鼓励根据本部分达成协议的各方研究是否可使用这些文件的最新版本。凡是不注日期的引用文件,其最新版本适用于本部分。

GB/T 18015.1—2007 数字通信用对绞或星绞多芯对称电缆 第1部分:总规范(IEC 61156-1:2002,IDT)

GB/T 18015.3—2007 数字通信用对绞/星绞多芯对称电缆 第3部分:工作区布线电缆 分规范(IEC 61156-3:2001,IDT)

GB/T 18015.11—2007 数字通信用对绞/星绞多芯对称电缆 第11部分:能力认可 总规范(IEC 61156-1-1:2001,IDT)

2 能力手册的内容

2.1 与能力方面有关的各类电缆的描述

能力手册的本条款描述了需要能力认可的一类或各类电缆,包括以下内容:

a) 引用适用标准(如分规范,详细规范等等);

b) 电缆的详细构造的描述,比如导体的类型、材料、形式和尺寸、绝缘材料和尺寸、对绞或星绞、屏蔽材料和尺寸、护套材料和尺寸、外径、最大电缆尺寸、最大电缆长度,以及

c) 适用标准不包括的其他性能和要求。

2.2 生产过程及其范围的界定

对每一类电缆,应当界定生产过程的各个阶段,例如借助于一张流程表(参见附录 A 中的一个例子)。对于每个阶段,应规定:

a) 可用的机器和可用的操作说明的描述;

b) 构造技术;

c) 与生产各阶段相关的工艺限制范围,以及

d) 试验或检验点。

识别的示例参见附录B。

2.3 返工返修原则

能力手册的本条款中描述了允许的返工返修操作及有关的操作说明。

3 质量计划

关于生产过程控制,参照GB/T 18015.11—2007中2.2.4制订的质量计划。至少应考虑下列项目:

a) 生产阶段的识别;

b) 根据生产阶段和有关的试验对产品性能的识别;

c) 试验程序的识别;

d) 产品合格的界限,以及

e) 取样(类型和频次)。示例参见附录C。

3.1 CQC的选择

有必要指出的是,电缆的生产是由许多连续的互相关联的生产阶段组成的。每一生产阶段中的产品都不是无关联的生产元件。

所以,通过从每一生产阶段或成品中抽取代表性样品来代表CQC。

注:推荐对每个生产阶段中所进行的试验的结果的趋势和(或)统计质量指标进行检查。

3.2 原材料采购

在质量计划中应给出该类电缆产品需用的原材料表,并附有其采购规范和进料检验方法。

3.3 设计准则(如适用)

通过直接或引用制造商内部文件,在质量计划中应规定与该类电缆设计有关的文件表。

主要的项目可为:

a) 该类产品中每一种产品的设计;

b) 材料选择准则,以及

c) 确定电缆元件尺寸的规则。

4 能力认可的保持

应根据下列检查来保持能力认可:

a) 在所考虑的时间段内进行的生产过程控制的文件;

b) 成品试验结果;

c) 按照能力手册复查各条生产线。

附 录 A
（资料性附录）
系列:5 类总屏蔽对绞或星绞对称电缆 生产过程阶段示例

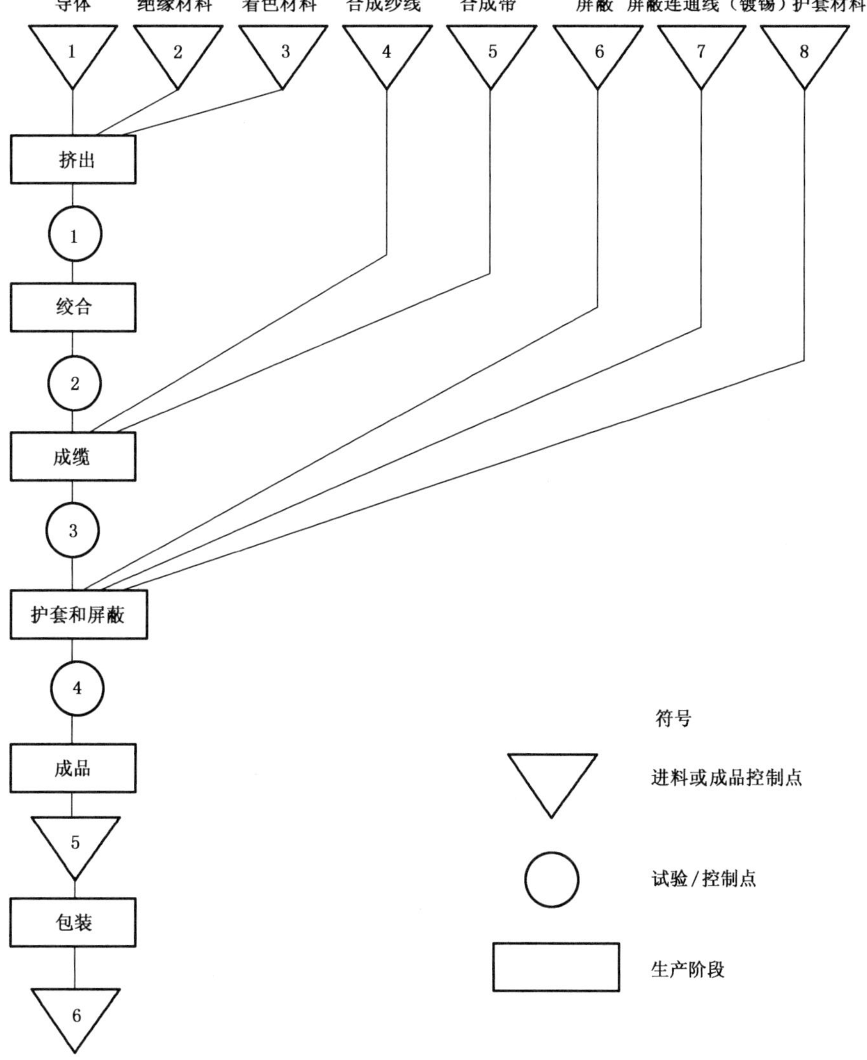

附 录 B
（资料性附录）
系列:5 类总屏蔽对绞或星绞对称电缆 生产过程和其范围界定示例

工序号	生产工序	生产线	操作说明	生产范围
1	绝缘	挤出机 ××××× ×××× ××××	××××× ××××	实心铜导体 最小或最大直径 绝缘厚度和绝缘外径 绝缘类型 色标
2	绞合	绞合机 ××××× ××××	××××× ××××	对绞组和(或)四线组 最小或最大节距
3	成缆	××××× ××××	××××× ××××	对绞组或四线组的最大数目 缆芯的最大或最小节距
4	屏蔽	包带机 ××××× ××××	××××× ××××	纵包或绕包最小搭盖
5	护套	挤出机 ××××× ××××	××××× ××××	材料类型 最小或最大外径 最小或最大厚度
6	最终试验	试验部门		内部或外部的试验
7	包装	发运部门		最大的电缆长度 最大线盘尺寸

附 录 C
(资料性附录)
系列:5 类总屏蔽对绞或星绞对称电缆 质量计划示例

工序号[a]	生产工序	试验	生产阶段产品特性	CQC 类型	频次
1a	铜线拉丝	直径 伸长率 电阻率[b] 扭绞/UTS/UTE[c]	几何尺寸 均匀性 电容 完整性	线盘上的绝缘线	
1b	绝缘	直径 伸长率 电阻率 火花	几何尺寸 均匀性 电容 完整性	线盘上的绝缘线	
2	绞合	节距长度 火花 不平衡	柔软性 串音 完整性 (传输参数)	线盘上的线对	
3	成缆	节距长度 直径 火花 不平衡	柔软性 串音 (传输参数)	线盘上的绞合线对	
4	屏蔽	搭盖 连续性	电磁兼容保护	屏蔽绞合线对	
5	护套	直径 厚度 火花 目力检验	几何尺寸 完整性	有护套电缆	
6	成品试验	目力或尺寸检验 阻抗 衰减 近端串音 回波损耗 转移阻抗 防火性能 材料性能	符合性能要求	成品电缆长度 电缆样品 材料样品	
7	包装	目力检验	电缆运输	成品电缆盘,包装	

a 工序号 1a-1b-2-3-4-5 各阶段可按照给出的流程图串联起来,例如:1a+1b,2+3+4 或 3+4 或 4+5 等。

b 在进料上试验。

c UTS/UTE 分别为“断裂抗拉强度”和“断裂伸长率”。

ICS 29.060.20
K 13

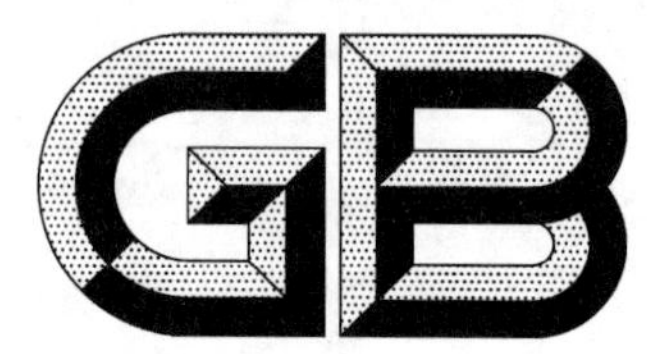

中华人民共和国国家标准

GB/T 18015.4—2007/IEC 61156-4:2003
代替 GB/T 18015.6—1999

数字通信用对绞或星绞多芯对称电缆 第4部分:垂直布线电缆 分规范

Multicore and symmetrical pair/quad cables for digital communications—Part 4:Riser cables—Sectional specification

(IEC 61156-4:2003,IDT)

2007-01-23 发布 2007-08-01 实施

中华人民共和国国家质量监督检验检疫总局
中国国家标准化管理委员会 发布

前　言

GB/T 18015《数字通信用对绞或星绞多芯对称电缆》分为20个部分：

——第1部分：总规范；

——第11部分：能力认可　总规范；

——第2部分：水平层布线电缆　分规范；

——第21部分：水平层布线电缆　空白详细规范；

——第22部分：水平层布线电缆　能力认可　分规范；

——第3部分：工作区布线电缆　分规范；

——第31部分：工作区布线电缆　空白详细规范；

——第32部分：工作区布线电缆　能力认可　分规范；

——第4部分：垂直布线电缆　分规范；

——第41部分：垂直布线电缆　空白详细规范；

——第42部分：垂直布线电缆　能力认可　分规范；

——第5部分：具有600 MHz及以下传输特性的对绞或星绞对称电缆　水平层布线电缆　分规范；

——第51部分：具有600 MHz及以下传输特性的对绞或星绞对称电缆　水平层布线电缆　空白详细规范；

——第52部分：具有600 MHz及以下传输特性的对绞或星绞对称电缆　水平层布线电缆　能力认可　分规范；

——第6部分：具有600 MHz及以下传输特性的对绞或星绞对称电缆　工作区布线电缆　分规范；

——第61部分：具有600 MHz及以下传输特性的对绞或星绞对称电缆　工作区布线电缆　空白详细规范；

——第62部分：具有600 MHz及以下传输特性的对绞或星绞对称电缆　工作区布线电缆　能力认可　分规范；

——第7部分：具有1 200 MHz及以下传输特性的对绞对称电缆　数字和模拟通信电缆　分规范；

——第71部分：具有1 200 MHz及以下传输特性的对绞对称电缆　数字和模拟通信电缆　空白详细规范；

——第72部分：具有1 200 MHz及以下传输特性的对绞对称电缆　数字和模拟通信电缆　能力认可　分规范。

本部分为GB/T 18015的第4部分。

本部分等同采用IEC 61156-4:2003《数字通信用对绞或星绞多芯对称电缆　第4部分：垂直布线电缆　分规范》(英文版)。

考虑到我国国情和便于使用，本部分在等同采用IEC 61156-4:2003时做了几处修改：

——本部分第1.2条引用了采用国际标准的我国标准而非国际标准；

——将一些适用于国际标准的表述改为适用于我国标准的表述。

本部分代替GB/T 18015.6—1999《数字通信用对绞或星绞多芯对称电缆　第6部分：垂直布线电缆　分规范》。

本部分与 GB/T 18015.6—1999 相比主要变化如下：

——补充了相时延及时延差的要求(1999 年版无；本版的 3.3.1.1、3.3.1.2、3.3.1.2.1)；

——补充了电缆远端串音要求(1999 年版无；本版的 3.3.5)；

——补充了输入阻抗和拟合阻抗的要求(1999 年版无；本版的 3.3.6)；

——补充了回波损耗和结构回波损耗的要求(1999 年版无，本版的 3.3.7)。

本部分由中国电器工业协会提出。

本部分由全国电线电缆标准化技术委员会归口。

本部分负责起草单位：上海电缆研究所。

本部分参加起草单位：宁波东方集团有限公司、江苏东强股份有限公司、江苏永鼎股份有限公司、浙江兆龙线缆有限公司、西安西电光电缆有限责任公司、江苏亨通集团有限公司、安徽新科电缆股份有限公司。

本部分主要起草人：孟庆林、吉利、徐爱华、周红平、刘根荣、巫志。

本部分所代替标准的历次版本发布情况为：

——GB/T 18015.6—1999。

数字通信用对绞或星绞多芯对称电缆 第4部分:垂直布线电缆 分规范

1 总则

1.1 范围和目的

本部分与GB/T 18015.1—2007一起使用。这种电缆专用于GB/T 18233中定义的垂直布线。

本部分适用于垂直通道或楼层间布线用的无单独屏蔽的20个对绞组/10个四线组及以上的电缆。当垂直安装时,可能要在适用的详细规范中规定附加的长度要求。电缆的缆芯可以有总屏蔽。这些电缆适用于在适用的详细规范中所提到的各种通信系统。

本部分所包括的电缆应在通信系统通常采用的电压电流下工作。这些电缆不宜被接到如公共供电那样的低阻抗电源上。

电缆安装和运行期间推荐的温度范围由详细规范中规定。

1.2 规范性引用文件

下列文件中的条款通过GB/T 18015的本部分的引用而成为本部分的条款。凡是注日期的引用文件,其随后所有的修改单(不包括勘误的内容)或修订版均不适用于本部分,然而,鼓励根据本部分达成协议的各方研究是否可使用这些文件的最新版本。凡是不注日期的引用文件,其最新版本适用于本部分。

GB 6995.2 电线电缆识别标志 第二部分:标准颜色(GB 6995.2—1986,neq IEC 60304:1982)

GB/T 12269 射频电缆总规范(GB/T 12269—1990,idt IEC 60096-1:1986)

GB/T 18015.1—2007 数字通信用对绞或星绞多芯对称电缆 第1部分:总规范(IEC 61156-1:2002,IDT)

GB/T 18015.41 数字通信用对绞或星绞多芯对称电缆 第41部分:垂直布线电缆 空白详细规范(GB/T 18015.41—2007,IEC 61156-4-1:2003,IDT)

GB/T 18213 低频电缆和电线无镀层和有镀层铜导体电阻计算导则(GB/T 18213—2000,idt IEC 60344:1980)

GB/T 18233 信息技术 用户建筑群的通用布缆(GB/T 18233—2000,idt ISO/IEC 11801:1995)

1.3 安装要求

见GB/T 18015.1—2007。

2 定义、材料和电缆结构

2.1 定义

见GB/T 18015.1—2007中2.1。

2.2 材料和电缆结构

2.2.1 一般说明

材料和电缆结构的选择应适合于电缆的预期用途和安装要求。应特别注意要符合任何防火性能的特殊要求(如燃烧性能,发烟量,含卤素气体的产生等)。

2.2.2 电缆结构

电缆结构应符合适用的电缆详细规范规定的详细要求及尺寸。

2.2.3 导体

导体应由退火铜线制成。

导体可以是实心的或绞合的。

导体标称直径应在 0.5 mm 到 0.8 mm 之间。

导体应是不镀锡或镀锡的。

2.2.4 绝缘

导体应由适当的热塑性材料绝缘。例如：

——聚烯烃；

——PVC；

——含氟聚合物；

——低烟无卤热塑性材料。

绝缘可以是实心，泡沫或泡沫实心皮。绝缘应连续，其厚度应使成品电缆符合规定的要求。绝缘的标称厚度应适应导体的连接方法。

2.2.5 绝缘色谱

本部分不规定绝缘色谱，但应由相关的详细规范规定。颜色应易于辨别并应符合 GB 6995.2 中规定的标准颜色。

注：为便于线对识别，可以用标记或色环方法在“a”线上标以“b”线的颜色。

2.2.6 电缆元件

电缆元件应为线对或四线组，经适当的扭绞以利于线对的识别。

2.2.7 电缆元件的屏蔽

GB/T 18015.1—2007 中 2.2.7 不适用于本部分所涉及的电缆。

2.2.8 成缆

电缆元件应绞合成缆芯或单位，单位再进一步绞合成缆芯。

每个单位应采用带有颜色代码的非吸湿性包带螺旋绕包，包带颜色代码应在适用的详细规范中规定。如果适用的详细规范要求，单位可包覆屏蔽。屏蔽应符合 GB/T 18015.1—2007 中 2.2.7 规定。

缆芯可用非吸湿性包带保护。

2.2.9 缆芯屏蔽

如果适用的详细规范要求，缆芯可加以屏蔽。

屏蔽应符合 GB/T 18015.1—2007 中 2.2.9 规定。

当采用铜丝编织层时其填充系数应不小于 0.41（编织密度不小于 65%）。采用包带和编织屏蔽时其填充系数应不小于 0.16（编织密度不小于 30%）。填充系数的定义应按照 GB/T 12269 的规定。

2.2.10 护套

护套材料应由适当的热塑性材料组成，例如，

——聚烯烃；

——PVC；

——含氟聚合物；

——低烟无卤热塑性材料。

护套应连续，厚度尽可能均匀。

护套内可以放置非吸湿性的非金属材料撕裂绳。

2.2.11 护套颜色

护套颜色应由用户和生产厂协商确定，也可由适用的详细规范说明。

2.2.12 标志

每根电缆上应标有生产厂厂名，有要求时，还应有制造年份。可使用下列方法之一加上识别标志：

a) 适合的着色线或者色带；

b) 印字带；

c) 在缆芯包带上印字;

d) 在护套上作标记。

允许在护套上作附加标记,这些标记可在适用的详细规范中指明。

2.2.13 成品电缆

成品电缆应对储存及装运有足够的防护。

3 性能和要求

3.1 一般说明

本章规定了按本部分生产的电缆的性能和最低要求。试验方法应符合 GB/T 18015.1—2007 第 3 章规定。为了区别特定的产品及其性能可以制订详细规范(见第 5 章)。

3.2 电气性能

试验应在长度不小于 100 m 的电缆上进行。

3.2.1 导体电阻

导体电阻值应符合 GB/T 18213 的要求。

3.2.2 电阻不平衡

电阻不平衡应不大于 3%。

3.2.3 介电强度

试验应在导体/导体间进行,当有屏蔽时,在导体/屏蔽间进行。

直流　1 kV　1 min

或直流　2.5 kV　2 s

注:可以使用交流试验电压,其值为直流电压值除以 1.5。

3.2.4 绝缘电阻

试验应在两种情况下进行:

——导体/导体;

——有屏蔽时,导体/屏蔽。

最小绝缘电阻值应符合相关电缆规范并在任何情况下均大于 150 MΩ·km。

3.2.5 工作电容

本部分不规定工作电容,但可由适用的详细规范规定。

3.2.6 电容不平衡

对于屏蔽电缆,试验应在线对/屏蔽间进行,在 1 kHz 频率下,其值应不大于 1 700 pF/500 m。

3.2.7 转移阻抗

对于屏蔽电缆,其值应不大于:

10 MHz 频率下,100 mΩ/m。

3.3 传输特性

试验应在长度不少于 100 m 的电缆上进行。

注:在适当情况下,传输性能按照用途和系统要求而分为几类。各类电缆预定使用的上限传输频率为:

第 3 类　16 MHz;

第 4 类　20 MHz;

第 5 类　100 MHz。

3.3.1 传播速度

本部分不规定其值,但可由适用的详细规范规定。

3.3.1.1 相时延

当按照 GB/T 18015.1—2007 的 A.4.2.1 和 A.4.3 测量时,从 2 MHz 到电缆类别规定的最高传

输频率的整个频带内，任何线对的相时延应不大于 567 ns/100 m。

3.3.1.2 时延差

当按照 GB/T 18015.1—2007 的 A.4.2.1 和 A.4.3 测量时，在温度(−40±1)℃，(20±1)℃和(60±1)℃时，从 1 MHz 到电缆类别规定的最高传输频率，任何两个线对间的最大相时延差(skew)应不大于 45 ns/100 m。该要求是以按照有顺序的色标进行接续和装连接器为依据的。

3.3.1.2.1 环境影响

在−40℃到 60℃范围内，对不少于 100 m 长的成品电缆，由温度引起所有线对组合之间的时延差与 3.3.1.2 规定值相比变化应不超过±10 ns/100 m。

3.3.2 衰减

任意线对衰减的最大个别值应符合下述规定(dB/100 m)：

电缆类别	频率/MHz	特性阻抗/Ω		
		100	120	150
第 3 类	1	2.6	不适用	不适用
	4	5.6	不适用	不适用
	10	9.8	不适用	不适用
	16	13.1	不适用	不适用
第 4 类	1	2.1	2.0	不适用
	4	4.3	4.0	不适用
	10	7.2	6.7	不适用
	16	8.9	8.1	不适用
	20	10.2	9.2	不适用
第 5 类	1	2.1	1.8	考虑中
	4	4.3	3.6	2.2
	10	6.6	5.2	3.6
	16	8.2	6.2	4.4
	20	9.2	7.0	4.9
	31.25	11.8	8.8	6.9
	62.50	17.1	12.5	9.8
	100	22.0	17.0	12.3

注：本部分不规定低频的衰减值，但可由相关的详细规范作为系统信息提供。

3.3.3 不平衡衰减

本部分不规定近端不平衡衰减和远端不平衡衰减，但可由适用的详细规范规定。从 1 MHz 到最高基准频率范围内，任何线对的值应等于或大于详细规范规定值确定的曲线上的值。

3.3.4 近端串音(NEXT)

应在 1 MHz 至电缆分类规定的最高频率范围内测量任意线对组合间的近端串音衰减(NEXT)。

按 GB/T 18015.1—2007 中 2.1.10 定义的近端串音衰减功率和应等于或大于以下数值(dB/100 m)：

频率/MHz	NEXT/(dB/100 m)		
	第 3 类	第 4 类	第 5 类
1	41	56	62
4	32	47	53

频率/MHz	NEXT/(dB/100 m)		
	第 3 类	第 4 类	第 5 类
10	26	41	47
16	23	38	44
20	不适用	36	42[a]
31.25	不适用	不适用	40[a]
62.5	不适用	不适用	35[a]
100	不适用	不适用	32[a]

3.3.5 远端串音(FEXT)

IO FEXT 和 EL FEXT 应在 1 MHz 至电缆类别规定的最高传输频率范围内在任何线对组合之间测量。

按照 GB/T 18015.1—2007 中 2.1.10 定义的功率和应大于或等于由以下数值确定的曲线上的数值(dB/100 m)。

频率/MHz	EL FEXT/(dB/100 m)	特性阻抗/Ω		
		100	120	150
		IO FEXT/(dB/100 m)		
	第 3 类			
1 4 10 16	39 27 19 15	42 33 29 28	不适用 不适用 不适用 不适用	不适用 不适用 不适用 不适用
	第 4 类			
1 4 10 16 20	55 43 35 31 29	57 47 42 40 39	57 47 42 39 38	不适用 不适用 不适用 不适用 不适用
	第 5 类			
1 4 10 16 20 31.25 62.5 100	61 49 41 37 35 31 25 21	63 53 48 45 44 43 42 43	63 53 46 43 42 40 38 38	考虑中 51 45 41 40 38 36 33

规范要求可以用 IO FEXT 或者 EL FEXT 给出。应清楚地说明所规定的 FEXT 的类型。为符合试验要求,IO FEXT 应是实测值,而 EL FEXT 则可以用 IO FEXT 导出。

3.3.6 特性阻抗

在 1 MHz 至电缆分类规定的最高频率范围内测得的特性阻抗标称值应为 100 Ω、120 Ω 或 150 Ω。

是否符合这个要求,应当确定如下:

按照GB/T 18015.1—2007中3.3.6.1测得的输入阻抗应当符合表1所列要求。

表1 电缆线对的输入阻抗

电缆类别	频率 f/MHz		
	$1 \leqslant f \leqslant 16$	$16 < f \leqslant 20$	$20 < f \leqslant 100$
3类	考虑中	不适用	不适用
4类	标称阻抗±25 Ω		不适用
5类	标称阻抗±15 Ω		

如果电缆线对输入阻抗满足表1规定要求,不要求测量回波损耗/结构回波损耗。

如果电缆线对输入阻抗不能满足要求,则应进行函数拟合,同时电缆线对还应满足3.3.7中的回波损耗或结构回波损耗的要求。

按照GB/T 18015.1—2007规定的测量方法,电缆线对经过函数拟合的阻抗,从1 MHz至电缆分类规定的最高频率范围内应符合表2规定。

表2 电缆线对的拟合阻抗

单位为欧姆

标称阻抗	第3,4,5类缆要求	
100	95	$105+8/\sqrt{f}$
120	115	$125+8/\sqrt{f}$
150	145	$155+8/\sqrt{f}$
注:f——频率,单位:MHz。		

3.3.7 回波损耗(RL)和结构回波损耗(SRL)

回波损耗为基准规范,结构回波损耗为替代规范。只有当阻抗不符合3.3.6规定的初始要求才测量结构回波损耗,而这时测量是与3.3.6中所规定的函数拟合阻抗一起进行的。

电缆的回波损耗和结构回波损耗,应符合表3和表4中的要求。

表3 电缆的回波损耗(最小)

单位为分贝

类　别	频率 f/MHz			
	$1 \leqslant f \leqslant 10$	$10 < f \leqslant 16$	$16 < f \leqslant 20$	$20 < f \leqslant 100$
3类	12	$12-10\times\lg(f/10)$	不适用	不适用
4类	$15+2.0\times\lg(f)$	17	17	不适用
5类	$17+3.0\times\lg(f)$	20	20	$20-7\times\lg(f/20)$

表4 电缆的结构回波损耗(最小)

单位为分贝

类　别	频率 f/MHz			
	$1 \leqslant f \leqslant 10$	$10 < f \leqslant 16$	$16 < f \leqslant 20$	$20 < f \leqslant 100$
3类	12	$12-10\times\lg(f/10)$	不适用	不适用
4类	21	$21-10\times\lg(f/10)$	$21-10\times\lg(f/10)$	不适用
5类	23	23	23	$23-10\times\lg(f/20)$

3.4 机械性能和尺寸要求

3.4.1 尺寸要求

本部分未规定绝缘外径、护套厚度及最大外径,但应由适用的详细规范规定。

3.4.2 导体断裂伸长率

最小值应为15%。

3.4.3 绝缘断裂伸长率

最小值应为100%。

3.4.4 护套断裂伸长率

最小值应为100%。

3.4.5 护套抗张强度

最小值应为9 MPa。

3.4.6 电缆压扁试验

不适用。

3.4.7 电缆冲击试验

本部分未规定电缆冲击试验,但应由适用的详细规范规定。

3.4.8 电缆反复弯曲

不适用。

3.4.9 电缆抗拉性能

本部分不规定电缆抗拉性能,但应由适用的详细规范规定。

注:在安装时,根据横截面计算的在全部导体上的牵引力(单位:N)不宜超过50 N/mm^2。

3.5 环境性能

3.5.1 绝缘收缩

持续时间:1 h;

温度:(100±2)℃;

要求:该值应小于或等于5%。

3.5.2 绝缘热老化后的缠绕试验

不适用。

3.5.3 绝缘低温弯曲试验

温度:(−20±2)℃;

弯曲芯轴直径:6 mm;

要求:不开裂。

3.5.4 护套热老化后的断裂伸长率

持续时间:7天;

温度:(100±2)℃;

要求最小值:初始值的50%。

3.5.5 护套热老化后的抗张强度

持续时间:7天;

温度:(100±2)℃;

要求最小值:初始值的70%。

3.5.6 护套高温压力试验

不适用。

3.5.7 电缆低温弯曲试验

温度:(−20±2)℃;

弯曲芯轴直径:电缆外径的8倍;

要求:不开裂。

3.5.8 热冲击试验

不适用。

3.5.9 单根电缆延燃性能

如果地方法规有要求，而且相关详细规范有规定时，试验应按照 GB/T 18015.1 的规定进行。

3.5.10 成束电缆的延燃性能

如果地方法规有要求，而且相关详细规范有规定时，试验应按 GB/T 18015.1 的规定进行。

3.5.11 酸性气体的释出

如果地方法规有要求，而且相关详细规范有规定时，试验应按照 GB/T 18015.1 的规定进行。

3.5.12 发烟量

如果地方法规有要求，而且相关详细规范有规定时，试验应按照 GB/T 18015.1 的规定进行。

3.5.13 有毒气体的散发

在考虑中。

3.5.14 电缆在通风空间环境条件下的燃烧和烟雾组合试验

在考虑中。

注：在美国和部分加拿大地区，关于电缆安装在管道、通风道和环境空气用的空间，有永久性的法定要求。它们包括用这些国家的国家标准所给出组合试验来测定发烟量和阻燃特性。

4 质量评定程序

在考虑中。

5 空白详细规范介绍

本部分所述电缆的空白详细规范以 GB/T 18015.41 发布，用以识别特定的产品。

当详细规范完成时，应提供下列信息：

——导体尺寸；

——元件数目；

——电缆详细结构；

——类别(3，4 或 5)[1)]；

——特性阻抗；[1)]

——阻燃性能。

---

1) 应保持有关分规范中对各类电缆(3 类、4 类或 5 类)规定的传输性能和特性阻抗。
在本部分中指出的其他信息可在有关详细规范中规定。

ICS 29.060.20
K 13

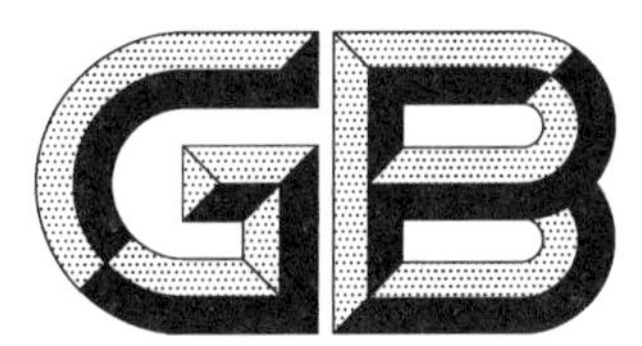

中华人民共和国国家标准

GB/T 18015.41—2007/IEC 61156-4-1:2003
代替 GB/T 18015.7—1999

数字通信用对绞或星绞多芯对称电缆 第41部分:垂直布线电缆 空白详细规范

Multicore and symmetrical pair/quad cables for digital communications—Part 41:Riser cables—Blank detail specification

(IEC 61156-4-1:2003,IDT)

2007-01-23 发布　　2007-08-01 实施

中华人民共和国国家质量监督检验检疫总局
中国国家标准化管理委员会　发布

前　言

GB/T 18015《数字通信用对绞或星绞多芯对称电缆》分为 20 个部分:

——第 1 部分:总规范;

——第 11 部分:能力认可　总规范;

——第 2 部分:水平层布线电缆　分规范;

——第 21 部分:水平层布线电缆　空白详细规范;

——第 22 部分:水平层布线电缆　能力认可　分规范;

——第 3 部分:工作区布线电缆　分规范;

——第 31 部分:工作区布线电缆　空白详细规范;

——第 32 部分:工作区布线电缆　能力认可　分规范;

——第 4 部分:垂直布线电缆　分规范;

——第 41 部分:垂直布线电缆　空白详细规范;

——第 42 部分:垂直布线电缆　能力认可　分规范;

——第 5 部分:具有 600 MHz 及以下传输特性的对绞或星绞对称电缆　水平层布线电缆　分规范;

——第 51 部分:具有 600 MHz 及以下传输特性的对绞或星绞对称电缆　水平层布线电缆　空白详细规范;

——第 52 部分:具有 600 MHz 及以下传输特性的对绞或星绞对称电缆　水平层布线电缆　能力认可　分规范;

——第 6 部分:具有 600 MHz 及以下传输特性的对绞或星绞对称电缆　工作区布线电缆　分规范;

——第 61 部分:具有 600 MHz 及以下传输特性的对绞或星绞对称电缆　工作区布线电缆　空白详细规范;

——第 62 部分:具有 600 MHz 及以下传输特性的对绞或星绞对称电缆　工作区布线电缆　能力认可　分规范;

——第 7 部分:具有 1 200 MHz 及以下传输特性的对绞对称电缆　数字和模拟通信电缆　分规范;

——第 71 部分:具有 1 200 MHz 及以下传输特性的对绞对称电缆　数字和模拟通信电缆　空白详细规范;

——第 72 部分:具有 1 200 MHz 及以下传输特性的对绞对称电缆　数字和模拟通信电缆　能力认可　分规范。

本部分为 GB/T 18015 的第 41 部分。

本部分等同采用 IEC 61156-4-1:2003《数字通信用对绞或星绞多芯对称电缆　第 4-1 部分:垂直布线电缆　空白详细规范》(英文版)。

考虑到我国国情和便于使用,本部分在等同采用 IEC 61156-4-1:2003 时做了几处修改:

——本部分第 2 章引用了采用国际标准的我国标准而非国际标准;

——将一些适用于国际标准的表述改为适用于我国标准的表述。

本部分代替 GB/T 18015.7—1999《数字通信用对绞或星绞多芯对称电缆　第 7 部分:垂直布线电缆 空白详细规范》。本部分与 GB/T 18015.7—1999 的主要变化如下:

——增加相时延及时延差的要求(1999 年版第 4 章中无;见本版的第 4 章“传输性能”中);

——增加电缆远端串音的要求(1999 年版第 4 章中无;见本版的第 4 章“传输性能”中)。

本部分由中国电器工业协会提出。

本部分由全国电线电缆标准化技术委员会归口。

本部分负责起草单位:上海电缆研究所。

本部分参加起草单位:宁波东方集团有限公司、江苏东强股份有限公司、江苏永鼎股份有限公司、浙江兆龙线缆有限公司、西安西电光电缆有限责任公司、江苏亨通集团有限公司、安徽新科电缆股份有限公司。

本部分主要起草人:孟庆林、吉利、徐爱华、周红平、刘根荣、巫志。

本部分所代替标准的历次版本发布情况为:

——GB/T 18015.7—1999。

数字通信用对绞或星绞多芯对称电缆 第41部分:垂直布线电缆 空白详细规范

1 范围与目的

本部分适用于数字通信用对绞或星绞多芯对称垂直布线电缆。

本部分确定数字通信用对绞或星绞多芯对称垂直布线电缆详细规范的框架与编写格式。以空白详细规范为基础的详细规范可由国家标准化组织、制造商或用户制定。

2 规范性引用文件

下列文件中的条款通过GB/T 18015的本部分的引用而成为本部分的条款。凡是注日期的引用文件,其随后所有的修改单(不包括勘误的内容)或修订版均不适用于本部分,然而,鼓励根据本部分达成协议的各方研究是否可使用这些文件的最新版本。凡是不注日期的引用文件,其最新版本适用于本部分。

GB/T 18015.1—2007 数字通信用对绞或星绞多芯对称电缆 第1部分:总规范(IEC 61156-1:2002,IDT)

GB/T 18015.4—2007 数字通信用对绞或星绞多芯对称电缆 第4部分:垂直布线电缆 分规范(IEC 61156-4:2003,IDT)

3 详细规范制定导则

应保持相关分规范对各类电缆(3类、4类或5类)规定的传输性能和特性阻抗。

详细规范应按照空白详细规范的框架编写,框架是本空白详细规范的组成部分。

注:当一项性能不适用,则相应的空白处宜填入"不适用"。

当一项性能适用但具体数值不必考虑,则相应空白处宜填入"不规定"。

当采用"不规定"时,宜采用分规范中的适当要求。

在本页及后面各页的半圆括号内的字母对应于下列各项必要的信息,宜将这些信息填入所留的空白处。

a) 制定该文件的机构名称和地址;

b) 国家标准编号,版本号和发布日期;

c) 可获得文件的机构地址;

d) 相关文件;

e) 其他电缆参考资料、国内参考资料、商业名称等;

f) 电缆的详细说明;

示例:第4类数字通信用20对无总屏蔽垂直布线电缆的详细规范。

g) 电缆材料和结构的详细情况;

h) 弯曲半径或运行温度的特殊要求;

i) 电缆性能表。应分为电气性能、传输性能、机械性能和环境性能;

j) GB/T 18015.1"总规范"和GB/T 18015.4"分规范"的适用章条;

k) 适用于本电缆的各项要求,填入的数值至少应符合GB/T 18015.4"分规范"的要求;

l) 相关的备注。

4 数字通信用对绞或星绞多芯对称垂直布线电缆空白详细规范

<table>
<tr><td>a) 制定者：</td><td>b) 文件：
版本：
日期：</td></tr>
<tr><td>c) 可从何处获得：</td><td>d) 总规范： GB/T 18015.1
分规范： GB/T 18015.4
空白详细规范： GB/T 18015.41</td></tr>
<tr><td colspan="2">e) 其他参考文件：</td></tr>
<tr><td colspan="2">f) 电缆说明：</td></tr>
<tr><td colspan="2">g) 电缆结构：
导体说明：
绝缘说明：
标称厚度
最大外径
元件数目(对绞组)：
元件色谱：
单位数目：
单位屏蔽
包带材料
最小搭盖
缆芯保护包带层：
缆芯屏蔽：
包带材料
最小搭盖
屏蔽连通线
编织线
编织材料
填充系数
撕裂绳：
护套：
材料
标称厚度
颜色
最大外径
标志</td></tr>
<tr><td colspan="2">h)
静态弯曲最小半径： mm
动态弯曲最小半径： mm
温度范围(安装/运行)： ℃</td></tr>
</table>

i) 性能	j) 相关章条	k) 要求	l) 备注
电气性能	3.2		
导体电阻	3.2.1	≤…Ω/km	
电阻不平衡	3.2.2	≤…%	
介电强度	3.2.3		
导体/导体		…kV	
导体/屏蔽		…kV	
绝缘电阻	3.2.4		
导体/导体		≥…MΩ·km	
导体/屏蔽		≥…MΩ·km	
工作电容	3.2.5	≤…nF/km	
电容不平衡	3.2.6		
线对/屏蔽		≤…pF/500 m	
转移阻抗　10 MHz	3.2.7	≤…mΩ/m	
传输性能	3.3		
传播速度(相速度)	3.3.1	≥…km/s	
相时延	3.3.1.1		
时延差	3.3.1.2		
环境影响 −40℃～+60℃	3.3.1.2.1		
衰减　1 MHz	3.3.2	≤…dB/100 m	
4 MHz		≤…dB/100 m	
10 MHz		≤…dB/100 m	
16 MHz		≤…dB/100 m	
20 MHz		≤…dB/100 m	
31.25 MHz		≤…dB/100 m	
62.5 MHz		≤…dB/100 m	
100 MHz		≤…dB/100 m	
近端不平衡衰减(TCL)	3.3.3		
Cat.3		…dB	
Cat.4		…dB	
Cat.5		…dB	
远端不平衡衰减(EL-TCTL)	3.3.3		
Cat.3		…dB	
Cat.4		…dB	
Cat.5		…dB	

i) 性能		j) 相关章条	k) 要求	l) 备注
近端串音	1 MHz	3.3.4	≥…dB	
	4 MHz		≥…dB	
	10 MHz		≥…dB	
	16 MHz		≥…dB	
	20 MHz		≥…dB	
	31.25 MHz		≥…dB	
	62.5 MHz		≥…dB	
	100 MHz		≥…dB	
远端串音	1 MHz	3.3.5	≥…dB	要说明是 EL FEXT 还是 IO FEXT； 是在 100 m 的长度上测量或者是换算到 100 m 长度
	4 MHz		≥…dB	
	10 MHz		≥…dB	
	16 MHz		≥…dB	
	20 MHz		≥…dB	
	31.25 MHz		≥…dB	
	62.5 MHz		≥…dB	
	100 MHz		≥…dB	
标称特性阻抗	1 MHz～…MHz	3.3.6	…Ω	
结构回波损耗(SRL)		3.3.7	在考虑中	
机械性能		3.4		
导体断裂伸长率		3.4.2	≥…%	
绝缘断裂伸长率		3.4.3	≥…%	
护套断裂伸长率		3.4.4	≥…%	
护套抗张强度		3.4.5	≥…MPa	
电缆冲击试验		3.4.7		
电缆抗拉性能		3.4.9	…N	
环境性能		3.5		
绝缘收缩率		3.5.1	≤…%	
绝缘低温弯曲试验		3.5.3		
护套老化后断裂伸长率		3.5.4	≥…%	注明初始值
护套老化后抗张强度		3.5.5	≥…%	注明初始值
电缆低温弯曲试验		3.5.7		
单根电缆延燃性能		3.5.9		
成束电缆延燃性能		3.5.10		
酸性气体的释出		3.5.11		
发烟量		3.5.12		
有毒气体的散发		3.5.13	在考虑中	
电缆在通风空间环境条件下的燃烧和烟雾组合试验		3.5.14	在考虑中	

ICS 29.060.20
K 13

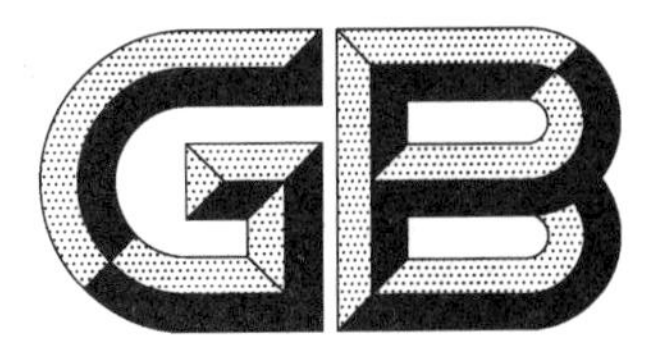

中华人民共和国国家标准

GB/T 18015.42—2007/IEC 61156-4-2:2001

数字通信用对绞或星绞多芯对称电缆 第42部分:垂直布线电缆 能力认可分规范

Multicore and symmetrical pair/quad cables for digital communications—Part 42:Riser cables—Capability Approval—Sectional specification

(IEC 61156-4-2:2001,IDT)

2007-01-23 发布　　　　2007-08-01 实施

中华人民共和国国家质量监督检验检疫总局
中国国家标准化管理委员会　发布

前言

GB/T 18015《数字通信用对绞或星绞多芯对称电缆》分为20个部分:

——第1部分:总规范

——第11部分:能力认可　总规范

——第2部分:水平层布线电缆　分规范

——第21部分:水平层布线电缆　空白详细规范

——第22部分:水平层布线电缆　能力认可　分规范

——第3部分:工作区布线电缆　分规范

——第31部分:工作区布线电缆　空白详细规范

——第32部分:工作区布线电缆　能力认可　分规范

——第4部分:垂直布线电缆　分规范

——第41部分:垂直布线电缆　空白详细规范

——第42部分:垂直布线电缆　能力认可　分规范

——第5部分:具有600 MHz及以下传输特性的对绞或星绞对称电缆　水平层布线电缆　分规范

——第51部分:具有600 MHz及以下传输特性的对绞或星绞对称电缆　水平层布线电缆　空白详细规范

——第52部分:具有600 MHz及以下传输特性的对绞或星绞对称电缆　水平层布线电缆　能力认可　分规范

——第6部分:具有600 MHz及以下传输特性的对绞或星绞对称电缆　工作区布线电缆　分规范

——第61部分:具有600 MHz及以下传输特性的对绞或星绞对称电缆　工作区布线电缆　空白详细规范

——第62部分:具有600 MHz及以下传输特性的对绞或星绞对称电缆　工作区布线电缆　能力认可　分规范

——第7部分:具有1 200 MHz及以下传输特性的对绞对称电缆　数字和模拟通信电缆　分规范

——第71部分:具有1 200 MHz及以下传输特性的对绞对称电缆　数字和模拟通信电缆　空白详细规范

——第72部分:具有1 200 MHz及以下传输特性的对绞对称电缆　数字和模拟通信电缆　能力认可　分规范

本部分为GB/T 18015的第42部分。

本部分等同采用IEC 61156-4-2:2001《数字通信用对绞或星绞多芯对称电缆　第4-2部分:垂直布线电缆　能力认可　分规范》(英文版)。

考虑到我国国情和便于使用,本部分在等同采用IEC 61156-4-2:2001时做了几处修改:

——本部分第1.2条引用了采用国际标准的我国标准而非国际标准;

——将一些适用于国际标准的表述改为适用于我国标准的表述。

本部分的附录A、附录B、附录C为资料性附录。

本部分由中国电器工业协会提出。

本部分由全国电线电缆标准化技术委员会归口。

本部分负责起草单位:上海电缆研究所。

本部分参加起草单位:宁波东方集团有限公司、江苏东强股份有限公司、江苏永鼎股份有限公司、浙江兆龙线缆有限公司、西安西电光电缆有限责任公司、江苏亨通集团有限公司、安徽新科电缆股份有限公司。

本部分主要起草人:孟庆林、吉利、徐爱华、周红平、刘根荣、巫志。

数字通信用对绞或星绞多芯对称电缆 第42部分:垂直布线电缆 能力认可 分规范

1 总则

1.1 范围

GB/T 18015的本部分是适用于GB/T 18015.1—2007和GB/T 18015.4—2007规定的数字通信多芯对称对绞垂直布线电缆能力认可要求的分规范。

第2章是关于能力手册的内容。

第3章是关于质量计划。

第4章是关于能力认可的保持。

注:质量评估取决于客户与制造商间的协议。当有第三方能力认可要求时,要用下列条款作为导则。然而,它也可作为第二方认证或自我认证的基础。

1.2 规范性引用文件

下列文件中的条款通过GB/T 18015的本部分的引用而成为本部分的条款。凡是注日期的引用文件,其随后所有的修改单(不包括勘误的内容)或修订版均不适用于本部分,然而,鼓励根据本部分达成协议的各方研究是否可使用这些文件的最新版本。凡是不注日期的引用文件,其最新版本适用于本部分。

GB/T 18015.1—2007 数字通信用对绞或星绞多芯对称电缆 第1部分:总规范(IEC 61156-1:2002,IDT)

GB/T 18015.4—2007 数字通信用对绞/星绞多芯对称电缆 第4部分:垂直布线电缆 分规范(IEC 61156-4:2001,IDT)

GB/T 18015.11—2007 数字通信用对绞/星绞多芯对称电缆 第11部分:能力认可 总规范(IEC 61156-1-1:2001,IDT)

2 能力手册的内容

2.1 与能力方面有关的各类电缆的描述

能力手册的本条款描述了需要能力认可的一类或各类电缆,包括以下内容:

a) 引用适用标准(如分规范,详细规范等等);

b) 电缆的详细构造的描述,比如导体的类型、材料、形式和尺寸、绝缘材料和尺寸、对绞或星绞、屏蔽材料和尺寸、护套材料和尺寸、外径、最大电缆尺寸、最大电缆长度,以及

c) 适用标准不包括的其他性能和要求。

2.2 生产过程及其范围的界定

对每一类电缆,应当界定生产过程的各个阶段,例如借助于一张流程表(见附录A中的一个例子)。对于每个阶段,应规定:

a) 可用的机器和可用的操作说明的描述;

b) 构造技术;

c) 与生产各阶段相关的工艺限制范围,以及

d) 试验/检验点。

识别的示例见附录 B。

2.3 返工返修原则

能力手册的本条款中描述了允许的返工返修操作及有关的操作说明。

3 质量计划

关于生产过程控制，参照 GB/T 18015.11—2007 中 2.2.4 制定的质量计划。至少应考虑下列项目：

a) 生产阶段的识别；

b) 根据生产阶段和有关的试验对产品性能的识别；

c) 试验程序的识别；

d) 产品合格的界限，以及

e) 取样(类型和频次)。示例见附录 C。

3.1 CQC 的选择

有必要指出的是，电缆的生产是由许多连续的互相关联的生产阶段组成的。每一生产阶段中的产品都不是无关联的生产元件。

所以，通过从每一生产阶段或成品中抽取代表性样品来代表 CQC。

注：推荐要对每个生产阶段中所进行的试验的结果的趋势和/或统计质量指标进行检查。

3.2 原材料采购

在质量计划中应给出该类电缆产品需用的原材料表，并附有其采购规范和进料检验方法。

3.3 设计准则(如适用)

通过直接或引用制造商内部文件，在质量计划中应规定与该类电缆设计有关的文件表。

主要的项目可为：

a) 该类产品中每一种产品的设计；

b) 材料选择准则，以及

c) 确定电缆元件尺寸的规则。

4 能力认可的保持

应根据下列检查来保持能力认可：

a) 在所考虑的时间段内进行的生产过程控制的文件；

b) 成品试验结果；

c) 按照能力手册复查各条生产线。

附　录　A
（资料性附录）
系列:5 类总屏蔽对绞或星绞对称电缆　生产过程阶段示例

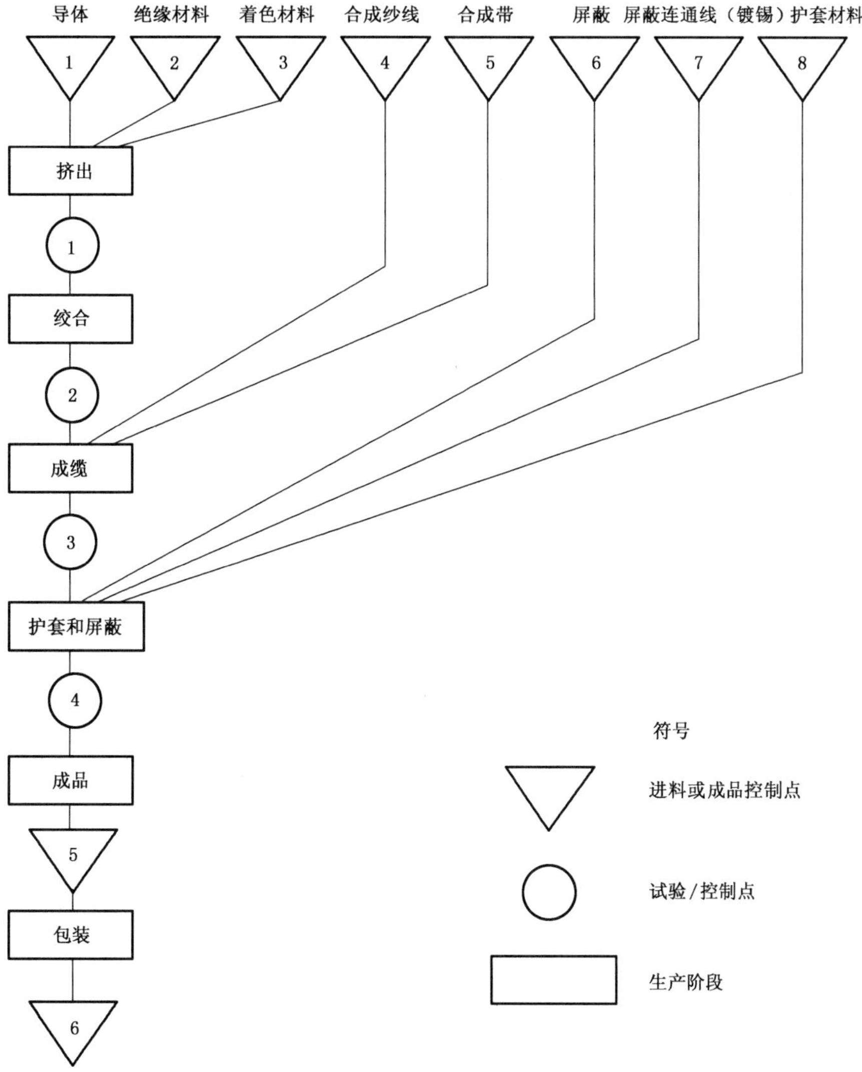

附　录　B
（资料性附录）
系列:5类总屏蔽对绞或星绞对称电缆　生产过程和其范围界定示例

工序号	生产工序	生产线	操作说明	生产范围
1	绝缘	挤出机 ××××× ×××× ××××	××××× ××××	实心铜导体 最小或最大直径 绝缘厚度和绝缘外径 绝缘类型 色标
2	绞合	绞合机 ××××× ××××	××××× ××××	对绞组和(或)四线组 最小或最大节距
3	成缆	××××× ××××	××××× ××××	对绞组或四线组的最大数目 缆芯的最大或最小节距
4	屏蔽	包带机 ××××× ××××	××××× ××××	纵包或绕包最小搭盖
5	护套	挤出机 ××××× ××××	××××× ××××	材料类型 最小或最大外径 最小或最大厚度
6	最终试验	试验部门		内部或外部的试验
7	包装	发运部门		最大的电缆长度 最大线盘尺寸

附 录 C
(资料性附录)
系列:5 类总屏蔽对绞或星绞对称电缆 质量计划示例

工序号[a]	生产工序	试验	生产阶段产品特性	CQC 类型	频次
1a	铜线拉丝	直径 伸长率 电阻率[b] 扭绞/UTS/UTE[c]	几何尺寸 均匀性 电容 完整性	线盘上的绝缘线	
1b	绝缘	直径 伸长率 电阻率 火花	几何尺寸 均匀性 电容 完整性	线盘上的绝缘线	
2	绞合	节距长度 火花 不平衡	柔软性 串音 完整性 (传输参数)	线盘上的线对	
3	成缆	节距长度 直径 火花 不平衡	柔软性 串音 (传输参数)	线盘上的绞合线对	
4	屏蔽	搭盖 连续性	电磁兼容保护	屏蔽绞合线对	
5	护套	直径 厚度 火花 目力检验	几何尺寸 完整性	有护套电缆	
6	成品试验	目力或尺寸检验 阻抗 衰减 近端串音 回波损耗 转移阻抗 防火性能 材料性能	符合性能要求	成品电缆长度 电缆样品 材料样品	
7	包装	目力检验	电缆运输	成品电缆盘,包装	

a 工序号 1a-1b-2-3-4-5 各阶段可按照给出的流程图串联起来,例如:1a+1b,2+3+4 或 3+4 或 4+5 等。

b 在进料上试验。

c UTS/UTE 分别为“断裂抗拉强度”和“断裂伸长率”。

ICS 29.060.20
K 13

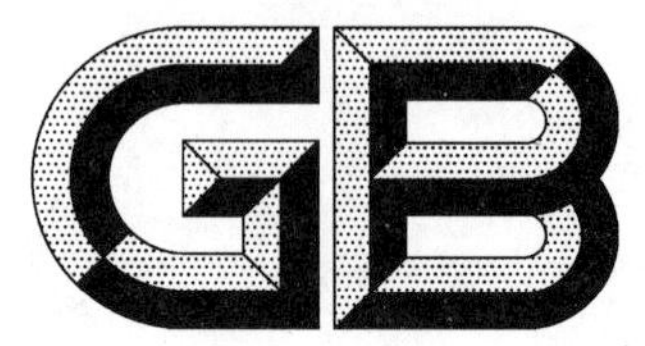

中华人民共和国国家标准

GB/T 18015.5—2007/IEC 61156-5:2002

数字通信用对绞或星绞多芯对称电缆 第5部分:具有600 MHz及以下传输特性的对绞或星绞对称电缆 水平层布线电缆 分规范

Multicore and symmetrical pair/quad cables for digital communications—Part 5:Symmetrical pair/quad cables with transmission characteristics up to 600MHz—Horizontal floor wiring—Sectional specification

(IEC 61156-5:2002,IDT)

2007-01-23 发布 2007-08-01 实施

中华人民共和国国家质量监督检验检疫总局
中国国家标准化管理委员会 发布

前　言

GB/T 18015《数字通信用对绞或星绞多芯对称电缆》分为20个部分：

——第1部分：总规范；

——第11部分：能力认可　总规范；

——第2部分：水平层布线电缆　分规范；

——第21部分：水平层布线电缆　空白详细规范；

——第22部分：水平层布线电缆　能力认可　分规范；

——第3部分：工作区布线电缆　分规范；

——第31部分：工作区布线电缆　空白详细规范；

——第32部分：工作区布线电缆　能力认可　分规范；

——第4部分：垂直布线电缆　分规范；

——第41部分：垂直布线电缆　空白详细规范；

——第42部分：垂直布线电缆　能力认可　分规范；

——第5部分：具有600 MHz及以下传输特性的对绞或星绞对称电缆　水平层布线电缆　分规范；

——第51部分：具有600 MHz及以下传输特性的对绞或星绞对称电缆　水平层布线电缆　空白详细规范；

——第52部分：具有600 MHz及以下传输特性的对绞或星绞对称电缆　水平层布线电缆　能力认可　分规范；

——第6部分：具有600 MHz及以下传输特性的对绞或星绞对称电缆　工作区布线电缆　分规范；

——第61部分：具有600 MHz及以下传输特性的对绞或星绞对称电缆　工作区布线电缆　空白详细规范；

——第62部分：具有600 MHz及以下传输特性的对绞或星绞对称电缆　工作区布线电缆　能力认可　分规范；

——第7部分：具有1 200 MHz及以下传输特性的对绞对称电缆　数字和模拟通信电缆　分规范；

——第71部分：具有1 200 MHz及以下传输特性的对绞对称电缆　数字和模拟通信电缆　空白详细规范；

——第72部分：具有1 200 MHz及以下传输特性的对绞对称电缆　数字和模拟通信电缆　能力认可　分规范。

本部分为GB/T 18015的第5部分。

本部分等同采用IEC 61156-5:2002《数字通信用对绞或星绞多芯对称电缆　第5部分：具有600 MHz及以下传输特性的对绞或星绞对称电缆　水平层布线电缆　分规范》(英文版)。

考虑到我国国情和便于使用，本部分在等同采用IEC 61156-5:2002时做了几处修改，这些修改和修正如下：

——本部分第1.2条引用了采用国际标准的我国标准而非国际标准；

——将一些适用于国际标准的表述改为适用于我国标准的表述；

——3.3.6.2中原文有误，“当按GB/T 18015.1—2007的3.3.6.3、3.3.6.3/3.3.6.2.3或3.3.6.3/3.3.6.2.3～3.3.6.2.5测量时……”应改为“当按GB/T 18015.1—2007的

3.3.6.3、3.3.6.3/3.3.6.2.3 或 3.3.6.3/3.3.6.2.2.3～3.3.6.2.2.5 测量时……”。

——附录 A 中公式(A.6)原文有误，“$k=\frac{0.9\times\alpha_{\text{Cable at 20℃}}\times(\alpha_{\text{Channel temp}}-\alpha_{\text{Channel at 20℃}})}{0.9\times\alpha_{\text{Cable at 20℃}}}\times 100$”

应改为“$k=\frac{0.9\times\alpha_{\text{Cable at 20℃}}-(\alpha_{\text{Channel temp}}-\alpha_{\text{Channel at 20℃}})}{0.9\times\alpha_{\text{Cable at 20℃}}}\times 100$”；

——附录 B 中公式(B.5)原文有误，“$\gamma=\alpha\times l$[(Np)或(dB)]$+\mathrm{j}\times\beta\times l$”应改为“$\gamma\times l=\alpha\times l+\mathrm{j}\times\beta\times l$”；式中 $\alpha\times l$ 的单位为 Np，(如果 $\alpha\times l$ 用 dB 表示时，需要除以 8.68589 换算成 Np 后再代入上式来计算)，$\beta\times l$ 的单位为 rad；另外，在同一个公式中，单位不同的项就在项后标注单位，也不规范，现改为将单位在公式之后以“式中：”说明；

——附录 B 中公式(B.8)原文有误，

“
$$\begin{aligned}Z_{\text{ok}}&=\sum_{m=0}^{m=3}(a_m+\mathrm{j}\times b_m)\times F_m(f_{\text{k}})\\&=(a_0+\mathrm{j}\times b_0)+\frac{(a_1+\mathrm{j}\times b_1)}{\sqrt{f_{\text{k}}}}+\frac{(a_2+\mathrm{j}\times b_2)}{f_{\text{k}}}+\frac{(a_1+\mathrm{j}\times b_1)}{f_{\text{k}}\times\sqrt{f_{\text{k}}}}\end{aligned}$$
”应改为

“
$$\begin{aligned}Z_{\text{ok}}&=\sum_{m=0}^{m=3}(a_m+\mathrm{j}\times b_m)\times F_m(f_{\text{k}})\\&=(a_0+\mathrm{j}\times b_0)+\frac{(a_1+\mathrm{j}\times b_1)}{\sqrt{f_{\text{k}}}}+\frac{(a_2+\mathrm{j}\times b_2)}{f_{\text{k}}}+\frac{(a_3+\mathrm{j}\times b_3)}{f_{\text{k}}\times\sqrt{f_{\text{k}}}}\end{aligned}$$
”；

——附录 B 中公式(B.9)原文有误，分母“868.889”应改为“868.589”，这个数字来自 $100\times\frac{20}{\ln 10}$；

——附录 B 中，公式(B.20)下面第二、三自然段中，关于插入损耗偏差的描述，原文中第二自然段中的图 B.1 误为图 B.2，而把第三自然段中的图 B.2 误为图 B.3。原文中缺少图 B.4、图 B.5，故暂时删除原文中“图 B.4 表示串接链路的整个 ILD，以及插入损耗和衰减之间出现的偏差。图 B.5 最后表示了串接链路的振荡部分”。

本部分的附录 A、附录 B 为资料性附录。

本部分为首次制订的国家标准。

本部分由中国电器工业协会提出。

本部分由全国电线电缆标准化技术委员会归口。

本部分负责起草单位：上海电缆研究所。

本部分参加起草单位：宁波东方集团有限公司、江苏东强股份有限公司、江苏永鼎股份有限公司、浙江兆龙线缆有限公司、西安西电光电缆有限责任公司、江苏亨通集团有限公司、安徽新科电缆股份有限公司。

本部分主要起草人：孟庆林、吉利、宋杰、叶信宏、赵佩杰、倪厚森。

数字通信用对绞或星绞多芯对称电缆 第5部分:具有600 MHz及以下传输特性的对绞或星绞对称电缆水平层布线电缆 分规范

1 总则

1.1 范围

本部分与GB/T 18015.1—2007一起使用。这种电缆专用于ISO/IEC 11801:2000中定义的D、E、F级信道的水平层布线(见表1)。

本部分适用于单独屏蔽(STP)、总屏蔽(FTP)和非屏蔽(UTP)的含4个或以下线对数的对绞组或四线组。规定了20℃时电缆的传输特性。高于20℃温度时的电缆性能的讨论参见附录A。

本部分所称的“5e类”电缆是用来表示增强的5类电缆,与ISO/IEC 11801中的“5类”电缆用于同样的范围。该增强电缆表示为5e类以将其区别于GB/T 18015.2、GB/T 18015.3、GB/T 18015.4所述的5类电缆。尽管5类电缆和5e类电缆都具有100 MHz的特性,均能使用在D级信道中,但5e类电缆与5类电缆相比,具有一些附加的要求,使其更适用于利用四对线在双向同时传输的系统中。

表1 电缆类别

电缆类别	最高基准频率 MHz	信道级别
5e类	100[a]	D
6类	250	E
7类	600	F

[a] 有些特性要测到125 MHz,以与IEEE要在比基准频率高25%的频率下规定电缆性能的要求相一致。

这些电缆能够用于在开发中的和同时使用多达4个线对的各种通信系统。从这种意义上说,本部分为系统开发商提供了评价新系统所需要的电缆特性。

本部分所包括的电缆应在通信系统通常采用的电压电流下工作。这些电缆不宜被接到如公共供电那样的低阻抗电源上。

虽然推荐的安装温度范围是0℃到+50℃,但实际的安装温度范围宜在详细规范中规定。

1.2 规范性引用文件

下列文件中的条款通过GB/T 18015的本部分的引用而成为本部分的条款。凡是注日期的引用文件,其随后所有的修改单(不包括勘误的内容)或修订版均不适用于本部分,然而,鼓励根据本部分达成协议的各方研究是否可使用这些文件的最新版本。凡是不注日期的引用文件,其最新版本适用于本部分。

GB 6995.2 电线电缆识别标志 第二部分:标准颜色(GB 6995.2—1986,neq IEC 60304:1982)

GB/T 11327.1—1999 聚氯乙烯绝缘聚氯乙烯护套低频通信电缆电线 第1部分:一般试验和测量方法(neq IEC 60189-1:1986)

GB/T 18015.1—2007 数字通信用对绞或星绞多芯对称电缆 第1部分:总规范(IEC 61156-1:2002,IDT)

GB/T 18015.2 数字通信用对绞或星绞多芯对称电缆 第2部分:水平层布线电缆 分规范(GB/T 18015.2—2007,IEC 61156-2:2001,IDT)

GB/T 18015.3　数字通信用对绞或星绞多芯对称电缆　第3部分:工作区布线电缆　分规范(GB/T 18015.3—2007,IEC 61156-3:2001,IDT)

GB/T 18015.4　数字通信用对绞或星绞多芯对称电缆　第4部分:垂直布线电缆　分规范(GB/T 18015.4—2007,IEC 61156-4:2001,IDT)

GB/T 18015.51—[1)]　数字通信用对绞或星绞多芯对称电缆　第51部分:具有600 MHz及以下传输特性的对绞或星绞多芯对称电缆　水平层布线电缆　空白详细规范(IEC 61156-5-1:2002,IDT)

ISO/IEC 11801:2000　信息技术　用户建筑群的通用布缆

1.3　安装条件

见GB/T 18015.1—2007中1.3。

1.4　气候条件

在静态条件下,电缆应工作在－40℃到＋60℃温度范围内。对屏蔽和非屏蔽电缆,规定了电缆(特性)与温度的关系,这种关系在实际布线系统的设计中宜加以考虑。

2　定义、材料和电缆结构

2.1　定义

见GB/T 18015.1—2007中2.1。

2.2　材料和电缆结构

2.2.1　一般说明

材料和电缆结构的选择应适合于电缆的预期用途和安装要求。应特别注意要符合任何防火性能的特殊要求(如燃烧性能,发烟量,含卤素气体的产生等)。

2.2.2　电缆结构

电缆结构应符合相关的详细规范中规定的详细要求和尺寸。

2.2.3　导体

导体应是符合GB/T 18015.1—2007中2.2.3的实心退火铜导体,导体标称直径应在0.5 mm到0.65 mm之间。如果与连接硬件适配,导体直径可大至0.8 mm。

2.2.4　绝缘

导体应由适当的热塑性材料绝缘。例如:

——聚烯烃;

——含氟聚合物;

——低烟无卤热塑性材料。

绝缘可以是实心,泡沫或泡沫实心皮。绝缘应连续,其厚度应使成品电缆符合规定的要求。绝缘的标称厚度应适应导体的连接方法。

2.2.5　绝缘色谱

本部分不规定绝缘色谱,但应由相关的详细规范规定。颜色应易于辨别,并应符合GB 6995.2中规定的标准颜色。

注:为便于线对识别,可以用标记或色环方法在“a”线上标以“b”线的颜色。

2.2.6　电缆元件

电缆元件应为适当扭绞的对绞组或四线组。

2.2.7　电缆元件的屏蔽

如需要,电缆元件的屏蔽应符合GB/T 18015.1—2007中2.2.7的规定。

2.2.8　成缆

可用十字形架或其他隔离物将电缆元件隔开。包括十字形架或隔离物在内的电缆元件应当集装起

---

1) 在制定中。

来而组成缆芯。

缆芯可用非吸湿性包带保护。

2.2.9 缆芯屏蔽

如果相关详细规范要求,缆芯应加屏蔽。

屏蔽应符合 GB/T 18015.1—2007 中 2.2.9 规定。

2.2.10 护套

护套材料应为适当的热塑性材料。

适用的材料例如:

——聚烯烃;

——PVC;

——含氟聚合物;

——低烟无卤热塑性材料。

护套应连续,厚度尽可能均匀。护套内可以放置非吸湿性的非金属材料撕裂绳。

2.2.11 护套颜色

护套颜色不作规定,宜在相关的详细规范中规定。

2.2.12 标志

每根电缆上应标有生产厂名,必要时还应有制造年份。可使用下列方法之一加上识别标志:

a) 适合的着色线或着色带;

b) 印字带;

c) 在缆芯包带上印字;

d) 在护套上作标志。

允许在护套上作附加标志,如长度标志等。如使用,这些标志应在相关的详细规范中规定。

2.2.13 成品电缆

成品电缆应对储存及装运有足够的防护。

3 性能和要求

3.1 一般说明

本章规定了按本部分生产的电缆的性能和最低要求。试验方法应符合 GB/T 18015.1—2007 第 3 章规定。为了区别特定的产品及其性能可以制订详细规范(见第 4 章)。

3.2 电气性能

除非另有规定,试验应在长度不小于 100 m 的电缆上进行。

3.2.1 导体电阻

当按 GB/T 11327.1—1999 第 7.1 进行测量时,电缆的最大环路电阻应不大于 19.0 Ω/100 m。

3.2.2 电阻不平衡

导体电阻不平衡应不大于 2%。

3.2.3 介电强度

试验应在导体/导体间进行,当有屏蔽时,还应在导体/屏蔽间进行。

直流 1.0 kV 1 min;

或直流 2.5 kV 2 s。

也可用交流电压代替直流电压:

交流 0.7 kV 1 min;

或交流 1.7 kV 2 s。

3.2.4 绝缘电阻

试验应在两种情况下进行:

——导体/导体；

——有屏蔽时，导体/屏蔽。

20℃时，最小绝缘电阻值应不小于5 000 MΩ·km。

3.2.5 工作电容

本部分不规定工作电容，但可由相关的详细规范规定。

3.2.6 线对对地电容不平衡

在1kHz频率下，线对对地电容不平衡最大值应不大于1 600 pF/km。

3.2.7 转移阻抗

对于包括一层或多层屏蔽的电缆，转移阻抗的性能分两个级别。在每个级别指定的频率点，转移阻抗应不大于表2所示的值。

表2 转移阻抗

频率/MHz	转移阻抗最大值/(mΩ/m)		频率/MHz	转移阻抗最大值/(mΩ/m)	
	1级	2级		1级	2级
1	10	50	30	30	200
10	10	100	100	60	1 000

3.2.8 屏蔽电阻

单独屏蔽或总屏蔽的直流电阻不作规定，但可在相关的详细规范中规定。

3.3 传输特性

除非另有规定，所有试验应在100 m长的电缆上进行。

3.3.1 传播速度、相时延和差分时延(相时延差)

3.3.1.1 传播速度

在4 MHz至最高基准频率的频段范围内，电缆中的任何线对的最小传播速度等于或大于0.6c。给出的4 MHz以下的值仅为参考。

注：当在对称电缆上测量时，即电缆工作在平衡模式时，在大于4 MHz的频段内，其传播速度、群速度和相速度近似相等。

3.3.1.2 相时延和差分时延(相时延差)

对某设定长度的电缆的相时延可理解为传播速度的倒数。相时延应小于或等于：

$$\text{相时延} = 534 + \frac{36}{\sqrt{f}} \quad (\text{ns/100m}) \qquad \cdots\cdots (1)$$

式中：

f——频率，MHz；

差分时延(相时延差)——电缆中任何两线对间的相时延之差值。

3.3.1.3 差分时延(相时延差)

当在(10±2)℃和(40±1)℃测量相时延时，在给定温度下，从4.0 MHz到最高基准频率的范围内，任何两线对间的最大相时延差应不大于：

对5e类、6类电缆为：45 ns/100 m；

对7类电缆为：25 ns/100 m。

3.3.1.4 环境影响

在－40℃～60℃温度范围内，相时延差在3.3.1.3所规定的范围内的任何两线对间的相时延差的变化应不超过±10 ns/100 m。

3.3.2 衰减

3.3.2.1 通用数值

在表3指定的频率范围内,所测得的任何线对的最大衰减 α 应小于或等于将表3中相应的常数代入公式(2)后得出的数值。

$$\alpha = a \times \sqrt{f} + b \times f + \frac{c}{\sqrt{f}} \quad (\text{dB}/100\text{m}) \qquad \cdots\cdots(2)$$

表3 计算衰减用的常数值

电缆类别	频率范围/MHz	常数		
		a	b	c
5e类	4~125	1.967	0.023	0.100
6类	4~250	1.820	0.0169	0.250
7类	4~600	1.800	0.010	0.200
对5e类电缆,频率范围已扩展了25%,达125 MHz,在这种情况下,100 MHz以上的数值仅供参考。				
注:关于ILD参见附录B。				

表4中的数值仅供参考。因为在1 MHz时在100 m长度上进行的衰减测量容易发生误差,这些数值在括号内给出,仅供参考。

表4 20℃时的衰减

频率/MHz	20℃时的衰减/(dB/100m)		
	电缆类别		
	5e类	6类	7类
1	(2.1)	(2.1)	(2.0)
4	4.1	3.8	3.7
10	6.5	6.0	5.9
16	8.3	7.6	7.4
20	9.3	8.5	8.3
31.25	11.7	10.8	10.4
62.5	17.0	15.5	14.9
100	22.0	19.9	19.0
125	(24.9)	22.5	21.4
200	—	29.2	27.5
250		33.0	31.0
300		—	34.2
600			50.1

3.3.2.2 5e类电缆的特殊考虑

表3中5e类电缆的常数是针对使用的跳线电缆衰减比水平电缆高20%的条件来确定的。当使用的跳线电缆衰减比水平电缆高50%时,常数 a、b、c 的值分别宜为1.9108,0.0222和0.200。

3.3.2.3 环境影响

由温度升高引起的衰减增加,对非屏蔽电缆,在1 MHz~250 MHz频率范围内,应不大于

0.4%/℃，在 250 MHz 以上的频率，应不大于 0.6%/℃；对屏蔽电缆，应不大于 0.2%/℃。

确定是否符合本要求的方法在考虑中。

3.3.3 不平衡衰减

在表 5 给出的频率范围内，近端最小不平衡衰减（横向转换损耗或 TCL）应等于或大于从公式(3)所得的数值。

TCL 的公式为：

$$\mathrm{TCL} = 40.0 - 10\lg(f) \quad (\mathrm{dB}) \qquad \cdots\cdots(3)$$

表 5 近端不平衡衰减

电缆类别	TCL 的频率范围/MHz	电缆类别	TCL 的频率范围/MHz
5e 类	1～100	7 类	1～200
6 类	1～200		

注：7 类电缆在高于 200 MHz 频率下的近端不平衡衰减(TCL)尚待进一步研究。

所有类别电缆的远端最小等电平不平衡衰减（等电平横向转换转移损耗或 EL TCTL），在 1 MHz 到 30 MHz 范围内的所有频率下，应等于或大于由公式(4)所得的数值。

EL TCTL 的公式为：

$$\mathrm{EL\ TCTL} = 35.0 - 20\lg(f) \quad (\mathrm{dB}) \qquad \cdots\cdots(4)$$

3.3.4 近端串音(NEXT)

按 GB/T 18015.1 测量时，在表 6 指定的频率范围内，任何线对的最差线对近端串音功率和，PS NEXT，应等于或大于从公式(5)所得的数值，相应的 PS NEXT(1)值见表 6。

$$\mathrm{PS\ NEXT}(f) = \mathrm{PS\ NEXT}(1) - 15\lg(f) \quad (\mathrm{dB}) \qquad \cdots\cdots(5)$$

表 6 最差线对的 PS NEXT 值

电缆类别	频率范围/MHz	PS NEXT(1)/dB
5e 类	4～125	62.3
6 类	4～250	72.3
7 类	4～600	99.4

对于 5e 类电缆，频率范围扩展了 25%，达 125 MHz。100 MHz 以上的数值仅供参考，并加上了括号。

表 7 中给出的数值仅供参考，对于 PS NEXT 的计算值大于 75 dB 的频率点，要求应是 75 dB。

表 7 PS NEXT

PS NEXT/dB			
频率/MHz	电缆类别		
	5e 类	6 类	7 类
1	62	72	75
4	53	63	75
10	47	57	75
16	44	54	75
20	43	53	75
31.25	40	50	75

表 7（续）

PS NEXT/dB			
频率/MHz	电缆类别		
	5e 类	6 类	7 类
62.5	35	45	72
100	32	42	69
125	(31)	41	68
200	—	38	65
250		36	63
300		—	62
600			58

任何线对组合的线对与线对的最小 NEXT 应比任何线对的 PS NEXT 至少大 3dB。

3.3.5 远端串音(FEXT)

按 GB/T 18015.1 测量时，在表 8 给定的频率范围内，最差线对的等电平远端串音功率和，PS EL FEXT，应等于或大于从公式(6)所得的数值，相应的 PS ELFEXT(1)值见表 8。

$$PS\ EL\ FEXT(f) = PS\ EL\ FEXT(1) - 20\lg(f) \quad (dB/100m) \qquad \cdots\cdots(6)$$

表 8 最差线对的 PS EL FEXT 值

电缆类别	频率范围/MHz	PS EL FEXT(1)/(dB/100m)
5e 类	4～100	61.0
6 类	4～250	65.0
7 类	4～600	91.0
注：如 FEXT 损耗大于 70dB，则 EL FEXT 不必测量。		

对 5e 类电缆，频率扩展了 25%，达 125 MHz。100 MHz 以上的数值仅供参考，并加上了括号。

表 9 中给出的值仅供参考，对于 PS EL FEXT 的计算值大于 75 dB 的频率点，要求应是 75 dB。

表 9 PS EL FEXT

PS EL FEXT/(dB/100m)			
频率/MHz	电缆类别		
	5e 类	6 类	7 类
1	61	65	75
4	49	53	75
10	41	45	71
16	37	41	67
20	35	39	65
31.25	31	35	61
62.5	25	29	55
100	21	25	51
125	(19)	23	49

表 9（续）

PS EL FEXT/(dB/100m)			
频率/MHz	电　缆　类　别		
	5e 类	6 类	7 类
200	—	19	45
250		17	43
300		—	41
600			35

任何线对组合的线对与线对间最小 EL FEXT 应比任何线对的 PS EL FEXT 至少大 3 dB。

3.3.6　特性阻抗

3.3.6.1　开—短路阻抗(输入阻抗)

当用扫频模式(GB/T 18015.1—2007 中 3.3.6.2.2 规定的开短路法)，在从 4 MHz 到最高基准频率范围内测量时，输入阻抗值应满足表 10 规定的要求。

表 10　输入阻抗　　单位为欧姆

频率范围/MHz	电　缆　类　别		
	5e 类	6 类	7 类
4～100	N±15	N±15	N±15
100～250	—	N±22	N±22
200～600		—	N±25
注：N=标称阻抗。			

当测量 3.3.6.2 中的平均特性阻抗时，就不要求测量输入阻抗。

3.3.6.2　函数拟合阻抗/平均特性阻抗

当按 GB/T 18015.1—2007 的 3.3.6.3、3.3.6.3/3.3.6.2.3 或 3.3.6.3/3.3.6.2.2.3～3.3.6.2.2.5 测量时，平均特性阻抗应在 100 MHz 下要求的标称阻抗±5%的范围内。

3.3.7　回波损耗(RL)

当按照 GB/T 18015.1—2007 中 3.3.7 测量时，在表 11 中规定的频率范围内，任何线对的最小回波损耗应等于或大于表 11 中相应类别电缆的规定值。

表 11　回波损耗

电　缆　类　别	频率范围/MHz	回波损耗/dB
所有类别	4～10	$20.0+5.0\times\lg(f)$
所有类别	10～20	25.0
5e 类	20～125	$25.0-7.0\times\lg(f/20)$
6 类和 7 类	20～250	$25.0-7.0\times\lg(f/20)$
7 类	250～600	$25.0-7.0\times\lg(f/20)$
注：计算值低于 17.3 dB 均算作 17.3 dB。		

对于 5e 类电缆，频率范围扩展了 25%，达 125 MHz。100 MHz 以上的数值仅供参考。

3.3.8　屏蔽衰减

屏蔽衰减分两个性能等级。屏蔽衰减是耦合衰减的一部分。当采用吸收钳法分开测量时，屏蔽电缆的屏蔽衰减在从 30.0 MHz 到最高基准频率的范围内，应等于或大于下面所示之值：

——对 1 级电缆：≥60 dB；

——对 2 级电缆：≥40 dB。

对非屏蔽电缆没有要求。

3.3.9 耦合衰减

耦合衰减按性能分为三种类型。当采用吸收钳法测量，在从 f=30.0 MHz 到最高基准频率的范围内的耦合衰减应等于或大于表 12 中所示值：

表 12 耦合衰减

耦合衰减类型	频率范围/MHz	耦合衰减/dB
类型Ⅰ	30～100	≥85.0
	100～最高基准频率	≥85.0－20×lg(f/100)
类型Ⅱ	30～100	≥55.0
	100～最高基准频率	≥55.0－20×lg(f/100)
类型Ⅲ	30～100	≥40.0
	100～最高基准频率	≥40.0－20×lg(f/100)

3.3.10 成捆电缆内的串音

成捆电缆也称为快速绕包电缆、辫状电缆或编织电缆。成捆电缆由多个单根的电缆组成。组成成捆电缆的单根电缆间的串音只在对非屏蔽电缆设计时需要考虑。

对于这些电缆，因周围电缆的所有主串线对在一根电缆中的任何线对上所引起的串音功率和(PS NEXT 和 PS EL FEXT)应比单根电缆的串音功率和大 5 dB。

3.3.10.1 混合成捆电缆内的串音

包含多根不同类别电缆的成捆电缆称为混合成捆电缆。这种情况下，一根指定类别电缆中的任何线对的串音功率和(PS NEXT 和 PS EL FEXT)应比该指定类别电缆的串音功率和大 6dB。串音功率和定义为从周围和(或)邻近电缆中所有主串线对耦合进被考虑线对的总功率和。

3.3.11 外来串音电缆

仅对非屏蔽电缆考虑外来串音。外来串音是从邻近电缆进入到被考虑电缆中的容性和感性的组合串音耦合。邻近的电缆可用于同一协议或完全不同协议的数据通信。因此，外来串音是统计性质的，不能被补偿。这些电缆如果安装在敞开的槽道或管道中，则为了保证足够的串音隔离，就要求有附加的串音余量。因为在敞开的槽道或管道中的电缆不像成捆电缆那样有规则，所以要求的串音余量比成捆电缆串音功率和余量低些。

对电缆部分地平行安装的应用场合，需要有附加的串音功率和余量(对 PS NEXT 和 PS EL FEXT)以补偿外来串音。

3.4 机械性能和尺寸要求

3.4.1 尺寸要求

电缆最大外径应不大于 20 mm。绝缘外径、护套标称厚度及护套最大外径未作规定，但应在相关的详细规范中规定。

3.4.2 导体断裂伸长率

导体最小伸长率应为 8%。

3.4.3 绝缘断裂伸长率

绝缘最小断裂伸长率应为 100%。

3.4.4 护套断裂伸长率

护套最小断裂伸长率应为100%。

3.4.5 护套抗张强度

护套最小抗张强度应为9 MPa。

3.4.6 电缆压扁试验

电缆压扁试验未作规定,但可在相关的详细规范中规定。如规定,最小压扁力应为1000 N。

3.4.7 电缆冲击试验

电缆冲击试验未作规定,但可在相关的详细规范中规定。

3.4.8 电缆张力下弯曲

电缆张力下弯曲试验未作规定,但可在相关的详细规范中规定(考虑中)。

3.4.9 电缆抗拉性能

电缆拉伸强度未作规定,但可在相关的详细规范中规定。

在敷设过程中,每对线拉力值应不大于20 N。

3.5 环境性能

3.5.1 绝缘收缩

持续时间:1 h;

温度:(100±2)℃;

要求:绝缘收缩应小于或等于5%;

试样长度:150 mm;

回缩应是两端测量值之和。

3.5.2 绝缘热老化后的缠绕试验

不适用。

3.5.3 绝缘低温弯曲试验

温度:(−20±2)℃;

弯曲芯轴直径:6 mm;

要求:绝缘不开裂。

3.5.4 护套老化后的断裂伸长率

持续时间:7天;

温度:(100±2)℃;

要求最小值:初始值的50%。

3.5.5 护套老化后的抗张强度

持续时间:7天;

温度:(100±2)℃;

要求最小值:初始值的70%。

3.5.6 护套高温压力试验

不适用。

3.5.7 电缆低温弯曲试验

温度:(−20±2)℃;

弯曲芯轴直径:电缆外径的8倍;

要求:护套不开裂。

3.5.8 热冲击试验

不适用。

3.5.9 单根电缆延燃特性

如果地方法规有要求,而且相关详细规范有规定时,试验应按照GB/T 18015.1的规定进行。

3.5.10 成束电缆的延燃特性

如果地方法规有要求,而且相关详细规范有规定时,试验应按照 GB/T 18015.1 的规定进行。

3.5.11 酸性气体的释出

如果地方法规有要求,而且相关详细规范有规定时,试验应按照 GB/T 18015.1 的规定进行。

3.5.12 发烟量

如果地方法规有要求,而且相关详细规范有规定时,试验应按照 GB/T 18015.1 的规定进行。

3.5.13 有毒气体的散发

在考虑中。

3.5.14 燃烧和烟雾组合试验

在考虑中。

4 空白详细规范介绍

本部分所述电缆的空白详细规范以 GB/T 18015.51 发布,用以识别特定的产品。

当详细规范完成时,应提供下列信息:

a) 导体尺寸;

b) 元件数目;

c) 电缆详细结构;

d) 描述基本性能要求的类别(5e,6 或 7);

e) 电缆标称阻抗;

f) 燃烧性能要求。

附 录 A
（资料性附录）
温度高于 20℃时的电缆性能

为了保证水平电缆在温度高于 20℃时符合本部分的要求，应使用较低衰减的电缆或者减少最大信道长度。在 ISO/IEC 11801 中简述了 20℃时的信道特性，这里仅考虑对水平电缆所要求的衰减的改善。

跳线电缆的衰减实际上非常接近要求的界限。因此，跳线电缆升温的影响应由水平电缆补偿。

信道中水平电缆的减少，和因此导致整个信道长度的减少宜按 ISO/IEC 11801 计算。

为了补偿温度的影响，这里给出衰减改善因数，这个改善因数说明水平电缆所需的衰减的改善。

根据 ISO/IEC 11801 信道模式，已经计算出了在各种指定温度下和跳线电缆的四个温度下所要求的衰减改善因数。这些计算是以在不同类别（见 GB/T 18015.5 的 1.1）的最高基准频率上的衰减为基础的。计算是根据 ISO/IEC 11801 在 20℃所规定的信道全长进行的。为了易于应用，公式（A.1-7）可与表 A.1 或图 A.1 和 A.2 指出的因数一起使用。

确切的计算步骤如下：

在基准温度 20℃下，电缆的衰减为：

$$\alpha_{\text{Cable at }20^\circ\text{C}} = a \times \sqrt{f_{\text{Ref}}} + b \times f_{\text{Ref}} + \frac{c}{\sqrt{f_{\text{Ref}}}} \quad (\text{dB/100m}) \qquad \text{(A.1)}$$

信道的插入损耗为：

$$\alpha_{\text{Channel at }20^\circ\text{C}} = (1 + 0.1 \times D) \times \alpha_{\text{Cable at }20^\circ\text{C}} + 4 \times \alpha_{\text{Conn}} \times \sqrt{f_{\text{Ref}}}$$

$$\alpha_{\text{Channel at }20^\circ\text{C}} = (1 + 0.1 \times D) \times \left(a \times \sqrt{f_{\text{Ref}}} + b \times f_{\text{Ref}} + \frac{c}{\sqrt{f_{\text{Ref}}}}\right) + 4 \times \alpha_{\text{Conn}} \times \sqrt{f_{\text{Ref}}} \quad (\text{dB/100m}) \qquad \text{(A.2)}$$

式中：

$\alpha_{\text{Cable at }20^\circ\text{C}}$——20℃时和最高基准频率下的电缆衰减；

$\alpha_{\text{Channel at }20^\circ\text{C}}$——20℃时和最高基准频率下信道插入损耗；

α_{Conn}——信道中连接器的插入损耗（见 ISO/IEC 11801:2000 中 6.5.5；D 级信道等于 0.04，E、F 级信道等于 0.02）；

f_{Ref}——最高基准频率（见 1.1），MHz；

a,b,c——水平电缆衰减的计算常数（见 3.3.2）；

D——跳线电缆相对于水平电缆的衰减增加因数（20%或 50%，见 GB/T 18015.6—2007 中 3.3.2）。

水平电缆相对 20℃的平均预期温差：

$$\Delta T_{\text{horizontal cable}} = T_{\text{horizontal cable}} - 20 \quad (^\circ\text{C}) \qquad \text{(A.3)}$$

跳线电缆相对 20℃的平均预期温差：

$$\Delta T_{\text{patch cable}} = T_{\text{patch cable}} - 20 \quad (^\circ\text{C}) \qquad \text{(A.4)}$$

在升高的平均温度下，水平电缆和跳线电缆信道的插入损耗为：

$$\alpha_{\text{Channel Temp}} = 0.9 \times \alpha_{\text{Cable at }20^\circ\text{C}} \times (1 + \Delta T_{\text{horiz cable}} \times \delta_{\text{horiz cable}}) + 0.1(1 + D) \times \alpha_{\text{Cable at }20^\circ\text{C}} \times (1 + \Delta T_{\text{patch cable}} \times \vartheta_{\text{patch cable}}) + 4 \times \alpha_{\text{Conn}} \times \sqrt{f_{\text{Ref}}} \qquad \text{(A.5)}$$

式中：

$\alpha_{\text{Channel Temp}}$——电缆在升温和最高基准频率下信道的插入损耗；

$\delta_{\text{horiz cable}}$——水平电缆衰减增加的温度系数，%/℃；

$\vartheta_{\text{patch cable}}$——跳线电缆衰减增加的温度系数，%/℃。

如果水平电缆和跳线电缆在温度高于 20℃下，则所要求的衰减改善因数为：

$$\kappa = \frac{0.9 \times \alpha_{\text{Cable at 20℃}} - (\alpha_{\text{Channel temp}} - \alpha_{\text{Channel at 20℃}})}{0.9 \times \alpha_{\text{Cable at 20℃}}} \times 100 \quad (\%) \qquad \cdots\cdots\cdots (\text{A. 6})$$

因此，在水平电缆和跳线电缆温度升高时，用公式(A.6)的衰减改善因数可得到水平电缆所要求的衰减：

$$\alpha_{\text{Cable temp}(f_{\text{Ref}})} = \frac{\kappa \times \alpha_{\text{Cable at℃}(f_{\text{Ref}})}}{100} \quad (\text{dB/100m}) \qquad \cdots\cdots\cdots\cdots\cdots\cdots\cdots (\text{A. 7})$$

式中：

$\alpha_{\text{Cable temp}(f_{\text{Ref}})}$——在升温和最高基准频率下所要求的电缆衰减；

$\alpha_{\text{Cable at 20℃}(f_{\text{Ref}})}$——在 20℃和最高基准频率下规定的衰减。

注 1：如果还要考虑因湿度引起的衰减增量，则宜采用附录 B 中的公式(B.10)(贝 GB/T 18015.6—2007 中 3.3.2.2)。

注 2：如有必要，上述的计算也能考虑连接器插入损耗的温度系数。

计算所得的数值列在表 A.1 中。

表 A.1 衰减改善因数(如果规定的电缆在温度高于 20℃下使用)

水平电缆温度/℃	要求的衰减改善因数/%							
	5e类 UTP 6类 UTP				5e类 FTP/STP 6类 FTP/STP 7类 STP			
	跳线电缆衰减增加系数							
	20%				50%			
	跳线温度/℃							
	20	25	30	35	20	25	30	35
20	100.0	99.6	99.2	98.8	100.0	99.7	99.3	99.0
22	99.2	98.8	98.4	98.0	99.6	99.3	98.9	98.6
24	98.4	98.0	97.6	97.2	99.2	98.9	98.5	98.2
26	97.6	97.2	96.8	96.4	98.8	98.5	98.1	97.8
28	96.8	96.4	96.0	95.6	98.4	98.1	97.7	97.4
30	96.0	95.6	95.2	94.8	98.0	97.7	97.3	97.0
32	95.2	94.8	94.4	94.0	97.6	97.3	96.9	96.6
34	94.4	94.0	93.6	93.2	97.2	96.9	96.5	96.2
36	93.6	93.2	92.8	92.4	96.8	96.5	96.1	95.8
38	92.8	92.4	92.0	91.6	96.4	96.1	95.7	95.4
40	92.0	91.6	91.2	90.8	96.0	95.7	95.3	95.0
42	91.2	90.8	90.4	90.0	95.6	95.3	94.9	94.6
44	90.4	90.0	89.6	89.2	95.2	94.9	94.5	94.2
46	89.6	89.2	88.8	88.4	94.8	94.5	94.1	93.8
48	88.8	88.4	88.0	87.6	94.4	94.1	93.7	93.4
50	88.0	87.6	87.2	86.8	94.0	93.7	93.3	93.0
52	87.2	86.8	86.4	86.0	93.6	93.3	92.9	92.6
54	86.4	86.0	85.6	85.2	93.2	92.9	92.5	92.2
56	85.6	85.2	84.8	84.4	92.8	92.5	92.1	91.8
58	84.8	84.4	84.0	83.6	92.4	92.1	91.7	91.4
60	84.0	83.6	83.2	82.8	92.0	91.7	91.3	91.0

图 A.1 到 A.2 用图的形式表示表 A.1 中的数据。

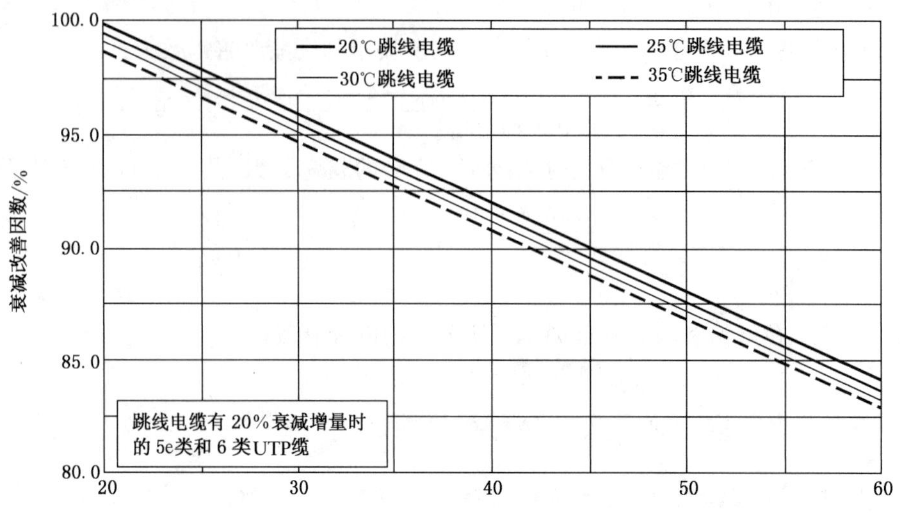

图 A.1　跳线电缆相对水平电缆有 20% 衰减增量时的 5e 类和 6 类 UTP 缆的衰减改善因数

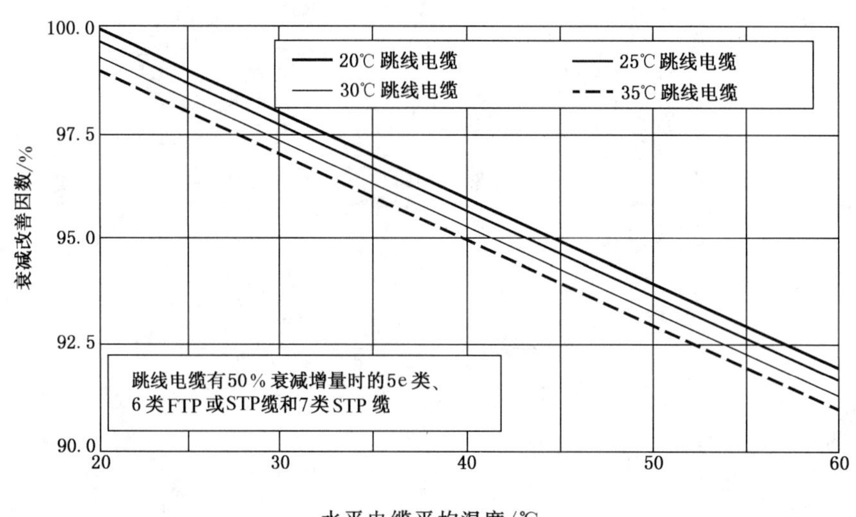

图 A.2　跳线电缆相对水平电缆有 50% 衰减增量时的 5e 类、6 类和 7 类 FTP/STP 缆的衰减改善因数

附 录 B
(资料性附录)
不同阻抗元件串接引起的插入损耗偏差

GB/T 18015.1—2007 将衰减的测量规定为插入损耗的测量。为了建立模型,给出了插入损耗的简要定义。该定义是在具有低来回双程损耗的短段传输线的假设下得出的。对于所有信道和链路的元件,实际上,甚至对最大长度下的信道本身,均可以证明该假设是合理的。如果发生器与负载背靠背连接,这种推导还消除了发生器和负载的失配,因此,得到的就是被测器件或串接元件链的工作衰减。

一个均匀传输线或任何均匀器件的插入损耗(IL)都是由于在发生器 Z_G 和负载 Z_L 之间插入了阻抗为 Z_0 的传输线或器件引起的。对于不同的阻抗,得到电路图。如图 B.1。

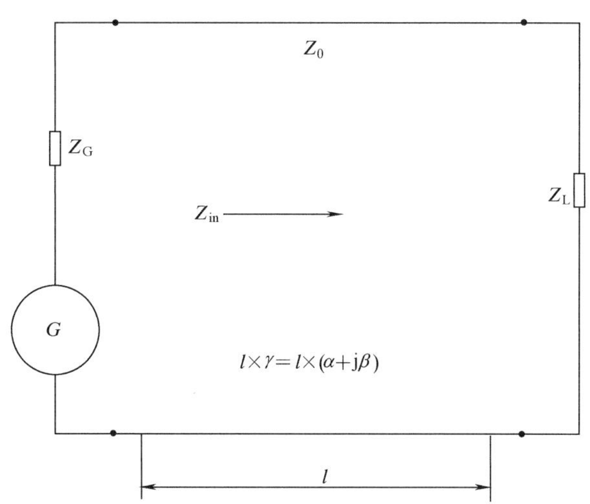

图 B.1 插入损耗测量——电路图

由此得出了传输线的复数插入损耗,它包括影像衰减,影像相位和几个复数反射损耗项:

$$\begin{aligned}IL = &\left[+\alpha\times l+\ln\left(\frac{1}{\tau_1}\right)+\ln\left(\frac{1}{\tau_2}\right)-\ln\left(\frac{1}{\tau_3}\right)+\ln\left(\frac{1}{\tau_4}\right)\right]\quad(\text{Np})\\&+\mathrm{j}\times(+\beta\times l-\arg(\tau_1)-\arg(\tau_2)+\arg(\tau_3)-\arg(\tau_4))\quad(\text{rad})\end{aligned}\qquad\cdots\cdots(\text{B.1})$$

对应于:

$$\begin{aligned}IL = &\left[+\alpha\times l+20\lg\left(\frac{1}{\tau_1}\right)+20\lg\left(\frac{1}{\tau_2}\right)-20\lg\left(\frac{1}{\tau_3}\right)+20\lg\left(\frac{1}{\tau_4}\right)\right]\quad(\text{dB})\\&+\mathrm{j}\times(+\beta\times l-\arg(\tau_1)-\arg(\tau_2)+\arg(\tau_3)-\arg(\tau_4))\quad(\text{rad})\end{aligned}\qquad\cdots\cdots(\text{B.2})$$

式中:

IL——传输线的插入损耗,Np 或 dB;

τ_1——由于发生器和传输线失配引起的反射损耗系数(见注 1);

τ_2——由于传输线和负载失配引起的反射损耗系数;

τ_3——要是无传输线,由于发生器和负载失配引起的反射损耗系数。该损耗是发生器和负载固有的,与线路或元件的插入损耗无关,因此,应减去(见注 2);

τ_4——对于短传输线相互作用产生的损耗系数(见注 3);

l——传输线长度,m;

α——影像和工作衰减,Np/m 或 dB/m;

β——相位角、相位常数或影像相移,rad/m。

注1：就连接反射和损耗而言，对于阻抗 Z_1 和 Z_2 之间的连接使用了下列术语和定义：

τ——反射损耗系数 $=\sqrt{1-\rho^2}=\dfrac{\sqrt{P_t}}{\sqrt{P_i}}$

ρ——反射系数 $=\dfrac{Z_2-Z_1}{Z_2+Z_1}=\dfrac{\sqrt{P_r}}{\sqrt{P_i}}$

A_t——反射损耗 $=20\times\lg\left|\dfrac{1}{\tau}\right|$ (dB)

A_r——回波损耗 $=RL=20\times\lg\left|\dfrac{1}{\rho}\right|$ (dB)

P_i——入射功率

P_r——反射功率

P_t——直通功率

注2：当然对串接元件，只对在串接链路两端的发生器和负载阻抗这才是正确的。

注3：如果 $Z_0=Z_G$ 和 $Z_0=Z_L$，相互作用因数为1；如果 $|\gamma|\gg 0$ 或 $\alpha\gg 0$，相互作用因数接近1。

这时，反射和相互作用损耗系数为：

$$\tau_1=\frac{2\times\sqrt{Z_G\times Z_0}}{Z_G+Z_0}\qquad \tau_2=\frac{2\times\sqrt{Z_0\times Z_L}}{Z_0+Z_L}$$
$$\tau_3=\frac{2\times\sqrt{Z_G\times Z_L}}{Z_G+Z_L}\qquad \tau_4=\left|1-\frac{Z_G-Z_0}{Z_G+Z_0}\times\frac{Z_0-Z_L}{Z_0+Z_L}\times e^{-2\times\gamma\times l}\right|^{-1} \qquad \cdots\cdots(B.3)$$

然后得到整个线路的复数插入损耗

$$IL=\gamma\times l+\ln\left|\frac{Z_G+Z_0}{2\times\sqrt{Z_G\times Z_0}}\right|+\ln\left|\frac{Z_0+Z_L}{2\times\sqrt{Z_0\times Z_L}}\right|-\ln\left|\frac{Z_G+Z_L}{2\times\sqrt{Z_G\times Z_L}}\right|$$
$$-\ln\left|1-\frac{Z_G-Z_0}{Z_G+Z_0}\times\frac{Z_0-Z_L}{Z_0+Z_L}\times e^{-2\times\gamma\times l}\right| \qquad \cdots(B.4)$$

式中：

γ——复数传播常数；

Z_G——发生器阻抗，通常为复数；

Z_0——传输线的特性阻抗，通常为复数；

Z_L——负载阻抗，通常为复数；

从复数传播常数可得：

$$\gamma\times l=\alpha\times l+j\times\beta\times l \qquad \cdots\cdots(B.5)$$

式中：

$\alpha\times l$——传播衰减，Np；

$\beta\times l$——传播相移，rad。

只有当满足下列条件：

$$Z_G=Z_0=Z_L \qquad \cdots\cdots(B.6)$$

测量值才是真实的衰减。如忽略公式(B.4)的最后一项，则公式仅对相对长的线路是准确的，亦即只有当来回双程损耗约为40 dB时，方使误差小于0.1 dB。

以上公式对均匀传输线是有效的，但是如不同长度和不同阻抗的元件串接，则要获得串接元件的插入损耗就更为复杂。

事实上，在这种情况下，一次传输参数是整个串接传输线路长度 x 的函数，也就是说，有 $R(x)$、$L(x)$、$G(x)$ 和 $C(x)$。因此，传输线方程为具有非常量系数的微分方程。假如介质沿串接传输线保持不变，这些方程仍是一次近似线性方程。但是，求解这些微分方程会产生与非线性微分方程同样的困难。

一个更为简单的近似方法是使用不连续均匀元件的方程，这些方程可近似地作为一串传输矩阵来处理，然后所有串接元件的链路参数矩阵能够通过以适当的次序把所有的传输矩阵相乘得到。这时，就得到以下的方程式作为建立模型的目的：

几何条件：

元件长度：l_i——第 i 个元件的长度。

串接线路的长度：

$$L=\sum_{i=1}^{n} l_i \quad (\mathrm{m}) \qquad \cdots\cdots(\mathrm{B}.7)$$

阻抗函数：

$$\begin{aligned}Z_{0k}&=\sum_{m=0}^{m=3}(a_m+\mathrm{j}\times b_m)\times F_m(f_k)\\&=(a_0+\mathrm{j}\times b_0)+\frac{(a_1+\mathrm{j}\times b_1)}{\sqrt{f_k}}+\frac{(a_2+\mathrm{j}\times b_2)}{\sqrt{f_k}}+\frac{(a_3+\mathrm{j}\times b_3)}{f_k\times\sqrt{f_k}}\end{aligned} \qquad \cdots\cdots(\mathrm{B}.8)$$

式中：

a_m——第 m 个阻抗系数的实部；

b_m——第 m 个阻抗系数的虚部；

F——阻抗的连续频率点函数；

f——频率，Hz；

i——串接元件的序号；

j——表示虚部符号；

k——计算点的序号；

m——阻抗曲线拟合函数系数的序号；

n——串接元件的总数。

这里 a_m 和 b_m 的值是复数阻抗的系数，假定它的幅值随频率而倾斜下降。

注：原理上，复数阻抗函数似乎可由测量得到。然而，没有现成的可用于曲线拟合复数数据的运算法，GB/T 18015.1 建议曲线拟合实数和虚数数据，认为它们是各自独立的。在一次近似中，这是可以接受的，虽然在数学上是不正确的。在建立模型的多数场合下，采用了更简易的方法，即假设下列阻抗函数对链路中所有元件均是有效的。该函数允许根据阻抗的幅值去估算其实部和虚部。

$$Z=\left(1+0.055\times\frac{1+\mathrm{j}}{\sqrt{f}}\right)$$

衰减由下式给出：

$$\alpha_{ik}=\frac{a_i\times\sqrt{f_k}+b_i\times f_k+\dfrac{c_i}{\sqrt{f_k}}}{868.589} \quad (\mathrm{Np/m}) \qquad \cdots\cdots(\mathrm{B}.9)$$

式中 a_i、b_i、c_i 是电缆衰减的计算系数(也见本部分中 3.3.2 或 GB/T 18015.6—2007 中 3.3.2)。

如果须考虑温度和湿度，则公式(B.9)必须乘上一个系数：

$$\alpha_{ik}(\Delta T,RH)=\alpha_{ik}\times\left(1+\frac{\delta_{\mathrm{Cable}}\times\Delta T+RH}{100}\right) \quad (\mathrm{Np/m})\text{ 或 }(\mathrm{dB/m}) \qquad \cdots\cdots(\mathrm{B}.10)$$

式中：

δ_{Cable}——电缆衰减增加的温度系数，%/℃；

RH——考虑湿度引起衰减增加的因子(对绞合导体的跳线电缆)，%；

ΔT——相对于规范温度 20℃的温差。

相时延由下式给出：

$$\beta_{ik}=2\times\pi\times t_{ik}\times f_k \qquad \cdots\cdots(\mathrm{B}.11)$$

式中：

β——相位，rad/m。

单位长度的相时延 t_{ik}：

$$t_{ik} = k_{1i} + \frac{k_{2i}}{\sqrt{f_k}} \qquad \text{(B.12)}$$

式中：

t——相时延，ns/m；

k_1——与频率无关的每米相时延常数；

k_2——与频率相关的每米相时延常数。

则传播常数：

$$\gamma_i = \alpha_i + \mathrm{j} \times \beta_i \qquad \text{(B.13)}$$

式中：

γ——复数传播常数。

然后，得到整个线路的传输矩阵：

$$\begin{bmatrix} A_k & B_k \\ C_k & D_k \end{bmatrix} = \prod_{i=1}^{i=n} \begin{bmatrix} \cosh(\gamma_k \times l_i) & Z_{oi} \times \sinh(\gamma_k \times l_i) \\ \dfrac{\sinh(\gamma_k \times l_i)}{Z_{oi}} & \cosh(\gamma_k \times l_i) \end{bmatrix} \qquad \text{(B.14)}$$

式中 A、B、C、D 是串接传输线各段的复数传输矩阵。

现在，串接链路中特性阻抗、输入阻抗和回波损耗值可用终端阻抗从公式(B.14)获得，这里的终端阻抗一般被假定为 100：

$$Z_{\mathrm{Term}} = 100 \qquad \text{(B.15)}$$

$$Z_{0k} = \sqrt{\frac{A_k \times B_k}{C_k \times D_k}} \qquad \text{(B.16)}$$

$$Z_{0k} = \sqrt{\frac{A_k + \dfrac{B_k}{Z_{\mathrm{Term}}}}{C_k + \dfrac{D_k}{Z_{\mathrm{Term}}}}} \qquad \text{(B.17)}$$

插入损耗确定如下：

$$IL_k = 20 \times \lg\left[\frac{A_k + \dfrac{B_k}{Z_{\mathrm{Term}}}}{2} + \frac{Z_{\mathrm{Term}}}{2} \times \left(C_k + \frac{D_k}{Z_{\mathrm{Term}}}\right)\right] \qquad \text{(B.18)}$$

整个链路中所加元件的衰减为：

$$\alpha_k = \sum_{i=1}^{i=n} \alpha_{ik} \times l_i \qquad \text{(B.19)}$$

则插入损耗偏差为：

$$ILD_k = IL_k - \alpha_k \qquad \text{(B.20)}$$

插入损耗偏差由两部分组成。它们易于分开。用于衰减的同一函数可用作插入损耗的曲线拟合函数。这种情况见图 B.2 所示。这时的差值给出了衰减的偏差，应在串接链路的衰减余量中予以注意。第二部分是振荡性质的，它是由于在串接链路中信号的再反射引起的(前向回波)。它在接收端产生噪声而应作为功率和加到噪声中。从总的 ILD 中减去这个偏差就得到 ILD 的振荡部分。

图 B.3 为引起 ILD 的示意图。

为了计算，应考虑信道中各个串接的元件。图中所示模型是根据表 B.1 中的数值得出的。

为了得到所有情况下的复数阻抗，使用了下列公式：

$$Z=\left(1+0.055\times\frac{1+\mathrm{j}}{\sqrt{f}}\right) \qquad \cdots\cdots(\mathrm{B}.21)$$

水平电缆的衰减常数与6类UTP电缆的相一致，并假设跳线电缆的衰减增加20%。

在所给出的例子中，传播速度近似为：

$$v=\frac{10^{+11}\times\sqrt{f_k}}{494\times\sqrt{f_k}+36}\quad(\mathrm{m/s}) \qquad \cdots\cdots(\mathrm{B}.22)$$

$$t_{ik}=494+\frac{36}{\sqrt{f_k}}\quad(\mathrm{ns/100m}) \qquad \cdots\cdots(\mathrm{B}.23)$$

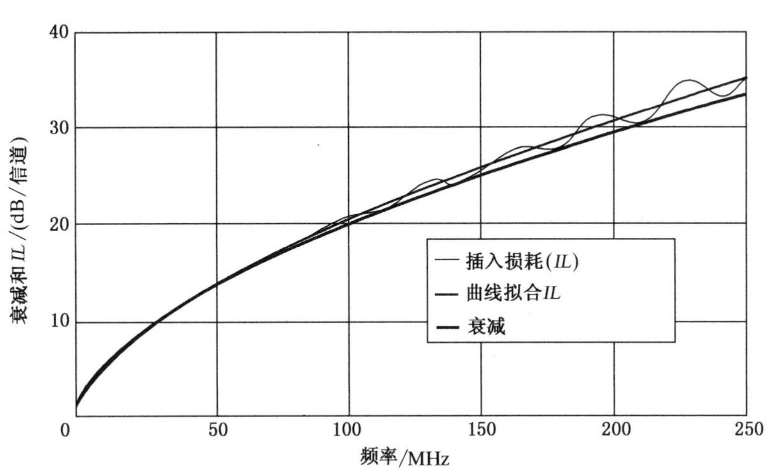

图 B.2　串接元件的衰减和插入损耗

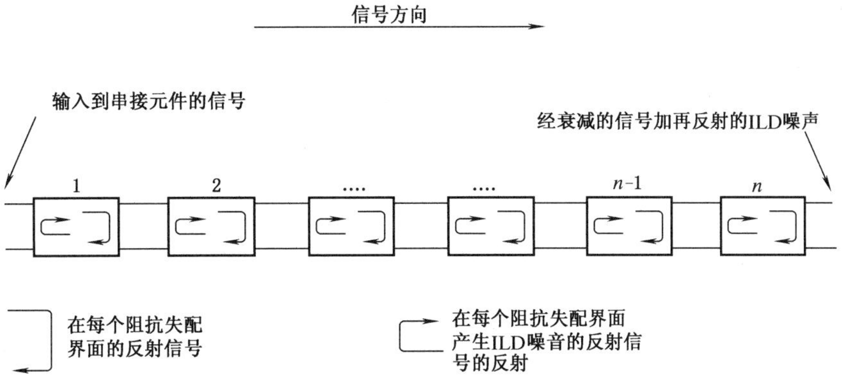

信号方向

输入到串接元件的信号

经衰减的信号加再反射的ILD噪声

1　2　....　....　n-1　n

在每个阻抗失配界面的反射信号

在每个阻抗失配界面产生ILD噪音的反射信号的反射

图 B.3　不同阻抗元件串接引起 ILD 的示意图

表 B.1　插入损耗(元件值)

元　件	长度/m	阻抗/Ω	元　件	长度/m	阻抗/Ω
尾线对	2.0	94	连接器	0.1	160
连接器	0.1	160	水平电缆	3.0	106
跳线电缆	3.0	94	连接器	0.1	160
连接器	0.1	160	尾线对	2.0	94
水平电缆	89.6	106			

ICS 29.060.20
K 13

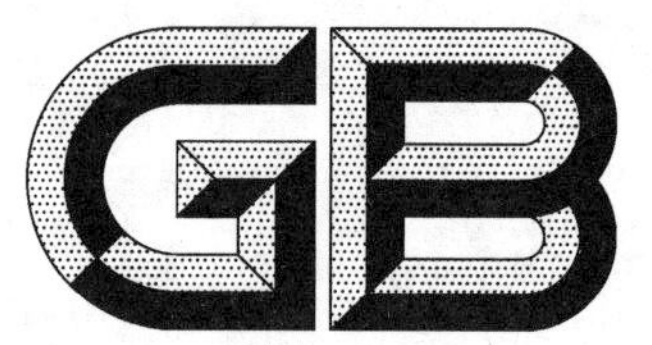

中华人民共和国国家标准

GB/T 18015.6—2007/IEC 61156-6:2002

数字通信用对绞或星绞多芯对称电缆 第6部分:具有600 MHz及以下传输特性的对绞或星绞对称电缆 工作区布线电缆 分规范

Multicore and symmetrical pair/quad cables for digital communications—Part 6:Symmetrical pair/quad cables with transmission characteristics up to 600 MHz—Work area wiring—Sectional specification

(IEC 61156-6:2002,IDT)

2007-01-23 发布

2007-08-01 实施

中华人民共和国国家质量监督检验检疫总局
中国国家标准化管理委员会 发布

前　言

GB/T 18015《数字通信用对绞或星绞多芯对称电缆》分为20个部分：

——第1部分：总规范；

——第11部分：能力认可　总规范；

——第2部分：水平层布线电缆　分规范；

——第21部分：水平层布线电缆　空白详细规范；

——第22部分：水平层布线电缆　能力认可　分规范；

——第3部分：工作区布线电缆　分规范；

——第31部分：工作区布线电缆　空白详细规范；

——第32部分：工作区布线电缆　能力认可　分规范；

——第4部分：垂直布线电缆　分规范；

——第41部分：垂直布线电缆　空白详细规范；

——第42部分：垂直布线电缆　能力认可　分规范；

——第5部分：具有600 MHz及以下传输特性的对绞或星绞对称电缆　水平层布线电缆　分规范；

——第51部分：具有600 MHz及以下传输特性的对绞或星绞对称电缆　水平层布线电缆　空白详细规范；

——第52部分：具有600 MHz及以下传输特性的对绞或星绞对称电缆　水平层布线电缆　能力认可　分规范；

——第6部分：具有600 MHz及以下传输特性的对绞或星绞对称电缆　工作区布线电缆　分规范；

——第61部分：具有600 MHz及以下传输特性的对绞或星绞对称电缆　工作区布线电缆　空白详细规范；

——第62部分：具有600 MHz及以下传输特性的对绞或星绞对称电缆　工作区布线电缆　能力认可　分规范；

——第7部分：具有1 200 MHz及以下传输特性的对绞对称电缆　数字和模拟通信电缆　分规范；

——第71部分：具有1 200 MHz及以下传输特性的对绞对称电缆　数字和模拟通信电缆　空白详细规范；

——第72部分：具有1 200 MHz及以下传输特性的对绞对称电缆　数字和模拟通信电缆　能力认可分规范。

本部分为GB/T 18015的第6部分。

本部分等同采用IEC 61156-6:2002《数字通信用对绞或星绞多芯对称电缆　第6部分：具有600 MHz及以下传输特性的对绞或星绞对称电缆　工作区布线电缆　分规范》(英文版)。

考虑到我国国情和便于使用，本部分在等同采用IEC 61156-6:2002时做了几处修改：

——本部分第1.2条引用了采用国际标准的我国标准而非国际标准；

——将一些适用于国际标准的表述改为适用于我国标准的表述。

本部分为首次制订的国家标准。

本部分由中国电器工业协会提出。

本部分由全国电线电缆标准化技术委员会归口。

本部分负责起草单位:上海电缆研究所。

本部分参加起草单位:宁波东方集团有限公司、江苏东强股份有限公司、江苏永鼎股份有限公司、浙江兆龙线缆有限公司、西安西电光电缆有限责任公司、江苏亨通集团有限公司、安徽新科电缆股份有限公司。

本部分主要起草人:孟庆林、吉利、徐爱华、王子纯、周红平、巫志。

数字通信用对绞或星绞多芯对称电缆 第6部分:具有600 MHz及以下传输特性的对绞或星绞对称电缆 工作区布线电缆 分规范

1 总则

1.1 范围

本部分与GB/T 18015.1—2007一起使用。这种电缆专用于ISO/IEC 11801:2000中定义的D、E、F级信道的跳接、设备和工作区软电缆(见表1)。

本部分适用于单独屏蔽(STP)、总屏蔽(FTP)和非屏蔽(UTP)的含4个或以下线对数的对绞组或四线组。规定了20℃时电缆的传输特性。高于20℃温度时的电缆性能的讨论见GB/T 18015.5—2007附录A。

本部分所称的"5e类"电缆是用来表示增强的5类电缆，与ISO/IEC 11801中的"5类"电缆用于同样的范围。该增强电缆表示为5e类以将其区别于GB/T 18015.2、GB/T 18015.3、GB/T 18015.4所述的5类电缆。尽管5类电缆和5e类电缆都具有100 MHz的特性,均能使用在D级信道中,但5e类电缆与5类电缆相比,具有一些附加的要求,使其更适用于利用四对线在双向同时传输的系统中。

表1 电缆类别

电缆类别	最高基准频率/MHz	信道级别
5e类	100[a]	D
6类	250	E
7类	600	F

[a] 有些特性要测到125 MHz,以与IEEE要在比基准频率高25%的频率下规定电缆性能的要求相一致。

这些电缆能够用于在开发中的和同时使用多达4个线对的各种通信系统。从这种意义上说,本部分为系统开发商提供了评价新系统所需要的电缆特性。

本部分所包括的电缆应在通信系统通常采用的电压电流下工作。这些电缆不宜被接到如公共供电那样的低阻抗电源上。

虽然推荐的安装温度范围是0℃～+50℃,但实际的安装温度范围宜在详细规范中规定。

1.2 规范性引用文件

下列文件中的条款通过GB/T 18015的本部分的引用而成为本部分的条款。凡是注日期的引用文件,其随后所有的修改单(不包括勘误的内容)或修订版均不适用于本部分,然而,鼓励根据本部分达成协议的各方研究是否可使用这些文件的最新版本。凡是不注日期的引用文件,其最新版本适用于本部分。

GB 6995.2 电线电缆识别标志 第二部分:标准颜色(GB 6995.2—1986,neq IEC 60304:1982)

GB/T 11327.1—1999 聚氯乙烯绝缘聚氯乙烯护套低频通信电缆电线 第1部分:一般试验和测量方法(neq IEC 60189-1:1986)

GB/T 18015.1—2007 数字通信用对绞或星绞多芯对称电缆 第1部分:总规范(IEC 61156-1:2002,IDT)

GB/T 18015.2 数字通信用对绞或星绞多芯对称电缆 第2部分:水平层布线电缆 分规范

(GB/T 18015.2—2007,IEC 61156-2:2001,IDT)

GB/T 18015.3　数字通信用对绞或星绞多芯对称电缆　第3部分:工作区布线电缆　分规范(GB/T 18015.3-2007,IEC 61156-3:2001,IDT)

GB/T 18015.4　数字通信用对绞或星绞多芯对称电缆　第4部分:垂直布线电缆　分规范(GB/T 18015.4—2007,IEC 61156-4:2001,IDT)

GB/T 18015.5—2007　数字通信用对绞/星绞多芯对称电缆　第5部分:具有600 MHz及以下传输特性的对绞或星绞多芯对称电缆　水平层布线电缆　分规范(IEC 61156-5:2002,IDT)

GB/T 18015.61—[1)]　数字通信用对绞或星绞多芯对称电缆　第61部分:具有600 MHz及以下传输特性的对绞或星绞多芯对称电缆　工作区布线电缆　空白详细规范(IEC 61156-6-1:2002,IDT)

ISO/IEC 11801:2000　信息技术　用户建筑群的通用布缆

1.3　安装条件

见GB/T 18015.1—2007中1.3。

1.4　气候条件

在静态条件下,电缆应工作在－40℃到＋60℃温度范围内。对屏蔽和非屏蔽电缆,规定了电缆(特性)与温度的关系,这种关系在实际布线系统的设计中宜加以考虑。跳线电缆对吸潮是敏感的,也对衰减产生影响,因此规定了长期暴露在潮湿条件下的衰减增加的最大值。

2　定义、材料和电缆结构

2.1　定义

见GB/T 18015.1—2007中2.1。

2.2　材料和电缆结构

2.2.1　一般说明

材料和电缆结构的选择应适合于电缆的预期用途和安装要求。应特别注意要符合任何防火性能的特殊要求(如燃烧性能,烟雾发生,含卤素气体的产生等)。

2.2.2　电缆结构

电缆结构应符合相关的详细规范中规定的详细要求和尺寸。

2.2.3　导体

导体应是符合GB/T 18015.1—2007中2.2.3的实心或绞合退火铜导体,导体标称直径应在0.4 mm到0.65 mm之间。绞合导体宜由七根单线绞合而成。如果与连接硬件适配,导体直径可大至0.8 mm。

导体可不镀锡或镀锡。

导体由单根或多根螺旋绕在纤维线上的薄铜或铜合金带(金属箔软线)构成。这种情况下,整根元件不允许有接头。

2.2.4　绝缘

导体应由适当的热塑性材料绝缘。例如:

——聚烯烃;

——含氟聚合物;

——低烟无卤热塑性材料。

绝缘可以是实心,泡沫或泡沫实心皮。绝缘应连续,其厚度应使成品电缆符合规定的要求。绝缘的标称厚度应适应导体的连接方法。

2.2.5　绝缘色谱

本部分不规定绝缘色谱,但应由相关的详细规范规定。颜色应易于辨别并应符合GB 6995.2中规

---

1) 在制定中。

定的标准颜色。

注：为便于线对识别，可以用标记或色环方法在“a”线上标以“b”线的颜色。

2.2.6 电缆元件

电缆元件应为适当扭绞的对绞组或四线组。

2.2.7 电缆元件的屏蔽

如需要，电缆元件的屏蔽应符合 GB/T 18015.1—2007 中 2.2.7 的规定。

2.2.8 成缆

可用十字形架或其他隔离物将电缆元件隔开。包括十字形架或隔离物在内的电缆元件应当集装起来而组成缆芯。

缆芯可用非吸湿性包带保护。

2.2.9 缆芯屏蔽

如果相关详细规范要求，缆芯应加屏蔽。

屏蔽应符合 GB/T 18015.1—2007 中 2.2.9 规定。

2.2.10 护套

护套材料应为适当的热塑性材料。

适用的材料例如：

——聚烯烃；

——PVC；

——含氟聚合物；

——低烟无卤热塑性材料。

护套应连续，厚度尽可能均匀。护套内可以放置非吸湿性的非金属材料撕裂绳。

2.2.11 护套颜色

护套颜色不作规定，宜在相关的详细规范中规定。

2.2.12 识别标志

每根电缆上应标有生产厂厂名，有要求时，还应有制造年份。可使用下列方法之一加上识别标志：

a) 适合的着色线或着色带；

b) 印字带；

c) 在缆芯包带上印字；

d) 在护套上作标志。

允许在护套上作附加标志，如长度标志等。如使用，这些标志应在相关的详细规范中规定。

2.2.13 成品电缆

成品电缆应对储存及装运有足够的防护。

3 性能和要求

3.1 一般说明

本章列出了按本部分规定生产的电缆的性能和最低要求。试验方法应符合 GB/T 18015.1—2007 第 3 章规定。可以制订详细规范以区别特定产品及其性能(见第 4 章)。

3.2 电气性能

除非另有规定，试验应在长度不小于 100 m 的电缆上进行。

3.2.1 导体电阻

当按 GB/T 11327.1—1999 第 7.1 进行测量时，电路的最大环路电阻应不大于 19.0 Ω/100 m。

3.2.2 电阻不平衡

导体电阻不平衡应不大于 2%。

3.2.3 介电强度

试验应在导体与导体间进行，当有屏蔽时，还应在导体/屏蔽间进行。

直流 1.0 kV 1 min

或直流 2.5 kV 2 s

也可用交流电压代替直流电压：

交流 0.7 kV 1 min

或交流 1.7 kV 2 s

3.2.4 绝缘电阻

试验应在两种情况下进行：

——导体/导体

——有屏蔽时，导体/屏蔽

20℃时，最小绝缘电阻值应不小于 5 000 MΩ·km。

3.2.5 工作电容

本部分不规定工作电容，但可由适用的详细规范规定。

3.2.6 线对对地电容不平衡

在 1 kHz 频率下，线对对地电容不平衡最大值应不大于 1 600 pF/km。

3.2.7 转移阻抗

对于包括一层或多层屏蔽的电缆，转移阻抗的性能分两个级别。在每个级别指定的频率点，转移阻抗应不大于表 2 所示的值。

表 2 转移阻抗

频率/MHz	转移阻抗最大值/(mΩ/m)	
	1 级	2 级
1	10	50
10	10	100
30	30	200
100	60	1 000

3.2.8 屏蔽电阻

单独屏蔽或总屏蔽的直流电阻不作规定，但可在相关的详细规范中规定。

3.3 传输特性

除非另有规定，所有试验应在 100 m 长的电缆上进行。

3.3.1 传播速度、相时延和差分时延(相时延差)

3.3.1.1 传播速度

在 4 MHz 至最高基准频率的频段范围内，电缆中的任何线对的最小传播速度等于或大于 0.6c。给出的 4 MHz 以下的值仅为参考。

注：当在对称电缆上测量时，即电缆工作在平衡模式时，在大于 4MHz 的频段内，其传播速度、群速度和相速度近似相等。

3.3.1.2 相时延和差分时延(相时延差)

对某设定长度的电缆的相时延可理解为传播速度的倒数。相时延应小于或等于：

$$\text{相时延} = 534 + \frac{36}{\sqrt{f}} \quad (\text{ns}/100\ \text{m}) \qquad \cdots\cdots(1)$$

式中：

f——频率，MHz；

差分时延(相时延差)——电缆中任何两线对间的相时延之差值。

3.3.1.3 差分时延(相时延差)

当在(10±2)℃和(40±1)℃测量相时延时,在给定温度下,从4.0 MHz到最高基准频率的范围内,任何两线对间的最大相时延差应不大于:

对5e类、6类电缆为:45 ns/100 m;

对7类电缆为:25 ns/100 m。

3.3.1.4 环境影响

在−40℃到60℃温度范围内,相时延差在3.3.1.3所规定的范围内的任何两线对间的相时延差的变化应不大于±10 ns/100 m

3.3.2 衰减

表3指定的频率范围内,所测得的任何线对最大衰减α应小于或等于将表3中相应的常数代入公式(2)后得出的数值。该数值对应于比同类别水平电缆高20%或50%的衰减增量(见GB/T 18015.5中3.3.2)。

$$\alpha = a \times \sqrt{f} + b \times f + \frac{c}{\sqrt{f}} \quad (\text{dB}/100\ \text{m}) \qquad \cdots\cdots\cdots\cdots(2)$$

表3 计算衰减用的常数值

电缆类别	衰减增量/%	频率范围/MHz	常数		
			a	b	c
5e类	20	4~125	2.360	0.028	0.120
6类		4~250	2.184	0.020	0.300
7类		4~600	2.160	0.012	0.240
5e类	50	4~125	2.866	0.033	0.300
6类		4~250	2.730	0.026	0.375
7类		4~600	2.700	0.015	0.300
对5e类电缆,频率范围已被增加25%到125 MHz,在这种情况下,100 MHz以上的值仅供参考。					
注1:衰减增加是指绞合的跳线电缆相对与水平层布线电缆的衰减增加,这种增加也称“降格”。 注2:对于信道、不同阻抗的级联电缆或具有明显阻抗不均性的电缆,使用“插入损耗"这个术语(见GB/T 18015.5—2007附录B)。“插入损耗”这个词是指在发生器和负载之间插入被测设备所产生的损耗。只有当发生器、被测设备和负载具有同样的阻抗时,才称得上严格意义上的“衰减”。 注3:关于ILD的讨论,见GB/T 18015.5—2007中的附录B。					

表4中的数值仅供参考。因为在1 MHz时在100 m长度上进行的衰减测量容易发生误差,这些数值在括号内给出,仅供参考。

表4 20℃时的衰减

频率/MHz	20℃时衰减/(dB/100 m)					
	电缆类别					
	衰减增加 20%			衰减增加 50%		
	5e类	6类	7类	5e类	6类	7类
1	(2.5)	(2.5)	(2.4)	(3.2)	(3.1)	(3.0)
4	4.9	4.6	4.5	6.0	5.8	5.6
10	7.8	7.2	7.0	9.5	9.0	8.8

表 4（续）

<table>
<tr><th rowspan="4">频率/MHz</th><th colspan="6">20℃时衰减/(dB/100 m)</th></tr>
<tr><th colspan="6">电缆类别</th></tr>
<tr><th colspan="3">衰减增加　20%</th><th colspan="3">衰减增加　50%</th></tr>
<tr><th>5e 类</th><th>6 类</th><th>7 类</th><th>5e 类</th><th>6 类</th><th>7 类</th></tr>
<tr><td>16</td><td>9.9</td><td>9.1</td><td>8.9</td><td>12.1</td><td>11.4</td><td>11.1</td></tr>
<tr><td>20</td><td>11.1</td><td>10.2</td><td>10.0</td><td>13.5</td><td>12.8</td><td>12.4</td></tr>
<tr><td>31.25</td><td>14.1</td><td>12.9</td><td>12.5</td><td>17.1</td><td>16.1</td><td>15.6</td></tr>
<tr><td>62.5</td><td>20.4</td><td>18.6</td><td>17.9</td><td>24.8</td><td>23.3</td><td>22.3</td></tr>
<tr><td>100</td><td>26.4</td><td>23.9</td><td>22.8</td><td>32.0</td><td>29.9</td><td>28.5</td></tr>
<tr><td>125</td><td>(29.9)</td><td>26.9</td><td>25.7</td><td>(36.2)</td><td>33.8</td><td>32.1</td></tr>
<tr><td>200</td><td rowspan="4">—</td><td>34.9</td><td>33.0</td><td rowspan="4">—</td><td>43.8</td><td>41.2</td></tr>
<tr><td>250</td><td>39.6</td><td>37.2</td><td>49.7</td><td>46.5</td></tr>
<tr><td>300</td><td rowspan="2">—</td><td>41.0</td><td rowspan="2">—</td><td>51.3</td></tr>
<tr><td>600</td><td>60.1</td><td>75.1</td></tr>
</table>

3.3.2.1 温度影响

由温度升高引起的衰减增加，对非屏蔽电缆，在 1 MHz 到 250 MHz 频率范围内，应不大于 0.4%/℃，在 250 MHz 以上的频率，应不大于 0.6%/℃；对屏蔽电缆，应不大于 0.2%/℃。

确定是否符合本要求的方法在考虑中。

3.3.2.2 环境影响

为了模拟电缆在正常工作温度下长期暴露于较高的湿度水平的情况，将电缆短期暴露于较高的温度和高湿度水平下，也就是暴露于至少 95%的相对湿度和 60℃的温度中 120 h。

确定由于长期暴露于潮湿而引起的衰减增加以及确定是否符合这个要求的方法在考虑中。

3.3.3 不平衡衰减

在表 5 给出的频率范围内，最小近端不平衡衰减（横向转换损耗或 TCL）应等于或大于从公式(3)所得的数值。

TCL 的公式为：

$$TCL = 40.0 - 10\lg(f) \quad (dB) \qquad \cdots\cdots(3)$$

表 5　近端不平衡衰减的频率范围

电缆类别	TCL 的频率范围/MHz
5e 类	1～100
6 类	1～200
7 类	1～200
注：7 类电缆在高于 200 MHz 频率下的近端不平衡衰减(TCL)尚待进一步研究。	

所有类别电缆的远端最小等电平不平衡衰减（等电平横向转换转移损耗或 EL TCTL），在 1MHz 到 30MHz 范围内的所有频率下，应等于或大于由公式(4)所得的数值。

EL TCTL 的公式为：

$$EL\ TCTL = 35.0 - 20\lg(f) \quad (dB) \qquad \cdots\cdots(4)$$

3.3.4 近端串音(NEXT)

按 GB/T 18015.1 测量时，在表 6 指定的频率范围内，最差线对的近端串音功率和 PS NEXT，应等于或大于从公式(5)所得的数值，相应的 PS NEXT(1)值见表 6。

$$PS\ NEXT(f)=PS\ NEXT(1)-15\lg(f)\quad (dB) \qquad \cdots\cdots(5)$$

表 6 最差线对的 PS NEXT 之值

电缆类别	频率范围/MHz	PS NEXT(1)/dB
5e 类	4～125	62.3
6 类	4～250	72.3
7 类	4～600	99.4

对于 5e 类电缆，频率范围扩展了 25%，达 125 MHz。100 MHz 以上的数值仅供参考，并加上了括号。

表 7 中给出的数值仅供参考，对于 PS NEXT 的计算值大于 75 dB 的频率点，要求应是 75 dB。

表 7 PS NEXT

频率/MHz	PS NEXT/dB		
	电缆类别		
	5e 类	6 类	7 类
1	62	72	75
4	53	63	75
10	47	57	75
16	44	54	75
20	43	53	75
31.25	40	50	75
62.5	35	45	72
100	32	42	69
125	(31)	41	68
200	—	38	65
250		36	63
300		—	62
600			58

任何线对组合的线对与线对最小 NEXT 应比任何线对的 PS NEXT 至少大 3 dB。

3.3.5 远端串音(FEXT)

按 GB/T 18015.1 测量时，在表 8 给定的频率范围内，最差线对的等电平远端串音功率和，PS ELFEXT，应等于或大于从公式(6)所得的数值，相应的 PS ELFEXT (1)值见表 8。

$$PS\ EL\ FEXT(f)=PS\ EL\ FEXT(1)-20\lg(f)\quad (dB/100\ m) \qquad \cdots\cdots(6)$$

表 8 最差线对的 PS EL FEXT 之值

电缆类别	频率范围/MHz	PS EL FEXT(1)/(dB/100 m)
5e 类	4～100	61.0
6 类	4～250	65.0
7 类	4～600	91.0
注：如 FEXT 损耗大于 70 dB，则 EL FEXT 不必测量。		

对 5e 类电缆，频率扩展了 25%，达 125 MHz。100 MHz 以上的数值仅供参考，并加上了括号。

表 9 中给出的值仅供参考，对于 PS EL FEXT 的计算值大于 75 dB 的频率点，要求应是 75 dB。

表 9　PS EL FEXT

<table>
<tr><th rowspan="3">频率/MHz</th><th colspan="3">PS EL FEXT/(dB/100 m)</th></tr>
<tr><th colspan="3">电缆类别</th></tr>
<tr><th>5e 类</th><th>6 类</th><th>7 类</th></tr>
<tr><td>1</td><td>61</td><td>65</td><td>75</td></tr>
<tr><td>4</td><td>49</td><td>53</td><td>75</td></tr>
<tr><td>10</td><td>41</td><td>45</td><td>71</td></tr>
<tr><td>16</td><td>37</td><td>41</td><td>67</td></tr>
<tr><td>20</td><td>35</td><td>39</td><td>65</td></tr>
<tr><td>31.25</td><td>31</td><td>35</td><td>61</td></tr>
<tr><td>62.5</td><td>25</td><td>29</td><td>55</td></tr>
<tr><td>100</td><td>21</td><td>25</td><td>51</td></tr>
<tr><td>125</td><td>19</td><td>23</td><td>49</td></tr>
<tr><td>200</td><td rowspan="4">—</td><td>19</td><td>45</td></tr>
<tr><td>250</td><td>17</td><td>43</td></tr>
<tr><td>300</td><td rowspan="2">—</td><td>41</td></tr>
<tr><td>600</td><td>35</td></tr>
</table>

任何线对组合的线对与线对间最小 EL FEXT 应比任何线对的 PS EL FEXT 至少大 3 dB。

3.3.6　特性阻抗

3.3.6.1　开-短路阻抗(输入阻抗)

当用扫频模式(GB/T 18015.1—2007 中 3.3.6.2.2 规定的开短路法)，在从 4 MHz 到最高基准频率范围内测量时，输入阻抗值应满足表 10 规定的要求。

表 10　输入阻抗

频率范围/MHz	输入阻抗/Ω		
	电缆类别		
	5e 类	6 类	7 类
4～100	$N\pm15$	$N\pm15$	$N\pm15$
100～250		$N\pm22$	$N\pm22$
200～600			$N\pm25$
注：N=标称阻抗。			

当测量 3.3.6.2 中的平均特性阻抗时，就不要求测量输入阻抗。

3.3.6.2　函数拟合阻抗/平均特性阻抗

当按 GB/T 18015.1—2007 的 3.3.6.3、3.3.6.3/3.3.6.2.3 或 3.3.6.3/3.3.6.2.2.3～3.3.6.2.2.5 测量时，平均特性阻抗应在 100 MHz 下要求的标称阻抗±5%的范围内。

3.3.7　回波损耗(RL)

当按照 GB/T 18015.1—2007 中 3.3.7 测量时，在表 11 中规定的频率范围内，任何线对的最小回波损耗应等于或大于表 11 中相应类别电缆的规定值。

表 11　回波损耗

电缆类别	频率范围/MHz	回波损耗/dB
所有类别	4～10	20.0+5.0×lg(f)
所有类别	10～20	25.0
5e 类	20～125	25.0−8.6×lg(f/20)
6 类和 7 类	20～250	25.0−8.6×lg(f/20)
7 类	250～600	25.0−8.6×lg(f/20)
注：计算值低于 15.6 dB 均算作 15.6 dB。		

对于 5e 类电缆，频率范围扩展了 25%，达 125 MHz。100 MHz 以上的数值仅供参考。

3.3.8　屏蔽衰减

屏蔽衰减分两个性能等级。屏蔽衰减是耦合衰减的一部分。当采用吸收钳法分开测量时，屏蔽电缆的屏蔽衰减在从 30.0 MHz 到最高基准频率的范围内，应等于或大于下面所示之值：

——对 1 级电缆：≥60 dB；

——对 2 级电缆：≥40 dB。

对非屏蔽电缆没有要求。

3.3.9　耦合衰减

耦合衰减按性能分为三种类型。当采用吸收钳法测量，在从 f=30.0 MHz 到最高基准频率的范围内的耦合衰减应等于或大于表 12 中的所示之值：

表 12　耦合衰减

耦合衰减类型	频率范围/MHz	耦合衰减/dB
类型Ⅰ	30～100	≥85.0
	100～最高基准频率	≥85.0−20×lg(f/100)
类型Ⅱ	30～100	≥55.0
	10～最高基准频率	≥55.0−20×lg(f/100)
类型Ⅲ	30～100	≥40.0
	100～最高基准频率	≥40.0−20×lg(f/100)

3.4　机械性能和尺寸要求

3.4.1　尺寸要求

本部分未规定绝缘外径、护套标称厚度及最大外径，但应由适用的详细规范规定。

3.4.2　导体断裂伸长率

导体最小伸长率应为 8%。

3.4.3　绝缘断裂伸长率

绝缘最小断裂伸长率应为 100%。

3.4.4　护套断裂伸长率

护套最小断裂伸长率应为 100%。

3.4.5　护套抗张强度

护套最小抗张强度应为 9 MPa。

3.4.6　电缆压扁试验

电缆压扁试验未作规定，但可在相关的详细规范中规定。如规定，最小压扁力应为 1 000 N。

3.4.7　电缆冲击试验

电缆冲击试验未作规定，但可在相关的详细规范中规定。

3.4.8 电缆反复弯曲

电缆的反复弯曲试验未作规定,但可在相关的详细规范中规定(反复弯曲试验和规范以及相应的要求在考虑中。)

3.4.9 电缆抗拉性能

不适用。

3.5 环境性能

3.5.1 绝缘收缩

持续时间:1 h;

温度:100℃±2℃;

要求:绝缘收缩应小于或等于5%;

试样长度:150 mm;

回缩应是两端测量值之和。

3.5.2 绝缘热老化后的缠绕试验

不适用。

3.5.3 绝缘低温弯曲试验

温度:-20℃±2℃;

弯曲芯轴直径:6 mm

要求:绝缘不开裂

3.5.4 护套老化后的断裂伸长率

持续时间:7天;

温度:100℃±2℃;

要求最小值:初始值的50%。

3.5.5 护套老化后的抗张强度

持续时间:7天;

温度:100℃±2℃;

要求最小值:初始值的70%。

3.5.6 护套高温压力试验

不适用。

3.5.7 电缆低温弯曲试验

温度:-20℃±2℃;

弯曲芯轴直径:电缆外径的8倍;

要求:护套不开裂。

3.5.8 热冲击试验

不适用。

3.5.9 单根电缆延燃特性

如果地方法规有要求,而且相关详细规范有规定时,试验应按照GB/T 18015.1的规定进行。

3.5.10 成束电缆的延燃特性

如果地方法规有要求,而且相关详细规范有规定时,试验应按照GB/T 18015.1的规定进行。

3.5.11 酸性气体的释出

如果地方法规有要求,而且相关详细规范有规定时,试验应按照GB/T 18015.1的规定进行。

3.5.12 发烟量

如果地方法规有要求,而且相关详细规范有规定时,试验应按照GB/T 18015.1的规定进行。

3.5.13 有毒气体的散发

在考虑中。

3.5.14 燃烧和烟雾组合试验

在考虑中。

4 空白详细规范介绍

本部分所述电缆的空白详细规范以GB/T 18015.61发布,用以识别特定的产品。

当详细规范完成时,应提供下列信息:

a) 导体尺寸;

b) 元件数目;

c) 电缆详细结构;

d) 描述基本性能要求的类别(5e,6或7);

e) 电缆标称阻抗;

f) 燃烧性能要求。

ICS 29.060.20
K 13

中华人民共和国国家标准

GB/T 18015.7—2017

数字通信用对绞或星绞多芯对称电缆 第7部分:具有1 200 MHz及以下传输特性的对绞或星绞对称电缆 数字及模拟通信电缆分规范

Multicore and symmetrical pair/quad cables for digital communications—Part 7:Symmetrical pair/quad cables with transmission characteristics up to 1 200 MHz—Sectional specification for digital and analog communication cables

(IEC 61156-7:2012,MOD)

2017-12-29 发布 2018-07-01 实施

中华人民共和国国家质量监督检验检疫总局
中国国家标准化管理委员会 发布

前　言

GB/T 18015《数字通信用对绞或星绞多芯对称电缆》已经或计划发布以下部分：

——第1部分：总规范；

——第2部分：水平层布线电缆　分规范；

——第3部分：工作区布线电缆　分规范；

——第4部分：垂直布线电缆　分规范；

——第5部分：具有600 MHz及以下传输特性的对绞或星绞对称电缆　水平层布线电缆　分规范；

——第6部分：具有600 MHz及以下传输特性的对绞或星绞对称电缆　工作区布线电缆　分规范；

——第7部分：具有1 200 MHz及以下传输特性的对绞或星绞对称电缆　数字及模拟通信电缆分规范；

——第8部分：具有1 200 MHz及以下传输特性的对绞或星绞对称电缆　工作区布线电缆分规范；

——第11部分：能力认可　总规范；

——第21部分：水平层布线电缆　空白详细规范；

——第22部分：水平层布线电缆　能力认可　分规范；

——第31部分：工作区布线电缆　空白详细规范；

——第32部分：工作区布线电缆　能力认可　分规范；

——第41部分：垂直布线电缆　空白详细规范；

——第42部分：垂直布线电缆　能力认可 分规范。

本部分为GB/T 18015的第7部分。

本部分按照GB/T 1.1—2009给出的规则起草。

本部分使用重新起草法修改采用IEC 61156-7:2012《数字通信用对绞或星绞多芯对称电缆　第7部分：具有1 200 MHz及以下传输特性的对绞或星绞对称电缆　数字及模拟通信电缆分规范》。

本部分与IEC 61156-7:2012相比在结构上有较多调整，附录A中列出了本部分与IEC 61156-7:20012的章条结构对照一览表。

本部分与IEC 61156-7:2012相比存在技术性差异，这些差异涉及的条款已通过在其外侧页边空白位置的垂直单线(|)进行了标示，在附录B中给出了相应技术性差异及其原因的一览表。

本部分由中国电器工业协会提出。

本部分由全国电线电缆标准化技术委员会(SAC/TC 213)归口。

本部分起草单位：上海电缆研究所有限公司、浙江兆龙线缆有限公司、苏州永鼎线缆科技有限公司、浙江正导电缆有限公司、江苏东强股份有限公司、江苏亨通线缆科技有限公司、惠州市秋叶原实业有限公司、深圳市联嘉祥科技股份有限公司、中国信息通信研究院、杭州富通电线电缆有限公司、宝胜科技创新股份有限公司。

本部分主要起草人：龚江疆、黄琦凯、朱丰、姚云翔、杨珺、罗英宝、吴荣美、淮平、周彬、黄冬莲、吕捷、王华、房权生。

数字通信用对绞或星绞多芯对称电缆 第7部分:具有1 200 MHz及以下传输特性的对绞或星绞对称电缆 数字及模拟通信电缆分规范

1 范围

GB/T 18015的本部分规定了1 200 MHz及以下传输特性的对绞或星绞对称电缆的安装条件、材料和电缆结构、性能与要求。

本部分适用于各种通信系统以及现有或正在发展中的模拟系统,例如视频系统中使用的电缆,最多可同时使用4个线对;电缆的结构为4对单独屏蔽线对,缆芯外可覆盖有总屏蔽。

注:本部分规定的电缆适用于通信系统规定的电压、电流下工作,不宜用于如公共供电系统用低阻抗电源上。

本部分与GB/T 18015.1—2017一起使用。

2 规范性引用文件

下列文件对于本文件的应用是必不可少的。凡是注日期的引用文件,仅注日期的版本适用于本文件。凡是不注日期的引用文件,其最新版本(包括所有的修改单)适用于本文件。

GB/T 6995.2 电线电缆识别标志方法 第2部分:标准颜色

GB/T 11327.1—1999 聚氯乙稀绝缘聚氯乙稀护套低频通信电缆电线 第1部分:一般试验和测量方法

GB/T 18015.1—2017 数字通信用对绞或星绞多芯对称电缆 第1部分:总规范(IEC 61156-1:2009,MOD)

IEC 61156-7-1:2003 数字通信对绞或星绞多芯对称电缆 第7-1部分:具有1 200 MHz及以下传输特性的对绞或星绞对称电缆 数字和模拟通信电缆空白详细规范(Multicore and symmetrical pair/quad cables for digital communications—Part 7-1:Symmetrical pair cables with transmission characteristics up to 1 200 MHz—Blank detail specification for digital and analog communication cables)

IEC 62153-4-5 金属通信电缆试验方法 第4-5部分:电磁兼容性能(EMC) 耦合或屏蔽衰减 吸收钳法[Metallic communication cable test methods—Part 4-5:Electromagnetic compatibility (EMC)—Coupling or screening attenuation—Absorbing clamp method]

IEC 62153-4-9 金属通信电缆试验方法 第4-9部分:电磁兼容性能(EMC) 屏蔽对称电缆的耦合衰减 三同轴法[Metallic communication cable test methods—Part 4-9:Electromagnetic compatibility (EMC)—Coupling attenuation of screened balanced cables,triaxial method]

3 术语和定义

GB/T 18015.1—2017界定的术语和定义适用于本文件。

4 安装条件

4.1 一般要求

电缆的安装条件应符合GB/T 18015.1—2017中第4章规定的要求。

4.2 气候条件

在静态条件下，电缆应工作在－20 ℃～＋60 ℃温度范围内。屏蔽电缆的性能与温度的关系，在实际布线系统的设计中应加以考虑。

安装过程中的温度范围应符合相关详细规范规定的要求。

5 材料和电缆结构

5.1 一般要求

材料和电缆结构的选择应适合于电缆的预期用途和安装要求。应特别注意满足电磁兼容性能和(或)防火性能的任何特殊要求。

电缆结构应符合相关的详细规范中规定的材料、尺寸及组件的要求。

5.2 电缆结构

5.2.1 导体

导体应符合 GB/T 18015.1—2017 中 5.2.2 中实心退火铜导体的要求，导体标称直径应在 0.5 mm～0.8 mm 之间。

5.2.2 绝缘

导体绝缘应采用适当的热塑性材料。例如：

——聚烯烃；

——含氟聚合物；

——低烟无卤热塑性材料。

绝缘可以是实心、泡沫或泡沫实心皮。绝缘应连续，其厚度应使成品电缆符合规定的要求。

绝缘颜色应符合相关详细规范的规定。颜色应易于识别，并且应符合 GB/T 6995.2 中的要求。

注：为便于线对识别，可以用标记或色环的方法在“a”线上标以“b”线的颜色。

5.2.3 电缆元件

5.2.3.1 一般要求

电缆元件应为一个测试线对。

5.2.3.2 电缆元件屏蔽

电缆元件的屏蔽应符合 GB/T 18015.1—2017 中 5.2.4.2 的规定。如果使用编织，最小编织覆盖率应达到本部分中对屏蔽性能的要求。电缆元件的各屏蔽之间应保证电气连续性。

5.2.4 成缆

电缆的成缆应符合 GB/T 18015.1—2017 中 5.2.5 的要求。

5.2.5 缆芯屏蔽

电缆的缆芯有屏蔽要求时，应符合 GB/T 18015.1—2017 中 5.2.6 的规定。

5.2.6 护套

护套材料应为适当的热塑性材料。例如：

——聚烯烃；

——PVC；

——含氟聚合物；

——低烟无卤热塑性材料。

护套应连续，厚度尽可能均匀。护套内可以放置非吸湿性的非金属材料撕裂绳。

护套颜色应符合相关详细规范的规定。

5.2.7 标识

每根电缆上应标有制造商名称、电缆类型，必要时还应有制造年份。可使用下列方法之一加上识别标志：

a) 合适的着色线或着色带；

b) 印字带；

c) 在缆芯包带上印字；

d) 在护套上作标记。

允许在护套上作附加标志，如长度标志等。如使用，这些标志应在相关的详细规范中规定。

5.2.8 成品电缆

在储存及装运过程中，应对成品电缆有足够的防护。

6 性能和要求

6.1 一般要求

试验方法应符合 GB/T 18015.1—2017 第 6 章规定。为了识别特定的产品及其性能可制定详细规范(见第 7 章)。

除非另有规定，电气性能的所有试验应在长度不少于 100 m 的电缆上进行，传输性能的所有试验应在不少于 50 m 长的电缆上进行。

6.2 电气性能

6.2.1 导体电阻

导体电阻应按照 GB/T 11327.1—1999 规定的方法进行测量。电缆的单根导体的直流电阻最大值应不大于 8.5 Ω/100 m。

6.2.2 电阻不平衡

线对内导体电阻不平衡应不大于 2.0%。

6.2.3 介电强度

试验应在电缆的导体/导体间、导体/屏蔽间进行，在规定电压、时间内应不发生击穿现象。试验电压值和施加电压的保持时间可以是下列之一：

——直流 1.0 kV，1 min；

——直流 2.5 kV,2 s;
——交流 0.7 kV,1 min;
——交流 1.7 kV,2 s。

注:当与电力电缆连接时,可规定更高的测试电压。

6.2.4 绝缘电阻

试验应在导体/导体间、导体/屏蔽间进行。在 20 ℃时,绝缘电阻最小值应不小于 5 000 MΩ·km。

6.2.5 工作电容

本部分未规定工作电容,但可在相关的详细规范中规定。

6.2.6 电容不平衡

在 1 kHz 频率下,线对对地电容不平衡最大值应不大于 1 200 pF/km。

6.2.7 转移阻抗

在指定的频率点,转移阻抗应不大于表 1 所示的值。

表 1 转移阻抗

频率 MHz	转移阻抗最大值 mΩ/m
1	10
10	10
30	30
100	60

6.2.8 耦合衰减

按照 IEC 62153-4-5 或者 IEC 62153-4-9 规定的方法测试。在 30 MHz～1 200 MHz 的频率范围内,耦合衰减应不小于表 2 中所示的值。

表 2 耦合衰减

频率范围 MHz	耦合衰减 dB
30～100	85.0
100～1 200	$85.0-20\times\log_{10}(f/100)$

6.2.9 屏蔽电阻

电缆的总屏蔽或者每个线对的单独屏蔽的直流电阻最大值应小于 15 mΩ/m。

6.3 传输性能

6.3.1 一般要求

传输性能的测量应符合 6.1 及 GB/T 18015.1—2017 中 6.3.1 的要求。

6.3.2 传播速度(相速度)

在 4 MHz～1 200 MHz 频率范围内,最小传播速度应不小于 0.6×c(c 是真空中的光速)。

注:对称电缆(即电缆在平衡模式下运行)在测试频率大于 4 MHz 时,传播速度,群速度和相速度的数值近似相等。

6.3.3 相时延和相时延差(时延差)

6.3.3.1 相时延

在 4 MHz～1 200 MHz 频率范围内,相时延应不大于式(1)。

$$\tau = 500 + \frac{36}{\sqrt{f}} \qquad (1)$$

式中:

τ ——相时延,单位为纳秒每百米(ns/100 m);

f ——频率,单位为兆赫兹(MHz)。

6.3.3.2 相时延差(时延差)

当在 −20 ℃±2 ℃、20 ℃±3 ℃及 60 ℃±1 ℃测量相时延时,在给定温度下,从 4 MHz 到最高基准频率的范围内,任何两线对间的相时延差应不大于 25 ns/100 m。

6.3.3.3 环境影响

当环境温度超出 −20 ℃～60 ℃的范围,时延差会由于温度的变化而产生超过±10 ns/100 m 的变化,但仍需要满足 6.3.3.2 的要求。

6.3.4 衰减

6.3.4.1 一般要求

在 4 MHz～1 200 MHz 频率范围内,所测得的任何线对的最大衰减 α 应不大于将表 3 中相应的常数代入式(2)后得出的数值。

$$\alpha = a \times \sqrt{f} + b \times f + \frac{c}{\sqrt{f}} \qquad (2)$$

式中:

α ——衰减,单位为分贝每百米(dB/100 m);

a、b、c ——计算衰减用的常数(见表 3);

f ——频率,单位为兆赫兹(MHz)。

表 3 计算衰减用的常数值

常数		
a	b	c
1.645	0.01	0.25

表 4 中的衰减值仅供参考。

表 4 衰减

频率 MHz	20 ℃衰减 dB/100 m
4	3.5
10	5.4
16	6.8
31.25	9.6
62.5	13.7
100	17.5
200	25.3
300	31.5
600	46.3
900	58.3
1 000	62.0
1 200	69.0

6.3.4.2 温度影响

由温度升高引起的衰减增加应不大于 0.2%/℃。

6.3.5 不平衡衰减

在 1 MHz～200 MHz 的频率范围内，近端最小不平衡衰减（横向转换损耗或 *TCL*）应不小于从式(3)所得的数值。

$$TCL = 40.0 - 10 \times \log_{10}(f) \qquad \cdots\cdots(3)$$

式中：

TCL ——近端不平衡衰减，单位为分贝(dB)；

f ——频率，单位为兆赫兹(MHz)。

注：高于 200 MHz 频率下的 *TCL* 和 *EL TCTL* 尚待进一步研究。

6.3.6 近端串音

按 GB/T 18015.1—2017 测量时，在 4 MHz～1 200 MHz 频率范围内，最差线对近端串音功率和(*PS NEXT*)应不小于从式(4)所得的数值。

$$PS\ NEXT(f) = 103.0 - 15 \times \log_{10}(f) \qquad \cdots\cdots(4)$$

式中：

PS NEXT(*f*)——线对近端串音功率和，单位为分贝(dB)；

f ——频率，单位为兆赫兹(MHz)。

对于 *PS NEXT* 的计算值大于 75 dB 的频率点，要求应是 75 dB。

表 5 中列出的数值仅供参考。

表 5　近端串音功率和(*PS NEXT*)

频率 MHz	*PS NEXT* dB
4	75
10	75
16	75
31.25	75
62.5	75
100	73
200	68
300	66
600	61
900	59
1 000	58
1 200	57

6.3.7　远端串音

按 GB/T 18015.1—2017 测量时，在 4 MHz～1 200 MHz 范围内，最差线对等电平远端串音功率和(*PS EL FEXT*)应不小于从式(5)所得的数值。

$$PS\ EL\ FEXT(f)=91.0-20\times\log_{10}(f) \qquad \cdots\cdots(5)$$

式中：

PS EL FEXT(f)——线对的等电平远端串音功率和，单位为分贝每百米(dB/100 m)；

f ——频率，单位为兆赫兹(MHz)。

对于 *PS EL FEXT* 的计算值大于 75 dB 的频率点，要求应是 75 dB。

表 6 中列出的数值仅供参考。

表 6　等电平远端串音功率和(*PS EL FEXT*)

频率 MHz	*PS EL FEXT* dB/100 m
4	75
10	71
16	67
31.25	61
62.5	55
100	51
200	45
300	41

表 6（续）

频率 MHz	*PS EL FEXT* dB/100 m
600	35
900	32
1 000	31
1 200	29

6.3.8 特性阻抗

按照 GB/T 18015.1—2017 中 6.3.11.2 或 6.3.11.3 测量时，100 MHz 测试频率下的拟合特性阻抗或者平均特性阻抗值应为标称阻抗的±5%。

6.3.9 回波损耗

应按照 GB/T 18015.1—2017 中 6.3.12 的规定测量。在 4 MHz～1 200 MHz 频率范围内，任一线对的最小回波损耗应不小于表 7 中规定的值。

表 7 回波损耗

频率范围 MHz	回波损耗 dB
4～10	$20.0+5.0\times\log_{10}(f)$
10～20	25.0
20～250	$25.0-7.0\times\log_{10}(f/20)$
250～600	17.3
600～1 200	$17.3-10.0\times\log_{10}(f/600)$

6.4 机械性能和尺寸要求

6.4.1 尺寸要求

护套标称厚度及护套标称外径应符合相关详细规范中的规定。

6.4.2 导体断裂伸长率

导体断裂伸长率应不小于 10%。

6.4.3 绝缘断裂伸长率

绝缘断裂伸长率应不小于 100%。

6.4.4 护套断裂伸长率

护套断裂伸长率应不小于 100%。

6.4.5 护套抗张强度

护套抗张强度应不小于 9 MPa。

6.4.6 电缆压扁试验

本部分未规定电缆压扁性能，但可在相关的详细规范中规定。

6.4.7 张力下的弯曲

电缆的张力下弯曲试验的滑轮直径应为 120 mm。试验结果的合格判据应在有关的详细规范中规定。

6.4.8 电缆抗拉性能

在安装过程中，拉力值应不大于每线对 20 N。

6.5 环境性能

6.5.1 绝缘收缩

绝缘收缩试验持续时间为 1 h，试验温度为 100 ℃±2 ℃，试样长度为 150 mm。绝缘收缩应小于或等于 5%；收缩应是两端测量值之和。

6.5.2 绝缘低温弯曲试验

绝缘低温弯曲试验温度为－20 ℃±2 ℃，弯曲芯轴直径为 6 mm。绝缘应不开裂。

6.5.3 护套老化后的断裂伸长率

护套老化后的断裂伸长率试验持续时间为 7 d，试验温度为 100 ℃±2 ℃。老化后的最小断裂伸长率应不低于未老化的最小断裂伸长率的 50%。

6.5.4 护套老化后的抗张强度

护套老化后的抗张强度试验持续时间为 7 d，试验温度为 100 ℃±2 ℃。老化后的最小抗张强度应不小于未老化的最小抗张强度的 70%。

6.5.5 电缆低温弯曲试验

电缆低温弯曲试验温度为－20 ℃±2 ℃，弯曲芯轴直径为电缆外径的 8 倍。护套应不开裂。

6.5.6 单根电缆的火焰蔓延性能

如有要求，试验应按照 GB/T 18015.1—2017 中 6.5.16 的规定进行。

6.5.7 成束电缆的火焰蔓延性能

如有要求，试验应按照 GB/T 18015.1—2017 中 6.5.17 的规定进行。

6.5.8 卤酸气体含量

如有要求，试验应按照 GB/T 18015.1—2017 的 6.5.18 的规定进行。

6.5.9 透光率

如有要求,试验应按照 GB/T 18015.1—2017 的 6.5.19 的规定进行。

7 空白详细规范介绍

本部分所述电缆的空白详细规范 IEC 61156-7-1:2003 已经发布,可用于识别特定的产品。当详细规范完成时,应提供下列信息:

a) 导体尺寸;

b) 电缆详细结构;

c) 电缆标称阻抗;

d) 燃烧性能要求。

附　录　A
（资料性附录）
本部分与 IEC 61156-7:2012 的章条编号对照一览表

表 A.1 给出了本部分与 IEC 61156-7:2012 的章条编号对照情况。

表 A.1　本部分与 IEC 61156-7:2012 的章条编号对照情况

本部分章条编号	IEC 61156-7:2012 章条编号
1	1.1
2	1.2
3	2.1
4	1.3
4.1	—
4.2	1.4
5	2.2
5.1	2.2.1
5.2	2.2.2
5.2.1	2.2.3
5.2.2	2.2.4,2.2.5
5.2.3	2.2.6
5.2.3.1	—
5.2.3.2	2.2.7
5.2.4	2.2.8
5.2.5	2.2.9
5.2.6	2.2.10,2.2.11
5.2.7	2.2.12
5.2.8	2.2.13
6	3
6.1	3.1
6.2	3.2
6.2.1	3.2.1
6.2.2	3.2.2
6.2.3	3.2.3
6.2.4	3.2.4
6.2.5	3.2.5
6.2.6	3.2.6
6.2.7	3.2.7

表 A.1（续）

本部分章条编号	IEC 61156-7:2012 章条编号
6.2.8	3.3.9
6.2.9	3.2.8
6.3	3.3
6.3.1	—
6.3.2	3.3.1.1
6.3.3	—
6.3.3.1	3.3.1.2
6.3.3.2	3.3.1.3
6.3.3.3	3.3.1.4
6.3.4	3.3.2
6.3.4.1	—
6.3.4.2	3.3.2.1
6.3.5	3.3.3
6.3.6	3.3.4
6.3.7	3.3.5
6.3.8	3.3.6
—	3.3.6.1
6.3.9	3.3.7
—	3.3.8
6.4	3.4
6.4.1	3.4.1
6.4.2	3.4.2
6.4.3	3.4.3
6.4.4	3.4.4
6.4.5	3.4.5
6.4.6	3.4.6
6.4.8	3.4.8
6.4.9	3.4.9
6.5	3.5
6.5.1	3.5.1
—	3.5.2
6.5.2	3.5.3
6.5.3	3.5.4
6.5.4	3.5.5

表 A.1（续）

本部分章条编号	IEC 61156-7:2012 章条编号
—	3.5.6
6.5.5	3.5.7
—	3.5.8
6.5.6	3.5.9
6.5.7	3.5.10
6.5.8	3.5.11
6.5.9	3.5.12
—	3.5.13
—	3.5.14

附 录 B
（资料性附录）
本部分与 IEC 61156-7:2012 的技术性差异及其原因

表 B.1 给出了本部分与 IEC 61156-7:2012 的技术性差异及其原因。

表 B.1 本部分与 IEC 61156-7:2012 的技术性差异及其原因

本部分章条编号	技术性差异	原因
2	用 GB/T 6995.2 代替了 IEC 60304(见 5.2.2)	优先引用我国的标准
2	用 GB/T 11327.1—1999 代替了 IEC 60189-1:1986	优先引用我国的标准
2	删除了 IEC 62153-4-2 金属通信电缆测试方法 第 4-2 部分:电磁兼容性能(EMC) 屏蔽衰减和耦合衰减 注入钳法	该方法在我国几乎未见应用
2	增加了 IEC 62153-4-5 金属通信电缆测试方法 第 4-5 部分:电磁兼容性能(EMC) 耦合或屏蔽衰减 吸收钳法	根据我国的实际应用情况,增加了耦合衰减的测试方法 吸收钳法
2	增加了 IEC 62153-4-9 金属通信电缆测试方法 第 4-9 部分:电磁兼容性能(EMC) 耦合或屏蔽衰减 三同轴法	根据我国的实际应用情况,增加了耦合衰减的测试方法 三同轴法
4.1	修改了安装条件	符合我国的实际应用情况
6.1	修改了 IEC 61156-7:2012 中 3.3 中对长度的要求,将传输性能测试长度不少于 100 m 修改为不少于 50 m	传输性能的测试长度应根据电缆类别、最高测试频率、测试设备的动态范围等进行选择,不再是传统的 100 m
6.2.1	将"直流环路电阻最大值应不大于 17.0 Ω/km"修改为"单根导体的直流电阻最大值应不大于 8.5 Ω/km"	直流环路电阻主要适用于工程布线,本部分用单根导体的直流电阻更合适,同时与 GB/T 18015 的其他分规范保持一致
6.2.8	修改了耦合衰减的测试方法	IEC 61156-7:2012 版中的 3.3.9 引用的测试方法在我国几乎未见应用,本部分根据我国的实际应用情况,将耦合衰减的测试方法改为三同轴测试方法(IEC 62153-4-9)和吸收钳方法(IEC 62153-4-5)
6.3.8	删除了 IEC 61156-7:2012 版中 3.3.6.1 标称特性阻抗的规定	众所周知,对称电缆的标称特性阻抗通常是 100 Ω,没有必要特别加以说明
—	删除了屏蔽衰减的要求	IEC 61156-7:2012 版中的 3.3.8 规定了屏蔽衰减的测试,屏蔽衰减是考核同轴电缆屏蔽层屏蔽性能的参数,并不适合本部分涉及的电缆(对称电缆更适宜的参数是耦合衰减)

表 B.1（续）

本部分章条编号	技术性差异	原因
—	删除了 IEC 61156-7:2012 中 3.5.2、3.5.6、3.5.8、3.5.13、3.5.14	由于 IEC 61156-7:2012 版中规定了“电缆冲击试验、绝缘热老化后的缠绕试验、护套高温压力试验、热冲击试验”不适用，“有毒气体的散发、电缆在通风空间环境条件下的燃烧和烟雾组合试验”在考虑中，故在本部分中删除

ICS 29.060.20
K 13

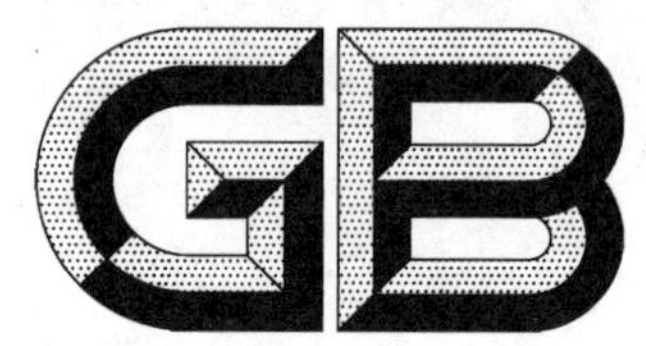

中华人民共和国国家标准

GB/T 18015.8—2017

数字通信用对绞或星绞多芯对称电缆 第8部分：具有1 200 MHz及以下传输特性的对绞或星绞对称电缆 工作区布线电缆分规范

Multicore and symmetrical pair/quad cables for digital communications—Part 8: Symmetrical pair/quad cables with transmission characteristics up to 1 200 MHz—Work area wiring sectional specification

(IEC 61156-8:2013,MOD)

2017-12-29 发布　　2018-07-01 实施

中华人民共和国国家质量监督检验检疫总局
中国国家标准化管理委员会　发布

前 言

GB/T 18015《数字通信用对绞或星绞多芯对称电缆》已经或计划发布以下部分：

——第 1 部分：总规范；

——第 2 部分：水平层布线电缆 分规范；

——第 3 部分：工作区布线电缆 分规范；

——第 4 部分：垂直布线电缆 分规范；

——第 5 部分：具有 600 MHz 及以下传输特性的对绞或星绞对称电缆 水平层布线电缆 分规范；

——第 6 部分：具有 600 MHz 及以下传输特性的对绞或星绞对称电缆 工作区布线电缆 分规范；

——第 7 部分：具有 1 200 MHz 及以下传输特性的对绞或星绞对称电缆 数字及模拟通信电缆分规范；

——第 8 部分：具有 1 200 MHz 及以下传输特性的对绞或星绞对称电缆 工作区布线电缆分规范；

——第 11 部分：能力认可 总规范；

——第 21 部分：水平层布线电缆 空白详细规范；

——第 22 部分：水平层布线电缆 能力认可 分规范；

——第 31 部分：工作区布线电缆 空白详细规范；

——第 32 部分：工作区布线电缆 能力认可 分规范；

——第 41 部分：垂直布线电缆 空白详细规范；

——第 42 部分：垂直布线电缆 能力认可 分规范。

本部分为 GB/T 18015 第 8 部分。

本部分按照 GB/T 1.1—2009 给出的规则起草。

本部分使用重新起草法修改采用 IEC 61156-8:2013《数字通信用对绞或星绞多芯对称电缆 第 8 部分：具有 1 200 MHz 及以下传输特性的对绞或星绞对称电缆 工作区布线电缆分规范》。

本部分与 IEC 61156-8:2013 相比在结构上有较多调整，附录 A 中列出了本部分与 IEC 61156-8:2013 的章条编号对照一览表。

本部分与 IEC 61156-8:2013 的技术性差异及其原因如下：

——修改了绝缘颜色的引用文件，将“绝缘颜色应符合 IEC 60304 的要求”修改为“绝缘颜色应符合 GB/T 6995.2 的要求”，优先引用国家标准且 GB/T 6995.2 规定的绝缘色谱颜色与 IEC 60304 是一致的（见 5.2.2，2013 版 IEC 61156-8 的 5.2.2）；

——增加了耦合衰减的测试方法；原文中仅规定了吸收钳法，根据我国的实际应用情况，增加了三同轴方法（见 6.2.8，2013 版 IEC 61156-8 的 6.2.8）。

本部分做了下列编辑性修改：

——修正了绝缘电阻的单位，将 5 000 MΩ·m 改为 5 000 MΩ·km（见 6.2.4，2013 版 IEC 61156-8 的 6.2.4）；

——将原文中大量的悬置段改为“一般要求”；

——将悬置段“传输性能测试电缆的长度要求”调整到一般要求中（见 6.1，2013 版 IEC 61156-8 的 6.3）；

——将 6.3.11 中回波损耗的频率范围 1 MHz～1 200 MHz 改为 4 MHz～1 200 MHz，与表 4 保持一致(见 6.3.11，2013 版 IEC 61156-8 的 6.3.11)；

——将原文中的“电缆冲击试验、碰撞试验、振动试验、绝缘热老化后的缠绕试验、护套高温压力试验、热冲击试验、稳态湿热、盐雾和二氧化硫试验、浸水”不适用于本部分的内容删除(见 2013 版 IEC 61156-8 的 6.4.13、6.4.14、6.4.15、6.5.2、6.5.6、6.5.8、6.5.9、6.5.12、6.5.13)。

本部分由中国电器工业协会提出。

本部分由全国电线电缆标准化技术委员会(SAC/TC 213)归口。

本部分起草单位：上海电缆研究所有限公司、江苏亨通线缆科技有限公司、深圳市联嘉祥科技股份有限公司、浙江正导电缆有限公司、江苏东强股份有限公司、浙江兆龙线缆有限公司、惠州市秋叶原实业有限公司、中国信息通信研究院、苏州永鼎线缆科技有限公司、杭州富通电线电缆有限公司、宝胜科技创新股份有限公司。

本部分主要起草人：辛秀东、刘杰、文敏、淮平、黄冬莲、罗英宝、唐秀芹、蔡杭列、雷春江、顾卫中、李婷婷、王华、房权生。

数字通信用对绞或星绞多芯对称电缆 第8部分:具有1 200 MHz及以下传输特性的对绞或星绞对称电缆 工作区布线电缆分规范

1 范围

GB/T 18015的本部分规定了1 200 MHz及以下传输特性的对绞或星绞对称电缆的安装条件、材料和电缆结构、性能与要求。

本部分适用于GB/T 18233和ISO/IEC 15018中定义的建筑物、设备及工作区中使用的电缆,最多可同时使用4个线对;电缆结构为4对单独屏蔽线对,电缆缆芯外可覆盖有总屏蔽。

注:本部分规定的电缆适用于通信系统规定的电压、电流下工作,不宜用于如公共供电系统用低阻抗电源上。

本部分与GB/T 18015.1—2017一起使用。

2 规范性引用文件

下列文件对于本文件的应用是必不可少的。凡是注日期的引用文件,仅注日期的版本适用于本文件。凡是不注日期的引用文件,其最新版本(包括所有的修改单)适用于本文件。

GB/T 6995.2 电线电缆识别标志方法 第2部分:标准颜色

GB/T 18015.1—2017 数字通信用对绞或星绞多芯对称电缆 第1部分:总规范(IEC 61156-1:2009,MOD)

GB/T 18233 信息技术 用户建筑群的通用布缆(GB/T 18233—2008,ISO/IEC 11801:2002,IDT)

ISO/IEC 15018 信息技术 家庭通用布缆(Information technology—Generic cabling for homes)

IEC 62153-4-5 金属通信电缆试验方法 第4-5部分:电磁兼容性能(EMC) 耦合或屏蔽衰减 吸收钳法[Metallic communication cable test methods—Part 4-5: Electromagnetic compatibility (EMC)—Coupling or screening attenuation—Absorbing clamp method]

IEC 62153-4-9 金属通信电缆试验方法 第4-9部分:电磁兼容性能(EMC) 屏蔽对称电缆的耦合衰减 三同轴法[Metallic communication cable test methods—Part 4-9:Electromagnetic compatibility(EMC)—Coupling attenuation of screened balanced cables,triaxial method]

3 术语和定义

GB/T 18015.1—2017界定的术语和定义适用于本文件。

4 安装条件

4.1 一般要求

电缆的安装条件应符合GB/T 18015.1—2017中第4章规定的要求。

4.2 气候条件

在静态条件下，电缆应工作在－20 ℃～＋60 ℃温度范围内。电缆(特性)与温度的关系在实际布线系统的设计中应加以考虑。

5 材料和电缆结构

5.1 一般要求

材料和电缆结构的选择应适合于电缆的预期用途和安装要求。应特别注意满足电磁兼容性能和(或)防火性能的任何特殊要求(例如，燃烧特性、烟密度、卤酸气体含量等)。

电缆结构应符合相关的详细规范中规定的详细要求和尺寸。

5.2 电缆结构

5.2.1 导体

导体应符合 GB/T 18015.1—2017 中 5.2.2 的实心或绞合退火铜导体，导体标称直径应在0.4 mm～0.65 mm 之间。绞合导体结构宜采用 7 根绞合结构。如果与连接硬件适配，导体直径可增大。

5.2.2 绝缘

导体的绝缘材料应为适当的热塑性绝缘材料。例如：

——聚烯烃；

——含氟聚合物；

——低烟无卤热塑性材料。

绝缘可以是实心、泡沫或泡沫实心皮。绝缘应连续，其厚度应使成品电缆符合规定的要求。

绝缘颜色不作规定，但应在相关的详细规范中规定。绝缘颜色应容易识别，应符合 GB/T 6995.2 的要求。

注：为便于线对识别，可以用标记或色环的方法在"a"线上标以"b"线的颜色。

5.2.3 电缆元件

电缆元件应为适当扭绞的对绞组或星绞组，且对绞组或星绞组外应具有屏蔽。电缆元件的屏蔽应符合 GB/T 18015.1—2017 中 5.2.4.2 的要求。

5.2.4 成缆

可用十字形架或其他隔离物将电缆元件隔开。包括十字形架或隔离物在内的电缆元件应当集装起来而组成缆芯。

缆芯可用非吸湿性包带保护。

5.2.5 缆芯屏蔽

电缆的缆芯有屏蔽要求时，应符合 GB/T 18015.1—2017 中 5.2.6 的规定。

5.2.6 护套

护套材料应为适当的热塑性材料，例如：

——聚烯烃；
——PVC；
——含氟聚合物；
——低烟无卤热塑性材料。

护套应连续，厚度尽可能均匀。护套内可以放置非吸湿性的非金属材料撕裂绳。

护套颜色应符合相关详细规范的规定。

5.2.7 标识

每根电缆上应标有制造商名称、电缆类型，必要时还应有制造年份。可使用下列方法之一加上识别标志：

a) 合适的着色线或着色带；
b) 印字带；
c) 在缆芯包带上印字；
d) 在护套上作标志。

允许在护套上作附加标志，如长度标志等。如使用，这些标志应在相关的详细规范中规定。

5.2.8 成品电缆

在储存及装运过程中，应对成品电缆有足够的防护。

6 性能和要求

6.1 一般要求

试验方法应符合 GB/T 18015.1—2017 第 6 章的规定。

除非另有规定，电气性能的所有试验应在长度不少于 100 m 的电缆上进行，传输性能的所有试验应在不少于 50 m 的电缆上进行。

6.2 电气性能

6.2.1 导体电阻

电缆的单根导体的直流电阻最大值应不大于 14.5 Ω/100 m。

6.2.2 电阻不平衡

6.2.2.1 线对内导体电阻不平衡

线对内导体电阻不平衡应不大于 1.5%。

6.2.2.2 线对间导体电阻不平衡

线对间导体电阻不平衡应不大于 4%。

6.2.3 介电强度

试验应在电缆的导体/导体间和导体/屏蔽间进行，在规定电压、时间内应不发生击穿现象。试验电压值和施加电压的保持时间可以是下列之一：

——直流 1.0 kV，1 min；
——直流 2.5 kV，2 s；

——交流 0.7 kV,1 min;
——交流 1.7 kV,2 s。

6.2.4 绝缘电阻

试验应在导体/导体间、导体/屏蔽间进行。+20 ℃时,绝缘电阻最小值应不小于 5 000 MΩ·km。

6.2.5 工作电容

本部分未规定工作电容,但可在相关的详细规范中规定。

6.2.6 电容不平衡

在 1 kHz 频率下,线对对地电容不平衡最大值应不大于 1 200 pF/km。

6.2.7 转移阻抗

在指定的频率点,转移阻抗应不大于表 1 所示的值。

表 1 转移阻抗

频率 MHz	转移阻抗最大值 mΩ/m
1	10
10	10
30	30
100	60

6.2.8 耦合衰减

按照 IEC 62153-4-5 或者 IEC 62153-4-9 规定的方法测试。在 30 MHz～1 200 MHz 的频率范围内,耦合衰减应不小于表 2 中所示值:

表 2 耦合衰减

频率范围 MHz	耦合衰减 dB
30～100	≥85.0
100～1 200	$\geq 85.0-20\times \log_{10}(f/100)$

6.2.9 载流量

本部分未规定最大载流量,但可在相关详细规范中规定。

6.2.10 屏蔽电阻

电缆的总屏蔽或者每个线对的单独屏蔽的的直流电阻最大值应小于 20 mΩ/m。

6.3 传输性能

6.3.1 传播速度(相速度)

本部分未作规定,但可在相关详细规范中规定。

6.3.2 相时延和相时延差(时延差)

相时延应小于或等于式(1)。

$$\tau = 500 + \frac{36}{\sqrt{f}} \qquad \cdots\cdots(1)$$

式中:

τ ——相时延,单位为纳秒每百米(ns/100 m);

f ——频率,单位为兆赫兹(MHz)。

当在(10±2)℃和(40±1)℃测量相时延时,在给定温度下,从4 MHz~1 200 MHz的范围内,任何两线对间的最大相时延差应不大于25 ns/100 m。

当温度超出-20 ℃~+60 ℃的范围时,任意两线对之间的相时延差(由于温度变化引起的)变化应不超过±10 ns/100 m。

6.3.3 衰减

6.3.3.1 衰减

在表3指定的频率范围内,所测得的任一线对的最大衰减 α 应不大于将表3中相应的常数代入式(2)后得出的数值。

$$\alpha = a \times \sqrt{f} + b \times f + \frac{c}{\sqrt{f}} \qquad \cdots\cdots(2)$$

式中:

α ——衰减,单位为分贝每百米(dB/100 m);

a、b、c——计算衰减用的常数(见表3);

f ——频率,单位为兆赫兹(MHz)。

表3 计算衰减用的常数值

频率范围 MHz	常数		
	a	b	c
4~1 200	2.70	0.015	0.3

6.3.3.2 温度影响

对于屏蔽电缆,由于温度升高引起的衰减增加应不大于0.2%/℃。

6.3.4 不平衡衰减

在1 MHz~200 MHz频率范围内,近端最小不平衡衰减(横向转换损耗或 TCL)应不小于从式(3)所得的数值。

注:高于200 MHz频率下的近端不平衡衰减(TCL)尚待进一步研究。

$$TCL = 40.0 - 10 \times \log_{10}(f) \qquad \cdots\cdots(3)$$

式中：

TCL ——近端不平衡衰减，单位为分贝(dB)；

f ——频率，单位为兆赫兹(MHz)。

电缆的远端最小等电平不平衡衰减(等电平横向转换转移损耗或 *EL TCTL*)，在 1 MHz～30 MHz 范围内的所有频率下，应不小于由式(4)所得的数值。

$$EL\ TCTL = 35.0 - 20 \times \log_{10}(f) \qquad \cdots\cdots(4)$$

式中：

EL TCTL ——远端等电平不平衡衰减，单位为分贝(dB)；

f ——频率，单位为兆赫兹(MHz)。

6.3.5 近端串音

在 4 MHz～1 200 MHz 频率范围内，最差线对近端串音功率和(*PS NEXT*)，应不小于从式(5)所得的数值。

$$PS\ NEXT(f) = 103.0 - 15 \times \log_{10}(f) \qquad \cdots\cdots(5)$$

式中：

PS NEXT(*f*)——线对近端串音功率和，单位为分贝(dB)；

f ——频率，单位为兆赫兹(MHz)。

对于 *PS NEXT* 的计算值大于 75 dB 的频率点，要求应是 75 dB。

任何线对组合的线对与线对的最小 *NEXT* 应比任何线对的 *PS NEXT* 至少大 3 dB。

6.3.6 远端串音

在 4 MHz～1 200 MHz 频率范围内，最差线对的等电平远端串音功率和(*PS EL FEXT*)，应不小于从式(6)所得的数值。

$$PS\ EL\ FEXT(f) = 91.0 - 20 \times \log_{10}(f) \qquad \cdots\cdots(6)$$

式中：

PS EL FEXT(*f*)——线对的等电平远端串音功率和，单位为分贝每百米(dB/100 m)；

f ——频率，单位为兆赫兹(MHz)。

对于 *PS EL FEXT* 的计算值大于 75 dB 的频率点，要求应是 75 dB。

任一线对组合的线对与线对间最小 *EL FEXT* 应比任一线对组合的 *PS EL FEXT* 至少大 3 dB。

6.3.7 外部近端串音

一般由设计来保证。

6.3.8 外部远端串音

一般由设计来保证。

6.3.9 成束电缆内的串音

本部分未规定成束电缆内的串音，但宜在相关详细规范中进行规定。

6.3.10 特性阻抗

在 100 MHz 下，拟合特性阻抗或平均特性阻抗应在所要求的标称阻抗±5%的范围内。

6.3.11 回波损耗

在 4 MHz～1 200 MHz 的频率范围内，任一线对的最小回波损耗应不小于表 4 中相应的规定值。

表 4 回波损耗

频率范围 MHz	回波损耗 dB
4～10	$20.0+5.0\times\log_{10}(f)$
10～20	25.0
20～250	$25.0-8.6\times\log_{10}(f/20)$
250～600	15.6
600～1 200	$15.6-10\times\log_{10}(f/600)$

6.4 机械性能和尺寸要求

6.4.1 尺寸要求

绝缘外径、护套标称厚度及护套最大外径应符合相关的详细规范中的规定。

6.4.2 导体断裂伸长率

导体断裂伸长率应不小于8%。

6.4.3 绝缘抗张强度

本部分未规定绝缘抗张强度,但可在相关的详细规范中规定。

6.4.4 绝缘断裂伸长率

绝缘断裂伸长率应不小于100%。

6.4.5 绝缘剥离性能

本部分未规定绝缘的剥离性能,但可在相关的详细规范中规定。

6.4.6 护套断裂伸长率

护套断裂伸长率应不小于100%。

6.4.7 护套抗张强度

护套抗张强度应不小于9 MPa。

6.4.8 电缆压扁试验

最小压扁力应为1 000 N。

6.4.9 电缆的低温冲击

电缆的低温冲击试验应符合相关的详细规范中的规定。

6.4.10 张力下的弯曲试验

电缆张力下的弯曲应符合相关的详细规范中的规定。

6.4.11 电缆重复弯曲试验

电缆应经受500次的反复弯曲试验,试验后电缆的绝缘和护套应不开裂,导体不混线、不断线。

6.4.12 电缆抗拉性能

本部分未规定电缆抗拉性能,但可在相关的详细规范中规定。

6.5 环境性能

6.5.1 绝缘收缩

绝缘收缩试验的温度为100 ℃±2 ℃,持续时间为1 h,试样长度为150 mm。

绝缘收缩应不大于5%,收缩应是两端测量值之和。

6.5.2 绝缘低温弯曲试验

绝缘低温弯曲试验的温度为-20 ℃±2 ℃,弯曲芯轴直径为6 mm。

绝缘应不开裂。

6.5.3 护套老化后的断裂伸长率

护套老化后的断裂伸长率试验持续时间为7 d,试验温度100 ℃±2 ℃。

老化后的最小断裂伸长率应不小于未老化的最小断裂伸长率的50%。

6.5.4 护套老化后的抗张强度

护套老化后的抗张强度试验持续时间为7 d,试验温度为100 ℃±2 ℃。

老化后的最小抗张强度应不小于未老化的最小抗张强度的70%。

6.5.5 电缆低温弯曲试验

电缆低温弯曲试验的温度为-20 ℃±2 ℃,弯曲芯轴直径为电缆外径的8倍。

护套应不开裂。

6.5.6 日照辐射

本部分未规定日照辐射性能,但可在相关的详细规范中规定。

6.5.7 耐溶剂和污染液体

本部分未规定耐溶剂和污染液体性能,但可在相关的详细规范中规定。

6.5.8 吸湿性

样品的增重应不大于1%。

6.5.9 毛细现象试验

6 h试验结束后,滤纸不应被测试液体浸湿。

6.5.10 单根电缆的火焰蔓延性能

如有要求,试验应按照GB/T 18015.1—2017的6.5.16规定进行。

6.5.11 成束电缆的火焰蔓延性能

如有要求,试验应按照 GB/T 18015.1—2017 的 6.5.17 规定进行。

6.5.12 卤酸气体含量

如有要求,试验应按照 GB/T 18015.1—2017 的 6.5.18 规定进行。

6.5.13 透光率

如有要求,试验应按照 GB/T 18015.1—2017 的 6.5.19 规定进行。

6.5.14 电缆在通风空间环境条件下的燃烧和烟雾组合试验

如有要求,试验应按照 GB/T 18015.1—2017 的 6.5.20 规定进行。

7 空白详细规范介绍

本部分所述电缆的特定产品应符合空白详细规范规定的要求。

当详细规范完成时,应提供下列信息:

a) 导体尺寸;

b) 元件数目;

c) 电缆详细结构;

d) 描述基本性能要求的类别(5e,6,6A,7,7A);

e) 电缆标称阻抗;

f) 燃烧性能要求。

附 录 A
（资料性附录）
本部分与 IEC 61156-8:2013 的章条编号对照一览表

表 A.1 给出了本部分与 IEC 61156-8:2013 的章条编号对照情况。

表 A.1 本部分与 IEC 61156-8:2013 的章条编号对照情况

本部分章条编号	IEC 61156-8:2013 章条编号
1	1
2	2
3	3
4	4
4.1	4.1
4.2	4.2
5	5
5.1	5.1
5.2	5.2
5.2.1	5.2.1
5.2.2	5.2.2
5.2.3	5.2.3
5.2.4	5.2.4
5.2.5	5.2.5
5.2.6	5.2.6
5.2.7	5.2.7
5.2.8	5.2.8
6	6
6.1	6.1
6.2	6.2
6.2.1	6.2.1
6.2.2	6.2.2
6.2.2.1	6.2.2.1
6.2.2.2	6.2.2.2
6.2.3	6.2.3
6.2.4	6.2.4
6.2.5	6.2.5
6.2.6	6.2.6
6.2.7	6.2.7

表 A.1（续）

本部分章条编号	IEC 61156-8:2013 章条编号
6.2.8	6.2.8
6.2.9	6.2.9
6.2.10	6.2.10
6.3	6.3
6.3.1	6.3.1
6.3.2	6.3.2
6.3.3	6.3.3
6.3.3.1	6.3.3.1
6.3.3.2	6.3.3.2
6.3.4	6.3.4
6.3.5	6.3.5
6.3.6	6.3.6
6.3.7	6.3.7
6.3.8	6.3.8
6.3.9	6.3.9
6.3.10	6.3.10
6.3.11	6.3.11
6.4	6.4
6.4.1	6.4.1
6.4.2	6.4.2
6.4.3	6.4.3
6.4.4	6.4.4
6.4.5	6.4.5
6.4.6	6.4.6
6.4.7	6.4.7
6.4.8	6.4.8
6.4.9	6.4.9
6.4.10	6.4.10
6.4.11	6.4.11
6.4.12	6.4.12
—	6.4.13
—	6.4.14
—	6.4.15
6.5	6.5

表 A.1（续）

本部分章条编号	IEC 61156-8:2013 章条编号
6.5.1	6.5.1
—	6.5.2
6.5.2	6.5.3
6.5.3	6.5.4
6.5.4	6.5.5
—	6.5.6
6.5.5	6.5.7
—	6.5.8
—	6.5.9
6.5.6	6.5.10
6.5.7	6.5.11
—	6.5.12
—	6.5.13
6.5.8	6.5.14
6.5.9	6.5.15
6.5.10	6.5.16
6.5.11	6.5.17
6.5.12	6.5.18
6.5.13	6.5.19
—	6.5.20
6.5.14	6.5.21
7	7

ICS 29.060.20
K 13

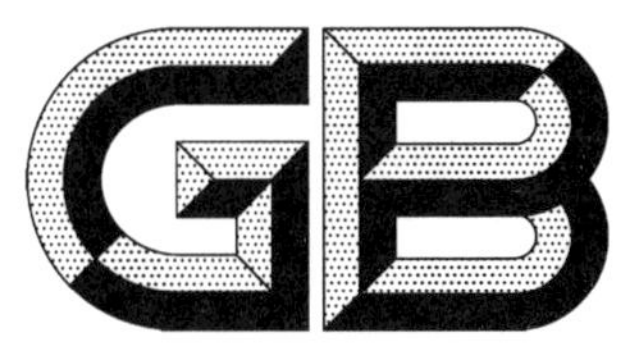

中华人民共和国国家标准

GB/T 21204.1—2007/IEC 62012-1:2002

用于严酷环境的数字通信用对绞或星绞多芯对称电缆 第1部分:总规范

Multicore and symmetrical pair/quad cables for digital communications to be used in harsh environments—Part 1:Generic specification

(IEC 62012-1:2002,IDT)

2007-12-03 发布　　2008-05-01 实施

中华人民共和国国家质量监督检验检疫总局
中国国家标准化管理委员会　发布

前　　言

本部分为 GB/T 21204《用于严酷环境的数字通信用对绞或星绞多芯对称电缆》的第 1 部分。

本部分等同采用 IEC 62012-1:2002《用于严酷环境的数字通信用对绞或星绞多芯对称电缆　第 1 部分:总规范》(英文版)。

为便于使用,本部分对 IEC 62012-1:2002 做了下列编辑性修改:

——删除 IEC 62012-1:2002 的前言;

——按照汉语习惯对一些编排格式进行了修改;

——对 IEC 62012-1:2002 中所引用的 IEC 标准出版物改为引用采用相应 IEC 标准出版物的我国标准;

——将一些适用于国际标准的表述改为适用于我国标准的表述。

本部分的附录 A 和附录 B 为规范性附录,附录 C 和附录 D 为资料性附录。

本部分由中国电器工业协会提出。

本部分由全国电线电缆标准化技术委员会归口。

本部分起草单位:上海电缆研究所、宁波东方集团有限公司、上海汉欣电线电缆有限公司、浙江兆龙线缆有限公司、江苏亨通集团有限公司、安徽新科电缆股份有限公司。

本部分主要起草人:辛秀东、孟庆林、叶信宏、汪家克、周红平、程奇松、巫志。

引　言

用户的建筑物布线或其他 IT 布线用电缆有可能必须在严酷的环境下工作。它可能因发生火灾亦可由工厂安装条件所致。本部分应与 1.4 定义的说明特殊功能的分规范一起使用。详细规范将根据实际电缆的设计参照一个或几个分规范。

用于严酷环境的数字通信用对绞或星绞多芯对称电缆 第1部分:总规范

1 总则

1.1 范围

GB/T 21204 的本部分规定了在严酷环境下使用时对绞或星绞多芯对称电缆的定义和试验方法,这种电缆用于数字通信系统,如综合业务数字网(ISDN)、局域网和数据通信系统。本部分是这类电缆的设计和试验的导则。

1.2 规范性引用文件

下列文件中的条款通过 GB/T 21204 的本部分的引用而成为本部分的条款。凡是注日期的引用文件,其随后所有的修改单(不包括勘误的内容)或修订版均不适用于本部分,然而,鼓励根据本部分达成协议的各方研究是否可使用这些文件的最新版本。凡是不注日期的引用文件,其最新版本适用于本部分。

GB/T 2423(所有部分) 电工电子产品环境试验 第2部分:试验方法[idt IEC 60068-2(所有部分)]

GB/T 2951.1—1997 电缆绝缘和护套材料通用试验方法 第1部分:通用试验方法 第1节:厚度和外形尺寸测量——机械性能试验(idt IEC 60811-1-1:1993)

GB/T 2951.3—1997 电缆绝缘和护套材料通用试验方法 第1部分:通用试验方法 第3节:密度测定方法——吸水试验——收缩试验(idt IEC 60811-1-3:1993)

GB 6995.2 电线电缆识别标志 第二部分:标准颜色(GB 6995.2—1986,eqv IEC 60304:1982)

GB/T 11327.1—1999 聚氯乙烯绝缘聚氯乙烯护套低频通信电缆电线 第1部分:一般试验和测量方法(neq IEC 60189-1:1986)

GB/T 11313—1996 射频连接器 第1部分:总规范 一般要求和试验方法(idt IEC 61169-1:1992)

GB/T 14733.1 电信术语 电信、信道和网络(GB/T 14733.1—1993,idt IEC 60050(701))

GB/T 14733.8 电信术语 电话(GB/T 14733.8—1993,idt IEC 60050(722))

GB/T 14733.11 电信术语 传输(GB/T 14733.11—1993,idt IEC 60050(704))

GB/T 17650.1 取自电缆或光缆的材料燃烧时释出气体的试验方法 第1部分:卤酸气体总量的测定(GB/T 17650.1—1998, idt IEC 60754-1:1994)

GB/T 17651.1 电缆或光缆在特定条件下燃烧的烟密度测定 第1部分:试验装置(GB/T 17651.1—1998,idt IEC 61034-1:1997)

GB/T 17651.2 电缆或光缆在特定条件下燃烧的烟密度测定 第2部分:试验步骤和要求(GB/T 17651.2—1998,idt IEC 61034-2:1997)

GB/T 18015.1 数字通信用对绞或星绞多芯对称电缆 第1部分:总规范(GB/T 18015.1—1999,idt IEC 61156-1:1994)

GB/T 18380.1 电缆在火焰条件下的燃烧试验 第1部分:单根绝缘电线或电缆的垂直燃烧试验方法(GB/T 18380.1—2001,idt IEC 60332-1:1993)

GB/T 18380.2 电缆在火焰条件下的燃烧试验 第2部分:单根铜芯绝缘细电线或电缆的垂直

燃烧试验方法(GB/T 18380.2—2001,idt IEC 60332-2:1989)

GB/T 18380.3 电缆在火焰条件下的燃烧试验 第3部分:成束电线或电缆的燃烧试验方法(GB/T 18380.3—2001,idt IEC 60332-3:1992)

IEC 60028:1925 铜电阻的国际标准

IEC 60068-2-42 环境试验 第2部分:试验 试验Kc 接触点和连接件的二氧化硫试验

1.3 定义

本部分采用GB/T 14733.1,GB/T 14733.8,GB/T 14733.11和GB/T 18015.1中确立的术语和定义。

1.4 环境条件

应将电缆设计为适用于以下一种或多种环境条件。

本部分的目的是适应1.3中定义的一种或多种环境条件的任何电缆亦应满足按第3章、第4章进行试验并满足其给出的电气、机械和环境要求。

1.4.1 耐火

当电缆按3.4.6所述的试验,受到火焰作用时,应能如详细规范中所述的降级或不降级地传输所预期的信号。

1.4.2 温度

当电缆按3.5所述的试验,受到温度作用时,应能如详细规范中所述的降级或不降级地传输所预期的信号。

1.4.3 核辐射(α,β,γ)

当电缆按3.7所述的试验,受到核辐射作用时,应能如详细规范中所述的降级或不降级地传输所预期的信号。

1.4.4 化学

当电缆按3.6所述的试验,受到化学试剂作用时,应能如详细规范中所述的降级或不降级地传输所预期的信号。

2 材料和电缆结构

2.1 一般说明

应选用适合于电缆预定用途和安装条件的材料和电缆结构。

2.2 电缆结构

电缆结构应符合相关电缆详细规范中给出的详细规定及尺寸。

2.2.1 导体

导体可以是实心的或是绞合的,实心导体应具圆形截面,可以是单一导体或有金属镀层导体。通常情况下,应将实心导体拉制成一整根。实心导体中允许有接头,接头处的抗拉强度应不低于无接头实心导体的85%。

导体应由均匀一致、无缺陷的退火铜制成,铜的特性应符合IEC 60028 。

绞合导体应由圆形截面的导线用同心绞或束绞方式绞合而成,导线间没有绝缘。

绞合导体的单线可用单一导体或有金属镀层导体。

通常情况下,应将绞合导体的单线拉制成一整根。绞合导体的单线中允许有接头,只要接头处的抗拉强度不低于无接头单线导体的85%。除非在相关详细电缆规范中规定允许,绞合后的导体不允许接头。

2.2.2 绝缘

导体绝缘应由一种或多种适用的介电材料组成。绝缘可以是实心,泡沫或组合式(如泡沫实心皮)。

绝缘应连续并且厚度尽可能均匀。

绝缘应适当紧密地包覆在导体上。应按照GB/T 11327.1—1999中5.4规定的方法检验绝缘的剥离性能。应能容易地将绝缘从导体上剥下而不损坏绝缘或导体。

如要求绝缘导体应分色标识，颜色应符合GB/T 6995.2中所示的标准色。

2.2.3 色谱

绝缘的色谱在相关电缆详细规范中给出。

2.2.4 电缆元件

电缆元件是：

——单根绝缘导体；或

——两根绝缘导体一起扭绞成一对时，记作“a”线和“b”线；或

——四根绝缘导体一起扭绞成一个四线组，按旋转方向顺次记作“a”线和“c”线，“b”线和“d”线。

成品电缆中最大平均节距应按规定的串音要求、加工性能和线对或四线组的完整性选取。

注：用变化的节距制成电缆元件，允许偶然出现扭绞节距最大值大于规定值的情况。

2.2.5 电缆元件的屏蔽

如果线对或四线组外需要屏蔽，可按下列方式组成：

a) 一层金属塑料复合带；

b) 一层金属塑料复合带和一根与金属带接触的不镀金属或镀金属的铜屏蔽连通线；

c) 不镀金属或镀金属的铜丝编织层；

d) 一层金属塑料复合带和一层不镀金属或镀金属的铜丝编织层。

当不同种类的金属互相接触时，应特别谨慎。可能需要用涂覆层或其他防护方法以防止电化学作用。在屏蔽内层和(或)外层可绕包或挤包一层保护缓冲层。

2.2.6 成缆

电缆元件可用同心层绞式或单位式结构绞合成缆。缆芯可用一层非吸湿性包带(绕包或挤包)保护。

注：为保持缆芯圆整可使用填充物。

2.2.7 缆芯屏蔽

缆芯可采用以下屏蔽：

a) 一层金属塑料复合带；

b) 一层金属塑料复合带和一根与金属带接触的不镀金属或镀金属的铜屏蔽连通线；

c) 不镀金属或镀金属的铜丝编织层；

d) 一层金属塑料复合带和一层不镀金属或镀金属的铜丝编织层；

e) 裸金属带；

f) 金属管。

当不同种类的金属互相接触时，应特别谨慎。可能需要用涂覆层或其他防护方法以防止电化学作用。在屏蔽内层和(或)外层可绕包或挤包一层保护缓冲层。

2.2.8 护套

护套应有足够的机械强度与弹性。

护套应连续并且其厚度应尽可能均匀。护套的最小厚度按GB/T 11327.1—1999中4.2.1.2规定的方法测量。

护套应适当紧密地包覆在缆芯上。对于带屏蔽的电缆，除有意粘结外，护套不应粘结于屏蔽上。

2.2.9 护套颜色

护套颜色可在相关电缆详细规范中规定。

2.3 识别标记

2.3.1 电缆标志

除非另有说明，每个制造长度的电缆上应标有生产厂厂名，必要时还应有制造年份。标志可使用下列方法之一：

a) 颜色线或颜色带；

b) 印字带；

c) 在缆芯包带上印字；

d) 在护套上标记。

护套上可能还要有相关电缆详细规范中规定的其他标记。

2.3.2 标签

应在每根成品电缆所附的标签上或在产品包装的外面给出以下信息：

a) 电缆型号；

b) 生产厂厂名或专有标志；

c) 制造年份；

d) 电缆长度,单位:米(m)。

2.4 成品电缆

成品电缆应对储存及装运有足够的防护。

3 试验方法

3.1 一般说明

除非另有规定,所有的试验应在 GB/T 2423 规定的试验条件下进行。

3.2 电气试验

电气试验应按照 GB/T 18015.1 规定进行。相关的分规范给出适用的试验方法。

3.3 机械性能试验和尺寸测量

3.3.1 尺寸测量

应按照 GB/T 2951.1—1997 第 8 章规定测量厚度和直径。

3.3.2 导体断裂伸长率

应按照 GB/T 11327.1—1999 中 5.1 规定的方法测量导体的断裂伸长率。

3.3.3 绝缘抗张强度

应按照 GB/T 2951.1—1997 中 9.1.7 规定的方法测量绝缘抗张强度。

3.3.4 护套断裂伸长率

应按照 GB/T 2951.1—1997 中 9.2.7 规定的方法测量护套断裂伸长率。

3.3.5 护套抗张强度

应按照 GB/T 2951.1—1997 中 9.2.7 规定的方法测量护套抗张强度。

3.3.6 电缆压扁试验

3.3.6.1 目的

确定电缆组件承受施加到电缆任一部位的横向负荷(或力)的能力。

3.3.6.2 程序

试验应在 100 m 长的电缆距近端 1 m 处进行。

应无任何突然变化地逐渐施加相关的电缆规范中规定的负载(F)(见图 1),保持 2 min 。如果逐级增加负载,其每级增加比率应不大于 1.5。

3.3.6.3 要求

在试验期间,传输特性应在详细规范中规定的限值之内。

详细规范可另外规定要完成的其他试验。

3.3.6.4 详细规范中要给出的条件

a) 力 F 的值；

b) 从试验区域到试验端口的距离；

c) 电气试验及其要求。

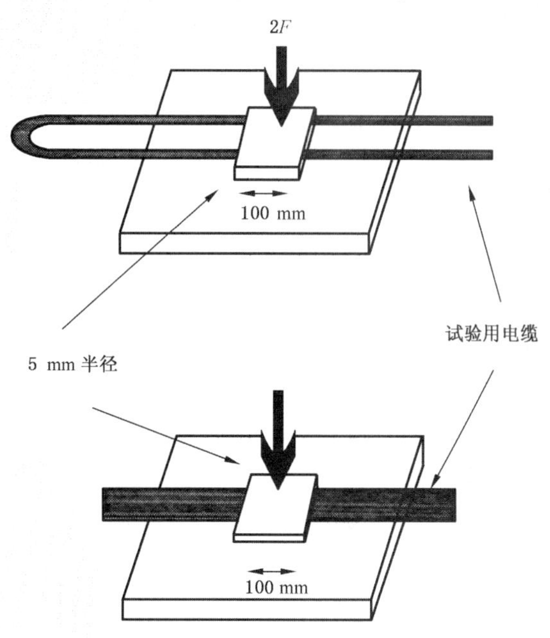

图 1 电缆压扁试验

3.3.7 张力下弯曲试验

3.3.7.1 目的

确定电缆承受多次反复弯曲的能力。

3.3.7.2 程序

试验应在 100 m 长的电缆距近端第一个 10 m 段上进行。

将电缆在整个长度上通过“往复”拉动，施加反复弯曲若干次。两个滑轮的半径应与相关的详细规范中规定的电缆最小动态弯曲半径相一致。滑轮应按图 2 方式安置，以使每个滑轮上电缆的弯曲角度都大于 90°。

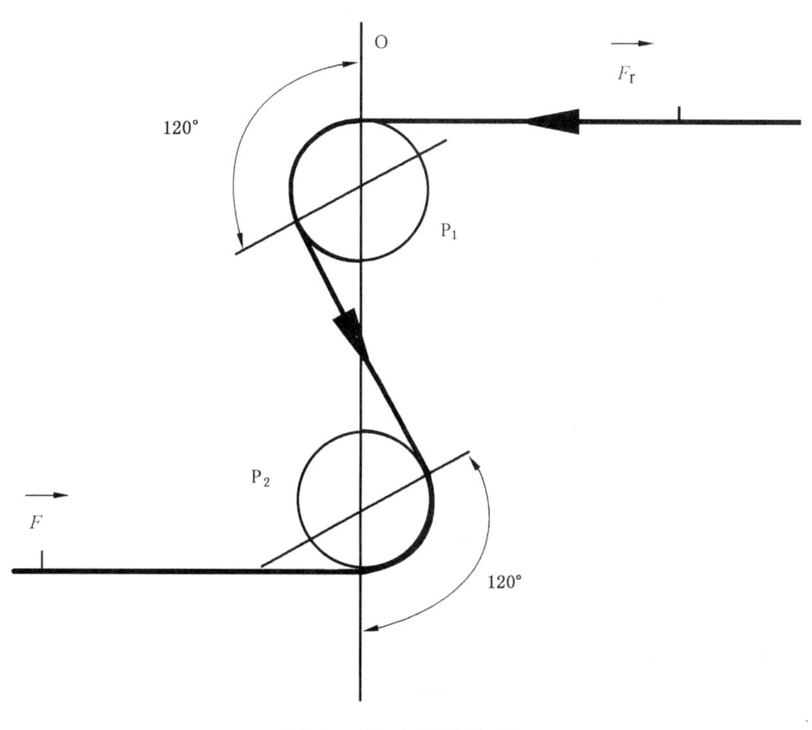

图 2 张力下的弯曲

电缆前后拉动的限制力 F_r 的设置应确保电缆和滑轮连续接触。

速度宜不小于 1 m/min 。

3.3.7.3 **要求**

试验后,电缆应无目力可见的损伤并应满足电气要求。

3.3.7.4 **详细规范中要给出的条件**

a) 循环次数;

b) 电气试验及其适用的要求限值。

3.3.8 **电缆拉伸性能**

本条规定了确定成品电缆经受拉伸负载能力的试验方法。

3.3.8.1 **设备**

设备应由一个可容纳电缆最小受试长度的抗张强度测量装置组成。可使用传递装置和负载传感器,负载传感器的最大误差应是它的最大测量范围的±3%。注意采用特定的夹紧电缆的方法以不影响试验结果(见图 3)。

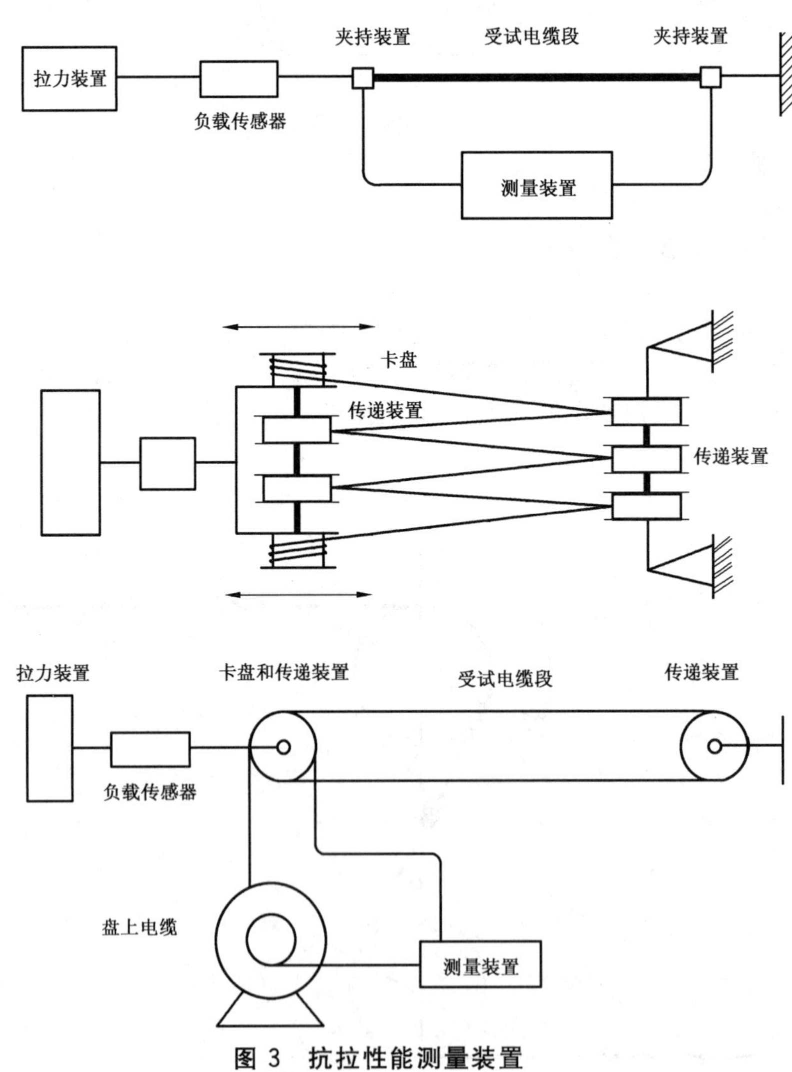

图 3 抗拉性能测量装置

3.3.8.2 **试验温度**

除非另有规定,试验应在环境温度下进行。

3.3.8.3 **试样**

试样应有足够的长度进行规定的试验。

3.3.8.4 程序

a) 将电缆安置在拉伸装置上并将其固定。在拉伸装置的两端,采用均匀夹紧的方法使电缆试样固定,以防止电缆中各元件相互滑移。对于多数的电缆结构,电缆的夹持是可行的;

b) 将拉伸试验的电缆连接到测量仪器上;

c) 张力负荷应连续地增加到详细规范中规定的要求值。

3.3.8.5 要求

试验后,衰减特性应在详细规范中规定的限值之内。

3.3.8.6 要规定的详细要求

——电缆长度和受拉伸长度;

——张力负荷;

——端部制备;

——张力增加速率;

——电缆长度测量的最小精确度(如果适用);

——试验温度。

3.4 环境试验

3.4.1 绝缘收缩

应按照 GB/T 2951.3—1997 中第 10 章规定的方法测量绝缘收缩。

3.4.2 振动

3.4.2.1 程序

本试验应按 GB/T 2423.10—1995 中试验 Fc 规定进行,如 GB/T 11313—1996 中 9.3.3 所规定。GB/T 11313—1996 中 9.3.3 包括关于电缆连续性监视的详细规定和应在有关分规范和详细规范给出的条件。

3.4.2.2 严酷度

振动严酷度应由频率范围,振幅和以循环次数表示的持续时间三个参数共同确定。相关规范应从下列推荐值中选取适当的参数。

振动频率范围:10 Hz~150 Hz

10 Hz~500 Hz

10 Hz~2 000 Hz

振幅:

频率低于 57 Hz 到 62 Hz 时应规定振动位移幅值,频率高于 57 Hz~62 Hz 时应规定加速度幅值(见表 1)。

表 1 振幅要求

位移幅值/mm	加速度/(m/s²)	幅值 g
0.75	98	10
1.0	147	15
1.5	196	20

持续时间:

在每个轴线的振动循环次数:2 次,5 次,10 次或 20 次。

3.4.2.3 要求

除非在详细规范中另有规定,在恢复周期结束时,电缆应符合下列试验的要求。

a) 绝缘电阻;

b) 耐电压;

c） 插入损耗；

d） 目力检查。

绝缘电阻和耐电压试验应在试样恢复期终止后的30 min内进行。

3.4.2.4 详细规范中要给出的条件

a） 试验的严酷度；

b） 在预处理后和恢复周期后立即进行的电气试验及其要求。

3.4.3 碰撞

3.4.3.1 程序

本试验应按GB/T 2423.6—1995中试验Eb进行。

3.4.3.2 严酷度

除非在分规范或相关的详细规范中另有要求，应选择以下推荐的严酷度：

碰撞次数：1 000±10。

3.4.3.3 要求

除非在详细规范中另有规定，在恢复周期终止时，电缆应符合下列试验的要求。

a） 绝缘电阻；

b） 耐电压；

c） 插入损耗；

d） 目力检查。

绝缘电阻和耐电压试验应在试样恢复期终止后的30 min内进行。

3.4.3.4 详细规范中要给出的条件

a） 试验的严酷度；

b） 在预处理后和恢复周期后立即进行的电气试验及其要求。

3.4.4 冲击

3.4.4.1 程序

试验应按照GB/T 2423.5—1995中试验Ea进行。

3.4.4.2 严酷度

除非在分规范或相关详细规范中另有要求，应选择表2给出的一种脉冲波形。冲击的严酷度应由峰值加速度和标称脉冲的持续时间结合确定。

表2 冲击严酷度

相应的速度变化量		加速度峰值	相应脉冲持续时间		
			锯齿波的最终峰值	半正弦波	梯形波
m/s	m/s	*g*	m/s	m/s	m/s
147	15	11	0.81	1.03	1.46
294	30	18	2.65	3.37	4.77
490	50	11	2.69	3.43	4.86
981	100	6	2.94	3.74	5.30
4 900	500	1	2.45	3.12	4.42
14 700	1 500	0.5	3.68	4.68	6.62

3.4.4.3 要求

除非在详细规范中另有规定，在恢复周期结束时，电缆应符合下列试验的要求。

a） 绝缘电阻；

b) 耐电压；

c) 插入损耗；

d) 目力检查。

绝缘电阻和耐电压试验应在试样恢复期终止后的 30 min 内进行。

3.4.4.4 详细规范中要给出的条件

a) 试验严酷度；

b) 在预处理后和恢复周期后立即进行的电气试验及其要求。

3.4.5 燃烧性能

3.4.5.1 单根电缆延燃特性

应按照 GB/T 18380.1 中规定的方法进行单根电缆的燃烧性能试验。当由于细小导体在火焰的作用下可能熔化，上述方法不适用时，电缆应按 GB/T 18380.2 中规定进行试验。

3.4.5.2 成束电缆延燃特性

应按 GB/T 18380.3 系列中规定的方法进行成束电缆的燃烧性能试验。

3.4.5.3 水平综合燃烧试验方法

水平综合燃烧试验方法规定见附录 A。

3.4.6 单根电缆的耐燃烧特性

3.4.6.1 目的

本条规定了在燃烧条件下保持电路完整性的要求并描述了为达到这一目的所应采用的方法。按本部分评定的保持电路完整性考虑了相关的应用和布线的性能要求。

3.4.6.2 传输性能的保持

按 3.4.6.4 规定对一定长度的电缆进行燃烧试验，如果表 3 中的传输性能的变化处于使用允许的范围内，则表示电路保持完整。

表 3 待检验的特性与应用频率的关系

应用的频率	检验的特性
100 kHz 及以下	工作电容/绝缘电阻
2 MHz 及以下	衰减
16 MHz 及以下	衰减/串音
100 MHz 及以下	衰减/串音/回波损耗

3.4.6.3 传输性能保持的等级

根据电路完整性保持时间的长短，确定电缆系统为表 4 中所列的某一种等级。

表 4 E 级电路完整性

电路完整性等级	电路完整性保持的最短时间/min
E30	30 或以上
E60	60 或以上
E90	90 或以上

3.4.6.4 程序

在距电缆的自由端 10 m 处，10 m 的电缆放在一个根据燃烧室的尺寸调节受试电缆最小的弯曲半径的金属的托架上，该托架的细节必须在详细规范中规定。

如可能，要将托架放入 GB/T 18380.3 系列标准规定的燃烧室内。对于大电缆，应使用 GB/T 17651.1定义的试验装置。

燃烧条件由 GB/T 18380.3 系列定义。

电缆的端部应安装合适的连接器，以便在良好状态下进行所要求的试验。

3.4.6.5 要求

在试验期间，应满足电气要求。

3.4.6.6 相关规范中要给出的条件

a) 置于火焰中的电缆总长度；

b) 适用的电气试验及其要求。

3.4.7 含卤气体释出

应按 GB/T 17650.1 中规定的测量方法测量产生的含卤素气体。

3.4.8 烟雾的产生

应按 GB/T 17651.2 中规定的方法测量发烟量。

3.4.9 有毒气体的散发

在考虑中。

3.5 温度试验

3.5.1 气候顺序

3.5.1.1 程序

试验应按 GB/T 11313—1996 中 9.4.2 进行。电缆应缠绕在一个最小静态弯曲半径的芯轴上。除非在详细规范中另有规定，总圈数应为 3 圈。

3.5.1.2 严酷度

除非在分规范或相关详细规范中另有规定，应从下列优选的严酷度中选择：

低温：－40℃、－50℃

高温：＋70℃、＋85℃、＋125℃、＋155℃、＋200℃

持续时间：4 天、10 天、21 天或 56 天

3.5.1.3 要求

除非在详细规范中另有规定，当试样恢复期终止时，电缆应满足下列试验的要求。

a) 绝缘电阻；

b) 耐电压；

c) 插入损耗；

d) 目力检查。

绝缘电阻和耐电压试验应在试样恢复期终止后的 30 min 内进行。

3.5.1.4 详细规范中要给出的条件

a) 气候顺序的每一阶段的严酷度；

b) 如果不是 3 圈时，应规定绕在芯轴上的圈数；

c) 在试验中和试验后进行的电气试验及其要求。

3.5.2 稳态湿热

3.5.2.1 程序

试验应按 GB/T 2423.3—1993 中的试验方法 Ca 进行。电缆应缠绕在一个最小静态弯曲半径的芯轴上。除非在详细规范中另有规定，总圈数应为 3 圈。

3.5.2.2 严酷度

除非在分规范或详细规范中另有规定，应选择下列推荐的一种严酷度：

持续时间：4 天、10 天、21 天或 56 天。

3.5.2.3 要求

除非在详细规范中另有规定，当试样恢复期终止时，电缆应满足下列试验的要求。

a) 绝缘电阻；

b) 耐电压；

c) 插入损耗；

d) 目力检查。

绝缘电阻和耐电压试验应在试样恢复期终止后的 30 min 内进行。

3.5.2.4 详细规范中要给出的条件

a) 试验的严酷度；

b) 如果不是 3 圈时，应规定在芯轴上缠绕的圈数；

c) 在预处理后和恢复周期后立即进行的电气试验及其要求；

d) 芯轴直径。

3.5.3 温度的快速变化

3.5.3.1 程序

本试验应按 GB/T 2423.22—2002 中的试验方法 Nc 进行。温度范围应按气候试验的规定选取。电缆应缠绕在一个最小静态弯曲半径的芯轴上。除非在详细规范中另有规定，总圈数应为 3 圈。

3.5.3.2 严酷度

变化速度：(1℃±0.2℃)/min

循环次数：除另有规定外为 2 次。

3.5.3.3 要求

除非在详细规范中另有规定，当试样恢复期结束时，电缆应满足以下试验的要求。

a) 绝缘电阻；

b) 耐电压；

c) 插入损耗；

d) 目力检查。

3.5.3.4 详细规范中要给出的条件

a) 最低和最高温度；

b) 如果不是 3 圈时，应规定在芯轴上缠绕的圈数；

c) 最终试验和测量及其要求；

d) 芯轴直径。

3.5.4 单根电缆的耐温特性

3.5.4.1 目的

确定电缆的耐温性能。

3.5.4.2 程序

除非在相关规范中另有规定，电缆应按图 4 经受 380℃的温度。

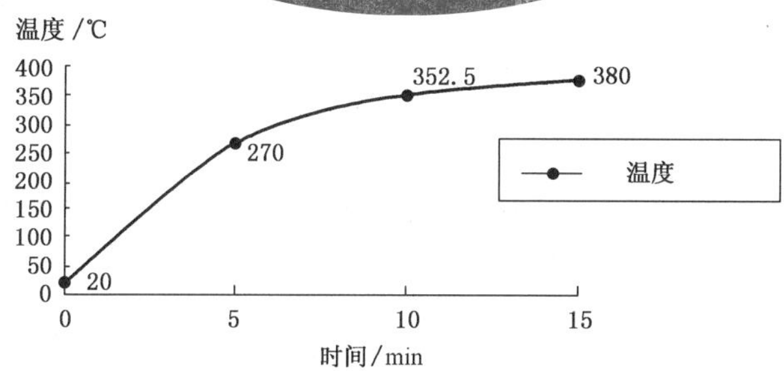

图 4 温度与时间的曲线图

3.5.4.3 要求

在试验过程中，应满足电气要求。

3.5.4.4 详细规范中要给出的条件

a) 受热的电缆长度;

b) 适用的电气试验及其要求;

c) 如果不按图4曲线升温,应规定温度升高的曲线。

3.6 化学试验

3.6.1 耐溶剂和污染流体

3.6.1.1 程序

试验应按GB/T 11313—1996中9.7进行。

3.6.1.2 要求

除非在详细规范中另有规定,当试样恢复周期结束时,电缆应符合下列试验的要求。

a) 绝缘电阻;

b) 目力检查;

c) 插入损耗;

d) 护套的抗张强度和伸长率。

3.6.1.3 详细规范中要给出的条件

a) 预处理液体;

b) 如果不是70℃,应规定干燥温度;

c) 绝缘电阻和插入损耗的要求。

3.6.2 盐雾和二氧化硫试验

3.6.2.1 程序

本试验方法应从GB/T 2423系列标准中选取。严酷度应在详细规范中规定。

3.6.2.2 严酷度

盐雾试验应按GB/T 2423.17—1993中的试验方法Ka进行。试验持续时间应为96 h或168 h。

二氧化硫试验应按IEC 60068-2-42[1)]中的试验方法Kc进行。试验持续时间应为4天。

3.6.2.3 要求

除非在详细规范中另有规定,当试样恢复周期结束时,电缆应满足下列试验的要求。

a) 绝缘电阻;

b) 如出现,导体和屏蔽腐蚀状态的目力检查;

c) 插入损耗。

3.6.2.4 详细规范中要给出的条件

绝缘电阻和插入损耗的要求。

3.7 辐射试验

3.7.1 核辐射

本试验是测量γ辐射对对绞电缆或星绞电缆的影响。

3.7.1.1 范围

本试验概述了一种测量暴露在γ射线辐射下电缆稳态响应的方法。它可用来测定由于暴露在γ辐射下,电缆产生的辐射感生衰减的水平。该试验不是材料试验。如果必须研究辐射导致的电缆材料的降级,则需要其他的试验方法。

3.7.1.2 背景

暴露在γ辐射下通常使电缆衰减增加。这主要由于辐射分解的电子和空穴在电介质的缺陷部位形

---

1) 等同采用IEC 60068-2-42的我国国家标准GB/T 2423.19—1981已废止,本条中按原文直接引用IEC 60068-2-42。

成的陷阱。本试验程序集中在两个有意义的状态:适于评估环境背景辐射影响的低剂量率状态和适于评估有害的核辐射环境影响的高剂量率状态。环境背景辐射影响的试验是通过测量衰减的方法来实现的。恢复可能在 10^{-2} s 到 10^{4} s 宽的时间范围内发生。由于衰减与很多变量包括试验环境温度、试样的结构、施加到电缆上的辐射总剂量和剂量率有关,这使辐射感生衰减的表征变得复杂。

3.7.1.3 警告

该试验的实验室应有严格的规章和相应的保护设施。

3.7.1.4 试验装置

3.7.1.4.1 辐照源

3.7.1.4.1.1 环境背景辐射试验

应使用一个钴 60 或等同的离子源以 20 rad/h 的低剂量率释放 γ 射线。

3.7.1.4.1.2 有害的核环境试验

应使用一个钴 60 或等同的离子源在 5 rad/h 到 250 rad/h 范围内以要求的辐照剂量释放 γ 射线。

3.7.1.4.2 辐射剂量计

应采用热发光 LiF 或 CaF 晶体检测器(TLD)测量被试样接收的辐照剂量的总和。

3.7.1.4.3 温度控制器

除非另有规定,温度控制器应能保证在规定的温度±2℃之内波动。

3.7.1.4.4 试验用线盘

试验用线盘应不对试验过程的辐射产生屏蔽或减弱作用。

3.7.1.5 试验样品

试样应是如详细规范规定至少含四个线对的有代表性的电缆。

除非在详细规范中另有说明,试样长度应为 100 m。置于试验箱外,与测试设备相连的试样端部长度应尽量短(典型为 5 m)。应记录被辐照的试样长度。

3.7.1.6 试验程序

3.7.1.6.1 辐照源的校准

在将试样放入试验箱前应校准辐照源的剂量均匀性和剂量水平。辐照的区域应放置四个 TLD,并使它们的中心位于试验用线盘的轴线上(采用四个 TLD 以取得有代表性的平均值)。校准系统时的辐照剂量应等于或大于实际试验时的辐照剂量。为了保证测量试验辐照剂量的高度准确性,TLD 应只使用一次。

3.7.1.6.2 环境背景辐射试验

以下规定了在 γ 辐照源辐照前和辐照后试样的衰减的测量程序。

试验用的电缆线盘应根据图 5 所示安放在试验设备内。

试验前,试样应置于控温箱内在(25±5)℃温度下预处理 1 h,或在试验温度下按照详细规范中规定的预处理时间进行预处理。

应进行试样的衰减测量,记录 γ 射线辐射前的电缆衰减 A_1。

应通过将试样置于剂量率为 20 rad/h 的条件下确定因 γ 射线引起的环境背景辐射的影响。试样辐照的总剂量至少为 100 rad。

辐照过程的 2 h 内和结束时,应进行试样的衰减测量。记录 γ 辐照源辐照后试样的衰减 A_2。

按要求的试验温度重复上述试验步骤,在要求的每一温度下,都应使用新的未经辐照的试样。

3.7.1.6.3 有害核环境试验

γ 辐照源辐照前、辐照中和辐照后试样衰减的测试程序规定如下。

试验用的电缆线盘应根据图 5 所示放置在试验设备内。

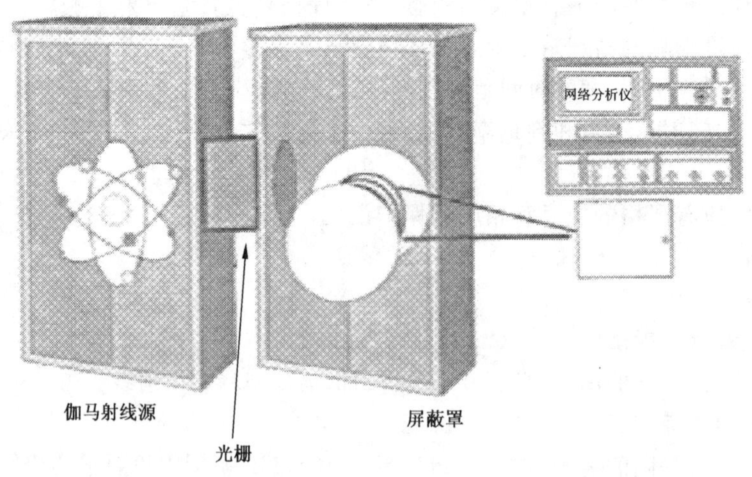

图 5 辐射试验设备

试验前，试样应置于控温箱内在 25℃±5℃温度下预处理 1 h，或是在试验温度下按照详细规范中规定的预处理时间进行预处理。

辐照前，应在规定的试验温度下测量衰减。

应将图表记录器或合适的连续测量装置连接到检测系统上用以对衰减进行连续测量。

因 γ 射线辐照引起的有害影响应通过将试样置于如表 5 规定的至少一种剂量率和总的剂量水平组合中或按详细规范规定的条件进行辐照来确定。

由于辐照源的性能改变，剂量率水平仅为近似水平。辐照源之间辐照剂量的变化预期高达±50%。辐照源开启或断开所需的时间应小于或等于总辐照时间的 10%。

在 γ 射线辐照周期内和辐照过程完成后 15 min 内，应记录试样的衰减。

按要求的试验温度重复上述试验步骤，在要求的每一温度下，都应使用新的未经辐照的试样。

表 5 总剂量/剂量率组合

总剂量/rad(sievert)	剂量率/(rad/s)
30	0.05
100	0.50
1 000	2
10 000	2

3.7.1.7 计算

衰减的变化 ΔA

$$\Delta A = A_2 - A_1 \quad (\mathrm{dB})$$

式中：

A_1——γ 射线辐照前试样的衰减；

A_2——γ 射线辐照后试样的衰减。

3.7.1.8 详细规范中要给出的条件

应在详细规范中规定下列详细内容：

a) 试样的型号；

b) 试验用线盘的直径；

c) 试验温度；

d) 失效或可接收的标准；

e) 试样的数量；

f) 辐照总剂量和剂量率；

g) 其他试验条件。

附　录　A
（规范性附录）
水平综合燃烧试验方法

A.1　定义、符号和缩写

A.1.1

火焰传播距离　flame travel distance

火焰传播超过燃气喷灯火焰区域的距离。

A.1.2

烟的光密度　optical density of smoke(OD)

以原始光强度与瞬态光强度的对数比描述烟的遮光度。

A.1.3

点火时间　time-to-ignition

燃烧开始的时间。

A.2　试验环境

燃烧实验室由试验箱和烟雾测量系统组成，它应装有通风设施，在每次试验的全过程中维持室内的受控压力，使之相对于大气压为 0 Pa 到 12 Pa 的水柱，温度为 23℃±3℃ 和相对湿度为 50%±5%，燃烧实验室应采取措施保持空气流通。燃烧实验室和烟尘测量区域应控制照明。

A.3　试验装置

燃烧试验装置应包括下列各项：

a)　进气箱；

b)　进气口风门片；

c)　燃烧试验箱；

d)　燃气喷灯；

e)　可移动顶盖；

f)　排气管过渡段；

g)　排气管道；

h)　排气管道流速测量系统；

i)　测烟系统；

j)　排气管道可调风门；

k)　排气管道鼓风机；

l)　热释放率测量系统。

A.3.1　进气箱

燃烧试验箱通风转换导管应为 L 形镀锌钢结构组成，固定于燃烧试验箱的进气端，该装置应保持(300 mm±6 mm)×(464 mm±6 mm) 的矩形通路以让空气通过进气口风门片进入燃烧试验箱。进气箱的示意图见图 A.1。

A.3.2　进气口风门片

一个可垂直滑动且覆盖整个试验箱的风门片位于燃烧试验箱的进气端，风门片安装于离试验箱底面 76 mm±2 mm 的进气口，占据了试验箱的全部宽度，如图 A.1 所示（也见图 A.2）。

A.3.3 燃烧试验箱

燃烧试验箱应由一个形状和尺寸如图 A.2 和图 A.3 的水平管道组成。管道的侧面和底部应由高熔点耐火砖砌成保温炉墙，如图 A.3 所示。一侧配有一排厚 6 mm 的高温耐压双层观测窗。内层的窗格玻璃应与内侧墙壁齐平(见图 A.3)。暴露的玻璃窗面积为(70 mm±6.4 mm)×(280 mm±38 mm)。安装玻璃的目的是可以在燃烧试验箱的外面观察到燃气喷灯及起始于试样火焰端点上一段被测试样。

顶盖的支撑档由一种能承受非正常连续试验的结构材料制成。支撑档与箱体及其他各装置的长度和宽度齐平。

为提供燃烧用的空气湍流，应沿着燃烧试验箱的墙面安放 6 块尺寸为 229 mm×114 mm×64 mm 的耐火砖(长度方向垂直于墙，114 mm 尺寸方向平行于墙)作为导流板，从燃气喷灯的中心线到耐火砖的中心线测量耐火砖到墙的距离分别为：在有窗子一侧(不要遮住窗子)2.13 m±152 mm，3.66 m±152 mm，6.10 m±152 mm，在相反方向分别为 1.37 m±152 mm，2.90 m±152 mm，4.88 m±152 mm。

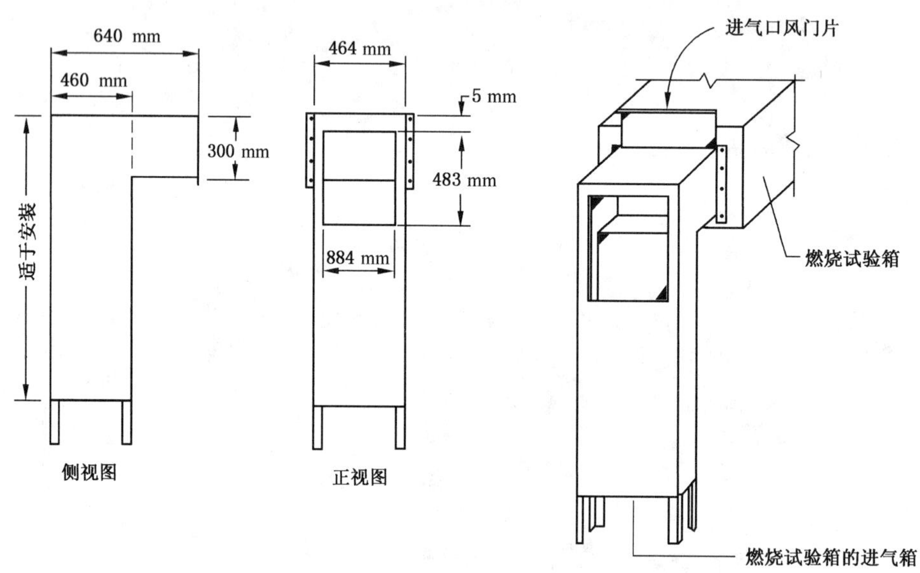

图 A.1 空气进气箱示意图

(公差在相应段落给出)

A.3.4 燃气喷灯

在燃烧试验箱的一端，即图 A.2 中标有进气端处，备有双口燃气喷灯，向上喷射喷没试样的火焰。如图 A.3 所示，燃气喷灯应横向安置于熔炉每侧的中心线，以便于火焰均匀的分布在试样的宽度方向上。该燃气喷灯离燃烧试验箱的进气端 292 mm±6 mm，在可移动顶盖以下 191 mm±6 mm 处(见图 A.2 和图 A.3)。燃气喷灯位于进气口风门片下游 1 320 mm±51 mm 处，计量时从燃气喷灯的中线量到风门片的外表面。燃气喷灯的燃气是由一根进气管提供，通过一个 T 形部件分散到各个燃气孔。出口是一个直径 19 mm 的肘管。孔的平面应平行于炉底面。以便燃气直接上升面向试样。各个孔的位置应是如此：其中线位于燃烧试验箱中线各侧 102 mm±6 mm 处，以便燃气喷灯火焰呈均匀分布(见图 A.3)。燃气喷灯是采用遥控的电子点燃系统点燃。控制器用于维持输送至燃气喷灯的甲烷气流保持稳定，它由以下几个部件组成：

a) 一个压力调节器；

b) 一个校准的燃气表，增量的读数不应高于 2.81；

c) 一个显示气压的量表，单位为 Pa(或水柱英寸数)；

d) 一个气体紧急开关阀；

e) 一个气体计量阀；

f) 一个连有压力计的带孔的板用以保持统一的气流条件。

如果是与控制装置同等的仪器，允许替换。

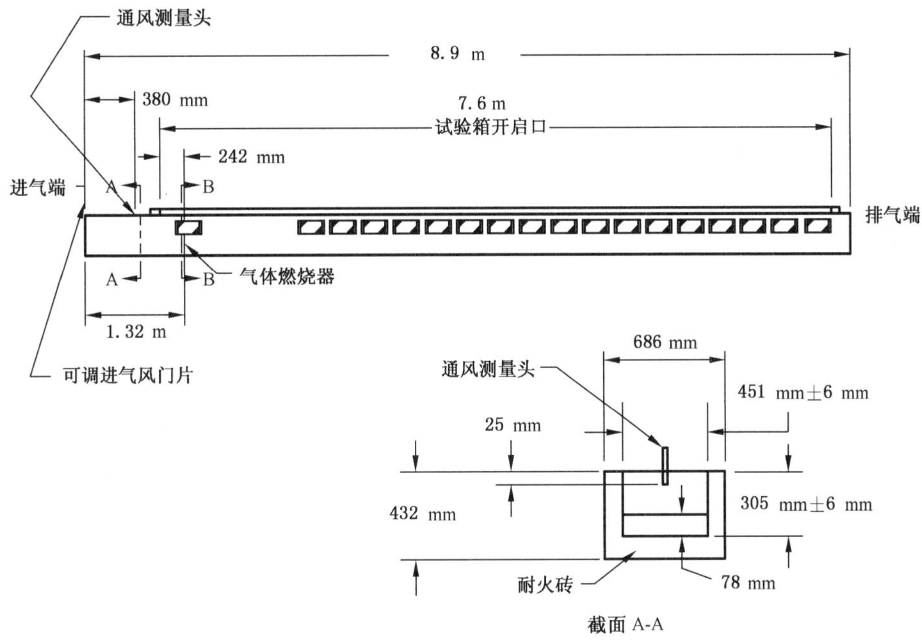

图 A.2 燃烧试验箱示意图

（公差在相应段落给出）

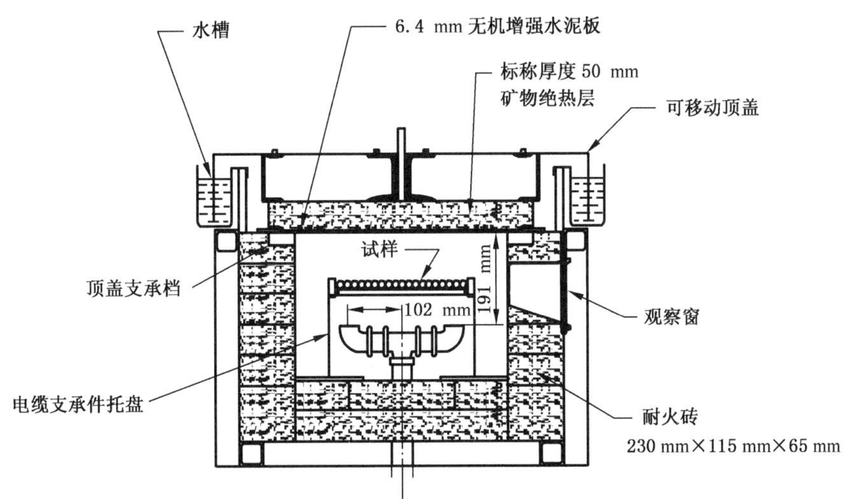

图 A.3 燃烧试验箱 T 型截面示意图(截面 B-B，图 A.2)

（公差在相应段落给出）

A.3.5 可移动顶盖

可移动顶盖是由金属和矿物复合件组成，绝热层应为标称 51 mm±6 mm 厚的矿物复合材料。顶部截面在图 A.3 中显示，应能完全覆盖燃烧试验箱。金属和矿物复合材料应具有如下的物理特性：

a) 最高的有效使用温度不能低于 650℃；

b) 容积密度为 335 kg/m^3±20 kg/m^3；

c) 导热率从 150℃到 370℃为 0.072 W/(m·K)到 0.102 W/(m·K)；

d) K_pC 乘积为 1×104(W^2·s)/(m^2·K^2)到 4×104(W^2·s)/(m^2·K^2)。

这里 K_pC 等于导热率×密度×比热。

整个顶盖用扁平截面的高密度(标称密度 1 760 kg/m³,6 mm 厚)的矿物纤维/水泥板保护,该板材应经过连续的移动后无弯曲无裂痕。在就位时,顶盖放在位于顶盖的支承档上的厚 3 mm 的编织玻璃纤维带上。在试验期间,顶盖应保持完全密封以防止空气进入燃烧试验箱。为此,可采用如图 A.3 所示的充水槽。

A.3.6 排气管过渡段

在燃烧试验箱的排气端应安置一个由钢部件组成的排气管过渡段,该钢部件由长×宽×高为(902 mm±6 mm)×(686 mm±6 mm)×(432 mm±6 mm)的矩形及一个长 457 mm±6 mm 的矩形和内径为 406 mm±3 mm 的圆形过渡段组成。管道全部为不锈钢。矩形端固定于燃烧试验箱的排气端,以保证空气密封,圆形端固定于直径为 406 mm±3 mm 的排气管道。该部件的外侧应采用标称厚度为51 mm 的陶瓷纤维覆盖物(标称密度为 130 kg/m³)来隔热。排气管过渡段的形状和尺寸如图 A.4 所示。

A.3.7 排气管道

为了得到完全混合的排出气流,在排气过渡段的下游,至少应铺设水平延伸长度为 4.9 m 到 5.5 m,内径为 406 mm±3 mm 不锈钢质地的排气管道。气流应从排气过渡段的下游至少扩散 8.5 m 。在管道的外侧,从排气过渡段到测烟系统的装置,应采用标称厚度为 51 mm 的陶瓷纤维覆盖物隔热,陶瓷纤维材料应具有如 A.3.5 所描述的物理性能。

A.3.8 排气管道流速测量系统

采用与电子压力计相连接的双向探头或是等效的测量系统和一只热电偶,测量气流途径的压力差,以确定其在排气管道中的速度。

双向探头是由一个中央有一隔膜将其分为两个腔体的不锈钢筒构成。探头长 44 mm,内径为 22 mm 。位于隔膜两侧的测压孔用于支承探头。

探头的轴芯位于管道的中线。压力头与一个最小分辨率为 0.25 Pa 水柱的压力传感器连接。

用一个具有镍铬铁合金 Inconel®[1] 护套的 0.32 mm 、K 型热电偶,在邻近双向探头且位于管道中线 152 mm 处,测量排放气体的温度。

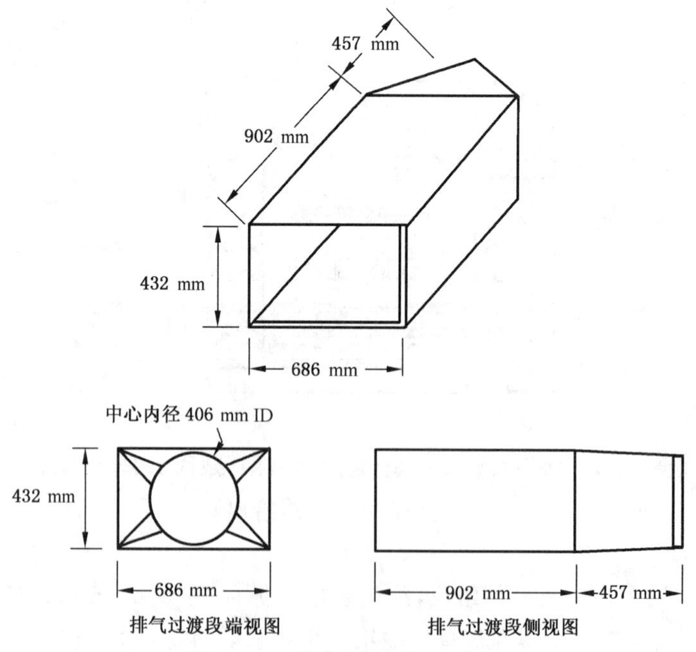

图 A.4 排气过渡段示意图

(公差在相应段落给出)

1) Inconel®是市场上可得到的适当的样品,给出此信息是为了方便本规范的使用者。并不是国家对这种产品的认可。

A.3.9 测烟系统

在排气管道的水平面上应装配一个 12-V 的密封集束透镜汽车聚光灯(见图 A.5)。聚光灯应置于一直的圆管前面,该管距排气过渡段的排气端至少 4.9 m 但不大于 5.5 m。光束沿排气管道的垂直轴朝上。输出与接收量成正比的光电池应放在光源上方,光源至光电池的全程为 910 mm±50 mm 。光源和光电池都应与实验室的环境相通。圆柱形的光束应通过直径为 406 mm 的管道顶部和底部的 76 mm±3 mm 的开启处。合成光束集中在光电池上。光电池应与记录仪器相连,以指示因通过烟雾而造成的光线的衰减。详细的工程图见附录 C。

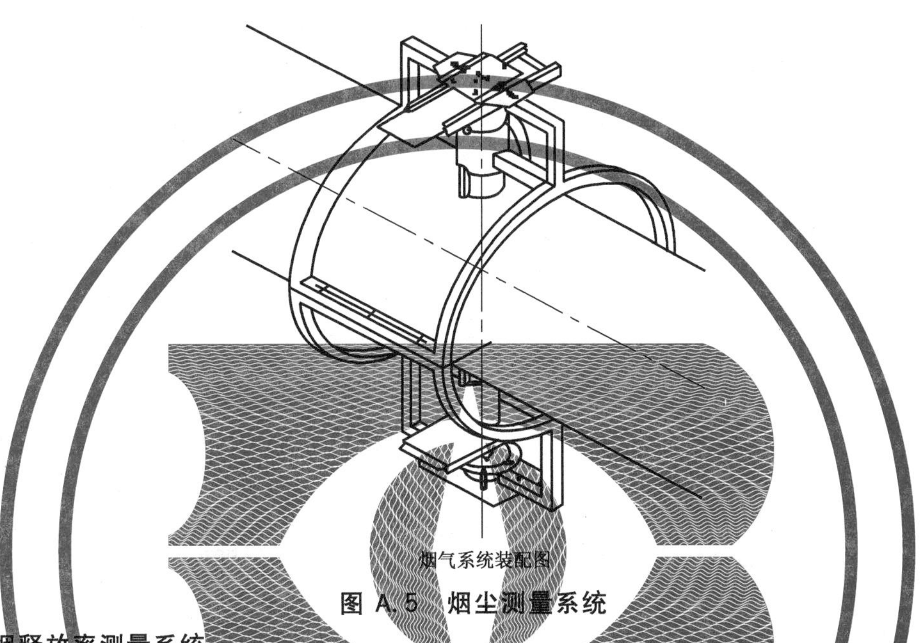

图 A.5 烟尘测量系统

A.3.10 烟释放率测量系统

烟释放率测量系统是由 A.3.9 描述的烟测量系统和 A.3.8 描述的气流测量系统组成的。

A.3.11 排气管道可调风门

在排气管道位于测烟系统下游 1.7 m±0.2 m 处应安装单片直径为 406 mm 的流量控制风门。排气管过渡段、排气管、测烟系统和排气管道可调风门的相对位置如图 A.6。为保障在整个试验过程控制空气流,应通过闭环的反馈系统根据测量气流的静压力来控制排气管道可调风门。

A.3.12 排气鼓风机

排气鼓风机应置于排气管道可调风门下游至少 1.8 m 处,两者相连的排气管的直径为 406 mm 。试样一旦就位,进气口风门片提供 76 mm±2 mm 的进气开启口,排气管道可调风门大幅度打开,鼓风机的功率应在通风测压点处,能产生至少 37 Pa 的水柱压力(见图 A.6)。排气管道可调风门和排气鼓风机之间应有一个密封的伸缩接头。

A.3.13 燃烧试验箱气流系统

在进气端应安装一个配有扩展到整个试验箱宽度的垂直滑动通风扇的通风口。应安装一块金属板作为通风口的舱门,如图 A.1。

贯穿整个排气管的空气流动应被诱导通风。诱导气流系统应至少有总体气流容量 37 Pa 水柱的压力,这时试样安装好,进气口风门片在进气端开在正常位置,排气管道可调风门也是大开着的(见图 A.6 的 C-C 部分)。用于显示静态压力的通风压力计应从上部插入在通道宽度的中间位置,在顶棚下方 25 mm±13 mm 处,并在进气口风门片下游 380 mm±13 mm,如图 A.2 的 A-A 部分。

A.3.14 梯形电缆托架

用于支撑自由放置的电缆试样或托架内的电缆试样的梯形电缆托架见图 A.7。托架应由最小抗张强度 350 MPa 的冷轧钢制成。侧面轨道的实心直杆标称尺寸应为(38 mm±3 mm)×(10 mm±3 mm),如图

A.7。横档应是结构尺寸为(13 mm±3 mm)×(25 mm±3 mm)×(3 mm±1 mm)的C型槽，如图A.7的A-A剖面所示。每根横档长度应为286 mm。应沿着托架长度方向取中心距299 mm±3 mm将横档焊接在侧面轨道上。托架应由一个或多个部分组成，总的装配长度为7.3 m±51 mm并且应总共由16个支承件沿着托架长度方向予以支撑。托架支承件应由钢棒制成，如图A.7。

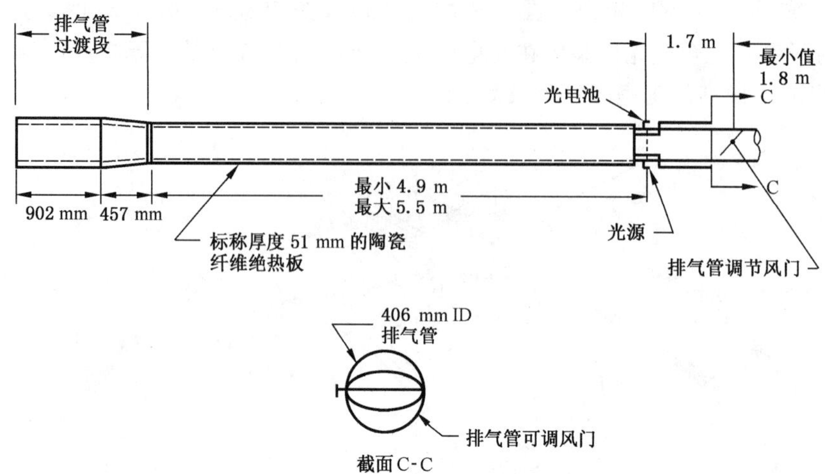

图A.6 排气过渡段、排气管、烟尘处理系统和排气管道可调风门的相对位置图

(公差在相应段落给出)

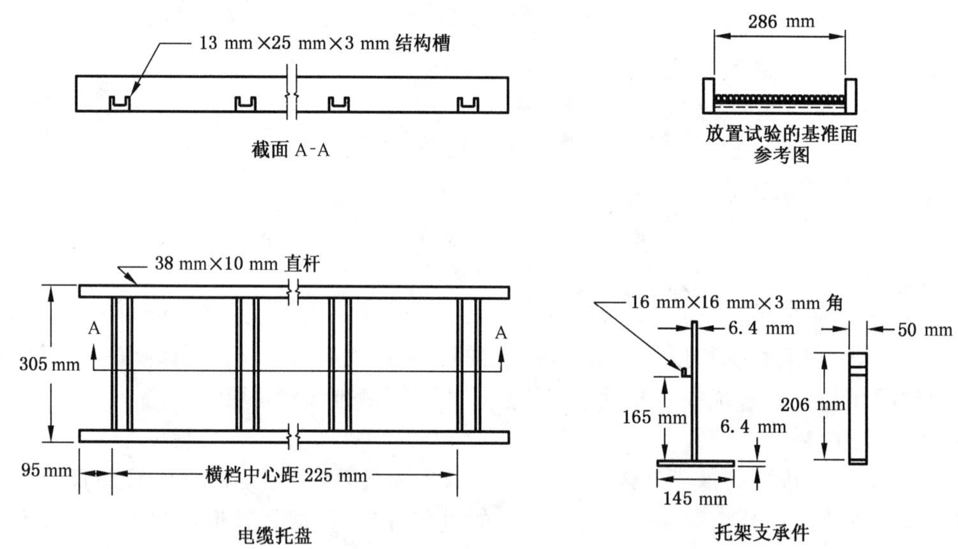

图A.7 梯形电缆托架和支承件详细图

(公差在相应段落给出)

A.3.15 燃烧试验箱温度测量仪

在试验箱的底面插入一根直径为0.91 mm的镍铬合金—铝热电偶，10 mm±3 mm接头暴露于燃烧试验箱的空气中。热电偶的顶端应置于玻璃纤维带顶面下25 mm±3 mm，离燃气喷灯中线7 010 mm±13 mm，且位于试验箱宽度的中央。

直径0.91 mm的镍铬合金—铝热电偶嵌入试验箱的底面下3.2 mm±1.6 mm处，它应被安装在耐火砖或硅酸盐水泥里(小心干燥防止开裂)，在燃气喷灯中线下游，距离为4.0 m±13 mm和7.1 m±13 mm且在试验箱的宽度的中央。

A.3.16 数据采集设备

一个数字数据采集系统用来采集和记录烟系统中的光衰减、温度、火焰的扩张和速度大小。数据采集系统应能每间隔 2 s 收集一次数据。数据采集系统应有对于温度系统 1.0℃的精确度、对于其他的仪表系统应有仪表满量程输出 0.01%的精确度。滤波程序不应用于处理数据。

A.3.17 热释放率测量系统

热量释放率设备应有如 A.5.8 所描述的空气流量测量系统和这里述及的气体分析仪及取样设备。

气体分析仪及取样设备应由以下部件组成。

a) 不锈钢气体取样管,放置在排气管道内用以获得连续流动试样,以测定排放气体中的氧气浓度以确定其与时间的函数;

b) 微粒过滤器用来去掉微粒烟尘;

c) 冰池浴,无水硫酸钙和硅胶去掉气体试样中的湿气;

d) 烧碱石棉剂用来去掉二氧化碳;

e) 泵和气流控制设备;

f) 氧气分析仪。

过滤器和水阱在流程中位于分析仪前方用于去除颗粒和水分。在精确度为±0.25%的情况下,氧气分析仪应能测量氧气浓度范围从 0%到 21%。在经过气体取样管的气流混合物发生一步改变后,来自氧气分析仪的信号应是 30 s 内最后数值的 10%以内。热释放率气体取样设备的典型排列如图 A.8 所示。

A.4 试样

试样应为 7.32 m±152 mm 的电缆,电缆被横铺在电缆托架底部一层,如图 A.3 所示。

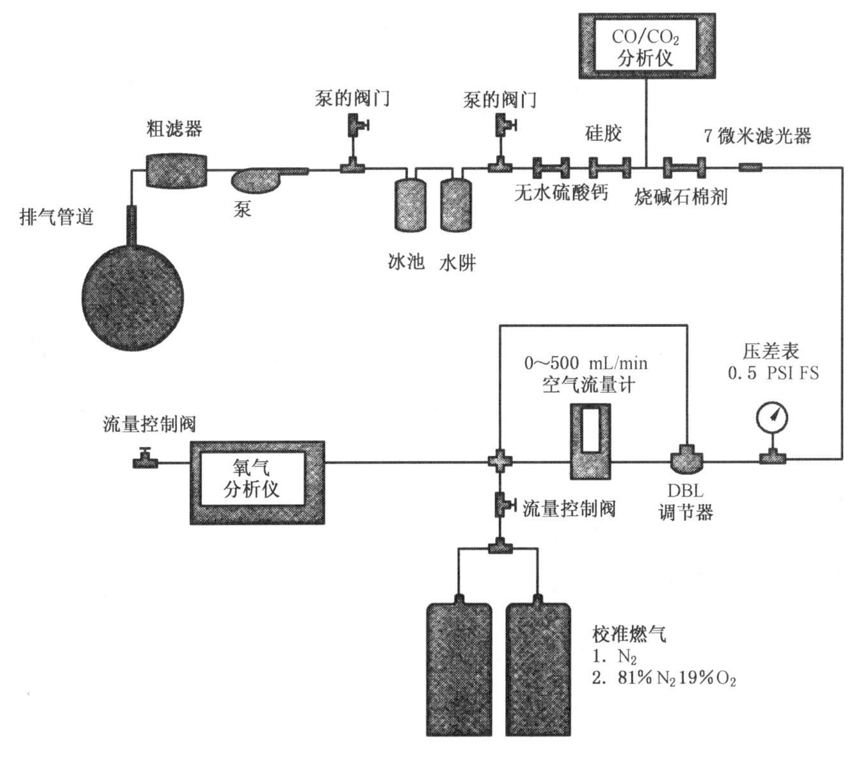

图 A.8 气体取样系统示意图

A.5 试验设备的校准和维护

A.5.1 维护

维护仪器应每 30 天常规进行一次,维护包括以下程序(当需要时更换部件):

a) 检查烟道和墙砖;

b) 检查窗子；

c) 检查无机水泥板；

d) 检查浇铸的块状混合物。

A.5.2 校准频率

试验仪器应每间隔一个月就按从 A.5.3 到 A.5.8 所描述的那样校准一次。

A.5.3 空气流

将一块(610 mm±3 mm)×(356 mm±3 mm)×(2 mm±1 mm) 的钢板置于燃气喷灯上方燃烧试验箱的空气进入端上的顶盖支承档上。将三块尺寸为(2.44 m±13 mm)×(61 mm±13 mm)×(6 mm±3 mm) 的矿物纤维/水泥板置于顶盖支承档上，以补充燃烧试验箱的剩余长度，如图 A.3 所示。板的材料应如 A.3.5 所定义。应将试验箱的可移动的顶盖安置就位。

在试验期间，应维持 23℃±3℃的空气浓度。相对湿度应保持在 50%±5%。

A.5.3.1 空气泄漏试验

应在下述条件下，将气流设置为可从气压计上读取 37 Pa 水柱的静压力。

a) 板子和可移动顶盖都安装就位；

b) 进气端进气口风门片打开 76 mm±2 mm；

c) 手工调节可调风门。

然后应关闭和密封进气端进气口风门片。静压力读数应至少增加 93 Pa 水柱，以表明不存在泄漏。应读取并记录静压力值。

压力有下降趋势，表明在燃烧试验箱或排气系统有泄漏。

A.5.3.2 补充空气泄漏试验

进行补充空气泄漏试验是指在进气口风门片和排烟管道都被密封，激发一个烟弹。这个烟弹应被点燃，燃烧试验箱内压力到 6.2 Pa 水柱。对所有观察到的有烟粒逃逸的部位进行密封。

A.5.3.3 风速试验

空气进入口在通风测压点的静压力范围应为 17 kPa 到 19 kPa 的水柱。在整个实验过程中，通过控制可调风门来维持所需的静压力读数。

应记录每七个点的空气速度，这些点在可移动顶盖支撑梁的下方 152 mm±6 mm，距离中心线 7 m±3 mm处。确定这七个点时把烟道的宽度分成七个相等的段，在每部分的几何中心记录风速。

测量风速时，应取走湍流块，把(670 mm±3 mm)×(305 mm±3 mm) 的平整叶片放在离燃气喷灯 4.9 m 处。该平整叶片把箱体截面分为九个相等的部分。确定风速时采用的风速传感器应为 1.25 m/s±0.025 m/s 。如果有偏离，对排气可调风门进行调节，以获得 1.25 m/s±0.025 m/s 的风速。空气进入口的静压力，在经过校准以后，试验过程中该压力应保持在±5%范围内。

A.5.4 测烟系统的校准

光源和光电池采用 10 块数值分别为 0.1、0.2、0.3、0.4、0.5、0.6、0.7、0.8、0.9 和 1.0 的中性密度滤光器来校准。每个滤光器都应放置在光电池的前面覆盖光路的整个宽度。如入射使用中性密度滤光器，则光的模糊度，应按下式来计算光密度：

$$OD = \lg(I_0 / I)$$

式中：

OD ——光密度；

I_0——清晰的束状光电池信号；

I ——具有中性密度滤光器的光电池信号。

每个滤光器的光密度(OD)的计算值应相当于中性密度标准值±3%内。所有测量值平均偏差应不超过 1%。如果存在超出公差的偏离，须调整光源电压和光电池电阻。应通过再次校准来定量调整。

A.5.5 燃料

可产生 88 kW±2 kW 的试验火焰应是瓶装甲烷气体提供的燃料，甲烷应为最小 98%的纯度和最高发热值 37 MJ/m³±0.5 MJ/m³，这由气体热量计或燃料供应者提供的证明来确定。

气体源应在开始调整到 88 kW±2 kW 附近。在每次试验时，应记录气体压力、通过锐孔板的压力差和使用的气体体积。应在供气端和测量输出端之间插入一个长的卷曲铜管用以补偿需要的气流可能出现的误差，这些误差是由于与压力下降和越过调整器的膨胀有关的气体温度下降所致。

如能证明等值替代物达到相同的燃料水平，应允许使用其他适用的修正方法。当按照 A.5.3.3 和本段所述调整气流和气体供应时，试验火焰应在试样上顺流扩散 1.37 m。逆流覆盖的距离可以忽略。

A.5.6 无机加强水泥板试验

A.5.6.1 预热温度

试验之前应对燃烧试验箱预热，这时，如 A.5.3 所述的钢板和一层宽度足以如图 A.3 所示、标称厚度×长度为 6 mm×2.4 m 的矿物纤维/水泥板置于顶盖支承档上，板的材料应符合 A.5.5 规定。可移动顶盖应安装就位。应将燃料源即甲烷或天然气调整到产生 88 kW±2 kW 的火焰的所需气流，空气进入口的风门片应开启 76 mm±2 mm。

继续预热至位于 7.09 m±13 mm 底面的热电偶所示温度达到 66℃±3℃。试验箱直到在 3.96 m 的底面热电偶显示温度 41℃±3℃才允许冷却。

预热是为了以下继续的试验创造条件和指示控制进入试验箱的热输入量。

A.5.6.2 温度随时间的变化

按 A.5.6.1 条所述放置钢板、三块 2.4 m 长矿物纤维/水泥板和可移动顶盖，空气入口的风门片开启 76 mm±2 mm，以提供所要求的空气流。在试验的 10 min 内，调节甲烷燃气源，以产生 88 kW±2 kW 的燃气喷灯火焰。应最长每隔 15 s 记录一次燃烧试验箱空气中位于 7.01 m 处的热电偶所示温度。

在燃烧试验箱空气中 7.01 m 处的热电偶所示的温度随时间的变化应与如图 A.9 所示的同样时间间隔内温度随时间变化的函数典型曲线相比较。如果由于使用的气体特性改变引起典型预热曲线显示的温度发生明显变化，应进行调整并且在程序前再次进行试验。

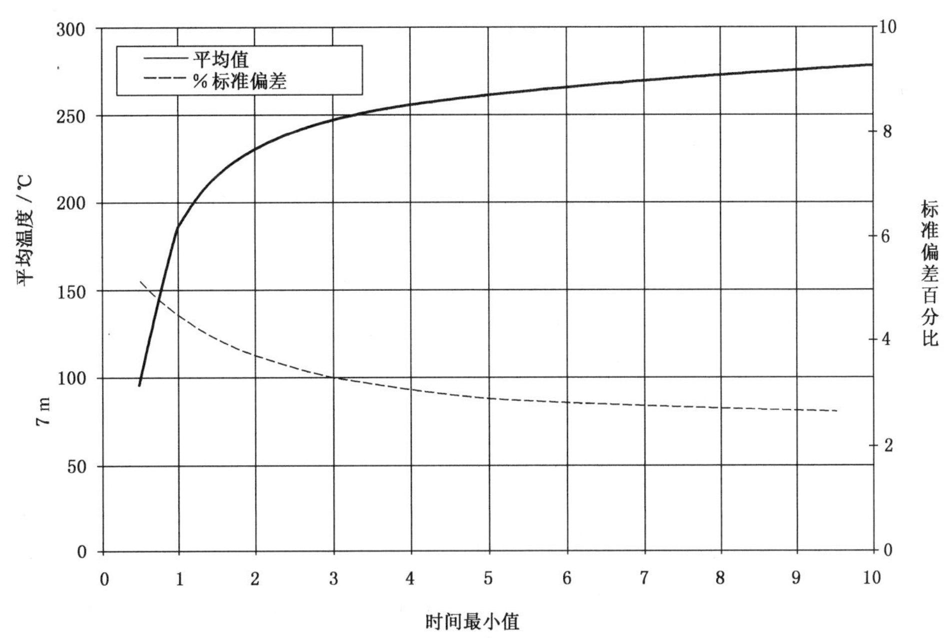

图 A.9 热电偶在空气中测量无机加强水泥板的温度记录(7 m)

A.5.7 标准绝缘导体试验

验证过程应使用已知火焰传播距离、平均光密度和最大光密度等特性的标准绝缘导体。使用的标准绝缘导体应是在标称直径 1.627 mm 的退火铜导体上挤包聚偏氟乙稀(PVDF)的标称直径 5.7 mm 的试样。试验应使用共计 50 段试样。导体应用如 A.7 所描述的同样的试验程序来确定火焰传播距离、烟尘的平均光密度和最大光密度。

标准绝缘导体典型的性能测试结果如下所示：

	标准	偏差
最大火焰传播距离	0.6	0.15
烟尘的平均光密度	0.12	0.07
烟尘的最大光密度	0.31	0.02

A.5.8 校准热释放率测量设备的程序

A.5.8.1 分析仪的校准

在每天试验之前，应对氧气分析仪进行零点调节和幅度调节。分析仪做零点调节时，将压力、流速均与取样气体设定值相同的100%的氮气引入仪器。对分析仪进行幅度调节时，引入管道大气，使用取样探头，并将幅度调节至20.95%氧气。连续进行幅度和零点调节程序，直到能正确显示有关数值。在调整幅度和零点后，为验证分析仪响应曲线的线性，应将已知氧浓度(例如，19% 氧)的瓶装气体引入分析仪进行调整。分析仪的延迟时间是通过引入外部管道空气进入分析仪来检查的，记录分析仪读数达到最终读数 90%的时间。

A.5.8.2 延迟时间

氧气分析仪的延迟时间应由试验期间使用的气流速度确定。燃气喷灯是点燃的而且达到稳定状态，然后熄灭。当燃气喷灯达到稳定状态的时间和分析仪的读数达到最终读数的 90%的时间存在时间差时，氧气分析仪的延迟时间被确定。延迟时间被用来表示所有接下来的氧气读数的时间变化。

A.5.8.3 校准试验

每天开始试验时，应进行 5 min 的热释放校准试验。热释放的测量设备应通过点燃甲烷气体并比较测得的消耗氧气的总热释放量和计算得到的用表测量的输出的总热释放量来校准。燃烧甲烷的热量值为 50.0 MJ/kg，相应的燃烧每千克消耗氧气的热量值为 12.54 MJ/kg，两值被用来进行计算。用下述方程计算得到校准常数 C_f。

$$C_f=\frac{\text{根据气体消耗得到的热释放率}}{\text{根据热量器测定的热释放量}}=\frac{\text{气体流速}\times\text{气体热容量}}{\text{燃烧器稳定状态的平均热释放率}}$$

例如，这个公式具体为下式：

$$C_f=\frac{32\,785V}{(\Delta t\sum_{i=1}^{N-1}0.5(HRR_{i+1}HRR_i))/180}$$

式中：

32 785=25℃每立方米甲烷产生的热量，单位为千焦每立方米(kJ/m³)；

V——提供给燃气喷灯的甲烷气体的流速，单位为立方米每秒(m³/s)；

Δt——扫描时间，单位为秒(s)；

HRR——用 A.9 中的方程计算得到的热释放率；

这里 $C_f=1$

i——第 i 个数据点；

N——从 60 s 到 240 s 的数据点的数目；

HRR_i——从 $i=1$ 到 $i=N-1$ 的热释放值；

180——位于中间的 60%的试验时间，单位为秒(s)。在这段时间内，燃气喷灯处于稳定状态。

校准常数用于对试验中测得的热释放率进行修正以获得真实的热释放率。计算热释放率的公式在 A.9 中详细说明。

A.6 试样制备

A.6.1 试样预处理

试验前，所有电缆试样应在(23±3)℃、相对湿度为(50±5)%的条件下处理至少 24 h。从电缆盘上取出的试样，在预处理之前应打开包装并除去任何包扎材料。

A.6.2　确定试样的直径

使用精度为 0.025 mm 的直径尺、游标卡尺或千分尺来测量试样的直径。

直径尺适用于均匀圆形的试样。直径尺应紧紧地缠绕在试样上，但是不能太紧以免试样受到压缩。在 0.3 m 长的试样上取三次读数的算术平均值应作为试样的直径。

游标卡尺可用于所有尺寸的电缆试样，特别适用于截面不均匀的小直径电缆。

如试样截面是圆形，游标卡尺卡在电缆上应稍紧，小心不要挤压它，然后记录数据。在 0.3 m 长的电缆上至少进行五次重复测量。取五次读数的算术平均值作为电缆的直径。

如试样的横截面是不规则的，宽度和厚度比小于 2∶1，应在试样的宽边测量三个点，窄边测量三个点。取六次读数的算术平均值作为试样的直径。

如果试样横截面宽度和厚度比大于 2∶1，则试样的宽度作为试样的直径。应在 0.3 m 长的电缆试样上对宽度分别测量六个点。取六个读数的算术平均值作为试样的直径。

千分尺适用于测量横截面均匀规则的电缆试样。应在 0.3 m 长的电缆上分别测量五个点。取五个读数的算术平均值作为试样的直径。

A.6.3　电缆试样段的数目

用于试验的电缆段数应如下计算：

a)　电缆的段数应等于 285.75 mm（电缆托架的宽度）除以试样的直径（单位 mm）；

b)　电缆试样的数目应等于测量得到的架子的内部宽度除以用直径尺或相等物确定的电缆直径（见 A.6.2）。安装在托架内的试样数目应为将计算结果修约到相邻的较小的整数，并且应考虑电缆系固物的存在。

A.6.4　电缆安装

应将试样平行排列在梯形电缆托架内，除非需要下面描述的电缆系固件，在相邻的电缆试样之间应没有空隙。

应使用标称直径不大于 1.02 mm 的裸铜线将电缆扎紧在电缆托架横档上的两个位置：电缆应被系在靠近进气端的第一个横档上和靠近排气端的最后一个横档。

A.7　试验程序

A.7.1　火焰传播距离和烟尘测试试验程序

在每天试验开始时，燃烧试验箱应如 A.5.6.1 和 A.5.6.2 所述进行预热。

燃烧试验箱应如 A.5.6.1 所述进行冷却。

电缆托架和支架应按如图 A.3 所示和 A.3.13 所述安装在实验箱中，靠近进气端的托架端距燃气喷灯的中心线的下游不要超过 25 mm。

电缆试样应如 A.6.4 所述安装。如果使用的是单一的电缆托架，电缆试样应在托架放入燃烧箱内前安装。

钢板应如 A.5.3 所述放置在燃烧试验箱内。应将一块 6 mm×1.22 m×0.6 m 的矿物纤维/水泥板放在炉子腔室的支撑壁架的顶盖上，如图 A.3 所示，在燃烧端，该板重叠在钢板上的最大值为 76 mm。应将用完全矿物纤维/水泥板保护的可移动的试验箱顶盖安放在炉子侧面壁架的顶部。

将空气进入口的风门片开启 76 mm±2 mm 。调节气流调节器，形成并维持空气流。用一个闭环反馈系统来控制排气管道可调风门，以维持在整个试验中对气流的控制，该反馈系统与进气通风测量表的静压力相关。空气源的温度应维持在 23℃±3℃、相对湿度为(50±5)%。试验室压力应保持比大气压力高 0 Pa 到 12 Pa 。

应对测烟系统进行验证以获得零光密度。

应对燃烧试验箱位于 3.96 m 处的底面热电偶上的温度进行校验以使其达到 41℃±3℃。如果温度低于这个范围，则应移去电缆试样并对燃烧试验箱按 A.5.6.1 所示进行预热。并让燃烧箱冷却使位于在 3.96 m 处的底面热电偶上的温度为 41℃±3℃。如果燃烧试验箱已被冷却和再加热，应按 A.6.4 所述安装电缆试样。

应将排气管调整到与 A.5.3.3 对试验箱中气流的要求一致。应记录原始的光电池的输出。

同时点燃甲烷燃气喷灯火焰(按照 A.5.6)并启动数据采集系统开始试验。应观测和记录点燃时间和火焰正面蔓延的最大距离。应在试验过程中不间断的每隔 2 s 记录一次光电池输出、气体压力、横穿锐孔板的不同压力和所用的气体体积。

试验持续 20 min 。关闭甲烷气源并停止数据采集结束试验。

切断点燃火焰的气源后，应观察和记录无焰燃烧和炉内的其他状况，然后将试样移出用于测试。

A.7.2 热释放试验程序

接通分析仪的电源和泵的电源。检查所有的过滤器如有必要予以调换。在冷阱内的冰应填满。检查流量计，如必要则进行调节。

应按如 A.5.8 所述的程序进行试验。

接通数据采集设备和计算机的电源。

试验应按 A.7.1 所述程序进行。

A.7.3 点火时间试验程序

试验应按照 A.9.6 所描述的程序进行。

A.7.4 火焰滴或颗粒试验程序

试验应按照 A.9.7 所描述的程序进行。

A.8 试验后清理和检查

A.8.1 烟尘测试系统试验后程序

在燃烧试验箱中取出所有碎片。如果熔融碎片粘在燃烧试验箱的砖上，又不能用物理方法去除，应将碎木材放置箱中，将可移动顶盖就位，用燃气喷灯火焰引燃碎木材，直到所有熔融碎片被烧尽。从燃烧试验箱中取出所有碳化物和灰。去除熔融碎片的可选方案应是更换损伤了的试验箱底面的砖。

每次试验后应清洁观察窗。

应清理电缆梯形托架和支承器上的碎片。

每次试验后应更换损坏的用于保护可移动顶盖的矿物纤维/水泥板。每次试验后应报废顶盖支撑档上的一块 6 mm×1.22 m×0.6 m 矿物纤维/水泥板。

应将清理后的托架和支承架放入燃烧试验箱内，并将可移动顶盖放在顶盖支承档上。

应清理测烟系统并且应达到 100％光透射。

A.8.2 热释放率测试的程序

检查用于热释放测量的燥石膏和烧碱石棉剂，如果燥石膏变成粉红色或烧碱石棉剂已变硬，则应予更换。

应在每次试验后检查过滤器，如变脏则应予更换。

检查水阱并除去任何凝结水。若水阱中使用的是冰，如有必要应予补充。

应吹扫气体取样管路及双向探头管路孔洞，以除净堆积的任何烟垢。

A.9 计算

A.9.1 烟尘光密度

烟的遮光度应像烟尘的光密度一样用光电池数据如下计算：

$$OD = \lg(I_0 / I)$$

式中：

OD——光密度；

I_0——清晰的光束电池信号；

I——试验中的光电池信号。

峰值光密度应是用试验中记录的光密度值的连续三点的平均值所确定的最大光密度。

平均光密度应按下式计算：

$$OD_{av} = \frac{\Delta t \sum_{i=1}^{N-1} 0.5(OD_{i+1} + OD_i)}{1\,200}$$

式中：

Δt——扫描时间，单位为秒(s)；

N——数据点数目；

i——数据点的序数；

OD_i——从 $i=1$ 到 $i=N-1$ 每次扫描的光密度值；

1 200——以 s 记录的试验时间(20 min)。

用于方程的单独的烟光密度值应是每次单独扫描测量的值。

A.9.2 烟释放速率计算

烟释放速率应按下式计算：

$$SRR = \left(\frac{OD}{l}\right)\left(\frac{T_p}{T_s}\right)V_s$$

式中：

SRR——烟释放速率，单位为平方米每秒(m^2/s)；

OD——如 A.9.1 所述计算得到的光密度；

l——烟测量的路径长度(管直径，单位为米(m))；

T_p——光电池的温度，单位为开(K)；

T_s——双向探头的温度，单位为开(K)；

V_s——流量，单位为立方米每秒(m^3/s)。

峰值烟释放率是试验过程中烟释放率的最大值。

烟释放的总量应采用下式计算：

$$烟总量 = \Delta t \sum_{i=1}^{N-1} 0.5(SRR_{i+1} + SRR_i)$$

式中：

Δt——扫描时间，单位为秒(s)；

N——数据点数量；

i——数据点的序数；

SRR_i——从 $i=1$ 到 $i=N-1$ 的烟尘释放值。

A.9.3 排气管道中流速计算

管道中的流速应按下式计算：

$$v = k\sqrt{\Delta PT}$$

式中：

v——速度，单位为米每秒(m/s)；

k——双向探头的常数[m/s($Pa^{-0.5}$)($K^{-0.5}$)];

ΔP——在双向探头两端记录的压力差,单位为帕(Pa);

T——空气流温度,单位为开(K)。

常数 k 是用一个标准气流计量装置校正双向探头经试验所确定的。

A.9.4 排气管中流量计算

排气管中流量应按下式计算:

$$v_s = vA$$

式中:

v_s——流量,单位为立方米每秒(m^3/s);

v——速度,单位为米每秒(m/s);

A——管道面积,单位为平方米(m^2)。

A.9.5 热释放速率计算

热释放速率计算应按下式计算:

$$HRR = E'C_f M \frac{(0.209\,5 - Y)}{(1.105 - 1.5Y)}$$

式中:

HRR——试样和燃气喷灯的热释放速率,单位为千瓦(kW);

E'——25℃时消耗每单位体积(m^3)的氧所产生的热量(kJ)(用于电缆试验时 $E'=17.2\times10^3$,采用甲烷气体做校正试验时 $E'=16.4\times10^3$);

C_f——采用 A.5.8.3 条中规定的程序所确定的热量器的校准系数(当该公式用于校准试验时,$C_f=1$);

M——25℃时管道中的流速,单位为立方米每秒(m^3/s);

0.209 5——氧在大气中的摩尔浓度;

Y——氧气浓度(摩尔浓度);

1.5——化学膨胀系数;

1.105——燃烧产物的摩尔浓度与被消耗的氧的摩尔浓度比。

A.9.5.1 峰值热释放率

峰值热释放率是在持续试验期间热释放率的最大值。

A.9.5.2 热释放总量

按 A.5 计算的热释放率,应按下式使用梯形法则对时间积分,计算出热释放总量:

$$总的热释放量 = \Delta t\left[\sum_{i=1}^{N-1} 0.5(HRR_{i+1} - HRR_i)\right]$$

式中:

Δt——扫描时间,单位为秒(s);

N——数据点数目;

i——第 i 个数据点;

HRR_i——从 $i=1$ 到 $i=N-1$ 的热释放值。

A.9.6 点燃时间计数

点燃时间是以秒记录开始发生燃烧的时间。它的确定需要仔细观测。

A.9.7 火焰滴或颗粒计算

测量的数值是用秒表示的第一次发生以下情况的时间:

a) 火焰滴或颗粒的坠落;

b) 滴落后保持燃烧超过 15 s 的滴落或颗粒;

c） 熔化的火焰或分解的材料的坠落流。

到达燃烧试验箱的地面的瞬间定义为滴落瞬间。

滴落材料流的特征为滴落或颗粒不可以区别为单独的坠落单元。

A.10 报告

每次试验报告应包括以下内容：

a） 被试电线或电缆的详细描述；

b） 试验中取用的电缆试样段的数目；

c） 火焰传播距离的最大值(m)；

d） 在试验期间火焰传播距离对时间的曲线；

e） 烟尘的光密度的最大值和平均值；

f） 在试验期间烟的光密度对时间的曲线；

g） 烟释放率对时间的曲线；

h） 烟释放率的值、烟释放率的峰值与10 min和20 min烟释放的总数；

i） 热释放率的最大值和发生时间；

j） 热释放率曲线；

k） 10 min和20 min的总的热释放值；

l） 点燃时间值(在考虑中)；

m） 火焰滴或颗粒的计时(在考虑中)；

n） 试验后试样情形的观察资料；

o） 使用的采集数据的设备和使用的扫描周期的描述。

附　录　B
（规范性附录）
确定用于热释放测量的氧分析仪的适用性方法

B.1　总述

最适于燃烧分析的氧气分析仪是顺磁型的。已发现电化学分析仪和用氧化锆传感器的分析仪对该类型的试验没有足够的敏感度和适宜度。对这种仪器正常的范围是0～25 vol.%氧气。顺磁性分析仪的线性比实验室能检测的通常要好；因此，不必要检验分析仪的线性度。然而，确定所使用仪器的干扰和短期漂移的程序是很重要的。

B.2　程序

将两个氧含量相差二个百分点左右的瓶（例如15 vol.%和17 vol.%，或清洁干燥空气和19 vol.%）与分析仪进口的选择阀相连接。

连接电源，使分析仪升温，稳定24 h，并使一种试验气体通过分析仪。

将数据采集系统与分析仪的输出连接。从第一个气瓶切换到第二个瓶并且立刻开始收集数据，每秒记录一个数据点。进行20 min的数据收集。

确定漂移时，使用最小二乘法分析拟合法，经过最后19 min的数据作一根直线，将该直线反推，经过第一分钟的数据，在拟合直线上，在1 min和在20 min的读数的差，即为短期漂移。应记录漂移（氧）。

干扰用拟合直线的均方根偏差表示。计算均方根值并采用百万分之一（10^{-6}）为单位进行记录。

如果漂移加上干扰项的和≤50×10^{-6}，则分析仪可适用于热释放测量。（该两项均应用正数表示）。

B.3　附加的预防措施

顺磁性的氧气分析仪对输出部分的压力变化及试样供应气流的气流速率的波动均很敏感。因此必需用机械膜片型流速调节器或者电子质量流速率控制器对气流进行调节。为了防止由于气压改变引起的误差，应使用以下一种程序：(a)用绝对压力型和反压力调节器，控制分析仪的反压力，或(b)用电测量有关探测器元件上的实际压力并对分析仪的输出提供信号修正。

附　录　C
（资料性附录）
设备资料目录

以下产品资料仅为提供信息所用。

C.1　分析仪

适合本实验的是 Siemens Oxymat 5F 型氧气分析仪。

关于选择分析仪和合适的偏差和干扰性能，见附录 A。

C.2　燃烧试验箱

所用材料应适合高温。例子包括水制冷结构钢管和耐高温炉；例如，以锆材料为基础。（例如 Zicron®[1]）。

C.3　耐火砖

操作和校准这个设备是以使用绝热耐火砖为基础的。该砖的物理和热学性能如下：

a)　密度：0.82 g/cm³；

b)　比热：1.05 kJ/(kg℃)；

c)　导热率：

1)　205℃时为 0.26 W/(m·℃)；

2)　425℃时为 0.30 W/(m·℃)；

3)　655℃时为 0.33 W/(m·℃)；

4)　870℃时为 0.36 W/(m·℃)；

5)　1 095℃时为 0.39 W/(m·℃)。

C.4　内部玻璃窗

满足这种用途的高温玻璃应包含 96％的硅和 3％的硼氧化物(B_2O_3)。这种玻璃宜具有如下的导热率：

a)　－100℃时为 1.00×10^{-4} W/(m·℃)；

b)　0℃时为 1.26×10^{-4} W/(m·℃)；

c)　100℃时为 1.42×10^{-4} W/(m·℃)。

玻璃宜为标称厚度 6 mm 并能耐受直至 900℃的温度。

Vycor®[2] 耐热玻璃，Fisher Scientific，711Forbes 大街，Pittsburgh，PA，15219-4785(USA)，或它的等同物是合适的。

C.5　灯

常规电气型号为 4405 12－V 的密闭光束自动清晰聚光灯(型号 4405)是适合的。这个光源能从任何电气供应商处获得。

---

1)　Zicron® 是市场上可得到的适当的样品，给出此信息是为了方便本规范的使用者。并不是国家对这种产品的认可。

2)　Vycor® 是市场上可得到的适当的样品，给出此信息是为了方便本规范的使用者。并不是国家对这种产品的认可。

C.6 记录用的设备

适用于此设备的是韦斯顿仪器 No. 856－990103BB 光电池，它可以从 Huygen 公司 316 信箱获得，Wauconda，IL 60084(USA)。

C.7 双向探测器

一个热系统有限公司型号 1610 风速传感器(热风速仪或等效仪器)，读数精确度到 0.001 V，能满足这种用途。

C.8 中性滤光器

柯达公司生产的 Wratten 滤光器适用于本实验。一些滤光器的零件号码如下：ND0.1-KF1702；ND0.3-KF1710；ND0.5-KF1718；和 ND1.0-KF1740 。从专业的摄影供应商处也能购得滤光器。须对滤光器进行校准。

C.9 气体量热计

点燃的火焰长度 1.37 m 是通过总气体输入量 88 kW 和通过通道气流速度 73 m/min 来控制的。一个“刀－锤子”气体量热计适合测量气体热值。

C.10 标准绝缘导体(标准电缆)

可适用的绝缘导体是由 Lucent Technologies 制造的标名“电缆 910ST”，部件 No. COMCODE 108210568。

附　录　D
（资料性附录）
砖 块 尺 寸

表 D.1　砖块尺寸

序号	说　　明	序号	说　　明
1	63.5×114.3×228.6 切掉一个角 25.4×25.4×3.2	22	63.5×114.3×228.6
		23	63.5×114.3×228.6
2	63.5×114.3×228.6	24	63.5×114.3×228.6
3	63.5×114.3×228.6	25A	63.5×114.3×228.6
4	63.5×114.3×228.6	25B	63.5×114.3×228.6
5	63.5×114.3×228.6	26	63.5×114.3×114.3
6	63.5×114.3×114.3	27	63.5×114.3×228.6
7	63.5×114.3×228.6	28	63.5×114.3×228.6
8	63.5×114.3×228.6	29	63.5×114.3×228.6
9	63.5×114.3×228.6	30	63.5×114.3×228.6
10	63.5×114.3×228.6	31	63.5×114.3×228.6
11A	63.5×114.3×114.3	32	12.7×114.3×130.2
11B	63.5×114.3×114.3	33	25.4×76.2×228.6
12	63.5×114.3×228.6	34	63.5×114.3×228.6
13	63.5×114.3×228.6 切掉一个角 25.4×25.4×1.6	35	63.5×114.3×228.6
		36	63.5×114.3×228.6
14	63.5×114.3×228.6	37	63.5×114.3×228.6
15	63.5×114.3×228.6	38	63.5×114.3×114.3
16	63.5×114.3×228.6	39A	63.5×114.3×228.6
17	63.5×114.3×228.6	39B	63.5×114.3×228.6
18	63.5×114.3×114.3	40	在窗格子砖间(切成合适)
19	12.7×114.3×130.2	41	在窗格子砖间(切成合适)
20	25.4×76.2×228.6		
21	63.5×114.3×228.6 沿着边缘有一个 12.7×15.9 的切口		
注：尺寸单位均为毫米。			

参 考 文 献

[1] GB/T 2951.2—1997 电缆绝缘和护套材料通用试验方法 第1部分:通用试验方法 第2节:热老化试验方法(idt IEC 60811-1-2:1985).

[2] GB/T 2951.6—1997 电缆绝缘和护套材料通用试验方法 第3部分:聚氯乙烯混合料专用试验方法 第1节:高温压力试验——抗开裂试验(idt IEC 60811-3-1:1985).

[3] GB/T 2951.8—1997 电缆绝缘和护套材料通用试验方法 第4部分:聚乙烯和聚丙烯混合料专用试验方法 第1节:耐环境应力开裂试验——空气热老化后的卷绕试验——熔体指数测量方法——聚乙烯中炭黑和/或矿物质填料含量的测量方法(idt IEC 60811-4-1:1985).

[4] GB/T 2951.9—1997 电缆绝缘和护套材料通用试验方法 第4部分:聚乙烯和聚丙烯混合料专用试验方法 第2节:预处理后断裂伸长率试验——预处理后卷绕试验——空气热老化后的卷绕试验——测定质量的增加 附录A:长期热稳定性试验 附录B:铜催化氧化降解试验方法(idt IEC 60811-4-2:1990).

[5] GB/T 7424.1—1998 光缆 第1部分:总规范(eqv IEC 60794-1:1993).

[6] GB/T 12269—1990 射频电缆总规范(idt IEC 60096-1:1986).

[7] GB/T 18213—2000 低频电缆和电线无镀层和有镀层铜导体电阻计算导则(idt IEC 60344:1980).

[8] IEC 60708-1:1981 聚烯烃绝缘挡潮层聚烯烃护套低频电缆 第1部分:一般设计细则和要求.

[9] IEC 60708-1:1981 Amendment 3(1988) IEC 60708-1 的第3号修改单.

[10] ISO/IEC 11801:2000 信息技术用综合布线.

[11] ITU-T-电缆测量方法概要 蓝皮书 第9卷 对干扰的防护,K.10:通信线路的对地不平衡.

ICS 29.060.20
K 13

中华人民共和国国家标准

GB/T 21430.1—2008/IEC 62255-1:2003

宽带数字通信(高速率数字接入通信网络)用对绞或星绞多芯对称电缆户外电缆 第1部分:总规范

Multicore and symmetrical pair/quad cables for broadband digital communications(high bit rate digital access telecommunication networks)—Outside plant cables—Part 1:Generic specification

(IEC 62255-1:2003,IDT)

2008-01-22 发布　　　　2008-09-01 实施

中华人民共和国国家质量监督检验检疫总局
中国国家标准化管理委员会　发布

前　言

GB/T 21430《宽带数字通信(高速率数字接入通信网络)用对绞或星绞多芯对称电缆　户外电缆》预计分为如下各部分:

——第1部分:总规范

——第2部分:非填充电缆分规范

——第21部分:非填充电缆空白详细规范

——第3部分:填充电缆分规范

——第31部分:填充电缆空白详细规范

——第4部分:架空引入电缆分规范

——第41部分:架空引入电缆空白详细规范

——第5部分:填充引入电缆分规范

——第51部分:填充引入电缆空白详细规范

本部分为GB/T 21430的第1部分。

本部分等同采用IEC 62255-1:2003《宽带数字通信(高速率数字接入通信网络)用对绞或星绞多芯电缆　户外电缆　第1部分:总规范》(英文版)。本部分与IEC 62255-1:2003的主要差异如下:

——本部分第2章引用了采用国际标准的我国标准而非国际标准;

——按照汉语习惯对一些编排格式进行了修改;

——将一些适用于国际标准的表述改为适用于我国标准的表述;

——为使我国宽带数字通信(高速率数字接入通信网络)用对绞或星绞多芯电缆的型号编制方法协调统一,本部分补充了"附录A　宽带数字通信(高速率数字接入通信网络)用对绞或星绞多芯电缆的型号编制方法"作为资料性附录。

本部分的附录A为资料性附录。

本部分由中国电器工业协会提出。

本部分由全国电线电缆标准化技术委员会归口。

本部分负责起草单位:上海电缆研究所。

本部分参加起草单位:宁波东方集团有限公司、上海汉欣电线电缆有限公司、江苏东强股份有限公司、浙江兆龙线缆有限公司、江苏亨通集团有限公司、安徽新科电缆股份有限公司。

本部分主要起草人:吉利、叶信宏、汪家克、吴荣美、周红平、程奇松、巫志。

宽带数字通信(高速率数字接入通信网络)用对绞或星绞多芯对称电缆户外电缆 第1部分:总规范

1 范围

GB/T 21430的本部分适用于填充或非填充铜导体聚烯烃绝缘对绞或星绞对称通信电缆,专用于宽带数据通信局域网户外线路。

本部分规定了材料性能的定义,材料的基本要求及电缆结构,并详述了试验方法与程序的细节。

可根据带宽的最高基准频率30 MHz、60 MHz和100 MHz对电缆进行区分。

本部分包括的电缆根据电缆设计分为填充和非填充两类。

电缆的典型规格为6~300对。

本部分包括的引入电缆根据安装方式分为架空和直埋两类。

引入电缆典型的对数为2~6对。

2 规范性引用文件

下列文件中的条款通过GB/T 21430的本部分的引用而成为本部分的条款。凡是注日期的引用文件,其随后所有的修改单(不包括勘误的内容)或修订版均不适用于本部分,然而,鼓励根据本部分达成协议的各方研究是否可使用这些文件的最新版本。凡是不注日期的引用文件,其最近版本适用于本部分。

GB/T 2951.1—1997 电缆绝缘和护套材料通用试验方法 第1部分:通用试验方法 第1节:厚度和外形尺寸测量——机械性能试验(idt IEC 60811-1-1:1993)

GB/T 2951.3—1997 电缆绝缘和护套材料通用试验方法 第1部分:通用试验方法 第3节:密度测定方法——吸水试验——收缩试验(idt IEC 60811-1-3:1993)

GB/T 2951.4—1997 电缆绝缘和护套材料通用试验方法 第1部分:通用试验方法 第4节:低温试验(idt IEC 60811-1-4:1985)

GB/T 2951.9—1997 电缆绝缘和护套材料通用试验方法 第4部分:聚乙烯和聚丙烯混合料专用试验方法 第2节:预处理后断裂伸长率试验——预处理后卷绕试验——空气热老化后的卷绕试验——测定质量的增加 附录A:长期热稳定性试验 附录B:铜催化氧化降解试验方法(idt IEC 60811-4-2:1990)

GB 6995.2 电线电缆识别标志 第二部分:标准颜色(GB 6995.2—1986,neq IEC 60304:1982)

GB/T 7424.2—2002 光缆总规范 第2部分:光缆基本试验方法(IEC 60794-1-2:1999,MOD)

GB/T 11327.1—1999 聚氯乙烯绝缘聚氯乙烯护套低频通信电缆电线 第1部分:一般试验和测量方法(neq IEC 60189-1:1986)

GB/T 17737.1—2000 射频电缆 第1部分:总规范 总则、定义、要求和试验方法(IEC 61196-1:1995,IDT)

GB/T 18015.1—2007 数字通信用对绞或星绞多芯对称电缆 第1部分:总规范(IEC 61156-1:2002,IDT)

GB/T 18015.5—2007 数字通信用对绞或星绞多芯对称电缆 第5部分:具有600 MHz及以下传输特性的对绞或星绞多芯对称电缆 水平层布线电缆 分规范(IEC 61156-5:2002,IDT)

GB/T 18380.1　电缆在火焰条件下的燃烧试验　第1部分:单根绝缘电线或电缆的垂直燃烧试验方法(GB/T 18380.1—2001,IEC 60332-1:1993,IDT)

GB/T 21204—2007　用于严酷环境的数字通信用对绞或星绞多芯对称电缆　第1部分:总规范(IEC 62012-1:2002,IDT)

IEC 60028　国际铜电阻标准

IEC 60050-300:2001　国际电工术语　电气电子测量法和测量仪器　第311部分:测量总术语　第312部分:电气测量总术语　第313部分:电气测量仪器类型　第314部分:仪器类型的分术语

IEC 60708-1:1981　聚烯烃绝缘挡潮层聚烯烃护套低频电缆　第1部分:通用设计细节和要求

3　术语和定义

GB/T 18015.1给出的下列术语和定义和IEC 60050-300给出的某些术语和定义适用于本部分。

表1　电气和传输特性的定义

参　数	参考标准	条款
电阻不平衡	GB/T 18015.1—2007	2.1.1
对绞组或四线组中一对线的对地电容不平衡	GB/T 18015.1—2007	2.1.2
对绞组或四线组中一对线的对屏蔽电容不平衡	GB/T 18015.1—2007	2.1.3
工作电容	GB/T 18015.1—2007	2.1.4
传播速度(相速度)[1]	GB/T 18015.1—2007	2.1.5
衰减	GB/T 18015.1—2007	2.1.6
不平衡衰减	GB/T 18015.1—2007	2.1.7
近端串音衰减(NEXT)	GB/T 18015.1—2007	2.1.8
远端串音衰减(FEXT)	GB/T 18015.1—2007	2.1.9
近端和远端串音衰减功率和	GB/T 18015.1—2007	2.1.10
特性阻抗	GB/T 18015.1—2007	2.1.11
表面转移阻抗	GB/T 18015.1—2007	2.1.12
群传播时延	GB/T 18015.1—2007	2.1.13
相时延差(偏斜)	GB/T 18015.1—2007	2.1.16

4　安装说明

要求在考虑中。此时,宜采用GB/T 7424.1作为指南。

5　材料和电缆结构

5.1　一般说明

材料和电缆结构的选择应符合电缆的预期用途及安装条件。应特别注意满足由当地气候条件或安装方式产生的特定要求。

5.2　电缆结构

电缆结构应符合相关详细规范规定的细节和尺寸。

5.3　导体

导体应为符合IEC 60028的实心退火铜导体。

1)　当频率大于1 MHz时,在对称电缆(即在平衡模式下运行的电缆)上测得的群传播速度和相速度近似相等。

导体标称直径应在 0.5 mm 和 0.9 mm 之间。

实心导体允许有接头，导体接头应无隆起和尖突。

包含一个接头的任何导体的抗拉强度应不低于相邻段无接头导体的抗拉强度的 90%。

5.4 绝缘

应采用适当的聚烯烃材料对导体进行绝缘。

导体绝缘应采用实心、泡沫或其复合形式。绝缘可用或不用实心皮，皮材料可不同于基础材料，也可采用其他多层绝缘形式。

绝缘应连续，其厚度应使成品电缆满足规定要求。

允许绝缘导体接头，接头应无隆起，并用介质材料重新绝缘。

绝缘标称厚度应与导体端接方法相适应。

5.5 色谱

未规定色谱，但应在相关电缆详细规范中规定。颜色应易于识别，并宜与 GB 6995.2 中的标准颜色一致。

5.6 电缆元件

电缆元件应是对绞组或四线组。

允许变节距或摇摆对绞或星绞。

5.7 成缆

缆芯由电缆元件组成。为实现纵向阻水，缆芯可包含阻水材料。

电缆缆芯可采用非吸潮性包带保护。

5.8 填充复合物类型

缆芯可填充合适的填充复合物。

合适的填充复合物如：

——聚乙烯/石油油膏；

——挤出热塑橡胶；

——吸收触变胶；

——超吸收高分子材料。

填充复合物的类型应在相关详细规范中规定。

填充复合物应和所有接触元件材料相容。

5.9 浸涂混合物

浸涂混合物可阻挡潮气。应为均匀混合的混合物。浸涂混合物应和所有接触元件材料相容。

浸涂混合物应具有充分的粘性，满足相关分规范规定的与粘结护套不粘连的要求。

5.10 缆芯屏蔽

缆芯可有屏蔽。

在屏蔽内和(或)外可使用缓冲层(绕包、纵包或挤包)。

5.11 护套

护套材料应为适当的热塑性材料。如：

——聚烯烃；

——聚氯乙烯。

护套应连续，其厚度尽可能均匀。

护套应适当紧密地包覆在缆芯上。

为满足特殊性能要求，护层外还可以包覆一层聚合材料的外套，如聚酰胺外套。

5.12 撕裂绳

护套内可放置撕裂绳。撕裂绳应为非吸湿性和非芯吸性的。

5.13 护套颜色

除非在相关的电缆规范中另有规定,通常情况下,护套颜色应为黑色。

5.14 加强件

电缆护层可含加强件。加强元件可由实心或绞合钢丝构成,该加强件可有涂层或无涂层。或者,加强件可由玻璃纤维或合成纤维构成,该加强件可有聚合物涂层。

5.15 识别

制造厂家应采用下列方法之一标明每根电缆长度,有要求时,还应标明制造年份:

a) 适当的着色线或着色带;

b) 印字带;

c) 在缆芯包带上印字;

d) 在护套上作标记。

允许在电缆护套上作附加标记。

5.16 成品电缆的包装

储存及装运时应对成品电缆有足够的保护。

6 试验方法

6.1 电气试验

除非另有规定,试验应在长度不小于100 m的电缆上进行。

6.1.1 导体电阻

导体电阻的测量应按照GB/T 11327.1—1999中7.1的规定进行。

6.1.2 电阻不平衡

电阻不平衡的测量应按照IEC 60708-1:1981中第24章的规定进行。

6.1.3 介电强度

介电强度的测量应按照GB/T 11327.1—1999中7.2的规定在导体/导体以及导体/屏蔽间进行。

6.1.4 绝缘电阻

绝缘电阻的测量应按照GB/T 11327.1—1999中7.3的规定进行。试验电压应在直流100 V至500 V之间。

6.1.5 工作电容

工作电容的测量应按照GB/T 11327.1—1999中7.4的规定进行。

6.1.6 线对-线对电容不平衡

线对-线对间电容不平衡的测量应按照GB/T 11327.1—1999中7.5的规定进行。非被测元件应接到一起,如有屏蔽也应接在一起。

如果被测电缆长度不是1 km,测量值应除以以下系数:

$$0.5\times(L/1\,000+\sqrt{L/1\,000})$$

式中:

L——被测电缆长度,m。

6.1.7 线对-地电容不平衡

线对-地电容不平衡的测量应按照GB/T 11327.1—1999中7.5的规定进行。

如果被测电缆长度不是1 km,线对对地电容不平衡和长度成正比。

6.1.8 屏蔽电阻

屏蔽直流电阻的测量应按照GB/T 11327.1—1999中7.1的规定进行。

6.2 传输试验

除非另有规定,所有的试验应在长度为100 m的电缆上进行。

6.2.1 传播速度、时延和时延差(偏斜)

传播速度测量应按照 GB/T 18015.1—2007 中 3.3.1 的规定进行。

时延和时延偏斜应按照 GB/T 18015.5—2007 中 3.3.1 计算。

6.2.2 衰减

衰减的测量应按照 GB/T 18015.1—2007 中 3.3.2 进行。

6.2.3 不平衡衰减

不平衡衰减测量应按照 GB/T 18015.1—2007 中 3.3.3 进行。

6.2.4 近端串音

近端串音测量应按照 GB/T 18015.1—2007 中 3.3.4 进行。

6.2.5 远端串音

远端串音测量应按照 GB/T 18015.1—2007 中 3.3.5 进行。

$$\text{EL FEXT}_{100} = \text{IO FEXT}_{\text{meas}} - \alpha_{100} \times L_0/100 + 10\lg(L_0/100)$$

式中:

EL FEXT_{100}——100 m 电缆等电平远端串音;

$\text{IO FEXT}_{\text{meas}}$——测得的输入输出远端串音;

α——电缆衰减,dB/100 m;

L_0——被测电缆长度,m。

6.2.6 特性阻抗

6.2.6.1 开短路阻抗(输入阻抗)

输入阻抗测量应按照 GB/T 18015.1—2007 中 3.3.6.2.2 进行。

6.2.6.2 函数拟合阻抗/复数特性阻抗

复数特性阻抗的测量应按照 GB/T 18015.1—2007 中 3.3.6.3 或 3.3.6.3/3.3.6.2.3 进行。

6.2.7 回波损耗

回波损耗的测量应按照 GB/T 18015.1—2007 中 3.3.7 进行。

6.2.8 屏蔽衰减

屏蔽衰减的测量应按照 GB/T 17737.1—2000 第 12 章进行。

6.2.9 转移阻抗

转移阻抗的测量应按照 GB/T 17737.1—2000 中第 12 章进行。

6.3 成品电缆的机械和尺寸试验

6.3.1 尺寸

尺寸测量应按照 GB/T 2951.1 进行。

6.3.2 导体断裂伸长率

导体断裂伸长率的测量应按照 GB/T 11327.1—1999 中 5.1 进行。

6.3.3 绝缘断裂伸长率

绝缘断裂伸长率的测量应按照 GB/T 2951.1—1997 中 9.1 进行。

6.3.4 护套断裂伸长率

护套断裂伸长率的测量应按照 GB/T 2951.1—1997 中 9.2 进行。

6.3.5 成品电缆伸长率

成品电缆的断裂伸长率测量(在考虑中)应按照 GB/T 7424.2 进行。

6.3.6 断裂强度

电缆断裂强度测量的应按照 GB/T 21204.1—2007 中 3.3.8 进行。

6.3.7 护套抗张强度

护套抗张强度测量的应按照 GB/T 2951.1—1997 中 9.2 进行。

6.3.8 电缆压扁试验

电缆抗压试验应按照 GB/T 21204.1—2007 中 3.3.6 进行。

6.3.9 张力下弯曲

张力下弯曲测量应按照 GB/T 18015.1—2007 中 3.4.8 进行。

6.3.10 冲击试验

电缆抗冲击试验应按照 GB/T 2951.4—1997 中 8.5 进行。

6.3.11 电缆冷弯试验

电缆冷弯试验应按照 GB/T 2951.4—1997 中 8.2 进行。

6.3.12 静态负载试验

在考虑中。

6.4 环境试验

6.4.1 热氧化稳定性(OIT 试验)

将长 30 cm 的封头电缆置于 70℃的烘箱内 14 天。预处理后,应从电缆上取下每种颜色的绝缘线芯样品,用干毛巾擦尽样品上的所有填充复合物,并按照 GB/T 2951.9—1997 中附录 B 进行 200℃绝缘 OIT 试验。

6.4.2 绝缘收缩

绝缘收缩的测量应按照 GB/T 2951.3—1997 中第 10 章进行。

6.4.3 热老化后绝缘卷绕试验

热老化后绝缘卷绕试验应按照 GB/T 2951.9—1997 中第 10 章进行。

6.4.4 绝缘低温弯曲试验

绝缘低温弯曲试验应按照 GB/T 2951.4－1997 中 8.1 进行。

6.4.5 护套热老化后断裂伸长率

护套热老化后断裂伸长率测量应按照 GB/T 2951.9—1997 中第 8[1] 章进行。

6.4.6 护套热老化后的抗张强度

护套热老化后的抗张强度测量应按照 GB/T 2951.9—1997 中第 8[1] 章进行。

6.4.7 护套高温压力试验

在考虑中。

6.4.8 静态负载要求

在考虑中。

6.4.9 单根电缆延燃特性

单根电缆延燃测量应按照 GB/T 18380.1 进行。

6.4.10 透水试验

电缆透水试验应按照 GB/T 7424.2—2002 中 F5B 方法进行。

6.4.11 芯吸

6.4.11.1 设备

a) 大烧杯:500 mL～1 000 mL;

b) 试验架:可移动的横杠;

c) 铅锤型砝码:25 g(三个);

d) 荧光染色水溶液:0.1 g/L;

e) 滤纸 25 mm×25 mm(三张)。

6.4.11.2 程序

a) 截取三段约 450 mm 长材料用于试验,在每个试样的一端加上铅锤型砝码;

1) IEC 62255-1 原文中为 IEC 60811-4-2 的第"9"章,而第"9"章为"预处理后卷绕试验",此处应系第"8"章之误。

b) 每个试样之间至少间隔 25 mm,把试样的另一端固定在横杆上。见图 1;

c) 用纸夹在每个试样上距铅锤约 75 mm 处夹上滤纸;

d) 把荧光溶液注入烧杯约 75 mm 深;

e) 使悬挂试样的横杆处于正对注入溶液的烧杯上方,降低横杆,使受力的试样浸入溶液,滤纸的底边处于液面上方 25 mm 处。记录浸入时间;

f) 如在 6 h 内,溶液未被芯吸,未濡湿滤纸底边,应认为试样无芯吸。

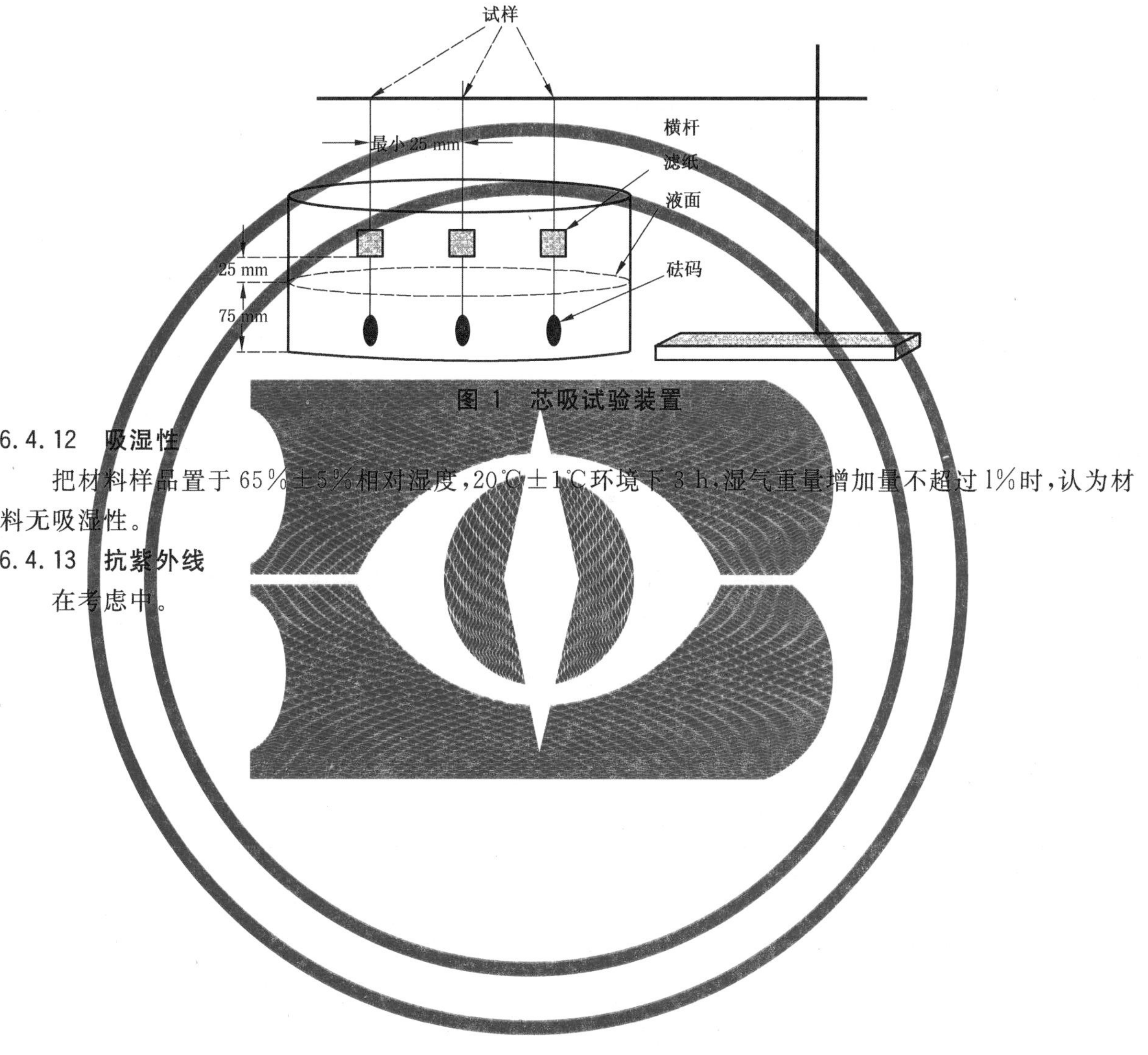

图 1 芯吸试验装置

6.4.12 吸湿性

把材料样品置于 65%±5% 相对湿度,20℃±1℃ 环境下 3 h,湿气重量增加量不超过 1% 时,认为材料无吸湿性。

6.4.13 抗紫外线

在考虑中。

附　录　A
（资料性附录）
宽带数字通信（高速率数字接入通信网络）用对绞或星绞多芯对称电缆的型号编制方法

A.1　代号

电缆的各分类代号如表 A.1 所示。

表 A.1　电缆的分类代号

分类方法	类　别	代　号
数字通信电缆系列	数字通信用对绞或星绞多芯对称电缆系列	HS
导体结构	实心导体	省略
绝缘	实心聚烯烃	Y
	泡沫实心皮聚烯烃	YP
	皮—泡—皮聚烯烃	YW
	泡沫聚烯烃	YF
护套	聚氯乙烯	V
	聚烯烃铝塑粘结护套	A
特征	填充式	T
	自承式	C
	非填充	省略
外护层	单层皱纹钢带纵包	53
最高传输频率	30 MHz	30
	60 MHz	60
	100 MHz	100

A.2　电缆型号

电缆型号的组成和排列如下：

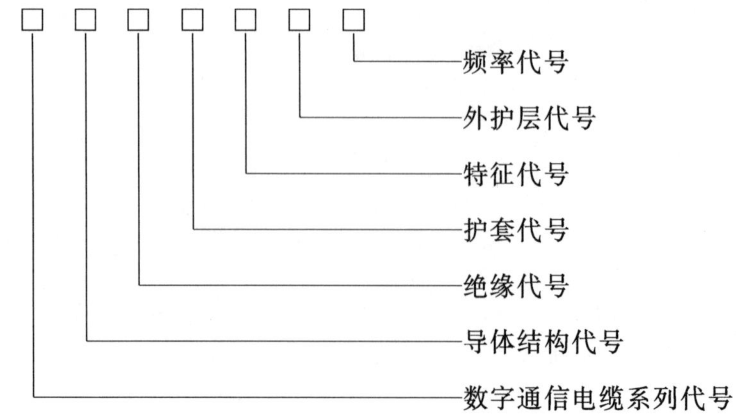

A.3 产品表示方法

产品用型号、缆芯对(组)数、导体标称直径和相应的标准编号表示。产品表示示例如下:

示例1:最高传输频率30 MHz,标称直径0.5 mm实心导体、缆芯4对、实心聚烯烃绝缘、聚烯烃铝塑粘结护套,宽带数字通信用对绞多芯对称户外自承式电缆表示为:HSYAC-30 4×2×0.5-GB/T 21430.1—2008;

示例2:最高传输频率100 MHz,标称直径0.5 mm实心导体、缆芯100对、泡沫实心皮聚烯烃绝缘、聚烯烃铝塑粘结护套,宽带数字通信用对绞多芯对称户外填充式电缆表示为:HSYPAT-100 100×2×0.5-GB/T 21430.1—2008。